国家科学技术学术著作出版基金资助出版

区域土壤环境质量

陈同斌 等 著

科 学 出 版 社

北 京

内 容 简 介

土壤环境质量与农产品质量安全和人类居住安全息息相关。从区域和流域角度认识土壤环境质量，是土壤环境管理和土壤环境保护的基础，但至今国内外对此问题缺乏系统研究。作者在 20 多年研究积累的基础上，结合不同尺度、不同区域的案例研究成果，对区域土壤环境质量研究的理论、方法进行总结。本书主要从区域和流域角度认识土壤环境质量问题，不仅涉及农业土壤，还包括城市和矿业等非农业土壤。主要内容包括区域土壤污染的调查布点和评价方法，土壤污染的空间分布预测与污染概率预报，土壤重金属的来源识别和污染历史反演，土壤–农产品重金属摄入量与健康风险评估方法，土地利用方式、公路交通、再生水灌溉、矿业活动等人类活动对区域/流域土壤重金属空间分布和土壤污染的影响。

本书可供环境科学、土壤学、地理学、生态学、环境医学等相关专业的科技人员、教师和研究生参考。

图书在版编目（CIP）数据

区域土壤环境质量 / 陈同斌等著. —北京：科学出版社，2015.12
ISBN 978-7-03-046141-4

Ⅰ.①区⋯ Ⅱ.①陈⋯ Ⅲ.①区域地质–土壤环境–环境质量–研究
Ⅳ.①X21 ②P642.15

中国版本图书馆 CIP 数据核字（2015）第 255816 号

责任编辑：朱海燕　张　欣 / 责任校对：韩　杨
责任印制：徐晓晨 / 封面设计：北京图阅盛世文化传媒有限公司

科 学 出 版 社 出版
北京东黄城根北街 16 号
邮政编码：100717
http://www.sciencep.com

北京教图印刷有限公司 印刷
科学出版社发行　各地新华书店经销

*

2015 年 12 月第 一 版　开本：787×1092　1/16
2018 年 3 月第三次印刷　印张：23
字数：540 000

定价：298.00 元
（如有印装质量问题，我社负责调换）

本书撰写分工

第1章　陈同斌、杨军、谢云峰等

第2章　陈同斌、谢云峰、杨军等

第3章　陈同斌、郑袁明、杨军、宋波等

第4章　陈同斌、郑袁明、宋波、杨军等

第5章　陈同斌、雷梅、郑袁明、杨军、陈煌等

第6章　雷梅、陈同斌、郭广慧、郭庆军、李晓燕、范克科等

第7章　杨军、陈同斌、郭广慧、郑国砥、高定等

第8章　陈同斌、周小勇、翟丽梅、杨俊兴等

第9章　陈同斌、刘艳青、杨军、黄泽春、万小铭等

特 别 致 谢

本书研究成果始于 20 世纪 90 年代，先后得到下述科技计划和科学基金等 20 余个项目的支持。在此表示感谢！

北京市自然科学基金重大项目——北京市土壤和蔬菜重金属污染的评价及其治理对策研究

中国科学院知识创新工程重要方向项目——典型地区土壤污染的风险评价与生物修复技术

中国科学院知识创新工程领域前沿项目——北京市土壤重金属污染区域评价的理论与方法

国家自然科学基金重点项目——农田重金属污染的环境生物地球化学过程与植物修复机理

国家杰出青年科学基金——污染物表生行为及环境效应

国家高技术研究发展计划（863 计划）重点项目——金属矿区及周边重金属污染土壤修复技术与示范

国家重金属污染治理专项——广西环江大环江流域重金属污染农田的修复工程

广西自然科学基金重大项目——西江流域土壤重金属污染源识别与风险预警

中国科学院科技服务网络计划（STS 计划）——土壤重金属污染风险控制区划方法与应用

前　　言

　　土壤是人类食物生产最基本的生产资料，与人类的生产和生活息息相关。土壤环境质量的优劣直接关系农产品卫生品质和人群健康。区域/流域土壤环境质量研究是土壤环境保护和土壤修复的基础，对于改善农产品卫生品质和居住环境、优化产业结构布局、保障整体环境质量和人群健康具有重要意义。当前，我国土壤污染问题开始受到科技界、政府和群众的普遍关注。希望通过本书的出版，能够对加强土壤环境保护的科研和管理工作起到重要推动作用。

　　目前，区域土壤环境质量领域研究仍处于发展初期阶段。针对这一现状，作者结合20多年的研究积累，重点从区域和流域角度总结了土壤环境质量与健康风险评价的理论、方法和应用等研究成果。主要内容包括区域土壤环境质量的调查取样和布点方法、空间差值、空间表征和变异规律，区域土壤环境污染的污染评价、分布预测、污染物溯源、污染历史反演、污染预测和概率预报，人类活动对土壤环境质量的影响，土壤-作物重金属积累及其健康风险分析等。

　　全书共9章，写作时力求将相关的理论和方法介绍与应用案例相结合。第1章和第2章介绍区域土壤污染调查的取样布点、污染评价和来源识别的新方法，土壤重金属的空间变异特征、空间分布预测、污染概率预报等方法。第3章和第4章以北京市为例，介绍区域土壤污染评估、土壤-蔬菜系统的重金属摄入和健康风险评估。第5章~第7章，主要分析土地利用方式、城市交通、再生水灌溉等人类活动对土壤和农产品重金属积累的影响。第8章和第9章介绍了土壤重金属污染历史反演的新方法，并从流域尺度分析矿业活动对土壤重金属迁移、积累、空间分布和人群健康的影响。

　　本书涉及的研究工作始于20世纪90年代，先后历时20余载。期间，先后得到北京市自然科学基金重大项目、中国科学院知识创新工程重要方向项目、中国科学院知识创新工程领域前沿项目、国家自然科学基金重点项目、国家杰出青年科学基金项目、国家重大基础研究计划、广西自然科学基金重大项目、中国科学院科技服务网络计划等20余个项目的支持。在这些项目的连续支持下，课题组先后获得大量第一手资料和上万组分析数据，在国内外期刊上发表了一系列论文，撰写了一批博士后和博士研究生论文。本书是在这些积累的基础上，进一步总结凝练而成的。在此，对相关资助单位的支持表示衷心的感谢！

　　本书内容是陈同斌在长期科研工作和指导研究生科研工作中积累的成果，是课题组成员集体智慧的结晶。课题组的研究生和实验员等为研究工作的野外采样、样品处理、样品分析、数据处理和制图等环节曾提供过大量支持和帮助。感谢课题组成员多年来的共同协作和辛勤付出！

区域土壤环境质量是一个新型的交叉学科，涉及环境科学、土壤学、地理学、环境医学等领域。本书可供环境科学、土壤学、地理学、生态学、环境医学等相关专业科技人员、教师和研究生参考。

本书所涉及的领域跨度较大，且区域土壤环境质量领域尚处于探索之中，书中难免有不妥和疏漏之处，敬请读者批评指正。

陈同斌

2015 年 10 月 1 日

目　　录

第1章 绪 论

　　土壤与人类生活、生产活动息息相关，既是人类生产农产品的基本生产资料，也是人类活动的基本场所。随着环境保护工作的深入，人们对土壤污染问题及其危害的认识不断提高，土壤环境质量越来越成为环境领域关注的焦点。本章介绍土壤重金属污染类型、区域土壤污染评价方法、土壤污染溯源方法等。

1.1　土壤环境质量

　　土壤质量是保障土壤生态安全和可持续利用能力的指标，包括土壤维持生产能力、环境净化能力和保护动植物健康的能力，即土壤肥力质量、土壤环境质量和土壤健康质量三方面。

　　土壤环境质量是土壤质量的重要组成部分。一方面，它依赖于自然成土过程中所形成的、固有的环境条件和与环境质量有关的元素或化合物的组成与含量；另一方面，它直接受人类活动的影响，并且作为二次污染源影响区域大气、水环境质量。

　　土壤环境质量评价可以指导土地利用规划和环境保护工作，同时也是污染土壤修复和健康效应评价的基础。科学、准确的评价标准是衡量土壤环境质量优劣的重要依据，也是开展相关工作的基础。1995 年，国家保护总局南京环境科学研究所主持制订了《土壤环境质量标准》（GB 15618-1995），按土壤应用功能和保护目标，将土壤环境质量分为三类：一类标准要求保护区域自然生态，维持土壤环境背景值；二类标准要求保证农业生产，维护人体健康；三类标准要求保障农林生产和植物正常生长。该标准为我国土壤环境质量评价工作提供了技术依据。

1.2　土壤污染的现状与成因

　　据全国土壤污染状况调查的结果，全国土壤环境状况总体不容乐观，部分地区土壤污染较重，耕地土壤环境质量堪忧，工矿业废弃地土壤环境问题突出。其特点是，耕地土壤点位超标率相对较高，重金属超标问题相对突出，重金属中超标率较高的主要是 Cd、As、Hg 和 Pb 等元素。土壤重金属污染是我国面临的主要土壤污染问题。

　　据全国土壤污染状况调查，全国土壤总的点位超标率为 16.1%，其中，轻微、轻度、中度和重度污染点位比例分别为 11.2%、2.3%、1.5% 和 1.1%。从污染类型看，以无机型为主，有机型次之，复合型污染比重较小，无机污染物超标点位数占全部超标点位的 82.8%。从污染物超标情况看，Cd、Hg、As、Cu、Pb、Cr、Zn、Ni 8 种无机污染物点位超标率分别为 7.0%、1.6%、2.7%、2.1%、1.5%、1.1%、0.9%、4.8%；六六六、滴滴涕、多环芳烃三类有机污染物点位超标率分别为 0.5%、1.9%、1.4%。从土地利用类型看，耕地、林地、草地土壤点位超标率分别为 19.4%、10.0%、10.4%。

1.2.1　矿业活动导致的土壤污染

随着经济发展对矿产资源的需求，矿山开采、冶炼活动日益频繁，其废水、废气、废渣的排放容易污染下游和周边土壤。中科院地理资源所对云南省个旧市大型多金属矿区调查发现，调查区域约 15% 的土壤存在 Ni、As 混合污染，同时某些土壤还存在不同程度的 Cd、Pb、Cu 和 Co 污染。大规模取样调查发现，在金属矿山密集的广西西江流域，大约有 2600km² 的土壤遭受不同程度的重金属污染。在有色金属矿业密集区湖南郴州市，土壤及种植的蔬菜严重超标，当地居民的头发砷含量显著偏高或超过正常水平。在受铅锌矿等污染的广西大环江流域，农田遭受 As、Cd、Pb 等重金属污染，污染区水稻的 As、Cd 和 Pb 严重超标，耕地功能受损，土地生产力严重下降甚至抛荒。

1.2.2　污灌导致的土壤污染

过去，长期污灌导致农业土壤污染严重，农产品重金属含量存在不同程度的超标。污水灌溉始于 20 世纪 50 年代末至 60 年代初，当时没有注意到环境保护问题，污水处理技术落后，废水的污染物浓度较高。根据农业部进行的全国污灌区调查，在约 140 万 hm² 的污灌区中，遭受重金属污染的土地面积占灌区面积的 65%，主要污染物为 As、Cd、Hg 及有机污染。

历史上，我国典型的污灌区有沈阳张士、浑蒲、宋三灌区，沈抚石油类污灌区，天津武宝宁污灌区和北京的东南郊污灌区。其中，沈阳张士灌区耕地 Cd 污染严重，糙米 Cd 含量为 0.4~0.9 mg/kg，均超过国家食品卫生标准。20 世纪 70 年代的调查发现，北京市原来的东南郊灌区，土壤存在严重 Hg 污染，约 10% 的糙米样品 Hg 含量达到或超过国家食品卫生标准；离高碑店污水厂越近，土壤污染越严重[①]。

2015 年，我们的调查表明，在北京东南郊的凉凤灌区，土壤 As、Cr、Cu、Pb、Ni、Zn 和 Hg 等重金属含量均显著高于当地土壤的基线值，其中，尤以 Hg 积累最为严重，34.5% 的土壤 Hg 含量超过基线值。

1.2.3　工业场地的土壤污染

随着我国城市化和工业化进程的加快，城市产业结构正在进行大规模的调整，许多城市都在实施"退二进三"的战略布局。原来处于城区或近郊的高能耗、高污染、高投入企业相继搬迁，置换出来的土地相继被开发成住宅、商业地产。在原企业长期的生产过程中，很多搬迁遗留场地在原企业土壤受到污染，特别是一些农药、有机化工、冶炼和电子垃圾处置等高污染行业的场地，存在明显的重金属、有机氯农药、挥发性有机污染物、多

---

① 北京东南郊环境污染调查及其防治途径研究协作组 . 1980. 北京东南郊环境污染调查及防治途径（报告案）.

氯联苯等污染问题。

总体来说，工业区的土壤重金属含量通常高于其他地区，而且随工业区历史的延长，重金属污染程度增加。金属开采和冶炼容易导致周边和下游的土壤重金属含量增加，甚至使土壤重金属含量达到数百乃至上万 mg/kg。发电站、金属冶炼厂等导致的土壤污染通常以污染源为中心呈同心圆状分布，并且在下风向的扩散距离更远。

1.2.4　乡镇工业导致的土壤污染

乡镇工业曾是我国农村的主要经济支柱，但部分乡镇业活动导致严重的土壤污染。乡镇企业规模小、设备简陋、工艺落后、经营者环保意识薄弱，地方政府片面追求经济发展，对环境治理缺乏足够的重视，乡镇工业不仅能源和资源利用率低，而且导致农村环境污染及生态破坏。1995 年全国乡镇企业"三废"排放量达到工业企业"三废"排放量的 1/5 ~ 1/3。乡镇企业污染占整个工业污染的比重由 20 世纪 80 年代的 11% 增加到 45%。小电镀、小造纸、小印染、小水泥、小煤矿、小矿山对农村耕地的污染尤为明显，多数污染源与农田、农村居民点交织一起，对暴露人群的健康造成了巨大威胁。例如，湖南武冈市无证开工生产的精炼锰厂导致周边区域 1354 名儿童血铅超标，超标率达 70%。

1.2.5　城市的土壤污染

城市土壤受人类活动的强烈影响，重金属污染的种类多，来源复杂。煤炭燃烧、交通、垃圾、油漆等都有可能导致土壤中重金属含量增加。研究表明，汽车尾气排放和车辆的正常磨损都可能导致公路附近土壤的 Pb、Cu、Zn 含量升高。

大气沉降中的污染物沉降到地表，不仅直接危害暴露人群的健康，而且也可被农作物吸收、富集，通过食物链间接威胁人群健康。在许多工业发达地区，大气沉降对土壤系统中重金属累积的贡献率在各种外源输入中排在首位。太原市大气沉降中 Hg、Cd 和 Pb 的平均含量分别为 1.2 μg/kg、1.8 μg/kg 和 61 μg/kg，每年的土壤输入通量分别为 4.5 g/hm^2、6.3 g/hm^2 和 349 g/hm^2。长春市区的大气降尘中，Hg 平均含量为 0.78 mg/kg，采暖期大气沉降中 Hg 浓度高于非采暖期，燃煤是大气沉降 Hg 的重要来源。

土壤中的重金属能够通过大气气溶胶或固体悬浮颗粒进入空气从而影响空气环境质量。研究显示，土壤与大气飘尘中的重金属具有很好的相关性。不同重金属进入大气后的输送行为各异。例如，Pb、Cd 易通过空气传播，能够实现长距离输送，甚至达到全球尺度，因此，在更大的范围内形成污染。陈同斌等（1997）研究发现，香港海拔 800 m 的人类活动很少的山上土壤中的铅含量也可能受到人类活动的影响。也有研究表明，大气沉降是土壤外源 Pb 的主要来源，主要积聚于表层土壤。

总体来说，城市土壤的重金属含量要明显高于郊区及远离城市的农田土壤。南京市郊菜地土壤中重金属含量从城区到郊区呈下降趋势，郊区到农区则基本不变。成都市区及工厂区的土壤重金属含量高于城郊，且表现出由城中心向外辐射降低的趋势；市区内土壤重金属分布表现为交通干线两侧、人类活动密集的闹市区、广场、老工业区、居民区污染较为严重。北京城区 30 多个公园的土壤重金属调查表明，大多数公园的土壤重金属均有不同程度的升高，其中，故宫、颐和园等建园时间长、人类活动密集，且位于城中心区域的公园，土壤重金属污染指数远远高于其他公园。

1.2.6　农用化学品导致的土壤污染

农药、肥料和农膜等农用化学品在农业生产中发挥着不可替代的作用。但随着其用量的大幅度增加，所造成的污染问题也开始显现。长期大量施用农药和不合格的肥料，会导致土壤中有害物质累积，提高农产品中农药及其衍生物的残留量。如含 Cu 的杀虫剂和植物喷洒剂（如波尔多液）广泛用于果园的病虫害防治，导致土壤铜含量升高。

常用的肥料中，氮肥和钾肥中重金属含量很少，而磷肥中则可能会含有数量不等的重金属，较为突出的是 Cd。某些农药中含有 As、Cu 和 Pb，当这些制剂在农业用地中长期大量施用时，可能会导致重金属的积累。据鲁如坤等（1992）对我国 67 个主要磷矿石样本的调查结果，Cd 含量为 0.1 ~ 571 mg/kg，大部分含量为 0.2 ~ 2.5 mg/kg。澳大利亚的表层土壤 Cd 含量与大量施用过磷酸钙存在显著相关，长期施用磷肥会导致土壤中的 Cd 升高。

土地利用方式对农业土地污染物积累也有重要影响。对北京市耕地重金属调查发现，菜地土壤对 Cd、果园土壤对 Cu、绿地土壤对 Pb 的积累效应最为明显，均高于其他土地利用类型，而麦地土壤的重金属累积程度最低。北京市土壤中 As、Pb、Cr、Cu、Zn、Cd 和 Ni 均存在一定程度的超标现象，超标率在 1.9% ~ 12.9%。对香港不同土地利用方式的土壤重金属含量调查发现，果园土壤中的 Cu 含量明显高于其他土地利用方式。

1.3　土壤污染物的暴露途径

污染土壤对人类健康的影响有多种暴露途径主要包括食用（摄入）、接触和呼吸（吸入）三个途径。摄入主要是消化道暴露，吸入则主要是呼吸道暴露。以铅为例，铅及其化合物大多经由肠胃或呼吸道进入人体；皮肤的暴露途径较少，主要是吸收少量的有机铅。

美国环境保护署（1993）总结提出了人体接触土壤污染物的主要暴露途径，如图 1.1 所示。

1.3.1　土壤污染物的摄入

人体摄入土壤的总量变化幅度较大。6 ~ 12 岁的儿童每天摄入土壤的总量是 1 ~ 6 岁儿童的 25%，12 岁以上的儿童每天摄入的土壤量是 1 ~ 6 岁儿童的 10%（不考虑手-口行为和其他社会因素）（Clausing et al.，1987）。

食用污染土壤中所生产的、含有污染物的粮食、蔬菜等农产品，会使污染物通过食物途径进入人体。悬浮在大气中的扬尘，部分会被吸附在植物果实的表面，如果没有适当的清洗而直接食用，就会形成另外的重金属摄入途径。肠胃吸收是非职业性 Pb 暴露人群摄

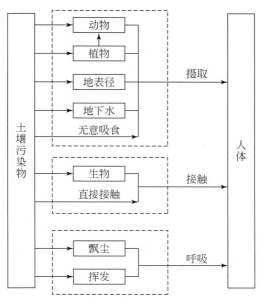

图 1.1 土壤重金属影响人类健康的暴露途径

入 Pb 的最主要的途径。成人肠胃对 Pb 的吸收率约为 5% ~ 15%, 滞留率小于 5%, 儿童吸收率为 42%, 滞留率约为 32% (Goyer, 1996)。

无意识的手–口行为, 也会摄入污染土壤中的重金属。由于长期暴露于汽油及漆制品的环境、交通密集的城区, 儿童在户外活动时, 极易通过手–口途径摄入含 Pb 的灰尘、土壤等。

1.3.2 土壤污染物的吸入

污染土壤和灰尘的吸入, 是人群遭受污染物危害的重要暴露途径。空气中含重金属的颗粒物主要来源于汽车尾气的排放、土壤扬尘和公路灰尘。吸附土壤颗粒中的重金属会通过呼吸作用进入人体。经呼吸道进入的颗粒物, 大于 5 μm 时, 多沉积于上呼吸道; 小于 1 μm 时, 则沉降到肺泡区。一般而言, 经呼吸道进入的铅吸收率约为 35% ~ 50% (Goyer, 1996)。目前普遍认为, 对于暴露于含 Pb 油漆、汽油, 以及交通和工业污染源下的儿童, 飘尘或土壤的吸入是吸收重金属和非金属污染物的重要途径。呼吸道摄入 Pb 是成年人 Pb 暴露的主要风险来源, 尤其是对于职业性 Pb 暴露的人群。研究表明, 经呼吸道摄入的 Pb 通常只占儿童体内 Pb 总量的一小部分, 占成年人体内总量的 15% ~ 70%。

1.4 土壤污染评价

土壤污染是指由于人类活动引起的土壤环境质量下降, 危害人类或生物正常生存和发展的现象。土壤污染的产生是一个从量变到质变的过程。当某种污染物的浓度或总量超过土壤环境自净能力, 便可能产生危害。土壤污染应同时具有两个条件: 一是人类活动引起的外源污染物进入土壤；二是导致土壤环境质量下降，进而有害于受体，如生物、水体、空气和人体健康。外源污染物进入土壤后，对受体是否造成伤害取决于两方面：一是受气候、母质、地形、生物、时间等影响的土壤因素。土壤类型和性质千差万别，同一污染物在不同土壤中的活性也有差异，对同种受体的影响也会不同。二是受体因素，土壤中同一污染物对各类受体的影响是不同的，并且同一受体也有区域性差异。

　　土壤污染评价是通过测定土壤污染物含量并进行一定数学处理后给出的评判结果。对于存在多种污染的情况，通常是根据实测值和评价标准求取污染分指数，然后采用分指数计算综合污染指数。计算综合污染指数的方法有叠加法、均方根法、权重法和内梅罗指数法等。

1.4.1　内梅罗指数法

　　内梅罗指数既可以反映各污染物对土壤的作用，同时又突出了高浓度污染物对土壤环境质量的影响。其表达式为：

$$P_N = \sqrt{\frac{(PI_{平均})^2 + (PI_{最大})^2}{2}} \tag{1.1}$$

式中，$PI_{平均}$和$PI_{最大}$分别是平均单项污染指数和最大单项污染指数，污染指数是指污染物实测浓度与土壤污染物背景值的比值，可按内梅罗污染指数划定污染等级（表1.1）。

表1.1　内梅罗指数等级划分

等级	内梅罗指数	污染等级
Ⅰ	$P_N \leqslant 0.7$	清洁（安全）
Ⅱ	$0.7 < P_N \leqslant 1.0$	尚清洁（警戒线）
Ⅲ	$1.0 < P_N \leqslant 2.0$	轻度污染
Ⅳ	$2.0 < P_N \leqslant 3.0$	中度污染
Ⅴ	$P_N > 3.0$	重度污染

1.4.2　综合污染指数法

　　综合污染指数（comprehensive pollution index，CPI）包含土壤元素背景值、土壤元素标准值和价态效应。其表达式为

$$CPI = X(1 + RPE) + \frac{Y \times DDMB}{Z \times DDSB} \tag{1.2}$$

式中，CPI 为综合污染指数；X、Y分别为测量值超过标准值和背景值的数目；RPE（relative pollution equivalent）为相对污染当量；DDMB（deviation degree metal background）为元素测定浓度偏离背景值的程度；DDSB（deviation degree soil background）为土壤标准偏离背景值的程度，Z 为标准元素的数目。

（1）计算相对污染当量（RPE）：

$$\text{RPE} = \frac{\sum\limits_{i=1}^{N} \sqrt[n]{\dfrac{C_i}{C_{iS}}}}{N} \tag{1.3}$$

式中，N 为测定元素的数目；C_i 为测定元素 i 的浓度；C_{iS} 为测定元素 i 的土壤标准值；n 为测定元素 i 的氧化数。对于变价元素，应考虑价态与毒性的关系，在不同价态共存并同时用于评价时，应在计算中注意高低毒性价态的相互转换，以体现由价态不同所构成的风险差异性。

（2）计算元素测定浓度偏离背景值的程度（DDMB）：

$$\text{DDMB} = \frac{\sum\limits_{i=1}^{N} \sqrt[n]{\dfrac{C_i}{C_{iB}}}}{N} \tag{1.4}$$

式中，C_{iB} 为元素 i 的背景值。

（3）计算土壤标准偏离背景值的程度（DDSB）：

$$\text{DDSB} = \frac{\sum\limits_{i=1}^{Z} \sqrt[n]{\dfrac{C_{iS}}{C_{iB}}}}{Z} \tag{1.5}$$

式中，Z 为用于评价元素的个数。

用 CPI 评价土壤污染程度的分级体系见表 1.2。

表 1.2　CPI 评价表

X	Y	CPI	评价
0	0	0	背景状态
0	≥1	0<CPI<1	未污染状态，数值大小表示偏离背景值的相对程度
≥1	≥1	≥1	污染状态，数值越大表示污染程度相对越严重

1.4.3　地质累积指数

地质累积指数（geoaccumulation index）通常称为 Muller 指数，是 20 世纪 60 年代晚期在欧洲发展起来的、广泛用于研究沉积物及其他物质中重金属污染程度的定量指标。表达式如下：

$$I_{\text{geo}} = \log_2 \frac{C}{1.5 \cdot \text{BE}_n} \tag{1.6}$$

式中，C 为样品中元素的含量；BE_n 为背景含量；1.5 为修正指数，通常用来表征沉积特征、岩石地质及其他影响。

地质累积指数可分为几个级别，如 Forstner 等分为 7 个级别：

$I_{\text{geo}}<0$，污染级别为 0 级，表示无污染；

$0 \leqslant I_{\text{geo}}<1$，污染级别为 1 级，表示无污染到中度污染；

$1 \leqslant I_{geo} < 2$，污染级别为 2 级，表示中度污染；

$2 \leqslant I_{geo} < 3$，污染级别为 3 级，表示中度污染到强度污染；

$3 \leqslant I_{geo} < 4$，污染级别为 4 级，表示强污染；

$4 \leqslant I_{geo} < 5$，污染级别为 5 级，表示强度污染到极强污染；

$I_{geo} \geqslant 5$，污染级别为 6 级，表示极强污染。

地质累积指数不仅考虑了沉积成岩作用对背景值的影响，而且也充分注意了人为活动对重金属污染的影响。因此，该指数不仅反映了重金属分布的自然变化特征，而且也可以判别人为活动对环境的影响，是区分人为活动影响的重要参数。

1.4.4 基于背景值（基线值）的污染评价

就大部分存在背景参考值的污染物而言，可基于被评价区域土壤自然背景值和基线值等参数进行分级评价。

一级为自然背景值：表示为自然背景值 84.2% 的上限值（单尾）。若符合普通正态分布，则用自然背景算术均值与标准差之和表征（$C_{bg} = \overline{X_{ab}} + s_{ab}$）；若符合对数正态分布，则用自然背景几何均值与几何标准差乘积表征（$C_{bg} = \overline{X_{gb}} \cdot s_{gb}$）。

二级为基线值（污染临界值）：表示为自然背景值 97.5% 的上限值（单尾）。若符合普通正态分布，则用自然背景算术均值与其二倍标准差之和表征（$C_{bs} = \overline{X_{ab}} + 2s_{ab}$）；若符合对数正态分布，则用自然背景几何均值与几何标准差平方的乘积表征（$C_{bs} = \overline{X_{gb}} \cdot s_{gb}^2$）。

三级为严重污染值：表示为自然背景值 99.5% 的上限值（单尾）。若符合普通正态分布，则用算术均值与其三倍标准差之和表征（$C_p = \overline{X_{ab}} + 3s_{ab}$）；若符合对数正态分布，则用几何均值与几何标准差立方的乘积表征（$C_p = \overline{X_{gb}} \cdot s_{gb}^3$）。其他分级依次类推。

上述中 C_{bg}、C_{bs}、C_p 分别表示土壤背景值上限值、基线值（污染临界值）和严重污染值；$\overline{X_{ab}}$ 和 $\overline{X_{gb}}$ 分别表示土壤污染物算术均值和几何均值；S_{ab} 和 S_{gb} 分别表示算术标准差和几何标准差。

1.4.5 地统计学方法

地统计学（geostatistics）于 20 世纪 50 年代开始形成，60 年代由法国著名地质学家 G. Matheron 创立，广泛应用于地质学领域。其中的工具半变异函数（semivariogram）和克里格（Kriging）插值引起了地球化学工作者的关注。

半变异函数其定义为

$$\gamma(h) = \frac{1}{2} E\left[Z(x) - Z(x, h) \right]^2 \tag{1.7}$$

式中，h 为步长；E 为数学期望；$Z(x)$ 为区域化变量在位置 x 处的变量值；$Z(x, h)$ 为在与位置 x 偏离 h 处的变量值。

步长的变化，可计算出一系列的半变异函数值。以 h 为横坐标，$\gamma(h)$ 为纵坐标作图, 得到半变异函数图。实际上, 区域化变量是普通随机变量在区域内确定位置上的特定取值, 是随机变量与位置有关, 特别是与距离相关的函数, 考虑系统属性在所有分离距离上任意两样本间的差异, 并将此差异用方差来表示, 即半变异函数 $\gamma(h)$。

式 (1.7) 是半变异函数的严格数学定义。实际应用中, 设 h 为两样本点空间分隔距离, $Z(x_i)$ 和 $Z(x_i+h)$ 分别是区域化变量 $Z(x)$ 在空间位置 x_i 和 x_i+h 上的观测值 [$i=1, 2, \cdots, N(h)$], 则半变异函数的计算公式为

$$\gamma^{\#}(h) = \frac{1}{2N(h)} \sum_{i=1}^{N(h)} \left[Z(x_i) - Z(x_i + h) \right]^2 \tag{1.8}$$

式中, $\gamma^{\#}(h)$ 称为实验半变异函数。

克里格法估值以样品的加权平均值求估计值, 即对于任意待估点或块段的实际值 $Z_v(x)$, 其估计值 $Z_v^{\#}(x)$ 是通过该待估点或块段影响范围内的 n 个有效样品值 $Z(x_i)$ ($i=1, 2, \cdots, n$) 的线性组合得到:

$$Z_v^{\#}(x) = \sum_{i=1}^{n} \lambda_i Z(x_i) \tag{1.9}$$

式中, λ_i 为权重系数, 是各已知样品 $Z(x_i)$ 在估计 $Z_v^{\#}(x)$ 时影响大小的系数, 而估计 $Z_v^{\#}(x)$ 的好坏主要取决于怎样计算或选择权重系数。估计量 $Z_v^{\#}(x)$ 称为 $Z_v(x)$ 的克里格估计量 (Kriging estimator)。具体的种类很多, 包括普通克里格法 (ordinary Kriging, OK)、协同克里格法 (co-Kriging) 等, 在不同假设前提下, 满足不同分析需要。

1.5 土壤污染风险评价

土壤风险评价开始于 20 世纪 80 年代, 目前其评价内容、评价范围、评价方法都有了很大的发展, 已由单一化学污染物、单一受体发展到大的时空尺度。20 世纪 80 年代, 风险评价以单一化学污染物的毒理研究到人体健康的风险研究为主要内容; 20 世纪 90 年代, 风险评价开始作为一种管理工具, 风险受体扩展到种群、群落、生态系统、景观水平, 风险源开始考虑多种化学污染物及各种可能造成生态风险的事件; 20 世纪 90 年代末至今, 风险源范围进一步扩大, 除了化学污染、生态事件外, 开始考虑人类活动的影响 (如城市化、土地覆被变化、渔业、气候变化等), 评价范围也扩展到流域及景观区域尺度。

1.5.1 生态风险评价法

瑞典科学家 Hakanson 提出的潜在生态风险指数法, 不仅考虑到土壤重金属的含量, 而且将重金属的生态效应、环境效应与毒理学联系在一起, 采用具有可比的、等价属性指数分级法进行评价, 在国际上已得到广泛应用。根据该方法, 某一区域沉积物中第 i 种重金属的潜在生态风险系数 T_r^i 及沉积物中多种重金属的潜在生态风险指数 (risk index, RI) 可分别表示为

$$C_f^i = C_s^i / C_n^i \tag{1.10}$$

$$C_d = \sum_{i=1}^{m} C_f^i \tag{1.11}$$

$$E_r^i = T_r^i \cdot C_f^i \tag{1.12}$$

$$RI = \sum_{i=1}^{m} E_r^i \tag{1.13}$$

式中，C_f^i 为重金属 i 相对于沉积物背景值（C_n^i）的污染指数；C_s^i 为土壤中重金属 i 的实测浓度；C_d 为 m 种重金属的综合污染指数；E_r^i 为重金属 i 的潜在生态风险系数；T_r^i 为重金属 i 的毒性响应系数；RI 为土壤中 m 种重金属的复合生态风险系数；m 为考察的重金属个数。

重金属的毒性响应系数 T_r^i 差异较大，但不同科研工作者的看法不完全一致（表 1.3）。

表 1.3   重金属毒性响应系数

As	Cr	Cd	Cu	Pb	Ni	Zn	Hg	文献来源
16	4	45	6	8	4	3	—	王铁宇等（2007）
10	2	30	5	5	—	1	40	Hakanson（1980）

根据重金属污染指数 C_f^i 可将土壤污染等级分为四级。

（1）$C_f^i < 1$，低污染；

（2）$1 \leqslant C_f^i < 3$，中等污染；

（3）$3 \leqslant C_f^i < 6$，严重污染；

（4）$C_f^i \geqslant 6$，极严重污染。

根据重金属综合污染指数可将土壤污染分为四级。

（1）$C_d < 1$，低污染；

（2）$1 \leqslant C_d < 2$，中等污染；

（3）$2 \leqslant C_d < 4$，严重污染；

（4）$C_d \geqslant 4$，极严重污染。

根据潜在生态风险（potential ecological risk）系数可将土壤污染分为如下几级。

（1）$E_r^i < 40$，低潜在生态风险；

（2）$40 \leqslant E_r^i < 80$，中等潜在生态风险；

（3）$80 \leqslant E_r^i < 160$，中高等潜在生态风险；

（4）$160 \leqslant E_r^i < 320$，高等潜在风险；

（5）$E_r^i > 320$，极高等潜在风险。

若采用复合生态风险系数（RI）对土壤重金属污染进行评估，则可采用如下方法。

（1）RI < 150，低生态风险；

（2）$150 \leqslant RI < 300$，中等生态风险；

（3）$300 \leqslant RI < 600$，高等生态风险；

（4）$RI \geqslant 600$，极高生态风险。

1.5.2   健康风险评价

健康风险评价是 20 世纪 80 年代以后兴起的狭义环境风险评价的重点，目前在世界各国得到应用。例如，欧盟为提高化学品的安全性，分别对现有化学物质和新物质的环境风险评价做出了明确规定。美国环境保护署（United States Environmental Protection Agency，USEPA）颁布了旨在保护人体健康的《土壤筛选导则》（soil screening guidance，SSG），以及旨在保护生态受体安全的《土壤生态筛选导则》（ecological-soil screening guidance，Eco-SSG）。美国许多州也据此制定了各州的土壤质量指导值。澳大利亚国家环境保护委员会（National Environmental Protection Council，NEPC）制定了基于人体健康的调研值（health-based investigation levels，HILs）和基于生态的调研值（ecological-based investigation levels，EILs）。

健康风险评价以美国国家科学院和美国环境保护署的成果最为丰富。其中，具有里程碑意义的文件是1983年美国国家科学院出版的红皮书《联邦政府的风险评价：管理程序》，提出了风险评价"四步法"，即危害鉴别、剂量-效应关系评价、暴露评价和风险表征。这成为环境风险评价的指导性文件。目前，它已被荷兰、法国、日本、中国等许多国家和国际组织采用。随后，美国环境保护署根据红皮书制定并颁布了一系列技术性文件、准则和指南，包括1986年发布的《致癌风险评价指南》、《致畸风险评价指南》、《化学混合物的健康风险评价指南》、《暴露风险评价指南》和《超级基金场地健康评价手册》等。

1. 危害鉴别

对健康风险评价而言，目前研究最多的是有毒有害化学物质的风险影响。所谓危害判定，主要是判定某种污染物对人体健康产生的危害，并确定危害的后果。通常采用的评估方法是：确定其理化性质、接触途径与接触方式、结构活性关系、代谢与药代动力学实验、短期动物实验、长期动物实验、人类流行病学研究等。主要依赖于环境医学、环境毒理学、生态毒理学、药物动力学和环境监测技术的发展。目前，美国和欧盟等已经建立了相关信息数据库，并在不断地进行充实和完善。

2. 剂量-效应关系评价

剂量-效应评价是对有害因子暴露水平与暴露人群出现不良效应发生率之间的关系进行定量估算的过程。它主要研究毒性效应与剂量之间的定量关系，是进行风险评价的定量依据。剂量-效应关系是在各种调查和实验资料的基础上估算出来的。人类流行病学调查资料是首选，其次是与人类接近的敏感动物的实验资料。在健康风险评价中，通常有以下两种剂量-效应评估方法：一是无阈效应（如癌）情况下，利用低剂量外推模式评价人群暴露水平上所致危险概率；二是有阈效应（如非致癌）情况下，通常计算参考剂量（reference dose，RfD），即低于此剂量时，期望不会发生有害效应。

3. 暴露评价

暴露评价重点研究人体暴露于某种化学物质或物理因子条件下，对暴露量的大小、暴露频率、暴露的持续时间和暴露途径等进行测量、估算或预测的过程，是进行风险评价的定量依据。暴露评价中应对接触人群（或生物）的数量、分布、活动状况、接触方式和所有能估计到的不确定因素进行描述。对于污染物的暴露水平，可以直接测定，但通常是根据污染物的排放量、排放浓度和污染物的迁移转化规律等参数，利用一定的数学模型进行估算。暴露评价还应考虑过去、当前和将来的暴露情况，对每一时期采用不同的评估方法。最后，根据环境介质中污染物的浓度和分布、人群活动参数等数据，利用适当的模型估算不同人群不同时期的总暴露量。在致癌风险评估中通常计算人的终生暴露量。

4. 风险表征

风险表征是风险评价的最后一个环节。它必须把前面的资料和分析结果加以综合，以确定有害结果发生的概率、可接受的风险水平及评价结果的不确定性等。同时，风险表征也是连接风险评价和风险管理的桥梁。此阶段，评价者要为风险管理者提供详细而准确的风险评价结果，为风险决策和采取必要的防范及减缓风险发生的措施提供科学依据。健康风险评价中，风险表征对风险进行定量表达有两种方式：对于致癌效应用风险度表示，即根据暴露水平的数据和特定化学物质的剂量-效应关系估算个体终生暴露所产生的癌症概率。非致癌效应以风险指数表示，即对暴露量与毒性（或标准）进行比较。

5. 土壤健康风险评估的假设及模型

评估土壤中重金属对人体的健康风险，主要基于以下几个假设：

（1）评估对象是针对与某区域某种特定土地利用方式特殊相关的人群，而不是指生活在该区域上的所有人群；如在评估某地区菜地土壤的健康风险时，评价的对象是食用的蔬菜全部来自于该地区的人群；对于生活在该区域，但并不食用该区域土壤种植的蔬菜的人群，则并不在被评估之列。

（2）只考察与该区域土壤直接相关的暴露途径，其他途径并不包括在内。如在评估娱乐类用地的土壤重金属健康风险时，只评估娱乐类用地直接产生的重金属暴露，即无意吸食暴露［式（1.15）］和接触暴露［式（1.16）］，而对于评估对象的膳食暴露则并不考虑。

（3）对于农业土壤，被评估人群食用的某类农产品（蔬菜或面及其制品、或米及其制品、或水果）全部来自该被评估土壤。如在评估稻田土壤时，假定该区域的居民食用的大米全部来自该区域的稻田。

土壤重金属可以通过多种暴露途径被人群摄入。最常见的包括农产品食用暴露、接触暴露和无意吸食土壤暴露。

（1）农产品膳食暴露途径的重金属摄入模型：

$$Q_{农产品} = \frac{C \times (BCF + MLF) \times FI_v \times IR_v \times EF \times ED}{CF \times BW \times AT} \qquad (1.14)$$

式中，$Q_{农产品}$为通过农产品摄入的重金属的量，mg/kg；C 为土壤重金属含量，mg/kg；BCF 为某农产品的重金属富集系数（bioconcentration factor）；MLF 为质量负载因子（mass loading factor），为 0.26（Pinder and McLeod，1989）；FI_v为膳食因子（diet fraction），为 0.4（USEPA，1997）；IR_v为农产品日平均摄入量（kg/d），可通过膳食调查获得；EF 为暴露频率（365 d/a）；ED 为暴露时间（exposure duration）（一般为 30 年）；CF 为转换系数（conversion factor）（365 d/a）；BW 为体重（body weight）（kg）；AT 为积累时间（averaging time)（致癌元素为终生，一般设为 70 年；对非致癌元素则与 ED 相同，即 30 年）。

上述模型中，土壤中某重金属的含量（C）和某农产品的重金属富集系数（BCF）可通过土壤和农产品重金属含量调查获得，从而计算出通过农产品膳食暴露途径所摄入的重金属量。

（2）土壤无意摄入途径的重金属摄入模型：

$$Q_{吸食} = \frac{C \times CF_1 \times FI \times IR_{a,c} \times EF \times ED}{CF_2 \times BW_{a,c} \times AT} \quad (1.15)$$

式中，$Q_{吸食}$ 为通过无意摄入途径摄入的重金属量（mg/kg）；其他参数见表 1.4。

表 1.4 土壤中污染物无意摄入的相关参数

参数	量纲	居住用地	工业用地	娱乐用地	农业用地	备注
C	mg/kg	调查获得	调查获得	调查获得	调查获得	土壤重金属含量
CF_1	kg/mg	10^{-6}	10^{-6}	10^{-6}	10^{-6}	转换系数
EF	d/a	350	250	40	350	暴露频率，与土地利用方式相关
FI	无量纲	1 成人 24	1 成人 24	1 成人 24	1 成人 24	消化系数（fraction ingested）
IR	mg/d	100（成人）200（儿童）	200（成人）—	100（成人）200（儿童）	100（成人）200（儿童）	尘土日平均摄入量，成人约为儿童的一半
ED	年	6（儿童）30（成人）	—30（成人）	6（儿童）30（成人）	6（儿童）30（成人）	暴露时间
BW	kg	63.9（成人）32.7（儿童）	63.9（成人）—	63.9（成人）32.7（儿童）	63.9（成人）32.7（儿童）	平均体重
CF_2	d/a	365	365	365	365	转换系数
LT	年	70	70	70	70	平均寿命
AT	年	LT 致癌 ED 非致癌	LT 致癌 ED 非致癌	LT 致癌 ED 非致癌	LT 致癌 ED 非致癌	积累时间（致癌元素为终生，一般设为 70 年；对非致癌元素则与 ED 相同，即 30 年）

（3）皮肤直接接触途径的暴露评价模型：

$$Q_{接触} = \frac{C \times CF_4 \times SA \times AF \times ABS \times EF \times ED}{CF_2 \times BW \times AT} \quad (1.16)$$

式中各参数见表 1.5。

表 1.5 皮肤直接接触土壤的暴露参数

参数	量纲	居住用地	工业用地	娱乐用地	农业用地	备注
C	mg/kg	调查获得	调查获得	调查获得	调查获得	土壤重金属含量
CF_4	$(kg \cdot cm^2)/(mg \cdot m^2)$	0.01	0.01	0.01	0.01	转换系数

续表

参数	量纲	居住用地	工业用地	娱乐用地	农业用地	备注
SA	m²/a	0.5 (USEPA, 1992)	0.316	0.53 (USEPA, 1992)	0.53 (USEPA, 1992)	接触面积
AF	mg/cm²	1	1	1	1	吸附因子
ABS	无量纲, 有机的	0.01	0.01	0.01	0.01	吸收因子 (USEPA, 1995)
	无量纲, 无机的	0.001	0.001	0.001	0.001	
EF	d/a	350	250	40	350	
ED	年	30	25	30	30	
CF₂	d/a	365	365	365	365	转换系数
BW	kg	成人 63.9	成人 63.9	成人 63.9	成人 63.9	北京成人平均体重
LT	年	70	70	70	70	平均寿命
AT	年	LT 致癌 ED (非致癌)	LT 致癌 ED (非致癌)	LT 致癌 ED (非致癌)	LT 致癌 ED (非致癌)	积累时间

6. 非致癌风险评估方法

通过食用蔬菜而摄入重金属的非致癌健康风险，可用 THQ_c（target hazard quotients）进行评估。该方法由美国环境保护署提出，近来被广泛应用。$THQ_c < 1$，表示不大可能产生负面健康效应。THQ_c 估算方法为

$$THQ_c = \frac{EF_r \times ED \times VI \times HMC}{RfD_o \times BW \times AT_n} \times 10^{-3} \qquad (1.17)$$

式中，EF_r 为年暴露频率（350 d/a）；ED 为暴露年限（对于成人、老人和儿童，分别为 30 年、60 年和 6 年）；VI 为蔬菜食用量 [g/（人·d）]；HMC 为蔬菜可食部分的重金属含量（mg/kg）；RfD_o 为重金属参考摄入剂量（mg/kg 体重/d）；BW 为平均体重（对于北京居民，成人、老人和儿童的平均体重分别为 63.9 kg、60.9 kg 和 32.7 kg）；AT_n 为非致癌暴露平均时间（365 d/a×ED）；10^{-3} 为单位转换因子。

不同品种蔬菜消费量差异很大，这意味着不同品种的蔬菜对健康风险的贡献也不同。在健康风险评价中应考虑这一点。在此，假设北京市居民各品种蔬菜的食用量比例与北京市各品种蔬菜消费量的比例相同。可采用如下方法进行评估：

$$THQ_w = \frac{EF_r \times ED \times VI \times HMC_w}{RfD_o \times BW \times AT_n} \times 10^{-3} \qquad (1.18)$$

式中，THQ_w 为基于各品种蔬菜的消费权重的健康风险评估系数；HMC_w 为各品种蔬菜正态转换后重金属含量均值与其占北京市蔬菜消费量权重乘积的加和。

在评估几种重金属非致癌的累积风险时，本书采用各重金属非致癌健康风险的加和表示。

7. 致癌风险评估方法

对于蔬菜中致癌重金属的致癌健康风险评估可采用 TCR（target cancer risk）。该方法由美国环境保护署提出。近年来，常用于农产品和水产品中致癌元素的健康风险评估。TCR 没有阈值，这是与非致癌健康风险评估（THQ）的不同之处。一般来讲，若 TCR 高于 10^{-6}，就可认为该污染物对人体的健康影响不可忽略。评估方法如下：

$$TCR_c = \frac{EF_r \times ED_{tot} \times VI \times C_{AsT} \times 0.83 \times CPS_o}{BW \times AT_c} \times 10^{-3} \tag{1.19}$$

式中，TCR_c 为致癌健康风险系数；EF_r 为暴露频率（350 d/a）；VI 为蔬菜人均日食用量 [kg/（人·d）]；C_{AsT} 为蔬菜可食部分中总砷含量（mg/kg）；0.83 为蔬菜中无机砷占总砷的比例（Diaz et al., 2004）；CPS_o（carcinogenic potency slope）为无机砷的致癌因子（$(1.5\ mg/kg·d)^{-1}$）；BW 为平均体重（kg）；AT_c 为致癌风险暴露时间（365 d/a×70 年，即 25550 天）。

不同品种蔬菜在健康风险评估中的权重不同。假设居民各品种蔬菜的食用量比例与各品种蔬菜的消费比例一致。基于各品种蔬菜的消费权重的致癌风险评估系数用 TCR_w 表示。TR_w 估算方法为

$$TCR_w = \frac{EF_r \times ED_{tot} \times VI \times C_{As\,w} \times 0.83 \times CPS_o}{BW \times AT_c} \times 10^{-3} \tag{1.20}$$

式中，$C_{As\,w}$ 为各品种蔬菜总砷含量几何均值与其占北京市蔬菜消费量权重乘积的加和。

1.6 土壤污染物的来源识别

1.6.1 来源识别的方法分类

目前，识别污染源的方法很多，主要包括统计学方法、计算机成图法（等值线）、元素比值法、组合指纹法、矿物学法和稳定同位素示踪法（表 1.6）。这些物源示踪方法主要用来研究大气颗粒物/气溶胶、水、悬浮颗粒、沉积物、土壤的物质来源，以及追踪其所含或作为载体所携带污染物/污染元素的源区。在条件合适的情况下，同位素方法、组合指纹法还可以定量计算源区的相对贡献率。

表 1.6 物源示踪方法比较表

方法		化学稳定性	空间限制	迁移中的影响			端源贡献计算		应用领域
				物理	化学	生物	定量	源数	
同位素	铅	Y	N	N	N	N	Y	3	土壤、水系、大气颗粒、生物体
	锶	N	N	N	N	N	Y	2	土壤、水系、大气颗粒、生物体
	硫	N	Y	N	Y	Y	Y	2	水、沉积物

续表

方法		化学稳定性	空间限制	迁移中的影响			端源贡献计算		应用领域
				物理	化学	生物	定量	源数	
元素比值	稀土	Y	Y	Y	N	—	Y	$n+1$	小流域土壤侵蚀
	其他	—	Y	Y	Y	—	N		
矿物学		N	Y	N	N	—	N		大气颗粒、近期沉积和冲洪积物
组合指纹法		—	N	N	Y	—	Y	$n+1$	悬浮颗粒、近期冲洪积物
多元统计		—	N					N	土壤、水系、大气颗粒、生物体
等值线		—	N					N	土壤、沉积物、水

注："Y"表示稳定、限制、影响、定量；"N"与前相反；"—"表示不需考虑

统计学方法主要利用多元数理统计理论,如主成分分析、因子分析、聚类分析、回归分析等数学方法来进行污染源判别。计算机成图法即计算机辅助解译。其中,应用最广泛、直观的是等值线法。它是利用 Sufer、ArcGIS 等计算机软件来绘制污染元素及相关控制因素(如 pH、Eh 值)的等值线,寻找相关的污染源。此方法通常所反馈的为一点污染源,而且需要进行大量的面上样品采集。

元素比值法就是将所研究样品的元素比值同已知源进行比较。此方法所采用的这些元素的含量在迁移过程中必须高度相关。一般所用的元素在迁移过程中相对较稳定、不易溶,主要以颗粒态迁移,如稀土元素和 Th、Sc、Zr、Hf、Ti、Nb 等元素。还有一些元素比值是根据潜在物源特征、迁移距离和载体性质确定的,这些元素化学性质也许并不稳定,如人们曾经借助 Cu 与 Zn 的比值研究产铜矿区排放的尾矿的生态影响。

组合指纹法主要用来研究河流泥沙或悬浮颗粒的来源,即将多个诊断指纹特征(物理、化学特征)组合在一起进行泥沙的物源研究,同时可以减少非源地泥沙混合的影响和区分范围更大的泥沙潜在来源。组合指纹法能为水土流失、治理提供参考信息,但由于所采集的样品不具有足够的代表性,很难准确代表流域内泥沙的整个变化过程,进而影响计算结果的准确度。

矿物学方法不需要进行室内化学分析就可以提供源区的直接信息,只要物源区存在矿物相差别或具有不同的标记性矿物,就能够有效识别物源区,因此,可用来区别不同工业成因、地质成因的大气颗粒物质来源。

上述这些方法的应用范围仅局限在某一方面,而不能就某一完整的生态系统物质或元素来源进行示踪。相对于上述这些方法,稳定同位素方法可以提供物源区的直接物源信息。同位素方法是最受关注、应用较成功的示踪方法,常用的为铅、锶、硫等同位素,其中,由于铅具有多个放射成因的同位素、化学性质稳定、分布广泛、测试方法成熟,特别是受后期作用影响较小而备受青睐。

1.6.2 铅同位素的示踪方法

铅本身作为一个污染元素,具有自身指示作用,同时也可以用来解释与铅具有相似化学行为或高度相关的元素来源。铅有四种稳定同位素,^{204}Pb、^{206}Pb、^{207}Pb、^{208}Pb,其中,^{204}Pb是非放射性成因同位素,^{206}Pb、^{207}Pb、^{208}Pb 分别是^{238}U、^{235}U、^{232}Th 的衰变产物。不同地层或矿体形成的年代或初始来源不同,其所具有的铅同位素比值分布也存在差异;后期的近地表环境的自然迁移或工业活动过程中,铅同位素比值不受生物、物理、化学过程所影响,不发生铅同位素的分馏,仍反映源区地层或矿体的同位素特征。含铅物质的铅同位素比值发生变化的唯一原因是其他来源铅的混入。因此,铅同位素组成具有明显的“指纹特征”,可以用来示踪物质来源。

应用铅同位素进行示踪的前提是,潜在源区由不同的铅同位素组成。铅同位素组成、铅同位素混合模型和源区相应参数计算结果的有机结合,可有效示踪环境中污染物质来源、迁移途径和由较少物源混合而成物质的各物源混合比例。

铅同位素示踪技术在环境科学中已开始广泛应用。在满足没有多个潜在物源且物源的同位素组成不同的条件下,基本没有其他可以限制其应用的因素存在(Roberto,2000)。铅稳定同位素主要用来示踪污染物的来源、迁移途径,特别是用来研究土壤、大气颗粒、沉积物和人体中元素铅的来源、人为铅对环境介质的影响和各物源的贡献比例等;采集的样品涉及土壤、沉积物、大气颗粒/气溶胶、植物(苔藓、地衣、农作物)、人发、血和指甲等。

有人曾用铅同位素示踪技术研究汽油铅/人为铅在土壤中的迁移速度、结合形态。采用连续提取方法研究人为铅、自然铅在土壤中的存在相态、运移深度,人为铅主要分布在表层土壤 20~30 cm 的范围,与碳酸盐结合的占 40% 左右,自然铅主要分布在土壤底层,而且主要与铝硅酸盐态(60%)、铁氧化态(30%)结合。人为铅的渗透速率也较快,40年左右时间,汽油铅就能渗到路边土壤 25~30 cm,而且表层土壤的硅酸盐态铅也基本是人为来源。因此,仅根据土壤浓度剖面并不能说明低浓度的深度土壤就没有遭受人为污染的影响。

Franssens(2004)曾应用铅同位素研究污染源的影响范围,通过铅同位素比值特征研究了法国的某铅锌冶炼厂产生的含铅颗粒物的扩散模式,发现在冶炼厂 4 km 以外的干沉降中仍含有 50%~80% 的工业铅。

1.6.3 污染物来源的定量识别

根据铅同位素比值可以计算不同物源的污染物贡献比例。根据放射性铅同位素比值参数特征,通过建立简单的线性混合模型,可以定量计算两物源、三物源混合样品的各物源贡献比例。已知混合样品、三个物源的同位素比值可以建立下面的计算等式:

$$(^{206}Pb/^{207}Pb)_a \times X_a + (^{206}Pb/^{207}Pb)_b \times X_b + (^{206}Pb/^{207}Pb)_c \times X_c = (^{206}Pb/^{207}Pb)_{mix}$$

$$(1.21)$$

$$(^{207}\mathrm{Pb}/^{208}\mathrm{Pb})_a \times X_a + (^{207}\mathrm{Pb}/^{208}\mathrm{Pb})_b \times X_b + (^{207}\mathrm{Pb}/^{208}\mathrm{Pb})_c \times X_c = (^{207}\mathrm{Pb}/^{208}\mathrm{Pb})_{mix} \tag{1.22}$$

$$X_a + X_b + X_c = 1 \tag{1.23}$$

式中，a、b、c 代表三混合物源；X 为各单元混合比。

对于简单两端源混合的样品，在已知混合样品和其中一个物源（通常指背景物源）的同位素比值、铅浓度时，也可以计算另一物源的同位素比值：

$$R_{人为} = \frac{R_{样品} \times [\mathrm{Pb}]_{样品} - R_{背景} \times [\mathrm{Pb}]_{背景}}{[\mathrm{Pb}]_{样品} - [\mathrm{Pb}]_{背景}} \tag{1.24}$$

式中，$[\mathrm{Pb}]$ 是对应样品的铅浓度。上述等式也用来计算人为铅的同位素比值。

自然界中，物源个数多于三个的事例很多，对于这些有三个以上物源的，尚无可靠的办法计算各物源的实际贡献率。因此，就有必要根据研究的实际需要进行物源类型重新划分，如在环境科学中，有时将人为、自然视为两个环境物源，研究人为活动对环境的影响。由于人为影响是多来源混合的结果，相应地，其同位素特征也是混合值，在研究过程中，将人为因素看作一个新的物源，结合两物源混合模型式（1.25）计算人为影响贡献率。计算式如下：

$$R_{人为} = \frac{R_{样品} \times [\mathrm{Pb}]_{样品} - R_{背景} \times [\mathrm{Pb}]_{背景}}{[\mathrm{Pb}]_{样品} - [\mathrm{Pb}]_{背景}} \tag{1.25}$$

$$X_{人为} = \frac{R_{样品} - R_{人为}}{R_{背景} - R_{人为}} \tag{1.26}$$

式中，R、$[\mathrm{Pb}]$、X 分别代表同位素比值、铅浓度、物源贡献比。通过物源简化，再结合三个物源的计算方法，就可以计算 4 个物源混合的贡献率。

一般来说，应用放射性同位素计年的年龄上限是按半衰期的 10 倍来考虑的，因此，$^{210}\mathrm{Pb}$ 被广泛用来最近 100～200 年的沉积定年，但其定年结果在距今 100 年以上就会不精确了。

参 考 文 献

陈同斌，黄铭洪，黄焕忠，等 . 1997. 香港土壤中的重金属含量及其污染现状 . 地理学报，52（3）：228-236.

鲁如坤，时正元，熊礼明 . 1992. 我国磷矿磷肥中镉的含量及其对生态环境影响的评价 . 土壤学报，29（2）：150-157.

王铁宇，罗维，吕永龙，等 . 2007. 官厅水库周边土壤重金属空间变异特征及风险分析 . 环境科学，28（2）：225-231.

Clausing P, Brunekreef B, Wijnen J H. 1987. A method for estimating soil ingestion by children. International Archives of Occupational and Environmental Health, 59（1）：73-82.

Diaz O P, Leyton I, Munoz O, et al. 2004. Contribution of Water, Bread, and Vegetables（Raw and Cooked）to Dietary Intake of Inorganic Arsenic in a Rural Village of Northern Chile. Journal of Agricultural and Food Chemistry, 52（6）：1773-1779.

Goyer R A. 1996. Toxic effects of metal. In: Klaassen C D, Editor. Casarett and Doullp's Toxicology; the Basic Science of Poisons（5th Edition）. New York：McGraw-Hill.

Hakanson L. 1980. An ecological risk index for aquatic pollution control. A sedimentological approach. Water

Research, 14 (8): 975-1001.

Pinder J E, Mcleod K W. 1989. Mass loading of soil particles on plant surfaces. Health Physics, 57 (6): 935-942.

Gwiazda R H, Smith D R. 2000. Lead isotopes as a supplementary tool in the routine evaluation of household lead hazards. Environmental Health Perspectives, 108 (11): 1091-1097.

USEPA. 1992. Dermal Exposure Assessment: Principles and Application. Interim Report. EPA/600/8-91/011B. Office of Research and Development, Washington, D. C.

USEPA. 1995. Supplemental Guidance to RAGS: Region 4 Bulletins, Human Health Risk Assessment (Interim Guidance). Washinton Management Division, Office of Health Assessment.

USEPA. 1997. Exposure Factors Handbook (Final). http://www. epa. gov/ncea/pdfs/efh/front. pdf. 2005-3-15

第 2 章　土壤环境质量的空间预测

　　土壤重金属含量是反映土壤环境质量的重要指标。了解土壤重金属的空间分布，是土壤污染评价及相关环境决策的基础。土壤介质的空间变异性、复杂性和污染调查手段不足，导致土壤重金属含量空间预测存在较大的不确定性。土壤污染抽样布点方法和空间插值方法，是导致预测结果不确定性的主要因素。本章主要介绍插值方法和采样布点方案对污染评价结果的影响，分析现有插值方法的空间预测结果的不确定性，提出土壤重金属污染调查的优化布点方法和土壤重金属污染概率预报的新方法，以降低污染判断的不确定，提高污染预测的精度。

2.1　基于非参数地统计学的土壤重金属污染预测

　　参数地统计学以数据服从正态分布为基础，要求样品均匀分布且样本量充足。对于偏离正态分布的数据，常需要对数据进行处理以满足插值方法的要求。受局部异常值的影响，土壤重金属含量数据通常为不符合正态分布。为了解决非正态分布引起的插值误差，通常根据土壤重金属含量的分布特征对异常值进行适当的调整。利用平滑函数进行数据平滑，或根据含量进行外推，或直接去除异常值，这种转换和处理必然会损失原始信息。为克服参数地统计学方法的不足，Journel 提出了非参数地统计学方法。该方法的基本思想是，把原始数据转换为非参数数据，然后利用克里格技术进行估算，以达到估值的目的。非参数统计方法不需要假设数值符合某种特定分布，也不需要对原始数据进行转换（Journel，1983），而且还可以用于无严格数值意义的定性资料（侯景儒，1990）。常用的非参数地统计方法有指示克里格法、概率克里格法、分位数克里格法等。非参数地统计法能够同时避免异常值和数据实际统计分布的影响，因此，具有广泛的实际应用价值。目前，这类方法在土壤微量元素制图、污染评价和不确定性分析等方面得到了广泛的应用。

　　与其他传统方法相比，克里格方法更强调数据结构的作用。它不仅考虑已知点与待预测点的影响，而且考虑已知点之间的相互影响。克里格插值可以给出有限区域内变量的最佳线性无偏估计，因此，在地质学、生态学等领域得到了广泛的应用。克里格估值是一种线性平滑低通滤波器，实质是对条件数学期望平均值的估计。该方法完成了对空间格局的认知，但没能再现空间结构，极值点都被平滑掉。

　　在土壤重金属研究中，关注的重点是土壤重金属空间变化剧烈的区域，克里格估值法对数据进行平滑处理后，就会使这些变化剧烈区域（甚至异常区）的重要信息丢失。为克服克里格方法的不足，而发展出条件模拟方法。条件模拟方法强调结果的整体相关性，它从整体上对区域变量空间分布提供了不确定性的度量。地统计模拟的结果具有与实测数据相同的频率直方图，更重要的是，模拟结果与实测结果具有相同的空间自相关结果（王学军，2002）。而克里格方法不能保证条件化到统计量，克里格法插值的结果，其直方图和协方差与原数据计算结果会有很大的偏差。地统计条件模拟算法自产生以来，发展了很多新的理论和方法，并在石油、地质、环境、土壤等领域得到了广泛的应用。地统计学的发展方向也呈现出由估值理论向条件模拟研究转变的趋势。

本节介绍了利用非参数地统计法（指示克里格法）预测土壤重金属空间分布，用序贯高斯模拟和序贯指示模拟算法进行土壤重金属空间预测，并评估污染预测结果的不确定性，将条件模拟的结果与其他污染预测方法进行对比，分析非参数地统计学方法的优势与不足。

2.1.1　土壤重金属空间分布预测方法

1. 指示克里格法

指示克里格法（indicator Kriging，IK）是地统计学常用的非参数估计方法。与普通克里格法相比，它不依赖于空间对象的平稳性假设，并不要求区域变量服从某种分布，无需剔除原始数据中的异常值。IK 可给出一定风险条件下（阈值）区域变量的估计值及空间分布，主要目的是对研究变量在非参数取样点的不确定性进行评估。

IK 插值的计算过程分三步：首先对原始数据做指示变换；其次用普通克里格法计算待估值点位置的条件累积分布函数（conditional cumulated distributing function，CCDF）；最后基于累积分布函数完成各种插值和模拟。

1）指示变换

对原始数据进行统计分析，根据样点的含量分布信息和研究的目的，确定一组样点数据指示化变换的阈值（z_k，$k = 1$，2，3，$\cdots$，k）。为了计算方便，将确定的阈值按从小到大排序。将样点数据按确定的 k 个阈值分成 k 个指示化数据对。指示化的公式如下：

$$I(x, z_k) = \begin{cases} 1, & Z(x) \leqslant z_k \\ 0, & Z(x) > z \end{cases} (k = 1, 2, \cdots, k) \tag{2.1}$$

确定阈值的过程中，要充分利用原始数据的统计分布信息，尽量使阈值在原始样点含量分布范围内均匀分布，体现原始样点含量的分布特征。同时，要限制阈值的个数，k 值过大，并不能提高插值计算的精度，反而会影响计算速度。样点数据指示化后的结果是 k 组指示化的含量值。利用 k 组指示化数据，可以估计待插值区域的平均含量在某一范围的概率。

设在待估值点 u 处出现阈值小于 z_k 的概率为 $F(u, z_k)$，P 为概率，$E(u, z_k)$ 为待估值，u 处出现阈值小于 z_k 的数学期望。则有

$$F(u, z_k) = P\{Z(u) \leqslant z_k\} = E(I(u, z_k)) \tag{2.2}$$

2）条件累积分布函数（CCDF）

设已知样点含量指示化数据为 $i(u_a, z_k)$（$k = 1$，2，$\cdots$，k；$a = 1$，2，$\cdots$，n），其中，n 为已知样点的个数。未采样点的估计值为 $i^*(u, z_k)$（$k = 1$，2，$\cdots$，k）。则估计值的计算公式为

$$[i(u, z_k)]^* = \sum_{a=1}^{n} \lambda_a i^*(u, z_k) = F^*[Z_k | (N) |] \qquad (2.3)$$

式中，权重 λ_a 的确定方法为普通克里格法，即利用普通克里格法对指示化的样点值进行估计。未采样点 u 处的指示化含量 $i(u_a, z_k)$ 的估计值即为该点处小于等于阈值 Z_k 的概率。由于该概率是在 N 个已知样点指示化值已知的条件下计算的，因此，称为条件概率估计值。

3）指示克里格法估值

设待预测点 u，CCDF 在 Z_{k-1} 和 Z_k 处的估计值之差（$F^*[Z_k | (N)] - F^*[Z_{k-1} | (N)]$）即为预测点 u 的含量在阈值 $[Z_{k-1}, Z_k]$ 之间的概率。在 $Z_k \sim Z_{k-1}$ 的范围内取一个代表性含量 $Z_k^{\wedge}$，通常为 Z_{k-1} 和 Z_k 的平均值，经过简单的计算就可得到未采样点 u 的估计值。计算公式为

$$Z^*(u) = \sum_{k=1}^{n} Z_k^{\wedge} (F^*[Z_k | (N) |] - F^*[Z_{k-1} | (N) |]) \qquad (2.4)$$

2. 序贯高斯模拟算法

序贯高斯模拟法（sequential Gaussian simulation，SGSIM）是贝叶斯理论的一个应用，此方法根据现有数据计算待模拟点值的条件概率分布，从该分布中随机取一值作为模拟现实。每得出一个模拟值，就把它连同原始数据、此前得到的模拟数据一起作为条件数据，进入下一点的模拟，因此，随着模拟的进行，条件数据集合会不断扩大。

序贯高斯模拟法的基本步骤：

根据初始样本数据，确定代表整个研究区内包含 z 个样本量的分布特征的累积分布函数 $F_z(z)$。如果原始数据丛聚，则需要进行离散处理，外部插值时可能需要进行平滑处理。

为满足 SGSIM 的高斯分布假设，对 $F_z(z)$ 进行标准正态积分变换，将原始数据变换成符合高斯分布的变量 y。

检查变换后的数据 $y(u)$ 是否符合二元和多元正态分布，如果多元高斯模型不适用，考虑选择混合高斯分布模型。

（1）多元高斯随机函数模型的步骤：①确定一条随机路径，使之通过待模拟的所有节点（不一定是规则的）。在每个节点 u，保留一定数量的相邻数据作为条件数据，包括原始数据和已模拟的节点。②在某个节点利用高斯变换后的数据进行克里格插值，得到了条件累积分布函数 $Y(u)$ 在该位置的均值 $Z_k(u)$ 和方差 $\sigma(u)$。③根据克里格方法，产生一随机残差函数，该函数符合 $N(0, \sigma(u))$ 的正态分布。随机数可以用蒙特卡罗和其他伪随机模拟器产生。④将产生的残差 $R(u)$ 加入到克里格估值中，即该点的模拟值 $Z_s(u) = Z_k(u) + R(u)$。或者，直接从条件累积分布函数 $N(0, \sigma(u))$ 中随机抽取数值作为该位置的模拟值。⑤将该节点的模拟值加入现有数据，一起作为以后模拟的条件数据。

（2）采用随机顺序逐一访问所有待模拟的节点，重复上述①～⑤的操作，直到所有的点都完成模拟。

（3）将模拟值 $Z_s(u)$ 通过逆高斯变换还原为原始变量。如果产生多个模拟值，就需利

用不同随机"种子"数。同时，不同的"种子"会产生不同的随机数序列，因此，对于各节点就有不同的随机路径和残差。但是，每个实现的出现概率都是均等的。

（4）对模拟结果进行检查，模拟结果是否有效，全局比例是否有效，半方差图是否合理，是否符合区域变量的空间分布规律。

序贯指示模拟法（sequential indicator simulation，SISIM）的算法同序贯高斯模拟方法类似。主要区别是在模拟前根据一定的阈值对原始数据进行重新赋值；SISIM 对原始数据的分布没有严格要求，而 SGSIM 要求数据满足多元高斯分布假设。但土壤重金属含量大多不能满足多元高斯分布，因此，SGSIM 方法应用受到了一些限制。

指示变量是二元变量，仅取 0 或 1 两值来表示存在或不存在。指示变量 $I(x)$ 的计算公式如下：

$$I(x) = \begin{cases} 1, & Z(x) \leqslant Z_c \\ 0, & 其他 \end{cases} \tag{2.5}$$

式中，Z_c 为阈值，通过阈值将原始数据分为 $Z(x) > Z_c$ 和 $Z(x) < Z_c$ 两部分，将连续随机变量 $Z(x)$ 转换为一指示变量。$I(x)$ 等于 1，表示该含量之下可被接受，否则不被接受。

2.1.2　研究数据

选取北京市东南郊污水灌区的土壤 Cd、Cu 和 Pb 数据为研究对象，相应重金属含量的统计特征及污染分级见表 2.1。

表 2.1　土壤重金属含量统计特征及污染分级标准

元素	n	最小值 /(mg/kg)	最大值 /(mg/kg)	均值 /(mg/kg)	标准差 /(mg/kg)	方差 /(mg/kg)	污染阈值 /(mg/kg)	超标比例/%
Cd	137	0.03	0.39	0.11	0.062	0.00	0.25	2.19
Cu	137	8.22	42.11	22.70	6.469	41.85	32	8.03
Pb	137	12.54	41.5	27.75	5.183	26.86	35	9.49

2.1.3　基于指示克里格法的土壤重金属污染预测

1. 污染评价结果

由图 2.1 可知，土壤中 Cd、Cu 和 Pb 的污染概率分别在 0～23%，0～42% 和 0～39% 之间。由于样点较稀疏，超过污染阈值的样本量较少。因此，利用指示克里格插值预测的污染概率都比较低。由表 2.2 可知，污染阈值的选择直接影响污染面积估算的结果，污染阈值越低，污染面积估算结果越大。交叉验证的结果表明（图 2.2），随着污染阈值的增加，污染评价结果准确的样点数逐渐增加，而且被低估的污染样点数量逐渐减少，同时被高估的样点数逐渐增加。由于污染样点所占的比例较小，较低的污染阈值都取得了较高的污染分级精度。Cd、Cu 和 Pb 分别取 10%、25% 和 25% 时，污染分级的准确度都高于 52%。由于污染样本占总体样本的比例都低于 10%，且污染样点的空间分布很不均匀，不同阈值必然导致污染样点被低估，部分清洁样点被高估。

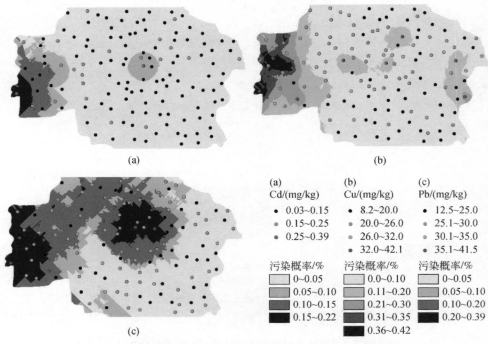

图 2.1　基于指示克里格方法的土壤 Cd、Cu 和 Pb 污染评价结果

表 2.2　不同污染概率的污染区面积

Cd 污染面积比例		Cu 污染面积比例		Pb 污染面积比例	
污染概率（大于）/%	面积/%	污染概率（大于）/%	面积/%	污染概率（大于）/%	面积/%
5	15.26	10	27.34	5	42.18
10	7.16	20	11.22	15	27.03
15	1.89	25	8.12	20	14.94
20	0.08	30	5.30	25	6.88
—	—	35	1.95	30	1.61

　　以图 2.1 Pb 的分级结果为例，研究区东部和中部的污染样点比较集中，指示克里格插值的污染概率较高，而且污染样点集中区域的清洁样点污染概率也比较大，但是在个别孤立的污染样点区域，估计的污染概率较低。因此，Pb 的污染分级准确率相对较低。由 Cu 和 Cd 的污染概率结果图可知，同是污染样点，受周围样点含量和样点空间布局的影响，污染概率存在较大的差异。在污染样点集中区域，污染概率较高；在污染样点稀疏区域，污染概率较低。因此，污染阈值的选择对确定污染范围影响很大。在具体的污染评价过程中，应根据研究区域的特征，结合土地利用和污染源分布特征，可考虑在不同的区域

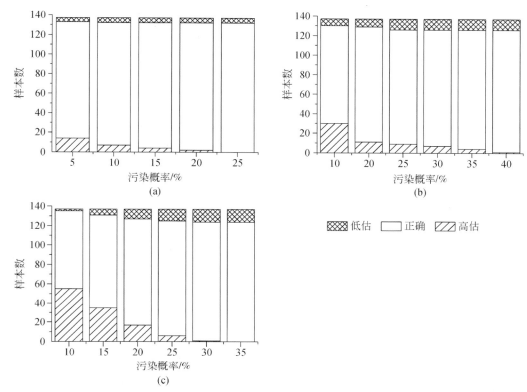

图 2.2　基于指示克里格插值的不同污染概率阈值的交叉检验结果

设定不同的污染概率阈值，以提高污染面积估算的精度。污染概率的选择不可避免存在着较大的主观性。为了减小主观因素的影响，可以通过增加采样点来提高污染评价的精度。具体而言，在样点实际污染程度与污染概率差别较大的区域增加采样点，提高污染预测精度。

2. IK 与其他插值方法比较

为了评价指示克里格的插值效果，选择常用的反距离加权法（IDW2）、张力样条函数（ST）、薄板样条函数（TPS）和普通克里格法（OK）进行对比分析。从污染区面积估算结果来看（表 2.3），普通克里格法的污染面积估算均为 0，IK 估算的面积与污染阈值相关，选择较低的阈值时，IK 估算的 Cu 和 Pb 污染面积要高于其他插值方法估算的结果；IK 估算的 Cd 污染面积略小于 TPS 方法估算的结果，IK 的估算结果与样点超标率统计的结果比较接近。

表 2.3　IK 插值与其他插值方法估算的污染面积比较

元素	IDW2/%	ST/%	OK/%	TPS/%	IK/%
Cd	0.56	0.27	0.00	2.11	1.89（阈值≥15%）

续表

元素	IDW2/%	ST/%	OK/%	TPS/%	IK/%
Cu	2.90	1.80	0.00	6.12	8.12（阈值≥25%）
Pb	1.62	0.71	0.00	6.65	6.88（阈值≥25%）

　　IK 的优点是可以根据插值的结果，结合研究区的特定，设定合理的污染阈值，改进污染区的估计精度，且根据污染概率，IK 可以评价污染区预测结果的不确定性。其他插值方法不能够评估插值结果的不确定性。OK 虽然也可以评估插值结果的不确定性，但是受样点局部变异程度影响较大，平滑作用较强，所以在大区域土壤调查时，污染样点的比例较少，OK 的平滑作用会导致较大的污染评价误差。

　　由图 2.3 可知，IK 插值的 Cu 污染区空间分布与其他插值方法相似。IDW、ST 和 TPS 都属于精确性插值法，即样点处的预测值与原始值相等，所以在污染评价结果图上，污染样点所在区域都存在着污染区域。不同插值方法预测的污染范围，与采样点的空间结构、插值方法的参数设置等相关。IDW、ST 和 TPS 获得的污染区都比较平滑。IK 是以污染概率的方法表示污染区的分布，比其他插值方法含有更多的信息。IK 的污染评价结果，需要做进一步的分析才能确定污染区的边界和污染程度。根据污染概率的空间分布、污染评价结果的服务对象和相关决策的需要，选择适宜污染概率值，确定污染区的边界和污染程度。

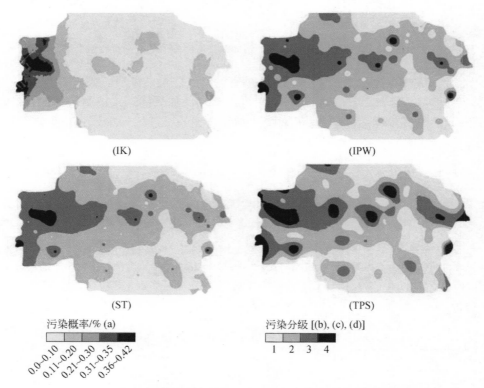

(IK)　　　　　　　　　　　　　　　　(IPW)

(ST)　　　　　　　　　　　　　　　　(TPS)

污染概率/% (a)

0.0~0.10　0.11~0.20　0.21~0.30　0.31~0.35　0.36~0.42

污染分级 [(b), (c), (d)]

1　2　3　4

图 2.3　IK 与其他插值方法的 Cu 污染评价分级结果比较

图中的 1，2，3，4 表示污染等级（污染程度随数字大小由轻到重）

2.1.4　基于序贯高斯模拟的土壤重金属污染预测

1. 土壤重金属污染模拟结果

随机选取 Cu 和 Pb 的 4 个模拟结果进行分析。Cu 和 Pb 模拟的描述性统计结果（表2.4）表明，条件模拟结果的统计特征与样点的统计特征非常接近。

表2.4　条件模拟现实的统计特征

SIM	样点	平均值	标准差	变异系数/%	最大值	3/4 分位值	中值	1/4 分位值	最小值
CuR1	309603	22.72	7.05	31.04	55.47	27.54	22.75	17.92	0.014
CuR2	309667	22.57	6.77	30.00	57.81	27.15	22.54	17.96	0.015
CuR11	309610	23.59	7.17	32.27	54.32	28.95	23.62	18.28	0.007
CuR12	309630	23.27	6.90	29.66	53.39	27.96	23.22	18.55	0.032
CuR21	309643	23.79	7.15	30.06	54.79	28.69	23.79	18.91	0.023
CuR22	309629	22.41	6.91	30.83	55.22	27.08	22.38	17.70	0.026
样点	137	22.70	6.47	28.50	42.11	26.76	21.77	18.25	8.220
PbR1	309760	27.43	5.29	19.29	48.68	31.08	27.59	23.99	1.260
PbR2	309760	27.27	5.02	18.40	51.84	30.73	27.26	23.84	6.710
PbR11	309760	27.97	5.47	19.56	53.68	31.69	27.97	24.23	4.590
PbR12	309760	27.33	5.50	20.10	49.84	31.11	27.47	23.69	0.600
PbR21	309760	28.09	5.71	20.31	58.78	31.72	27.96	24.22	5.290
PbR22	309760	28.20	5.14	18.24	52.96	31.60	28.17	24.76	6.060
样点	137	27.75	5.18	18.68	41.50	31.63	27.51	24.37	12.540

Cu 模拟结果的平均值为 22.41 ~ 23.79 mg/kg，误差小于 1.09 mg/kg。模拟结果的标准差略高于样点统计值，误差小于 0.7 mg/kg。四分位数的统计量结果表明，Q_1（1/4 分位值）的误差较小，低于 0.7mg/kg。Q_2（中值）和 Q_3（3/4 分位值）略大，为 0.3 ~ 2.2 mg/kg。模拟结果的最大值都在 53 mg/kg 以上，比样点最大值高 11.28 ~ 15.70 mg/kg。模拟结果的最小值都在 0.02 mg/kg 左右，比样点统计值低 8 mg/kg。Pb 模拟的均值为 27.27 ~ 28.20 mg/kg，与样点均值的误差小于 0.5 mg/kg。模拟结果的标准差为 5.02 ~ 5.71 mg/kg，与样点标准差的误差在 0.6 mg/kg 以内；模拟结果的 Q_1，Median 和 Q_3 统计误差都小于 1 mg/kg。

Pb 模拟的最大值为 48.68 ~ 58.78 mg/kg，比样点最大值高 7.18 ~ 17.28 mg/kg；模拟的最小值为 0.66 mg/kg，比样点最小值低 5.83 ~ 11.94 mg/kg。

总的来看，模拟结果再现了样点数据的统计特征，而且没有插值方法的平滑效应，样点的标准差和变异系数没有被降低。

2. 序贯高斯模拟的土壤重金属空间分布

图 2.4 的结果表明，条件模拟的 Cu 和 Pb 空间分布与克里格插值结果是相似的，克里格插值结果相对平滑（图 2.5），条件模拟因为加入了随机因素，所以在空间上存在波动。由条件模拟的方差分布图可知（图 2.6），在样点较稀疏和研究区边缘区域方差较大。

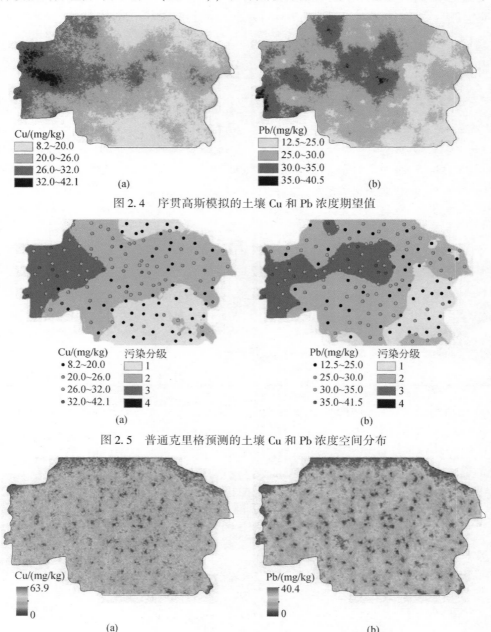

图 2.4　序贯高斯模拟的土壤 Cu 和 Pb 浓度期望值

图 2.5　普通克里格预测的土壤 Cu 和 Pb 浓度空间分布

图 2.6　土壤 Cu 和 Pb 浓度序贯高斯模拟的方差

3. 土壤重金属污染概率图

不同模拟结果展示了土壤重金属空间分布的随机性（图 2.7）。随机选取 3 个 Cu 和 Pb 模拟结果进行污染评价分级。结果表明，单次模拟结果的污染区在空间上的分布差异较大，基于一次模拟结果评估土壤重金属污染会存在较大的偏差。条件模拟的优点是通过多次（超过 1000）重复模拟，再现土壤重金属空间分布的波动性。基于多次模拟结果，评估土壤重金属空间分布的不确定性。在进行单点不确定性评价时，通常采用污染概率的方法，即基于多次模拟获取的单点含量分布特征，估算超过污染阈值的概率（$\mathrm{Prob}_{\mathrm{sis}}$）。

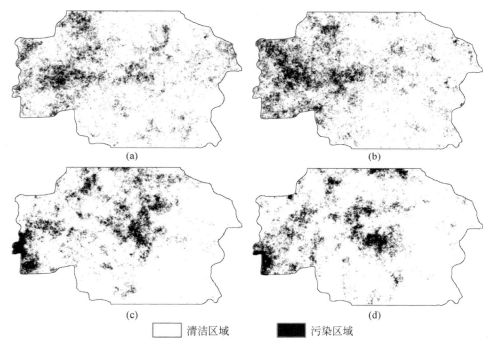

(a)　　　　　　　　　　　　(b)

(c)　　　　　　　　　　　　(d)

☐ 清洁区域　　　　■ 污染区域

图 2.7　随机选取的土壤 Cu 和 Pb 浓度空间分布序贯高斯模拟实现

$$\mathrm{Prob}_{\mathrm{sis}}\left[Z(x') > Z_c\right] = \frac{n(x')}{N} \qquad (2.6)$$

式中，Z_c 为污染阈值；$n(x')$ 为模拟值大于污染阈值的个数；N 为模拟次数。

不确定评价结果显示（图 2.8），Cu 污染概率较高的区域主要位于西部，Pb 污染概率较高的区域主要位于西部和中部。Cu 和 Pb 污染区的污染概率相对较低，这可能与研究区的污染区域较小、污染样点较少有关。污染概率插值的结果与指示克里格插值方法的结果相似，但 IK 插值的结果高估了污染样点周边清洁样点（图 2.9）。与 IK 一样，确定污染区域范围时，序贯高斯模拟也要确定污染概率阈值，污染阈值的确定可以参考误判率的方法或者概率损失方法，但必须结合研究区相关的背景信息和污染调查的目标。对大区域的污染调查，只能确定大致的污染区域和污染程度，要获取较准确的污染信息，需对重点区域（高污染概率）进行补点详查。

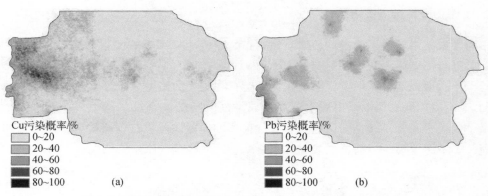

图 2.8　基于序贯高斯模拟的土壤 Cu 和 Pb 污染概率空间分布

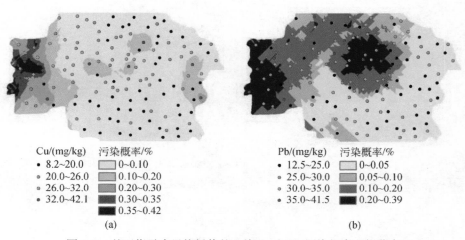

图 2.9　基于指示克里格插值的土壤 Cu 和 Pb 污染概率空间分布

2.1.5　基于序贯指示模拟法的土壤重金属污染预测

1. 指示半变异函数拟合

　　指示模拟需要先根据指示值建立先验条件累积概率函数。指示值的选择对模拟结果有显著的影响。利用指示值将土壤样点标记为 0 或 1，进行半变异函数拟合，为了获得较为合理的半变异拟合结果，要求每个阈值有足够的样点数据对来支撑。本书采用 25%、50%、75% 分位值和污染阈值作为指示量对土壤 Cu 和 Pb 含量进行指示转换。半变异函数拟合参数见表 2.5。

表 2.5　Cu 和 Pb 指示半变异函数拟合参数

项目	指示量 /(mg/kg)	块金值 /(mg/kg)	偏基台值 /(mg/kg)	块金效应/%	变程/km	拟合模型	拟合度
Cu-IK1	18.25	0.084	0.120	41.18	12.03	指数	1.61E-02
Cu-IK2	21.77	0.113	0.157	41.85	11.62	指数	1.84E-02
Cu-IK3	26.76	0.098	0.102	49.00	17.14	指数	1.18E-02
Cu-IK4	32.00	0.046	0.028	62.16	13.88	指数	5.53E-02
Pb-IK1	24.37	0.086	0.114	43.00	13.18	指数	1.35E-02
Pb-IK2	27.51	0.134	0.126	51.54	13.25	指数	7.89E-03
Pb-IK3	31.63	0.131	0.066	66.50	10.63	指数	1.43E-03
Pb-IK4	35.00	0.058	0.034	63.04	10.88	指数	3.97E-02

注：IK1，IK2，IK3，IK4 表示污染等级。

2. 土壤重金属污染概率图

由图 2.10 可知，土壤重金属污染概率的选择对污染面积估算有显著的影响。污染阈值设置过大，可能会把原本是污染的区域错认为清洁区域，而阈值太小，可能会将清洁区域错认为污染区域。污染区域错定为清洁区域就会低估土壤重金属污染的风险。清洁区错定为污染区会夸大污染风险，进而增加土壤污染修复的成本。但是，从保护环境健康角度来看，低估污染的损失要大于高估污染。因此，选择合适的污染阈值非常关键。污染概率的选择不可避免存在较大主观性，而在环境决策中往往更看重经济损失。因此，通过估算经济损失的方式来确定最佳阈值，通过比较不同污染概率下的污染评价错误导致的经济损失，确定最佳的阈值。损失函数用于评估将某一区域划分为安全或污染区的损失。将一区域划分为安全区域的经济损失计算方法为

$$L_1[Z(u)] = \begin{cases} 0 & Z(u) \leqslant Z_c \\ \omega_1[Z(u) - Z_c] & 否则 \end{cases} \tag{2.7}$$

式中，ω_1 为低估污染程度的相对损失；Z_c 为污染阈值。如果区域 u 是清洁的，即 $Z(u) \leqslant Z_c$，污染评价结果是正确的，则没有经济损失。如果区域 u 事实上是污染的，即 $Z(u) > Z_c$，则污染评价结果是错误的。错误的评价结果导致重金属污染的环境与健康风险被低估。低估污染的损失与超过污染阈值的浓度值（$Z(u) - Z_c$）成正比。

将区域 u 划分为污染区的损失计算方式为

$$L_2[Z(u)] = \begin{cases} 0 & if \quad Z(u) > Z_c \\ \omega_2 & 否则 \end{cases} \tag{2.8}$$

当区域 u 事实是污染的，$Z(u) > Z_c$，则污染评价结果是准确的，没有损失。当 u 事实是安全的，被错划分为污染区域，带来的经济损失主要是不必要的污染控制与修复工程费用，修复费用用 ω_2 表示。由于土壤中重金属的实际含量通常是未知的，所以真实的经济损失是无法估算的，但是可以利用污染概率来评估污染评价的不确定性，进而评估可能的经济损失。利用污染概率替代重金属含量评估误判的经济损失的计算方法为

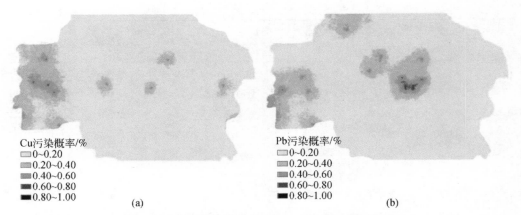

图 2.10　序贯指示模拟的土壤 Cu 和 Pb 污染概率图

$$L_1\left[Z(u)\right] = \begin{cases} 0 & if & \mathrm{prob}\left[Z(x) \geqslant z_c\right] < p_{threshold} \\ \omega_1 & 否则 & \left\{ \mathrm{prob}\left[Z(x) \geqslant z_c\right] - p_{threhold} \right. \end{cases} \tag{2.9}$$

$$L_2\left[Z(u)\right] = \begin{cases} 0 & if & \mathrm{prob}\left[Z(x) \geqslant z_c\right] > p_{threshold} \\ \omega_2 & 否则 \end{cases} \tag{2.10}$$

总损失估算公式为

$$Loss(p_{threshold}) = mean\ (L_1 + L_2)p_{threshold} \tag{2.11}$$

由于污染概率计算的结果差异较小，为了区分污染区被低估的健康风险和清洁区被高估的修复风险，设定 $\omega_1 = 30$，$\omega_2 = 1$。不同概率下损失的计算结果表明（图 2.11），概率在 0.2 ~ 0.6 变化时，总的损失先减小后增加。当污染概率等于 0.4 时，总的损失最小。当概率较小的时候，清洁区被高估为污染区的可能性增加，导致不必要的污染控制和修复投入（图 2.12a）。当概率较大时，污染区被认定为清洁区域，虽然需修复的面积减少，但是土壤污染风险和健康风险的损失增加，而且健康风险的损失要大于土壤污染修复的投入（图 2.12e）。ω_1 和 ω_2 数值的设置对结果有明显的影响。将 ω_2 固定为 1，将 ω_1 设为 3、5、10、30，结果表明，除 $\omega_1 = 30$ 能较好地区分第一类损失和第二类损失外，其他参数值

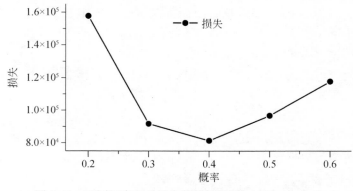

图 2.11　不同概率下的损失估算结果（$\omega_1 = 30$，$\omega_2 = 1$）

的结果都是污染修复的损失相对被夸大，导致概率越大，损失越大。参数 ω_1 和 ω_2 的设置不可避免会存在一定的主观性，为了降低这种风险，可以引入相关的背景信息，如土地利用信息，污染控制目标和土壤修复目标，综合考虑多种因素的影响，确定最佳的污染阈值。

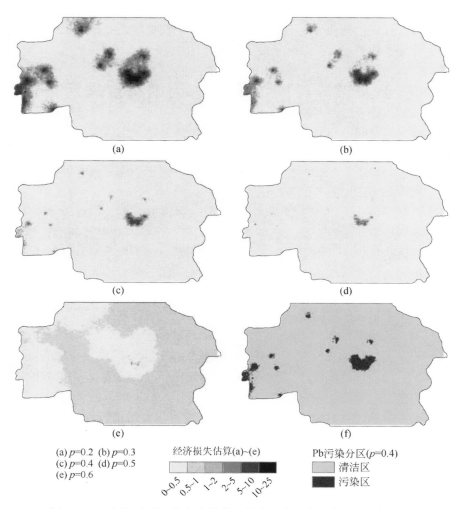

(a) $p=0.2$ (b) $p=0.3$
(c) $p=0.4$ (d) $p=0.5$
(e) $p=0.6$

经济损失估算(a)~(e)

0~0.5 0.5~1 1~2 2~5 5~10 10~25

Pb污染分区($p=0.4$)

清洁区
污染区

图 2.12 不同概率的经济损失估算和最小经济损失概率的污染区分布

序贯指示模拟方法对数据分布没有特殊的要求，对数据进行指示变换，利用克里格插值获取预测点的概率，再叠加随机影响，通过多个模拟结果，再现土壤重金属污染空间分布特征。通过分析不同概率下样点的误判率或估算不同概率下的经济损失确定污染阈值。模拟方法的思路是，在确定插值的基础上叠加随机因素的影响。不但能描述土壤重金属污染的空间分布，而且能描述污染风险在空间上的不确定性。基于概率的污染预测，能够为相关决策提供更丰富的信息。不确定性的分析结果对指导污染风险评价、修复工程规划设计具有重要的参考价值。

序贯指示模拟法虽然对数据分布没有特殊要求，但将数据指示化转化，增加了操作的难度。因为半变异函数拟合是一个比较复杂的过程，目前尚无快速、准确的自动拟合算法，全凭操作者主观确定最佳拟合参数。模拟算法对计算机的要求也比较高，算法运算时间与模拟节点数和模拟现实成正比。由于模拟栅格数较大（309760 个），实现 200 次模拟的时间约为 90 分钟，模拟结果占用空间 1.2 G，由于文件格式的限制，不能继续模拟。模拟现实数太少，导致污染概率计算结果出现偏差。可利用的软件包较少，现有的模拟算法包大多基于命令交互式运行，界面不友好，相关的帮助文件缺乏，仅相关专业的人士才能使用，增加了软件操作的难度，限制了限制模拟算法的应用。

2.2　基于人工神经网络方法的土壤重金属污染预测

　　土壤重金属含量空间分布是污染评价和修复决策的基础。土壤重金属受自然背景和人类活动的影响，空间变异较大，现阶段尚无综合多种因素进行空间分布预测的机理模型。实践中通常利用空间插值方法根据有限、离散的样点预测重金属空间分布。因此，预测方法是决定重金属空间分布准确性的主要因素之一。

　　插值方法总体上可分为两种类别，第一类方法包括反距离加权、局部多项式、样条函数法、径向基函数等数学函数方法。这类方法大部分仅考虑样点的空间位置，利用纯数学模型预测重金属的空间分布。由于土壤重金属空间分布的复杂性，纯数学方法考虑的因素较少，很难再现污染信息空间分布的复杂性和波动性。第二类广泛应用的方法是地统计方法，地统计方法充分考虑样点的空间结构特征，以半变异函数分析为手段，局部最优无偏估计为目标，给出未采样区域的最佳估计。同时，通过地统计方法还可以引入相关辅助要素（地质、土壤、土地利用等）提高土壤重金属插值的精度。

　　地统计方法（克里格插值）完成了对空间结构的描述，但是没有再现空间结构特征，克里格插值对样点局部是最优估计，但忽略了总体变异特征，插值后方差减小，变异度下降。插值方法共有的局限性是平滑效应，局部极大值被低估，局部极小值被高估。在应用时可能导致土壤重金属污染被高估或低估。插值方法不仅对污染程度的预测有重要影响，不同插值方法估算的污染区边界也存在较大的不确定性。为了克服克里格插值不能再现土壤重金属空间结构的局限，发展了地统计条件模拟方法。条件模拟方法在克里格插值的结果上叠加随机因素的影响，再现了土壤重金属空间分布的波动性和随机性，通过多次模拟实现评价土壤重金属污染分布的不确定性。条件模拟方法再现了空间分布的不确定性，但也牺牲了局部的插值精度。

　　地统计学方法（克里格插值和条件模拟）考虑了样点的空间结构特征，类似于半机理模型，在土壤重金属污染评价中得到了广泛应用。但是利用地统计插值的对象必须具有空间的自相关性，土壤重金属含量满足这一前提条件。地统计学方法根据采样点进行半变异函数分析，选择理论半变异函数拟合模型，分析土壤重金属的空间结构特征。空间结构特征分析的精度受样本量和样点空间分布的影响较大。选择半变异函数拟合模型时，主观因素较大，受研究者背景知识的限制，不同人在进行半变异拟合时，可能会存在不同的结果。一方面是因为对土壤重金属空间分布规律认识不清，另一方面是目前还缺少有效的拟合效率评价方法。地统计学虽然采用了半机理模型的插值思路，插值前提条件和插值参数的选择增加了应用操作的难度。

人工神经网络（artificial neural networks，ANN）方法是一种具有很强自组织、自适应学习的方法，它通过模仿人脑基本结构和功能来处理高维与高阶性的非线性问题，在模式识别和智能控制方面得到了广泛的应用。在土壤重金属污染评价领域，神经网络应用相对较少。前期已有部分研究应用神经网络进行土壤重金属插值的报道，但对神经网络应用中比较关键的一些问题，如输入层的选择、神经网络模型拓扑设计等还缺少研究。本书的目标是建立神经网络土壤重金属污染预测模型，探讨神经网络输入层、拓扑结构、训练方式的选择方法，提出神经网络土壤重金属污染预测模型的构建思路和方法，通过与传统的插值方法进行比较，评估神经网络土壤重金属污染预测模型的效率。

2.2.1 神经网络原理

人工神经网络（ANN）是由大量简单的基本神经元，通过模仿人脑处理信息的方式构造的一种数据驱动型非线性映射模型。它具有并行处理、自适应自组织、联想记忆、健全性，以及逼近任意非线性等特点，尤其在信息不完备情况下，在模式识别、方案决策、知识处理等方面具有很强的能力。随着神经网络研究的深入，多种神经网络模型被提出。其中，80%～90%的人工神经网络模型是采用前馈反向传播模型（back-propagation network，BP）或其改进形式。BP 神经网络是前向网络的核心部分，体现了神经网络中最精华的内容。本书拟采用 BP 神经网络构建土壤重金属污染神经网络预测模型。

BP 神经网络由输入层、隐含层（中间层）和输出层组成（图 2.13）。BP 网络的学习过程由信息的正向传播和误差的反向传播组成。输入层各神经元接受来自外界的输入信息，并传递给中间层各神经元。中间层是内部信息处理层，负责信息交换，根据信息变化能力的需求，中间层可以设计为单隐层或多隐层结构。最后一个隐层传递到输出层各神经元的信息，经进一步处理后，完成一次学习的正向传播处理过程，当输出与期望不符时，进入误差的反向传播阶段。误差通过输出层，按误差梯度下降的方式修正各层权值，向隐层、输入层逐层反传。神经网络的学习过程就是不断重复信息正向传播和误差反向传播过程，不断调整各层权重，直到网络输出的误差减少到可以接受的程度或达到预先设定的学习次数。

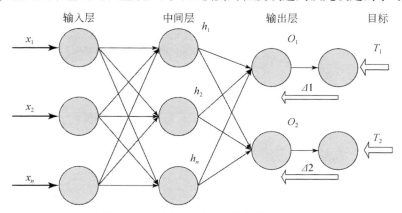

图 2.13 三层 BP 神经网络结构示意图

完整的 BP 神经网络模型包括输入输出模型、作用函数、误差函数和自学习模型。BP 神经网络建模的首要前提是必须要有高代表性和高精度的样本。同时，为了避免神经网络的"过拟合"和评价神经网络的性能与泛化能力，必须将数据随机分为训练样本和检验样本。神经网络的输入变量即为待分析系统的影响因子或自变量，一般根据专业知识确定。如果输入变量过多，一般可通过主成分分析方法压缩变量，也可以根据剔除某一变量引起的系统误差与原误差的比值大小来压减输入变量。神经网络的作用函数是反映下层输入对上层节点刺激脉冲强度的函数，BP 神经网络一般采用 Sigmoid 函数。为提高训练速度和灵敏性，以及避开 Sigmoid 函数的饱和区，一般要求输入数据的值为 0 ~ 1。因此，对输入层数据都要进行归一化处理。神经网络的学习过程，即链接下层节点和上层节点之间权重矩阵的设定和误差修正过程，BP 神经网络采取误差反馈学习算法。误差函数是反映神经网络期望输出与实际输出之间误差大小的函数。

Sigmoid 函数：

$$f(x) = \frac{1}{1 + e^{-x}} \tag{2.12}$$

误差函数，对第 p 个样本的误差计算公式为

$$E_p = \frac{1}{2} \sum_i (t_{pi} - o_{pi})^2 \tag{2.13}$$

式中，t_{pi}、o_{pi} 为期望输出和实际输出。

BP 神经网络的优化包括对网络拓扑结构的优化，网络结构主要是隐藏层的数量，一般认为增加隐藏层数可以降低网络误差，提高精度，但也增加了网络的复杂度，增加了网络的训练时间和出现"过拟合"的倾向。隐藏层的节点是影响网络效率的另一个关键因子。通常利用增加隐藏层节点数来提高精度，而且训练效果比增加隐藏数据更容易实现。学习率和冲量系数对网络性能也有较大的影响，学习率影响学习过程的稳定性。大的学习率可能是因为网络权值每一个修正量过大，导致不收敛；过小的学习率可能导致学习时间过长，但能收敛于极小值。增加冲量项是为了避免网络训练限于较小的局部极小值点。

2.2.2　数据与方法

1. 实验数据

为了检验神经网络模型的预测能力，将研究数据分为训练数据（training set）和检验数据（test set），两者的统计特征分别见表 2.6 和表 2.7。土壤重金属数据共 159 个样本，随机选取 31 个样本作为检验样本（图 2.14）。

表 2.6　土壤重金属训练样本统计特征

元素	样本	重金属含量/(mg/kg)							变异系数 /%	偏度	峰度
		算术均值	标准差	最小值	四分之一	中值	四分之三	最大值			
Cd	128	0.108	0.060	0.03	0.06	0.09	0.14	0.34	55.73	1.39	1.89
Cu	128	22.552	7.027	8.22	17.39	21.67	27.35	52.10	31.16	0.94	1.92
Pb	128	27.636	5.191	12.54	24.43	27.46	31.35	44.50	18.78	0.16	0.31

表 2.7　土壤重金属检验样本统计特征

| 元素 | 样本 | 重金属含量/(mg/kg) | | | | | | 变异系数/% | 偏度 | 峰度 |
		算术均值	标准差	最小值	四分之一	中值	四分之三	最大值		
Cd	31	0.121	0.075	0.04	0.07	0.10	0.14	0.39	62.17	1.88	4.42
Cu	31	23.850	6.550	14.44	19.21	22.00	27.10	38.09	27.44	0.81	-0.11
Pb	31	27.150	5.700	16.4	23.50	26.33	30.50	41.50	20.99	0.65	0.64

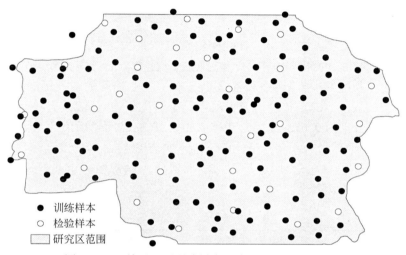

图 2.14　土壤重金属训练样本和检验样本空间分布图

2. 神经网络模型建立

　　输入层信息的准确度和丰富程度是影响神经网络性能的关键因素之一。土壤重金属含量与地质背景、土地利用、人类活动影响因素密切相关。空间位置是土壤重金属含量的第一影响要素，因为不同位置确定不同的自然背景和人类活动强度。传统的插值方法是利用邻近样点含量预测未知点。神经网络具有多维数据并行处理能力。土壤重金属分布的背景信息包括土地利用、地质条件，都可以通过数据转换作为神经网络的输入信息，通过训练获得更加准确和稳健的神经网络预测模型。受样点数据的限制，本书只利用样点位置和临近点信息构建神经网络。通过控制不同的输入层构建两种神经网络。

　　模型一：以样点坐标 (X, Y) 作为输入层，样点重金属含量作为输出层，建立神经网络模型。

　　模型二：以样点坐标 (X, Y)、临近点的土壤重金属作为输入层，样点的土壤重金属含量作为输出层。邻近点的选取基于地统计空间结构分析结果。为了考察临近点输入数量对神经网络模型训练效率和泛化能力的影响，我们将邻近点数量设置为 2、4、6、8、10，共 5 个梯度。

3. 精度评价

利用 31 个独立样本的预测精度评估神经网络的预测精度。同时,将神经网络的预测精度与常用的插值方法(反距离加权法、普通克里格法)进行对比。精度评价指标为均方根误差(RMSE)和平均绝对误差(MAE)。

2.2.3　BP 神经网络预测精度

表 2.8 列出了以样点坐标输入的 BP 神经网络独立数据检验结果,IDW、OK、TPS、BP1 等方法具体参数设置见表 2.14。神经网络预测结果与样点实际值具有显著的相关性($p = 0.05$),表明训练后的神经网络具有良好的泛化能力,能够根据样点坐标较为准确地预测重金属含量。利用 BP 神经网络对土壤 Cd、Cu 和 Pb 插值的均方根误差(RMSE)分别为 0.067、6.363 和 5.103。传统插值方法中,普通克里格(OK)方法对 Cd、Cu 和 Pb 插值的误差最小,分别为 0.073、6.653 和 5.350。BP 神经网络插值的均方根误差要小于 OK 方法。从样点插值的最大误差(Max error)来看,BP 神经网络预测对 Cu 和 Pb 插值的最大误差小于其他插值方法,对 Cd 插值时,插值最大误差略高于薄板样条函数(TPS)方法,低于 OK 和 IDW 方法。

表 2.8　BP 神经网络模型预测精度

元素	方法	均方根误差	最大误差	绝对误差	R	P
Cd	IDW	0.080	0.276	0.051	0.070	0.708
	OK	0.073	0.273	0.046	0.249	0.178
	TPS	0.079	0.242	0.054	0.201	0.279
	BP1	0.067	0.245	0.043	0.535	0.358
Cu	IDW	6.677	22.296	4.740	0.347	0.056
	OK	6.653	22.628	4.725	0.332	0.068
	TPS	7.336	28.029	5.097	0.286	0.119
	BP1	6.362	21.334	4.843	0.334	0.052
Pb	IDW	5.753	15.911	4.409	0.205	0.269
	OK	5.350	14.563	3.969	0.327	0.072
	TPS	6.448	21.673	4.847	0.096	0.609
	BP1	5.103	11.820	3.940	0.431	0.106

注:BP1 表示以样点坐标(X, Y)为输入的 BP 神经网络模型

2.2.4　BP 网络预测精度影响因素分析

BP 神经网络模型包括学习和测试两个过程。学习和测试过程就是针对不同的网络结构,不断调整网络的权值、阈值等参数,逐步接近模拟函数,使误差尽可能减小。评价神

经网络性能的两个重要指标为学习能力和泛化能力。学习能力是指根据训练数据提出规则的能力；泛化能力是用于评价神经网络对不在训练数据集中的样本仍能正确处理的能力，实际是一种内部插值或外部插值的能力（穆志纯等，1995）。在神经网络的具体应用中，神经网络的构建是一个非常复杂的问题。它涉及输入的选择、隐藏层及节点数的设置、不同层之间的转换函数等，以及在精心设计的网络训练后能否具有较好的泛化能力。调整网络结构是一个非常烦琐的工作。输入方式、神经网络参数设置（隐藏层、节点数和转换函数）是影响神经网络学习和泛化能力的重要因素之一。

1. 输入方式的影响

以样点坐标和临近点重金属含量为输入建立 4 层 BP 神经网络（两个隐藏层）。通过改变邻近点输入数评估输入方式对神经网络性能的影响。由表 2.9 可以看出，Cd 神经网络模型，邻近样点输入越多，BP 神经网络训练的均方根误差越小；从独立数据检验结果来看，随着邻近点输入数的增加，BP 神经网络对 Cd 的预测误差先减小后增大，输入 6 个邻近样点的预测误差最小。Cu 神经网络模型，邻近点输入量增加，BP 网络的训练误差先增大后减小，当邻近 8 个样点时，训练误差最小。与训练误差不同，BP 网络的预测误差先减小后增加，以邻近 6 个样点为输入层时，预测误差最小。Pb 神经网络预测模型，随着临近点输入量增加，BP 神经网络训练误差逐渐减小，以 10 个邻近样点为输入时的训练误差最小；但从独立数据检验结果来看，BP 神经网络的预测精度随着邻近样点数的增加，预测误差存在波动，10 个邻近样点输入时的预测误差最大，8 个样点输入时的预测误差最小。

表 2.9　BP 神经网络不同输入方式的训练精度和检验精度

元素	输入方式 样点	检验精度			训练精度		
		均方根误差	绝对误差	R	均方根误差	绝对误差	R
Cd	2	0.067	0.044	0.538	0.056	0.041	0.373
	4	0.065	0.042	0.569	0.055	0.040	0.408
	6	0.064	0.040	0.569	0.054	0.040	0.435
	8	0.068	0.043	0.472	0.054	0.040	0.442
	10	0.068	0.041	0.489	0.053	0.040	0.465
Cu	2	6.194	4.716	0.374	5.638	4.298	0.593
	4	6.129	4.703	0.397	5.789	4.439	0.563
	6	6.122	4.699	0.396	5.730	4.379	0.575
	8	6.425	4.903	0.336	5.389	3.984	0.639
	10	6.455	4.978	0.336	5.494	4.042	0.620
Pb	2	5.104	3.947	0.430	4.762	3.822	0.390
	4	5.172	3.975	0.417	4.690	3.810	0.421
	6	5.111	3.938	0.435	4.673	3.791	0.428
	8	5.098	3.976	0.440	4.639	3.738	0.442
	10	5.257	4.032	0.377	4.598	3.718	0.458

　　总的来看，适度增加邻近点样点的数量能同时改善 BP 神经网络的训练精度和预测精度，但训练精度和预测精度并不是同步变化的。随着邻近样点数的增加，神经网络的训练误差大体是逐渐减小的，神经网络模型的预测误差是先减小后增加。神经网络训练精度的改善并不意味着预测精度的改善，但在实际应用中，泛化能力（预测精度）是神经网络能够成功应用的关键因素之一。土壤重金属空间分布存在一定的空间自相关性，通过周边的样点可以间接预测土壤重金属含量，传统的反距离加权和普通克里格插值方法都是基于邻近点加权的思想进行空间插值。将邻近点作为输入层，通过训练，让神经网络学习样点污染物浓度局部分布的规律。从实际结果来看，增加邻近样点的数目，有利于改进神经网络预测模型的精度。但是邻近点的数目并不是越多越好，因为神经网络在训练过程中，首先学习总体趋势和规律，这也是我们增加邻近点的主要目的。随着邻近样点数的增加，输入节点包含较多的次要影响因素，在神经网络的学习训练过程中学习了这些次要影响因素，就会导致网络泛化能力下降，因为次要因素可能只是部分样点的局部特征。

　　输入节点太少，神经网络不能充分学习重金属含量的空间分布规律。输入节点太多，神经网络受局部样点的影响，限于对局部样点污染物含量特征的学习，影响神经网络的泛化能力。在实际应用中可以运用主成分分析法和节点敏感度分析法优化输入节点的数量。主成分分析法是利用主成分分析压缩输入节点数，去除输入节点间的相关性，提取主要的影响因子，提高网络训练精度和泛化能力。节点敏感度法是分析每个输入节点对预测结果的敏感程度，通过敏感度排序，去除敏感度较低的节点，压缩神经网络输入节点。

　　由图 2.15 可知，对 Cd 预测精度最敏感的输入节点为 X 坐标、n_3 和 n_5 邻近点，最不敏感的是邻近点 n_4、n_7 和 n_{10}。对 Cu 预测精度最敏感的输入节点为 X 坐标、邻近点 n_2 和 n_8，最不敏感的是邻近点 n_5、n_6 和 n_9。对 Pb 预测精度最敏感的输入节点为 X 坐标、n_4 和 n_8，最不敏感的是邻近点为 n_3、n_9 和 n_6。在建立神经网络时，将最不敏感的输入节点去除，可部分避免非主要因素对神经网络训练的影响，简化神经网络结构，提高训练效率和预测精度。

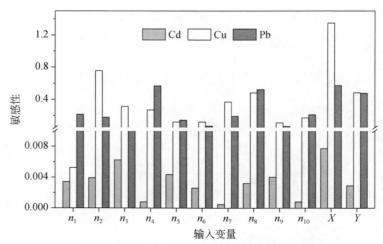

图 2.15　样点坐标和邻近样点重金属含量对神经网络预测精度的敏感性分析

n_1，n_2，$\cdots$，n_{10} 为按距离排序的邻近样点；n_1，n_{10} 分别表示距离最近和最远的邻近样点

从敏感性的分析结果可看出,土壤样点的坐标 X、Y,以及最近的样点对神经网络模型的预测精度敏感性都比较高,距离较远的样点敏感度相对较低,这与土壤重金属实际的分布规律是一致的。由于土壤重金属空间分布的影响因素并不一致,导致不同距离和方向上,重金属的空间自相关性程度并不同。在评价输入节点对神经网络的敏感度时,不同元素之间存在一定的差异。

样本量对神经网络精度也有较大的影响。训练样本数太少,网络很难学习到重金属空间分布的规律,只能起到数据记忆的功能,或是学习的规律不完整,不能完全反映整个研究区域的土壤重金属空间分布规律,导致网络的泛化能力较差。如果样本数目过多,网络训练速度会下降,且由于过度训练,学习了很多次要规律,导致泛化能力下降。

在构建神经网络时需考虑以下几个方面的问题:①选择与泛化样本类似的样本作为训练样本,充分学习土壤污染的空间分布规律;②包含重要特征点数据(局部极值或污染过渡区样点),因为神经网络外推能力较差,加入局部变异较大区域的样点,有助于改善神经网络对污染的预测精度;③尽可能保证相邻样本的变化率小于误差精度,修正误差函数使网络能够学习到主要规律。

2. 神经网络参数设置

1)初始权重和激活函数

BP 算法决定了误差函数一般存在多个局部极小值。因此,必须经过多次改变初始连接权值求得相应的极小值,通过比较这些极小值的网络误差,确定全局极小值,从而得到该网络的最佳网络连接权重。不同网络初始权重值决定了 BP 算法收敛于局部极小值点或是全局极小值点。同时,初始权重的设置对网络训练时间也有较大的影响。以 Cd 为例,进行 10 次随机训练,每次训练的初始权重各不相同。结果表明(图 2.16),不同初始权重训练的平均误差在迭代 300 次以后,差异小于 0.001。但是不同的初始权重,误差降低曲线并不一致,部分初始权重在迭代 50 次后即可达到较高的训练精度,而部分初始权重 150 次以后才能达到稳定的预测精度。总体而言,由于 Sigmoid 转换函数的特性,一般要

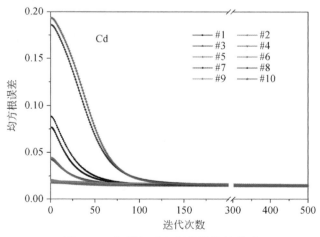

图 2.16　初始权重与训练误差的关系

求初始权重值分布在 $-0.5 \sim +0.5$ 比较有效；在合理的初始权重范围内，通过多次的迭代运算，神经网络的训练精度都比较高，但在不同初始权重条件下，神经网络的收敛时间存在较大的差异。

在神经网络其他设置相同的前提下，选择 Sigmoid 和 Tanh 两种不同的隐藏层激活函数，评估激活函数对神经网络训练和预测精度的影响。

由表 2.10 可知，当激活函数为 Tanh 时，神经网络输入层邻近样点输入数越多，神经网络的训练误差（RMSE）越小，训练结果的相关系数越大。Cd 训练误差为 $0.016 \sim 0.047$ mg/kg，相关系数在 0.627 以上。Cu 的训练误差为 $2.526 \sim 4.834$ mg/kg，训练结果的相关系数在 0.724 以上。Pb 训练误差为 $1.793 \sim 3.95$ mg/kg，训练结果的相关系数在 0.647 以上。

表 2.10   激活函数与训练精度和预测精度的关系

元素	样点	Sigmoid 检验		Tanh 检验		Sigmoid 训练		Tanh 训练	
		均方根误差 /(mg/kg)	R	均方根误差 /(mg/kg)	R	绝对误差 /(mg/kg)	R	绝对误差 /(mg/kg)	R
Cd	2	0.067	0.538	0.080	0.132	0.056	0.373	0.047	0.627
	4	0.065	0.569	0.079	0.176	0.055	0.408	0.041	0.734
	6	0.064	0.569	0.101	−0.015	0.054	0.435	0.025	0.907
	8	0.068	0.472	0.096	−0.107	0.054	0.442	0.016	0.966
	10	0.068	0.489	0.098	−0.064	0.053	0.465	0.026	0.904
Cu	2	6.194	0.374	6.642	0.334	5.638	0.593	4.834	0.724
	4	6.129	0.397	7.143	0.234	5.789	0.563	4.440	0.774
	6	6.122	0.396	7.282	0.268	5.730	0.575	4.190	0.802
	8	6.425	0.336	7.297	0.267	5.389	0.639	3.291	0.884
	10	6.455	0.336	7.545	0.292	5.494	0.620	2.526	0.935
Pb	2	5.104	0.430	5.239	0.391	4.762	0.390	3.950	0.647
	4	5.172	0.417	6.673	0.089	4.690	0.421	3.163	0.794
	6	5.111	0.435	5.595	0.417	4.673	0.428	2.571	0.874
	8	5.098	0.440	6.742	0.228	4.639	0.442	1.986	0.926
	10	5.257	0.377	7.346	0.069	4.598	0.458	1.793	0.941

当激活函数为 Tanh 时，Cd、Cu 和 Pb 神经网络输入层邻近样本数越多，神经网络独立数据检验的均方根误差越大，检验结果的相关系数越小。检验的均方根误差要大于网络训练的均方根误差，且神经网络训练误差越小，检验的均方根误差与训练误差的差异越大。Cd 神经网络检验误差与训练误差的差异为 $0.033 \sim 0.080$ mg/kg，Cu 为 $1.808 \sim 5.019$ mg/kg，Pb 为 $1.289 \sim 5.533$ mg/kg。

当激活函数为 Sigmoid 时，神经网络输入层邻近样本数越多，神经网络的训练误差越小，训练相关系数越大。但 Sigmoid 函数的训练误差均大于 Tanh 函数的训练误差，输入层邻近样本数越大，两种神经网络模型训练误差的差异就越大。当输入层邻近样本数越多时，神经网络独立数据检验的均方根误差越小。Sigmoid 神经网络训练误差与检验误差的差异相对较小，Cd 的差异为 0.011 ~ 0.015 mg/kg，Cu 的差异为 0.0340 ~ 1.036 mg/kg，Pb 的差异为 0.342 ~ 0.659 mg/kg。Sigmoid 函数的训练误差与检验误差的差异小于 Tanh 函数的结果。

评判神经网络模型性能的主要指标是泛化能力，泛化能力可以通过独立数据检验误差、检验误差与训练误差的差异两个指标来表示。检验误差与训练误差的差异越小，网络模型的泛化能力就越强，神经网络模型的性能越高。神经网络模型的训练误差越小，并不意味着泛化能力越强。训练误差越小，可能是因为神经网络训练过度，陷于对局部特征的学习，导致神经网络模型的泛化能力下降，局部特征学习得越多，泛化能力越差。

在本书中，选择 Tanh 导致了神经网络模型陷于局部特征，过度学习，出现“过拟合”现象，虽然训练误差很小，但是网络模型的泛化预测能力很差。在建立土壤重金属污染预测模型时，Sigmoid 函数更合适。在具体应用时，应结合具体目标，通过比较不同激活函数神经网络的泛化能力，选择激活函数类型。

2）隐藏层设置

隐藏层的设置包括隐藏层数及各层的节点数。理论上，若输入层和输出层采用线性转换函数，隐藏层采用 Sigmoid 转换函数，则仅含一个隐藏层的神经网络能够以任意精度逼近任何有理函数。增加隐藏层和节点数都可以降低网络误差，但也增加了网络的复杂程度和训练时间，甚至出现网络“过拟合”倾向。

由表 2.11 可知，当隐藏层较少时，增加隐藏层数目，土壤重金属 Cd、Cu 和 Pb 的训练精度都逐渐减小；但是隐藏层过多，神经网络的训练误差可能会增大，Cd 神经网络 8 个隐藏层的训练误差就大于 6 个隐藏层。增加隐藏数目能改善网络训练精度，但也会增加网络的复杂程度。在保证精度的情况下，应首选简单的网络模型。增加隐藏层节点数也可以获得较低的训练误差，而且训练效果比增加隐藏层数更容易实现。

表 2.11　不同隐藏层数的神经网络预测精度

隐藏层	均方根误差/（mg/kg）					
	Cd	Cu	Pb	Cd	Cu	Pb
1	0.071	6.561	5.258	0.360	0.324	0.380
2	0.069	6.456	5.285	0.436	0.336	0.365
4	0.069	6.873	5.240	0.403	0.289	0.387
6	0.066	6.504	5.243	0.506	0.327	0.393
8	0.072	6.435	5.236	0.306	0.338	0.391

由图 2.17 可知，Cd、Cu 和 Pb 神经网络训练的误差随着隐藏层节点数的增加产生波动。Cd 和 Pb 隐藏层节点数在 2 ~ 40 变化时，都存在两个误差相对较小的拐点，在节点数为 10 和 30 时取得最小的训练误差。Cu 的误差波动较 Cd 和 Pb 小，但也存在两个误差相对较小的拐点，在节点数为 22 和 34 时取得较小的训练误差。隐藏层节点数影响神经网络

的性能，是训练时出现"过拟合"的直接原因。

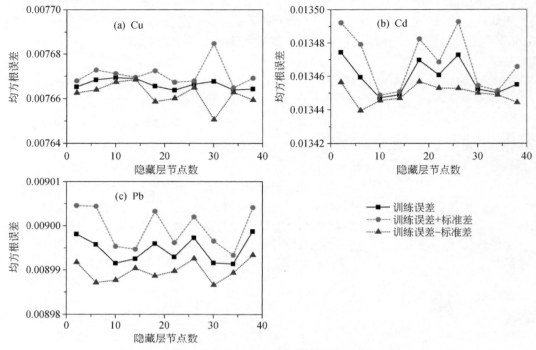

图 2.17　隐藏层节点数与网络训练误差的关系

目前还没有一种公认的、科学的和普遍适用的隐藏层节点设置方法。隐藏层节点数不仅与输入、输出层的节点数有关，更与解决问题的复杂度、转换函数、样本的特性等相关。在具体应用中，可结合具体问题，多次尝试，选择最佳的节点数。为了降低尝试的次数，可以参考以下原则：①隐藏层节点数应小于 $N - 1$（N 为训练样本数），否则，网络模型的系统误差与训练样本无关而趋于零，建立的网络无泛化能力，也没有任何实用价值。②训练样本数必须多于网络模型的连接权数，一般为 $2 \sim 10$ 倍，否则，样本必须分为几个部分采用"轮流训练"的方法才可能得到可靠的神经网络模型。

总之，隐藏层节点数太少，网络可能根本不能训练或网络性能很差；隐藏层节点数太多，虽然可使网络的系统误差减小，但容易陷入局部极小点而得不到最优点。因此，合理的隐藏层节点数应综合考虑网络结构的复杂程度和误差大小，用节点删除法或扩张法确定。

2.2.5　土壤重金属污染评价

1. 土壤重金属污染分级面积估算

由表 2.12 可知，与样点浓度均值相比，BP 神经网络预测的土壤 Cd 浓度均值低 0.05 ~ 0.02 mg/kg，Cu 浓度均值的预测结果低 0.223 ~ 0.311 mg/kg，Pb 浓度均值的预测结果低

0.161～0.239 mg/kg。神经网络对均值的预测精度较高。最大值统计结果表明，神经网络预测的最大值均小于样点最大值，以样点坐标为输入层的神经网络模型（XY）对最大值的预测精度要低于以坐标和邻近点为输入层的神经网络模型（XYNB）。

表 2.12　不同输入模式神经网络预测结果统计特征

元素	ANN 输入	最小值/（mg/kg）	最大值/（mg/kg）	均值/（mg/kg）	标准差/（mg/kg）
	XY	0.065	0.17	0.109	0.026
Cd	XYNB	0.051	0.245	0.106	0.027
	Sample	0.03	0.39	0.11	0.063
	XY	16.386	29.729	22.495	3.134
Cu	XYNB	15.754	36.696	22.583	3.696
	Sample	8.22	52.1	22.806	6.913
	XY	22.891	31.809	27.38	2.043
Pb	XYNB	21.648	34.891	27.302	2.286
	Sample	12.54	44.5	27.541	5.262

XY 神经网络对 Cd、Cu、Pb 最大值的预测结果分别低 56.41%、42.94%、28.52%。加入邻近点信息的神经网络模型显著提高最大值的预测精度，Cd 的精度提高 19%，Cu 提高 13%，Pb 提高 7%。神经网络模型预测的最小值大于样点最小值，XY 模型预测的 Cd 最小值比样点最小值高 116.67%，Cu 的结果高 99.34%，Pb 的结果高 82.54%。

XYNB 模型预测的最小值要低于 XY 模型的结果，预测精度提高。Cd 的预测误差降低 46.67%，Cu 的预测误差降低 7.69%，Pb 的预测误差降低 9.91%。神经网络预测的土壤重金属标准差降低，标准差的降低幅度都在 50% 以上，Cd 标准差降低 58.73%，Cu 降低 54.67%，Pb 降低 61.17%。引入邻近点信息的神经网络能提高网络的预测精度，土壤 Cd、Cu 和 Pb 标准差预测误差分别降低 1.59%、8.13% 和 4.62%。

区域土壤重金属污染调查中，极大值样点意味着污染概率比较高。对极大值的预测精度，关系到污染程度的评价和污染区的划分。极大值被低估可能会导致污染风险被低估。极小值样点的污染概率较低，极小值预测精度直接影响清洁区的划分。极小值被高估意味着污染风险被夸大。

表 2.12 的统计结果表明，神经网络模型的预测结果，样点最小值被夸大，最大值被降低。基于神经网络预测结果的污染评价可能导致清洁区的污染风险被高估，污染区域的污染风险被低估。

图 2.18 为神经网络预测结果与样点测定值的散点图，图中虚线表示预测结果与测定值相等。由图 2.18 可知，Cd 测定值小于 0.1 mg/kg 时，神经网络预测的结果要大于实测值；Cd 含量大于 0.15 mg/kg 时，神经网络预测结果要小于实测值。Cu 测定值小于 20 mg/kg 时，神经网络预测结果大于实测值；Cu 含量大于 30 mg/kg 时，神经网络预测结果小于实测值。Pb 测定值小于 25 mg/kg 时，神经网路预测结果大于实测值；Pb 含量大于 35 mg/kg 时，神经网络预测结果小于实测值。

总的来看，土壤重金属预测模型高估清洁样点重金属含量，低估污染样点重金属含

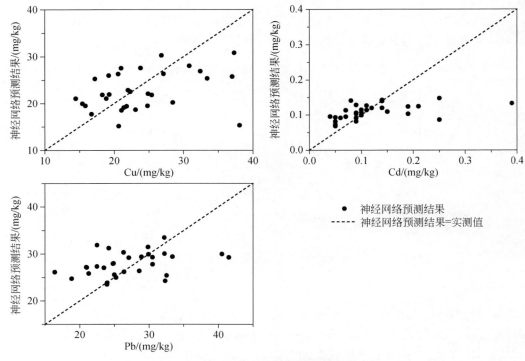

图 2.18　神经网络独立数据检验结果散点图

量。基于神经网络预测结果，土壤重金属 Cd 和 Pb 的污染区面积均为 0，Cu 的污染区面积为 0.90%，远小于样点超标率的计算结果 8.18%（表 2.13）。

表 2.13　基于神经网络预测结果的土壤重金属污染分级统计结果

元素	清洁区		污染区	
	ANN/%	超标率/%	ANN/%	超标率/%
Cd	92.42	81.13	0.00	4.40
Cu	31.35	38.99	0.90	8.18
Pb	19.12	34.59	0.00	9.43

2. 土壤重金属空间分布

由图 2.19 可知，神经网络插值的土壤重金属空间分布受输入层的影响较大。以样点坐标作为输入层的神经网络插值，土壤重金属在空间上呈条带状分布。Cd 含量从东向西逐渐降低，Cu 和 Pb 含量均呈现出自西北向东南逐渐降低的趋势。以坐标为输入层的神经网络对数据平滑较严重，平滑了局部细节信息。因为土壤重金属不但与样点位置有关，还与周边样点含量相关，仅以坐标作为输入的神经网络只能学习坐标的影响，所以插值结果只能反映坐标方向上的差异。神经网络引入周边样点后，土壤重金属空间分布的大体趋势与坐标神经网络的结果是一致的，但是在局部区域保留了更多的信息（图 2.19）。因此，在神经网络输入层引入邻近点能显著提高土壤重金属空间制图的精度。

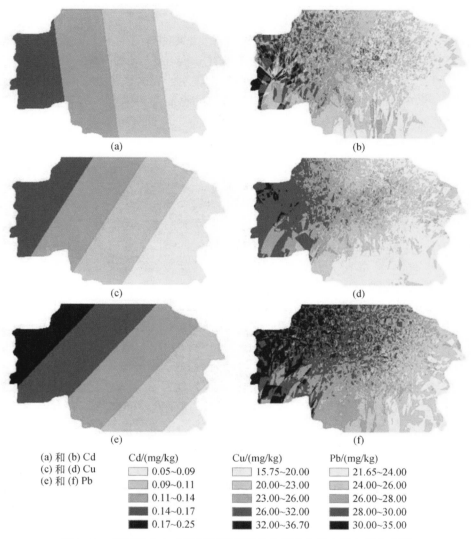

图 2.19　不同输入方式神经网络预测的土壤重金属含量空间分布图

与其他插值结果相比，神经网络插值结果在空间波动更大，传统插值方法更加平滑。这可能是因为神经网络能根据训练样本的特征学习不同区域土壤重金属空间分布规律，因此，神经网络插值结果会呈现出类似于条件模拟结果的空间波动性。而传统插值方法在整个目标区域内采用统一的插值运算规则，插值结果在空间上更加连续和平滑。

基于 BP 神经网络模型的土壤重金属插值同时具有传统插值方法和条件模拟方法的特性，既反映了重金属的空间分布规律，又表现了重金属含量在局部区域的波动性。神经网络模型预测精度受输入层信息影响较大，样点邻近点信息作为输入层能显著改善神经网络的预测精度。基于 BP 神经网络插值进行污染评价时会低估土壤重金属污染程度和污染面积。

2.3　空间插值模型对土壤污染评价结果的影响

土壤污染评价的基本流程为：土壤调查取样、土壤分析测定、土壤重金属含量制图、污染评价。传统的土壤重金属污染评价方法为统计分析方法，根据有限、离散的采样点的统计特征表征土壤的含量特征，利用样点的超标率表示研究区域污染区的面积比例。

统计方法的局限性在于不能描述污染的空间分布格局和污染区的边界。同时，在进行土壤重金属污染调查时，土壤样点的采样方法并不符合统计分布要求的样本间相互独立、大样本重复采样。土壤重金属含量在空间上存在一定的相关性，且在实际调查取样时，受采样方式和成本的影响，只能用有限的、离散的样点来预测研究区的重金属含量分布。将采样点转换成空间分布方面常用的方法为空间插值。空间插值方法充分利用土壤样点的空间相关性，预测未采样区域的土壤重金属含量，以较少的样点获得较准确的污染物空间分布信息。因此，空间插值方法在土壤重金属空间分布制图中应用非常广泛。常用的方法包括反距离加权法、克里格插值法、样条函数法、多元回归法、径向基函数法等。

插值精度反映了研究结果与实际土壤重金属空间分布的符合程度，直接影响污染评价结果。Yasrebi 等（2009）比较了 OK 和 IDW 对土壤化学属性的插值精度，认为 OK 要优于 IDW。Panagopoulos 等（2006）比较了 OK、IDW 和泰森多边形对土壤总矿物氮、磷、钾、pH、电导率和土壤饱和水等的插值精度，交叉验证的结果表明，OK 对每种土壤属性都是最好的方法。Robinson 和 Metternicht（2006）利用 OK、对数正态克里格（logOK）、IDW 和样条函数（Spline）对季节性稳定土壤属性（pH、电导率、有机质）进行了插值。交叉验证的结果表明，OK、logOK、IDW 和 Spline 分别对 pH、表层土壤电导率、亚表层土壤 pH 和有机质表现出最高的精度。上述研究对土壤属性空间插值不同方法的优劣评价结果并不一致。空间插值的精度受要素的局域性、空间变异性和要素间空间相互作用等的影响，同时还受到采样点的代表性及时空尺度效应等的影响。

总体来看，在样点密度很大时，不同模型的结果差异相对较小，因此，在进行小范围的土壤重金属污染调查时，可以通过高密度采样来提高土壤重金属的空间插值精度。但是在大区域乃至全国尺度的土壤重金属污染调查中，由于受人力、物力、财力等条件的限制，很难做到高密度空间采样。当样点稀疏时，变量空间变异性和空间相关性对插值模型的估算精度影响较大（朱会义等，2004）。因此，插值模型的选择是区域土壤重金属空间分布研究的一个关键问题。

土壤污染调查中，重点关注的是高污染风险区域的识别，高污染风险区域的样点在空间上常表现为局部极大值，而极大值的插值预测精度是选择土壤重金属插值模型的重要参考。目前，插值模型的精度评价方法通常采用交叉验证的均方根误差（RMSE），然而 RMSE 是对总体期望值插值精度的评价，并不能反映模型对极大值（污染区）的插值精度。插值方法对局部极值信息都存在一定的平滑效应，现有的土壤重金属插值方法评价侧重于对总体预测精度的评价，但在插值方法对土壤重金属污染细节信息的平滑效应，以及插值方法选择导致的土壤重金属污染评价的不确定性目前还缺乏系统的研究。污染评价结果的不确定性研究有助于选择最优的插值模型，以便于根据污染评价结果不确定性的空间分布规律，指导土壤重金属采样点的设计，优化样点空间结构，提高土壤污染分布插值精度。

就研究区域特点而言，土壤重金属污染调查大致可分为大尺度的区域调查和小尺度的场地或地块调查。区域土壤污染调查的主要目的是评估土壤环境质量状况及其生态风险与健康风险，为区域农产品种植区划等提供决策依据。其主要特点是研究区域面积较大，自然地理条件（地质条件、土壤类型、土地利用方式等）在空间上差异较大。

受土壤取样和分析成本的限制，区域土壤污染调查的采样间距通常较大，土壤重金属污染样本通常只占很小的比例。区域土壤污染调查的目的主要是了解土壤重金属污染总体趋势，识别潜在的重金属污染高风险区域。场地土壤污染调查的目的除污染评价外，更主要是为土壤污染控制与修复决策提供支持，如确定目标区域中需要实施修复的土方量，评估不同修复策略的优劣。因此，明确污染程度和污染边界非常重要。

本节将分别针对区域和场地污染调查进行案例分析。选择常用的 IDW、局部多项式（LP）、径向基函数法（RBF）、OK 等插值方法进行土壤重金属污染制图，分析插值后土壤重金属的统计特征变化，评估插值方法对污染程度和污染区域分布的预测精度，对比不同插值方法获得的土壤重金属污染分布结果的差异，分析污染评价结果不确定性的空间分布特征，为土壤重金属插值模型的选择和土壤采样点的设计提供科学依据。

研究区域位于北京市通州区中部（图 2.20），地理位置为东经 116°31′ ~ 116°56′，北纬 39°40′ ~ 39°51′。主要土壤类型为褐潮土、砂姜潮土。由于该区域降水量不足，地表水缺乏，为保障农业生产，从 20 世纪 60 年代开始，大部分农田利用通惠河、凉水河或高碑店污水处理厂的排水进行灌溉，其中，通惠河和凉水河承接着北京市生活污水和生产废水。

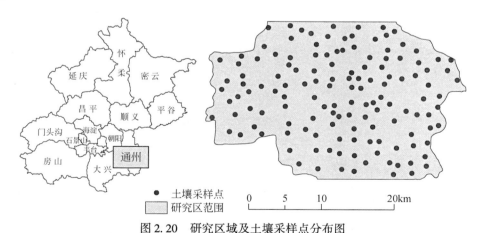

图 2.20　研究区域及土壤采样点分布图

2.3.1　空间插值方法及参数设置

选取常用的 IDW、LP、OK 和 RBF 进行土壤重金属空间插值。为了研究模型参数对污染评价结果的影响，IDW 的距离加权系数选择 1，2，3，4；LP 的回归次数选择 1，2，3；

OK 根据样点的空间结构分析结果选择最佳的变异函数（表 2.14）；RBF 选择规则样条函数（CRS）、反高次曲面函数（IMQ）、高次曲面函数（MQ）、张力样条函数（ST）和薄板样条函数（TPS）五种核函数。下文中命名方式按照"插值方法–参数"进行缩写，如 IDW1、IDW2、LP1、RBF-CRS、RBF-IMQ 等。普通克里格法要求插值要素符合正态分布，本书中的土壤 Pb 符合正态分布，As、Cd、Cr、Cu、Ni、Zn 均符合对数正态分布，所以插值过程中，首先对数据进行对数变换。由于土壤重金属元素在空间上都存在一定的分布趋势，因此，进行克里格插值时，利用全局二次方程式拟合趋势。利用 VARIOWIN2.2 进行半变异函数拟合，各元素的半变异函数拟合参数见表 2.15。

表 2.14　空间插值方法及参数设置

插值方法	参数设置		
IDW	加权系数		搜索半径
	Power=1，2，3，4		临近 15 个点，最少 10 个
LP	回归系数		搜索半径
	Power=1，2，3		最少临近 10 个点
OK	正态分布	正态转换　空间趋势	搜索半径
	指数	对数　　　二次	邻近 6～10 个点
RBF	核函数		搜索半径
	CRS，IMQ，MQ，ST，TPS		临近 15 个点，最少 10 个点

表 2.15　土壤重金属含量理论半变异函数拟合参数

元素	块金值 C_0 /（mg/kg）	偏基台值 C_1 /（mg/kg）	C_0 /（C_1+C_0）/%	变程/km	拟合模型	拟合度
As	1.487	2.625	36.16	8.686	指数	2.62E-02
Cd	1.22E-03	2.33E-03	34.37	6.261	指数	2.31E-02
Cr	40.453	34.637	53.87	9.845	指数	1.65E-02
Cu	19.715	22.671	46.51	16.51	指数	1.94E-02
Ni	16.291	27.269	37.30	8.044	指数	2.75E-02
Pb	6.21	19.925	23.76	7.0	指数	2.07E-02
Zn	120.948	100.797	54.54	13.469	指数	1.16E-02

2.3.2　插值评价方法

主要从插值前后样本数据的统计特征、极值的变化情况，以及不同插值模型估算的重金属污染区域的空间分布差异三个方面来比较不同插值模型的精度。

1. 空间插值精度评价

插值后样本的统计特征、插值精度和极值预测精度都是利用交叉检验法（cross-validation）进行评价。交叉检验法先假定每一个采样点的含量值未知，利用周围样点的值来估算，然后计算估计值与实际测定值的误差，根据误差统计结果评估插值方法的优劣。常用的误差统计指标有平均误差（ME）、平均相对误差（MRE）和均方根误差（RMSE）。ME 越接近于 0，插值误差越小；RMSE 的值越小，精度越高；MRE 可以克服量纲的影响，MRE 越小，插值精度越高。

$$ME = \frac{1}{n} \sum_{i=1}^{n} \left[z(x_i) - z^*(x_i) \right]$$

$$MRE = \frac{1}{n} \sum_{i=1}^{n} \left| (z(x_i) - z^*(x_i))/z(x_i) \right| \qquad (2.14)$$

$$RMSE = \sqrt{\frac{1}{n} \sum_{i=1}^{n} \left[z(x_i) - z^*(x_i) \right]^2}$$

式中，$Z(x_i)$ 为预测值；$Z^*(x_i)$ 为原始采样值。

此外，平均值、最大值、最小值和偏度也常用于评估不同插值方法的优劣。

2. 污染区域面积和空间分布的比较

交叉验证法是对样点插值误差的统计分析，不能反映插值误差在空间上的分布特征。利用 ArcGIS Spatial Analysis 的栅格分析方法可比较不同模型估算的重金属污染区的面积和空间分布的差异，通过与实际情况的验证可评价插值方法的优劣。

2.3.3　不同插值方法预测精度检验

1. 不同方法插值精度的交叉检验结果

均方根误差统计结果（表 2.16）表明，LP3 对 7 种元素插值的 RMSE 均是最大的，插值效果最差。总的来看，OK 和 RBF-IMQ 插值的 RMSE 较小，OK 对 Cr、Cu、Ni、Zn 插值的 RMSE 略小于 RBF-IMQ，对 As、Cd、Pb 插值的 RMSE 略大于 RBF-IMQ。RBF-TPS 和 LP2 插值的 RMSE 较大，具体而言，对 As、Cd、Ni、Pb 和 Zn 插值时，RBF-TPS 的 RMSE 最大；对 Cr 和 Cu 插值时，LP2 的 RMSE 最大。IDW 的距离加权系数从 1 增加到 4，插值的 RMSE 逐渐增大；LP 方法的回归次数升高，插值的 RMSE 增大；RBF 方法的均方根误差排序为：RBF-TPS 的 RMSE 最大，RBF-MQ 次之，RBF-CRS 和 RBF-ST 较小，RBF-IMQ 插值的 RMSE 最小。

表 2.16　不同插值方法空间插值的均方根误差（RMSE）统计

模型	土壤重金属空间插值的 RMSE/（mg/kg）						
	As	Cd	Cr	Cu	Ni	Pb	Zn
IDW1	1.89	0.060	8.88	5.67	6.08	4.81	12.75
IDW2	1.95	0.062	9.08	5.86	6.16	4.98	13.09
IDW3	2.04	0.064	9.38	6.17	6.35	5.25	13.77
IDW4	2.13	0.067	9.68	6.50	6.58	5.53	14.49
LP1	1.98	0.062	9.33	5.84	6.38	4.88	13.11
LP2	2.27	0.067	11.14	6.99	7.10	5.88	14.87
LP3	3.72	0.116	13.11	11.58	9.65	8.72	22.39
OK	1.87	0.060	8.78	5.59	6.07	4.78	12.58
RBF-CRS	1.95	0.062	9.17	5.88	6.17	4.88	13.14
RBF-IMQ	1.86	0.059	8.79	5.60	6.07	4.75	12.77
RBF-MQ	2.13	0.066	9.96	6.40	6.62	5.43	14.11
RBF-ST	1.93	0.061	9.09	5.81	6.13	4.92	13.02
RBF-TPS	2.40	0.069	10.88	6.94	7.26	6.07	15.43

平均相对误差的统计结果（表 2.17）表明，LP3 插值的相对误差（MRE）最大，远大于其他插值方法。OK 和 RBF-IMQ 插值的 MRE 较小，RBF-TPS 和 LP2 插值的 MRE 小于 LP3，大于其他插值方法。IDW 方法的距离加权系数越大，插值的相对误差越大，LP 的回归系数越高，插值的 MRE 越大。RBF 方法中，RBF-TPS 插值的 MRE 最大，RBF-IMQ 最小。从不同元素插值的相对误差比较来看，Cd 插值的效果最差，插值的 MRE 大于 45.1%，超过 61.61%（84 个）的样点的相对误差大于 20%。Pb 插值的效果最好，插值相对误差小于 22.3%，仅有 21.2%（29 个）样点的相对误差超过 20%。其他元素插值的平均相对误差都介于 14.6% ~ 30%。Cu 和 As 相对误差大，Zn 和 Ni 相对误差较小。不同元素插值的平均相对误差排序为：Cd>Cu>As>Cr>Ni>Zn>Pb。

表 2.17　土壤重金属插值平均相对误差及相对误差大于 20% 的样点数

模型	MRE/%							相对污染（RE）大于 20% 的样点数						
	As	Cd	Cr	Cu	Ni	Pb	Zn	As	Cd	Cr	Cu	Ni	Pb	Zn
IDW1	19.7	45.2	18.4	20.4	16.4	14.6	15.0	39	92	48	58	42	29	39
IDW2	20.7	45.9	18.8	21.0	16.8	15.2	15.3	37	97	48	52	42	30	42
IDW3	21.9	47.1	19.4	21.8	17.3	16.0	15.9	40	89	49	61	43	35	43
IDW4	22.9	48.2	19.8	22.5	17.8	16.8	16.6	47	95	52	61	43	38	41
LP1	20.4	47.2	19.4	20.4	16.8	15.0	15.3	42	84	50	54	40	30	44
LP2	24.6	49.6	23.9	23.7	19.6	17.8	17.0	50	89	67	57	52	44	42
LP3	32.8	61.2	26.9	29.4	24.6	22.3	22.5	52	103	68	69	59	51	55
OK	19.4	46.2	18.4	21.3	16.3	14.5	14.6	30	98	46	60	38	33	36

续表

模型	MRE/%							相对污染（RE）大于20%的样点数						
	As	Cd	Cr	Cu	Ni	Pb	Zn	As	Cd	Cr	Cu	Ni	Pb	Zn
CRS	20.7	46.6	19.2	20.9	16.7	15.0	15.3	39	90	48	53	40	34	45
IMQ	19.3	45.1	18.4	20.4	16.4	14.5	15.0	35	86	45	56	41	29	42
MQ	23.4	48.0	21.2	22.1	18.3	16.6	16.5	46	92	56	52	51	39	44
ST	20.4	46.4	19.0	20.8	16.6	15.0	15.2	39	91	49	53	41	33	45
TPS	26.7	52.3	23.3	23.5	20.5	18.6	18.1	55	94	69	54	58	47	51

2. 平均值的预测精度

由平均值的预测结果（表 2.18）可知，As、Cu、Pb 和 Zn 平均值预测结果与实测值的结果都非常接近，预测误差小于 1.0%。Cd 平均值预测结果为 0.105 ~ 0.110 mg/kg，预测误差小于 0.004 mg/kg。Cd、Cr 和 Ni 平均值预测误差较大，最大预测误差分别为 3.67%、3.38% 和 2.77%；但大部分插值方法对 Cd、Cr 和 Ni 含量平均值预测误差都小于 2.00%。不同插值方法对平均值的预测精度比较接近，LP3 对 Cr 和 Ni 平均值预测误差较大，IDW3 和 IDW4 对 Cd 平均值的预测误差较大。

表 2.18　不同插值模型预测的平均值

模型	平均值/(mg/kg)						
	As	Cd	Cr	Cu	Ni	Pb	Zn
IDW1	8.05	0.108	34.28	22.81	27.92	27.84	63.61
IDW2	8.05	0.107	34.18	22.77	27.84	27.80	63.58
IDW3	8.06	0.106	34.04	22.72	27.73	27.75	63.51
IDW4	8.07	0.105	33.89	22.67	27.62	27.72	63.41
LP1	7.96	0.110	34.37	22.57	27.47	27.65	62.96
LP2	8.04	0.109	34.07	22.60	27.65	27.71	62.81
LP3	8.05	0.110	33.21	22.74	27.00	27.69	63.29
OK	8.01	0.108	34.22	22.70	27.71	27.76	63.30
RBF-CRS	8.03	0.108	34.26	22.70	27.79	27.65	63.37
RBF-IMQ	8.04	0.109	34.32	22.84	27.91	27.88	63.60
RBF-MQ	8.01	0.108	34.09	22.61	27.62	27.71	63.28
RBF-ST	8.03	0.108	34.27	22.71	27.80	27.75	63.39
RBF-TPS	8.01	0.107	33.86	22.61	27.44	27.77	63.37
测定值	8.02	0.109	34.37	22.70	27.77	27.75	63.29

3. 最大值的预测精度

从最大值的预测结果（表 2.19）来看，LP3 对 As、Cd、Cu、Pb、Zn 最大值的预测结果分别为测定值的 209%、323%、270%、190%、163%，显著高于实测值；LP2 预测的 Pb 含量最大值比测定值高 2.12 mg/kg；其他插值方法预测的最大值都小于实测值。Cd 最大值插值的误差最大，插值后的最大值比实测值小 0.0138 ~ 0.236 mg/kg，降低了 35.4% 以上。Pb 最大值插值的误差最小，插值后的最大值比实测值小 0.0149 ~ 8.16 mg/kg，降低了 3.6% ~ 23.3%。Cu 和 Zn 最大值插值的平均预测精度高于 80%，Cr 和 As 平均预测精度较低，分别为 63.7% 和 76.9%。RBF-IMQ 和 OK 最大值的预测误差较大。IDW4 和 RBF-TPS 对最大值的预测误差较小。IDW 的距离加权系数越大，最大值的预测误差越小；LP 方法回归次数越高，最大值的预测结果越大，误差越小，但是三次 LP 的预测结果远大于实测值，偏差较大；RBF 方法，不同核函数对不同元素最大值插值的误差规律是一致的，RBF-TPS 对最大值的插值误差最小，RBF-MQ 次之，RBF-CRS 和 RBF-ST 的误差较大，RBF-IMQ 的误差最大。

表 2.19　不同插值模型预测的最大值

模型	预测的最大值/（mg/kg）						
	As	Cd	Cr	Cu	Ni	Pb	Zn
IDW1	10.29	0.164	38.18	31.40	34.29	33.03	81.53
IDW2	10.68	0.177	40.25	33.99	36.98	33.44	85.41
IDW3	11.58	0.188	43.26	36.61	40.23	35.73	93.92
IDW4	12.44	0.206	45.75	38.68	42.50	38.08	99.53
LP1	10.64	0.193	46.53	32.66	33.51	33.08	83.27
LP2	14.17	0.252	51.10	36.73	39.19	43.62	91.74
LP3	30.60	1.260	60.15	113.93	45.17	79.10	180.27
OK	10.52	0.154	39.84	35.12	33.62	31.85	86.82
RBF-CRS	10.70	0.180	41.21	33.84	35.89	33.08	85.17
RBF-IMQ	10.08	0.155	38.03	30.35	34.73	32.90	80.10
RBF-MQ	11.25	0.203	46.32	36.51	37.87	35.41	91.03
RBF-ST	10.62	0.176	40.67	33.20	35.38	32.81	83.75
RBF-TPS	11.75	0.220	53.24	37.10	40.82	40.01	100.60
实测值	14.59	0.390	68.60	42.11	49.00	41.50	110.43

4. 最小值的预测精度

由表 2.20 可知，LP3 预测的土壤重金属含量最小值均小于 0，预测结果有悖于重金属的分布规律，存在明显的错误。除 LP2 和 RBF-TPS 对部分元素最小值的预测结果小于实测值外，其他方法的预测结果均大于实测值。As 插值预测的最小值比实测值高 50% ~ 91.2%；Cd 最小值的预测结果比实测值高 6.7% ~ 106.7%；Cr 最小值的预测结果比实测值高 19.7% ~ 78.7%；Cu 最小值的预测结果高 17.8% ~ 116.9%；Ni 最小值的预测结果高 11.7% ~ 92.7%；Pb 和 Zn 最小值的预测结果分别高 30.9% ~ 82.2% 和 14.2% ~

37.1% 。总的来看，最小值的预测误差均高于 10% ，RBF-TPS 对 7 种元素最小值的预测误差最小，RBF-IMQ 的预测误差均是最大的。OK 方法的预测误差也较大。IDW 的距离加权系数越大，插值预测的最小值越小，预测精度越高；LP 回归次数越高，插值预测的最小值越小，精度越高；RBF 方法，不同核函数对 7 种元素插值误差的规律是一致的，RBF-IMQ 插值的误差最大，RBF-TPS 的误差最小。其他核函数最小值预测的精度排序为：RBF-MQ 的精度较高，RBF-CRS 次之，RBF-ST 误差较大。

表 2.20　不同插值模型预测的最小值

模型	最小值/（mg/kg）						
	As	Cd	Cr	Cu	Ni	Pb	Zn
IDW1	6.49	0.060	28.21	17.28	22.59	22.43	49.67
IDW2	6.14	0.058	26.88	16.00	20.86	21.60	47.18
IDW3	5.70	0.054	25.66	14.97	19.69	20.16	45.14
IDW4	5.22	0.046	22.96	14.00	19.14	18.42	42.28
LP1	5.90	0.059	25.52	15.13	19.70	21.77	43.55
LP2	2.58	0.026	14.17	11.12	13.10	12.43	33.67
LP3	−5.55	−0.044	−5.99	−13.81	−17.48	−1.43	−55.32
OK	6.11	0.062	29.06	17.06	20.64	22.47	47.79
RBF-CRS	6.20	0.056	26.24	16.02	21.04	21.77	46.75
RBF-IMQ	6.68	0.062	29.34	17.83	22.60	22.85	50.31
RBF-MQ	5.33	0.051	22.64	13.09	17.80	19.39	41.90
RBF-ST	6.26	0.057	26.73	16.44	21.49	21.82	47.45
RBF-TPS	2.90	0.032	19.65	9.68	14.13	16.42	34.70
实测值	3.48	0.030	16.42	8.22	11.73	12.54	36.70

5. 偏度的预测精度

偏度（skewness）是描述土壤重金属含量总体分布形态的一个重要特征。所谓偏度，即土壤重金属含量频率分布的拖尾程度。左偏态的分布曲线表现为向左侧拖尾，右偏态的分布曲线表现为向右侧拖尾（陶澍，1994）。偏度分布是相对于正态分布而言的，对于理想的正态分布数据，其偏度系数应当等于 0。土壤重金属元素大多符合对数正态分布（Hu et al.，2006），即呈右偏态分布。偏度系数的计算公式如下：

$$\gamma = \frac{1}{N\sigma^3} \sum (x_i - u)^3 \tag{2.15}$$

式中，σ 为总体标准差；x_i 为第 i 个观测值；u 为总体的算术均值。

由表 2.20 可知，土壤重金属含量实测的偏度系数均大于 0，表现为明显的右偏。Cd 的偏度系数最大，偏离正态分布的程度最大；Pb 的偏度系数接近 0，接近于正态分布。从插值模型预测的偏度系数来看（表 2.21），LP3 对 As、Cd、Cu、Pb 插值后的偏度大于实测值的偏度，右偏拖尾程度增大；其他模型插值后的偏度系数均减小，右偏拖尾程度减小；部分插值方法插值后的偏度系数小于 0，将测定值的右偏态分布变成左偏态分布。总的来看，Cd、Cr 的测定值偏度系数较大，插值后的偏度系数误差较大；Pb 接近正态分布，插值后的偏度系数误差较小。IDW 方法对 Cd、Cr、Cu、Ni 和 Zn 插值的距离加权系数越大，偏度系数越大，插值后右偏拖尾程度越大。其他插值方法没有明显的规律。

表 2.21　不同模型插值的偏度系数插值结果的偏度系数

模型	偏度系数						
	As	Cd	Cr	Cu	Ni	Pb	Zn
IDW1	0.477	−0.030	−0.565	0.664	0.236	−0.191	0.365
IDW2	0.394	0.203	−0.334	0.669	0.288	−0.043	0.513
IDW3	0.363	0.478	0.027	0.725	0.395	0.082	0.735
IDW4	0.402	0.675	0.277	0.811	0.448	0.128	0.909
LP1	0.464	0.422	0.257	0.648	−0.238	−0.046	0.409
LP2	0.302	0.585	−0.247	0.382	−0.101	−0.040	0.349
LP3	2.629	7.976	−1.375	3.866	−2.038	2.245	0.304
OK	0.318	−0.001	−0.105	1.014	−0.164	−0.261	0.639
RBF-CRS	0.417	0.216	−0.255	0.616	0.290	−0.046	0.454
RBF-IMQ	0.544	−0.066	−0.410	0.664	0.313	−0.252	0.319
RBF-MQ	0.109	0.459	0.052	0.528	0.227	0.019	0.495
RBF-ST	0.454	0.156	−0.322	0.624	0.274	−0.050	0.431
RBF-TPS	−0.171	0.548	0.197	0.390	0.096	0.049	0.498
实测值	0.520	1.540	1.290	0.660	0.920	0.010	0.950

6. 插值后的变异系数

变异系数（CV）也称为离差系数，它是以百分数表示的经算术均值校正了的标准差，因此，是无量纲的统计量。变异系数是对总体离散程度的相对度量，计算公式如下：

$$CV = \frac{StDev}{M} \times 100 \qquad (2.16)$$

式中，StDev 为总体的标准差；M 为总体的均值。

由表 2.22 可知，Cd 测定值的变异系数较大（56.27%），Pb 的最小（18.68%）。插值后的变异系数计算结果表明，除 LP3 插值后的 CV 均大于实测值外，其他方法插值后的变异系数均小于实测值。Cd 插值后变异系数降低程度最大，比实测值降低 13.32% ~ 35.66%；Pb 插值后变异系数降低幅度最小，比实测值低 2.13% ~ 9.72%；其他元素插值后 CV 的降低程度分别为：As 降低 2.89% ~ 15.25%，Cr 降低 5.97% ~ 19.39%，Cu 降低 4.08% ~ 14.10%，Ni 降低 3.97% ~ 14.66%，Zn 降低 2.82% ~ 11.67%。总的看来，实测值的变异系数越大，插值后的降低程度越大。RBF-IMQ 对 As、Cr、Cu、Ni、Pb 和 Zn 插值后的变异系数都是最小的，误差最大。OK 对 Cd 插值后的变异系数最小，误差最大。RBF-TPS 对 7 种元素插值后的变异系数都是最大的，误差最小。IDW 的距离加权系数越大，插值后的 CV 越大，误差越小；LP 方法的回归系数越大，插值后的 CV 越大，但三次回归次数由于对最大值和最小值插值的误差较大，所以插值后的 CV 高于测定值。RBF 方法中，RBF-TPS 插值 CV 最大，误差较小，RBF-MQ 次之，RBF-CRS 和 RBF-ST 的误差较大，RBF-IMQ 的误差最大。

表 2.22　不同模型插值结果的变异系数（CV）

模型	变异系数/%						
	As	Cd	Cr	Cu	Ni	Pb	Zn
IDW1	10.16	22.76	6.78	15.14	8.27	9.12	12.34
IDW2	11.78	25.30	8.71	16.53	10.08	9.89	13.81
IDW3	14.00	29.01	11.15	18.42	12.16	11.25	15.72
IDW4	15.98	32.73	13.37	20.28	13.96	12.67	17.45
LP1	11.18	24.94	9.54	15.89	9.95	9.44	13.44
LP2	21.09	38.44	17.68	23.13	17.04	15.46	18.24
LP3	39.27	101.97	27.49	50.89	30.53	30.53	33.79
OK	11.75	20.61	5.91	17.33	9.41	9.05	13.44
RBF-CRS	12.25	26.36	9.36	16.71	10.41	9.44	13.79
RBF-IMQ	9.55	21.94	5.84	14.40	8.22	8.96	11.74
RBF-MQ	16.57	33.76	14.24	20.42	14.64	12.90	16.98
RBF-ST	11.68	25.38	8.68	16.20	9.79	9.89	13.32
RBF-TPS	21.91	42.95	19.26	24.42	18.97	16.55	20.59
实测值	24.80	56.27	25.23	28.50	22.88	18.68	23.41

7. 高污染风险区的预测精度

区域土壤重金属污染调查中，重点关注的是高污染风险区域。高污染风险区域的土壤采样点常对应为局部极大值。为评价插值方法对极大值的预测精度，选择土壤重金属含量最高的 15% 样本进行评价。

由表 2.23 极大值插值的平均误差（ME）可知，土壤重金属含量极大值插值后的 ME 均小于 0，表明插值后极大值均小于测定值，极大值被低估。由表 2.24 可知，As 和 Pb 插值时，RBF-TPS 的 MRE 最小；LP1、RBF-IMQ、IDW1、LP2 分别对 Cd、Cr、Cu、Ni 极大值插值的误差最小。IDW 对 Cd、Cr、Cu、Ni 插值时，随着距离加权系数的增大，MRE 越大；对 As 插值时，加权系数越大，MRE 越小；对 Pb 和 Zn 插值时，随着距离加权系数的增大，MRE 先减小后增加。LP 对 Cd、Cr、Cu、Zn 插值时，回归次数越高，MRE 越大；对 As、Ni 和 Pb 插值时，LP2 插值的 MRE 要小于 LP1 和 LP3。RBF 方法中，RBF-IMQ 对 Cd、Cr、Cu、Ni 插值的 MRE 最小，RBF-TPS 对 As 和 Pb 插值的 MRE 最小，RBF-CRS 和 RBF-ST 对 Zn 插值的 MRE 最小。

表 2.23　不同模型土壤重金属含量极大值插值的 ME*

模型	平均误差 ME/（mg/kg）						
	As	Cd	Cr	Cu	Ni	Pb	Zn
IDW1	−2.73	−0.111	−16.90	−8.03	−10.30	−5.99	−20.81
IDW2	−2.70	−0.113	−17.41	−7.94	−10.33	−5.94	−20.41
IDW3	−2.66	−0.115	−17.92	−7.94	−10.48	−5.89	−20.12
IDW4	−2.62	−0.118	−18.30	−7.98	−10.68	−5.84	−19.95
LP1	−2.91	−0.109	−17.11	−8.65	−10.88	−6.25	−21.13
LP2	−2.10	−0.111	−19.64	−8.29	−10.17	−5.31	−20.17
LP3	−2.52	−0.058	−21.87	−1.60	−11.26	−3.52	−17.71
OK	−2.63	−0.112	−16.64	−7.40	−10.49	−6.16	−20.54
RBF-CRS	−2.67	−0.112	−17.41	−8.03	−10.34	−6.25	−20.70
RBF-IMQ	−2.75	−0.109	−16.54	−8.18	−10.32	−6.02	−21.19
RBF-MQ	−2.56	−0.113	−18.63	−7.74	−10.57	−5.48	−19.89
RBF-ST	−2.69	−0.111	−17.28	−8.07	−10.33	−5.91	−20.83
RBF-TPS	−2.42	−0.108	−19.86	−6.92	−10.97	−4.68	−18.81

* 含量极大值指土壤重金属含量最高的 15% 样本

　　总的来看，没有一种对所有元素极大值的预测精度都是最好的方法。从不同重金属含量插值的 MRE 来看（表 2.24），Cd 插值的 MRE 为 45.08% ~ 74.21%，误差较大；Pb 插值的 MRE 相对较小，为 14.59% ~ 20.23%；As、Ni、Zn 插值的相对误差为 20% ~ 30%，Cu 和 Cr 的误差为 22% ~ 47%。元素插值的 MRE 排序为：Cd>Cr>Ni>Cu>As>Zn>Pb。

表 2.24　不同模型土壤重金属含量极大值插值的平均相对误差（MRE）*

模型	平均相对误差/%						
	As	Cd	Cr	Cu	Ni	Pb	Zn
IDW1	23.86	46.41	32.10	22.69	25.19	16.34	22.12
IDW2	23.57	47.33	33.19	23.21	25.25	16.20	21.91
IDW3	23.22	48.36	34.29	24.33	25.64	16.05	22.77
IDW4	22.82	49.29	35.11	25.45	26.19	16.22	24.10
LP1	25.49	45.08	32.43	24.59	26.60	17.08	22.46
LP2	23.47	47.16	37.63	26.37	24.62	15.10	23.07
LP3	23.94	74.21	42.23	46.23	28.34	20.23	23.33
OK	23.11	47.11	31.63	22.02	25.79	16.79	21.86
RBF-CRS	23.42	46.81	33.19	23.41	25.28	15.96	22.19
RBF-IMQ	24.09	45.70	31.34	23.06	25.24	16.43	22.57
RBF-MQ	22.67	47.19	35.74	24.11	25.87	15.25	22.74
RBF-ST	23.57	46.62	32.90	23.36	25.26	16.09	22.19
RBF-TPS	21.91	46.52	38.42	23.18	27.21	14.59	23.21

* 含量极大值指土壤重金属含量最高的 15% 样本

8. 清洁区的预测精度

　　土壤重金属含量的极小值对应于土壤重金属含量较低的区域，很可能就是清洁无污染的区域。

　　从极小值插值的平均误差统计结果（表2.25）来看，极小值插值的 ME 均大于 0，表示插值后的极小值大于测定值，极小值被高估。从极小值插值的 MRE（表2.26）来看，RBF-TPS 对 Cr、Cu、Ni 插值的 MRE 最小，OK、LP2 和 LP1 分别对 As、Cd、Pb 插值的 MRE 最小，IDW4 对 Zn 插值的 MRE 最小。从不同元素极小值插值的 MRE 来看，Cd 插值的相对误差大于 86.07%，误差最大；Zn 插值的 MRE 为 22.46% ~ 32.56%，误差最小；Cr、Ni、Pb 的相对误差为 33% ~ 50%；As 插值的 MRE 为 47.29% ~ 72.52%；Cu 插值的 MRE 为 48.7% ~ 2.41%。总的来看，极小值插值的误差都比较大，高于 20%。随着插值方法参数设置的变化，不同元素极小值的相对误差变化趋势并不一致，并没有对 7 种元素插值精度都比较高的方法。

表 2.25　不同模型土壤重金属含量极小值插值平均误差（ME）*

模型	平均误差/(mg/kg)						
	As	Cd	Cr	Cu	Ni	Pb	Zn
IDW1	2.30	0.044	9.30	6.62	7.62	7.56	12.23
IDW2	2.30	0.043	8.86	6.58	7.34	7.79	11.42
IDW3	2.32	0.043	8.38	6.55	7.03	8.01	10.58
IDW4	2.34	0.042	7.93	6.53	6.75	8.19	9.86
LP1	2.31	0.046	9.52	6.50	7.38	7.31	11.94
LP2	2.22	0.041	9.08	6.70	7.52	7.82	10.37
LP3	3.38	0.032	5.76	3.84	5.49	7.85	13.66
OK	2.23	0.046	9.63	6.35	6.85	7.35	12.05
RBF-CRS	2.28	0.044	8.84	6.49	7.36	7.31	11.47
RBF-IMQ	2.29	0.044	9.59	6.64	7.58	7.39	12.68
RBF-MQ	2.32	0.043	8.03	6.27	6.98	8.02	10.74
RBF-ST	2.28	0.044	8.97	6.52	7.42	7.62	11.67
RBF-TPS	2.43	0.041	6.76	5.77	6.39	8.53	10.69

*极小值指土壤重金属含量最低的15%样本

表 2.26　不同模型土壤重金属含量极小值插值平均相对误差（MRE）*

模型	平均相对误差/%						
	As	Cd	Cr	Cu	Ni	Pb	Zn
IDW1	48.01	89.80	40.87	50.59	42.43	40.46	27.61
IDW2	48.35	89.29	39.24	50.33	41.07	41.61	25.69
IDW3	48.94	89.07	37.60	50.30	39.52	42.79	23.73
IDW4	49.73	88.93	36.42	50.88	38.15	43.68	22.46

模型	平均相对误差/%						
	As	Cd	Cr	Cu	Ni	Pb	Zn
LP1	48.50	96.03	41.81	50.24	41.27	39.21	26.90
LP2	48.84	86.07	44.29	52.41	42.30	41.80	23.03
LP3	72.52	93.62	48.25	51.71	44.07	49.70	32.56
OK	47.29	95.18	42.23	48.90	38.78	39.30	27.21
RBF-CRS	48.15	90.85	39.17	49.99	41.19	41.05	25.82
RBF-IMQ	47.64	90.89	41.97	50.69	42.27	39.55	28.69
RBF-MQ	50.33	88.37	36.30	49.12	39.23	42.91	24.57
RBF-ST	48.08	91.02	39.67	50.13	41.51	40.78	26.30
RBF-TPS	54.72	89.79	33.62	48.70	37.85	45.59	25.01

＊极小值指土壤重金属含量最低的 15% 样本

2.3.4　土壤重金属污染面积估算

土壤重金属污染区域面积主要有两种估算方式：一种是根据样点超标率进行推算，利用超过某一标准的样点占总样本量的比例表示污染区面积占调查区域总面积的比例；另一种是利用插值模型对研究区土壤重金属进行空间插值，获取土壤重金属的空间分布，根据土壤重金属污染评价标准对插值结果进行污染评价，并统计污染区面积。利用两种方式分别计算土壤重金属污染分级面积，比较不同计算方式面积估算结果的差异。

从样点超标率的估算结果来看，Cr 和 Ni 的高污染风险面积比例较高，Cd 和 Zn 的污染面积比例较低。不同插值方法污染面积估算结果表明（表 2.27），插值方法的污染面积估算结果比超标率的估算结果低 0.80% ~ 10.95% 。不同插值方法之间的差异较大，RBF-TPS 估算的高风险面积比例都是最大的，但比超标率的结果低 0.8% ~ 3.43% ；OK、LP1、LP2 对大部分元素污染面积的估算结果均较低或为 0；LP3 估算的 Ni 和 Zn 的污染区面积比例为 0。总的来看，不同元素污染面积估算结果的规律是一致的，RBF-TPS 估算的污染区面积比例最高，IDW4 和 RBF-MQ 次之，OK 和 LP 的估算结果最小。IDW 方法的距离加权系数越大，估算的污染区面积比例越大。

表 2.27　不同模型土壤重金属高污染风险区面积估算结果

模型	高污染风险区面积比例/% ＊						
	As	Cd	Cr	Cu	Ni	Pb	Zn
IDW1	0.13	0.07	0.38	0.65	0.61	0.16	0.09
IDW2	1.26	0.56	2.90	2.91	3.51	1.42	1.07
IDW3	2.70	0.99	5.57	4.53	5.97	3.14	2.08
IDW4	3.81	1.28	7.27	5.52	7.44	4.45	2.71

续表

模型	高污染风险区面积比例/% *						
	As	Cd	Cr	Cu	Ni	Pb	Zn
LP1	0.00	0.00	0.00	0.29	0.00	0.00	0.69
LP2	0.00	0.00	0.00	1.58	0.00	0.20	0.11
LP3	0.00	1.71	0.17	1.75	0.00	0.54	0.00
OK	0.00	0.00	0.00	2.67	0.00	0.00	0.00
RBF-CRS	0.96	0.41	2.10	2.27	3.21	1.01	0.71
RBF-ST	0.56	0.27	1.35	1.79	2.13	0.61	0.38
RBF-TPS	7.32	2.12	8.78	6.14	9.42	6.06	3.29
RBF-MQ	3.57	1.22	5.17	3.84	7.27	3.25	1.87
RBF-IMQ	0.00	0.00	0.00	0.00	1.42	0.00	0.03
超标率	7.27	3.65	10.95	8.03	10.22	9.49	5.11

* As, Cd, Ni, Zn 按 level 3 计算；Cr, Cu, Pb 按 level 4 计算。

　　清洁区面积的估算结果（表 2.28）表明，插值方法对 Cd、Ni 清洁区的估算结果高于超标率的估算结果。插值方法对 As、Cr、Cu、Pb、Zn 清洁区面积的估算结果低于超标率的估算结果。与超标率估算结果相比，插值方法估算的 As 清洁面积差异最大，比超标率低 26.86% ~51.40%，Ni 的差异相对较小，小于 6.12%；其他元素的清洁区面积估算结果差异为 0 ~22%。

表 2.28　不同模型土壤重金属清洁区面积估算结果

模型	面积比例/% *						
	As	Cd	Cr	Cu	Ni	Pb	Zn
IDW1	8.89	92.02	1.24	28.32	43.55	20.30	26.84
IDW2	16.68	85.87	7.50	31.65	45.31	24.54	29.16
IDW3	22.14	82.56	12.20	34.27	46.17	26.91	32.63
IDW4	25.28	81.08	15.16	35.57	46.52	28.45	34.81
LP1	4.97	95.67	0.00	19.89	47.37	14.05	25.01
LP2	9.75	91.50	0.00	21.33	39.14	21.20	25.71
LP3	12.04	90.77	1.84	27.77	42.28	22.38	29.37
OK	13.38	98.46	0.23	22.96	42.37	21.25	29.30
RBF-CRS	15.85	85.54	6.54	31.27	47.10	25.10	27.97
RBF-ST	13.55	87.10	5.09	30.61	46.78	24.43	27.08
RBF-TPS	29.50	76.79	16.70	35.40	47.61	29.83	36.71
RBF-MQ	25.00	80.09	12.55	32.66	47.72	27.04	32.41
RBF-IMQ	6.57	97.51	0.13	23.90	45.38	19.82	26.54
超标率	56.36	77.37	21.17	38.69	45.26	31.39	39.42

* 各金属均按 level 1 计算。

　　从不同插值方法比较来看，RBF-TPS、IDW4、RBF-MQ 对 As、Cr、Cu、Ni、Pb、Zn 的估算结果较高，对 Cd 的估算结果较低。OK、LP 和 RBF-IMQ 对 Cd 清洁区面积的估算结果较高，对其他元素估算结果较低。IDW 对 As、Cr、Cu、Ni、Pb 和 Zn 插值时，距离权重系数越大，清洁区面积越大；对 Cd 插值时，距离权重系数越大，清洁区面积越小。LP 对 As、Cu、Pb 和 Zn 插值时，回归系数越大，清洁区面积越大。RBF 方法中，对 Cd 插值时，RBF-IMQ 的清洁区面积比例最高，RBF-TPS 的结果最低；其他核函数对清洁区的估算结果为：RBF-ST>RBF-CRS>RBF-MQ。对其他元素插值时，RBF-TPS 估算的清洁区面积最高，RBF-IMQ 估算的结果最低，其他核函数的结果为：RBF-MQ >RBF-CRS>RBF-ST。

　　在 ArcGIS 软件中，将清洁区、污染警戒区、轻度污染和中度污染区域分别赋值为级别 1、级别 2、级别 3 和级别 4。利用 Spatial Analysis 的栅格运算功能对不同插值模型的污染评价结果进行空间差值运算。选择插值效果最好的 Pb 和最差的 Cd 进行比较，分析不同插值方法污染评价结果的空间不确定性。

　　从图 2.21 中的污染评价结果比较可知，不同插值模型评价的污染程度在局部存在较大差异。在局部极大值区域，中间样点的 Cd 含量远高于周围临近样点的 Cd 含量，RBF-TPS、RBF-MQ 和 IDW 模型的污染评价结果比 OK 模型高两个污染级别。在样点污染级别为级别 2 的区域，RBF-TPS、RBF-MQ 和 IDW 模型的污染评价结果比 OK 模型高一个污染级别。在 Cd 污染级别由级别 2 向级别 1 过渡的部分区域，OK- EXP 方法比 RBF-TPS、RBF-MQ 和 IDW 评价结果高一个级别。RBF-TPS 与 IDW2 的差异主要是在高浓度向低浓度的过渡区域；两种方法确定的污染区边界和形状不一致，RBF-TPS 方法确定的高污染级别范围更大。IDW4 与 IDW2 的比较结果可以看出，IDW 方法中，距离加权系数增大，局部高值点的影响增加，污染区的面积增加，污染范围呈同心圆状增大。

　　从 Pb 的污染评价分级结果对比可知（图 2.22），不同插值模型评价的污染程度在局部存在较大差异。在局部极大值区域，RBF、IDW 的污染评价结果比 OK 高两个污染级别，而在高值区域的极小值，RBF、IDW 的污染评价结果比 OK 低两个级别。在土壤 Pb 含量由高含量向低含量的过渡区域，RBF、IDW 与 OK 存在一个级别的差异，在过渡区域的高值部分，RBF、IDW 比 OK 的污染评价结果高一个污染级别，在过渡区域的低值部分，RBF、IDW 比 OK 的评价结果低一个污染级别。RBF 与 IDW 的污染评价结果差异在一个等级上，在空间上，两种模型确定的局部极大值的边界范围不一致，RBF 估算的高污染级别面积大于 IDW。LP 与 OK 的污染评价结果差异在一个等级上，在空间上，主要是高浓度区域与低浓度区域的过渡区域。

　　总的来看，不同方法污染评价结果的差异主要位于：①局部极大值区域，少数的孤立高污染样本周边的样点含量相对较低，污染评价结果存在较大不确定性；②在高浓度到低浓度的过渡区域，不同插值方法确定的污染区边界范围存在很大的不确定性。

2.3.5　影响插值方法预测精度的因素

　　从不同插值方法的污染区面积计算结果（表 2.14）和污染区的空间分布对比（图 2.2 和图 2.3）研究可知，插值模型选择对污染评价结果的影响较大。就同一种插值方法而

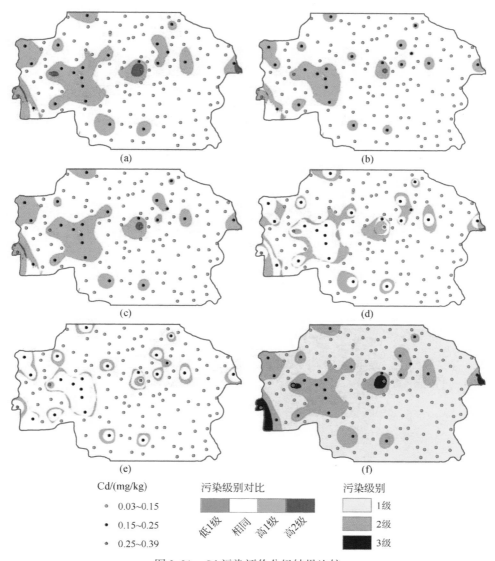

图 2.21　Cd 污染评价分级结果比较

言，不同的模型参数设置，污染评价结果也存在着较大的差异。由于重金属元素在土壤中的迁移相对困难，容易在局部地域累积，高污染风险区域的样点往往表现为局部极大值，而且高污染风险区的样本占总体样本量的比例较小。插值方法是以对总体期望值（平均含量）的预测为目标，必然会对局部细节的污染信息产生平滑作用，平滑的结果是极大值降低、极小值升高。因此，根据插值模型估算的污染区面积要低于根据样点超标率估算的结果。

1. 土壤重金属统计特征

　　土壤重金属浓度的空间插值精度受土壤重金属的空间结构和插值模型理论的影响。从插值相对误差与土壤重金属变异系数的关系（图 2.23）来看，土壤重金属的变异系数越

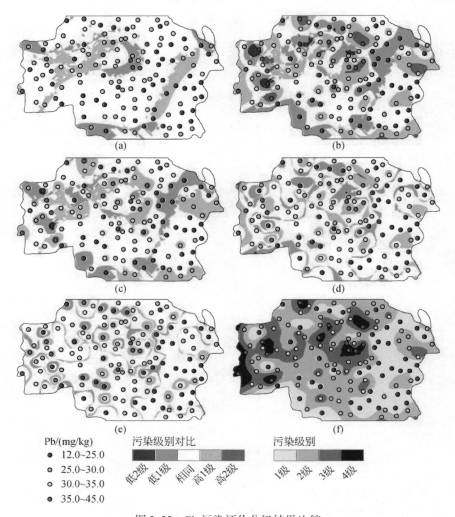

Pb/(mg/kg)
- 12.0~25.0
- 25.0~30.0
- 30.0~35.0
- 35.0~45.0

污染级别对比
低2级　低1级　相同　高1级　高2级

污染级别
1级　2级　3级　4级

图 2.22　Pb 污染评价分级结果比较

大，插值的相对误差越大，变异系数与插值相对误差线性拟合的 R^2 为 0.980，说明插值相对误差与变异系数具有很好的线性关系；变异系数越大，土壤重金属的变异性越大，插值的相对误差就越大。土壤重金属的峰度系数和偏度系数对插值相对误差无显著的影响。

2. 土壤重金属的局部变异性

在 Geoda 软件中计算样点局部空间自相关性，权重矩阵为距离加权，距离计算方式为欧氏距离，样点局部的范围为距离小于 4 km。根据样点的空间自相关性分为 7 个级别，分别统计各级别样点插值的平均相对误差。从局部自相关系数与插值相对误差的关系来看（图 2.24），空间负相关的样点插值误差要大于正相关的样点，正相关表示局部样本存在高值–高值或低值–低值的聚集；而负相关表示局部样本存在高值–低值或低值–高值的聚集。负相关系数越大，插值相对误差越大。正相关系数越大，插值越小。

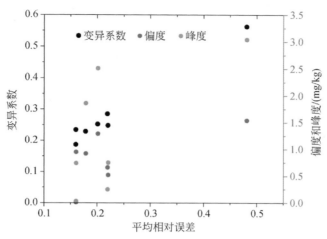

图 2.23　插值平均相对误差与土壤重金属含量统计特征的关系

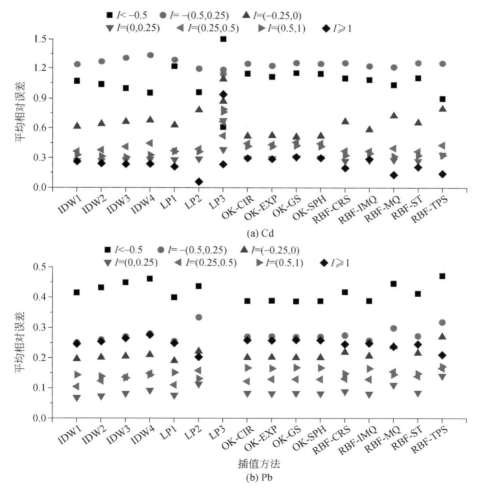

(a) Cd

(b) Pb

图 2.24　插值平均相对误差与局部空间自相关性（LISA）的关系

　　分别计算采样点与周边邻近样点的 CV，然后绘制变异系数与样点交叉验证平均误差的散点图。由图 2.25 可知，样点局部变异系数与插值 MAE 密切相关，局部变异系数越大，插值方法插值的 MAE 越大。在变异系数较小时（CV<0.2），不同方法插值的 MAE 很接近；随着 CV 的增大，不同插值方法的 MAE 差异增大。LP 方法的插值误差都比较大。当 CV<0.4 时，OK 插值的相对误差高于其他方法；当 0.4<CV<0.8 时，OK 的 MRE 小于其他插值方法；当 CV>0.8 时，OK 的 MRE 高于其他插值方法。当 CV<0.4 时，插值的相对误差小于 35%；当 CV>0.4 时，插值的相对误差大于 50%。

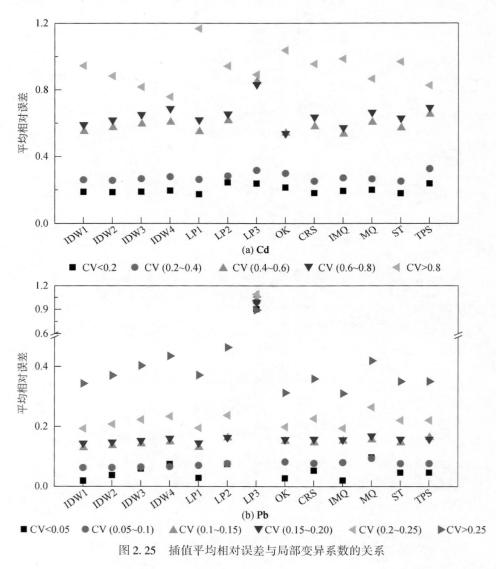

图 2.25　插值平均相对误差与局部变异系数的关系

3. 插值模型的理论基础

　　样本量、样本间距和插值模型的选择是影响污染制图精度的主要因素。总的来看，增加样本量会提高污染制图的精度，但是由于采样和分析成本的限制，大样本量通常是不能实现的。另外，增加样本量的成本可能会超过调查精度提高的好处。因此，选择合适的插值方法就变得非常重要。

空间插值精度取决于模型对要素空间变异性和相关性的反映。就污染评价而言，对土壤重金属元素的空间变异性的反应更为重要。OK 以重金属含量的空间结构特征为基础，确定采样点对估值点的影响权重，给出对样本的总体最优无偏（最小方差）估计，对污染物的空间分布趋势有良好的预测效果，在理论上是对总体的最佳估计方法。但是，半变异函数拟合的精度对 OK 方法的精度影响较高，在样本量较小的情况下，很难获得理想的半变异拟合函数。同时，半变异函数的拟合存在较大的主观性。OK 在空间上存在低通滤波效应，插值过程中会丢失局部极大值和极小值信息，导致对局部极大值的低估和局部极小值的高估；在空间变异大、自相关性较差的区域，平滑效应越强。体现在污染评价结果上，高污染风险区域面积降低。LP 属于非精确性插值方法，非精确性插值法预测值在样点处一般不等于实测值。LP 主要是利用最小二乘多项式拟合土壤重金属的局部空间分布趋势，插值结果较光滑，但是对局部细节信息存在较大的平滑作用。

IDW 和 RBF 都属于精确性插值算法，即样点处的预测值与实测值相等。所以 IDW 和 RBF 的插值结果都保留了土壤重金属空间分布的局部波峰（极大值）或波谷（极小值）信息。两种方法的主要差异在于 IDW 的权重根据距离的影响确定，IDW 方法插值的最大值和最小值只会在采样点出现；而 RBF 是考虑局部的光滑趋势，RBF 可以预测高于样点最大值和低于样点最小值的值。IDW 的距离加权系数越大，局部极大值点影响的范围就越大，污染区的估计范围就越大，所以，IDW4 的污染区面积高于 IDW2 的结果。RBF 方法不同核函数拟合的局部平滑趋势不一致，RBF-TPS 方法对局部极大值的预测效果较好。总的来看，在土壤重金属污染评价方面，RBF 和 IDW 方法较适宜。从不同方法污染评价结果的空间差异来看，不确定性比较大的区域主要是局部极大值区域和污染区与清洁区的过渡区域。如果在这些不确定性的区域增加抽样的样本量，可以进一步提高污染评价结果的精度。

插值方法对平均值的预测精度较高，但对极值的预测误差较大。插值后极大值被低估，极小值被高估。插值精度受参数设置影响较大。IDW 的距离加权系数越大，极值和变异系数的预测误差越小；LP 回归次数越高，极值和变异系数的预测误差越小。RBF 方法中，RBF-TPS 对极值和变异系数的预测误差最小，RBF-IMQ 的误差最大，其他方法的精度排序为：RBF-MQ>RBF-CRS>RBF-CRS。插值精度与样点局部变异性相关，局部 CV 越大，插值误差越大。当重金属元素污染样本占总体样本的比例较高时（Cd 和 Pb），插值方法估算的污染区面积比例高于超标率估算的结果；反之，当元素污染样本的比例较低时（Cu），插值方法估算的污染区面积比例低于样点超标率的结果。

2.4　不同插值模型精度和抽样方案的效率评价

土壤重金属含量空间分布特征是污染修复及相关环境决策的基础，重金属含量空间分布信息的准确性关系到相关决策的可靠性。因此，保证土壤重金属污染调查数据质量对环境决策至关重要。但是，很多环境决策者忽略土壤重金属样点布设的重要性，认为土壤重金属含量数据质量主要是由重金属分析手段决定的。

　　事实上，土壤重金属污染调查的采样设计、样品处理、含量分析等各个环节都可能导致调查数据的不确定性。Jenkins 对土壤 TNT 的污染调查结果表明，至少 95% 的变异度（统计方差）是由采样位置导致的，而含量分析手段（室内分析和现场分析）对变异度的贡献不超过 5%（Jenkins et al.，1996）。其他类似研究也表明土壤采样导致的不确定性对含量测定不确定性的贡献超过 50%（Argyraki et al.，1997；Theocharopoulos et al.，2001）。

　　单纯提高分析测试的精度并不能降低土壤重金属空间分布调查的误差，因为土壤污染检测的不确定性大部分是由土壤采样导致的。采样的目的是获取具有代表性的样本，而样本的代表性受土壤空间变异性影响较大。土壤污染物具有高度的空间变异性，即使是在很小的样品内部也存在着较大的变异性。理论上，只有对研究区所有土壤进行采样才能获得具有代表性的结果，但是，这在实际操作中是不可能实现的。因此，建立合适的采样方案，包括土壤样点的数量、样点空间格局及采样方法等对提高样点代表性、降低污染调查结果的不确定性具有重要的意义。

　　现有的土壤重金属采样布点方案可分为判断性采样（judgment sampling）和非判断性采样（non-judgemental sampling）。判断性采样是基于污染场地概念模型提供的相关背景信息，结合具体的采样目的设计土壤采样方案。判断性采样可以根据已有的先验知识对潜在的热点区域（高污染风险区域）加大采样密度，提高采样精度。判断性采样的缺点是受先验知识的影响较大，如果相关背景信息不准确或完整，就可能导致土壤样点代表性下降。当没有相关的背景信息时，只能采用非判断性采样方法（non-judgemental sampling）。

　　非判断性采样方法主要包括随机采样（random sampling）和网格采样（regular grid sampling）。随机采样即所有的样点随机分布在整个研究区域，使得所有的个体都有被选作样本的机会。随机采样是符合统计分析需求的采样方法，如果操作适当，会获得具有代表性、无偏差的样本。随机采样的不足是可能导致部分区域样点过密，产生信息冗余，而其他区域可能样点稀少，信息量不足。随机采样的另一缺点是实际应用时，操作起来很麻烦。为了改善这种不足，通常采用分层随机采样方法，即首先将研究区分为多个小区域，在小区域内运用随机布点方法。网格采样方法即采样点均匀布置在整个研究区内。在操作中，网格法比较容易确定采样点位置，更容易检测出污染区域，而且补充采样更加容易。因此，网格法的实际应用最为广泛。网格采样法的缺点是当污染区与网格样点方向平行时，采样效率较低。为了弥补网格采样方法的不足，可以采用交叉网格采样法（herringbone sampling）。

　　随机采样和网格采样都没有考虑土壤重金属含量在空间上的自相关性，导致采样效率不高。更重要的是，随机采样和网格采样的目的主要是对研究区平均含量的估计，对污染调查需要的污染信息（极大值）识别效率较低。为了提高污染调查取样的效率，很多学者利用地统计方法改进样点的空间布局，提高样点代表性，利用地统计学的基本思路为在普通克里格估计方差较大的区域增加采样点，但是克里格的方差主要与调查区内土壤重金属含量的空间格局相关，而与样点含量值无关。因此，基于克里格方法增加采样点的方法对污染调查而言也存在一定的局限。另一些研究运用条件模拟方法，通过污染概率确定需要增加采样点的区域。

虽然基于地统计学和条件模拟方法的样点布设方法效率最高，但是根据 de Boeck（2005）在比利时的调查结果显示，32 个土壤修复项目中，超过 84% 的项目很少或从未使用过地统计学方法（Verstraete and van Meirvenne，2008）。地统计学方法具有优化采样布点的优势，但是相关的采样思路均停留在研究层次，尚缺少系统化、操作性强的地统计样点优化技术体系。同时，大多数应用地统计学的研究均侧重于认识污染的空间格局和污染物的平均含量状况，而污染决策更加关注高污染风险区域的分布情况及污染程度。因此，有必要建立一套科学的、系统的、实施性强的土壤污染调查样点优化方案。

2.4.1　基于系统均匀布点的抽样方案

1. 数据收集及评价方法

基于北京市通州区的土壤 Pb 含量调查数据，利用 WinGSlib 的序贯高斯模拟算法（SGSIM）生成 50 m×50 m 的网格数据。SGSSIM 的参数设置如下。

半变异函数模型：

指数模型（exponential）；

块金值（nugget）：18.02；

基台值：36.05；

搜索半径：6640 m

模拟栅格设置：

模拟栅格数量：400×400=160000；

栅格大小：50 m×50 m；

坐标范围（km）：X_{min}：460 km，X_{max}：480 km；Y_{min}：4392 km，Y_{max}：4412 km

从 Pb 含量条件模拟数据的统计结果来看（表 2.29），Pb 含量的平均值为 28.57 mg/kg，CV 为 21.82%。从偏度系数和峰度系数可以看出，Pb 含量模拟数据服从正态分布。由图 2.26 可知，Pb 含量模拟数据在空间分布上变异较大，除中南部外，其他区域都存在 Pb 含量较高的区域，但是高含量区域的空间分布相对较零散。

表 2.29　模拟 Pb 含量数据统计结果

参数	统计结果	参数	统计结果
栅格数	160000	1/4 分位值/（mg/kg）	24.43
均值/（mg/kg）	28.57	中值/（mg/kg）	28.65
标准差	6.23	3/4 分位值/（mg/kg）	32.79
变异系数/%	21.82	最大值/（mg/kg）	57.36
最小值/（mg/kg）	4.07	偏度	−0.07
		峰度	0.00

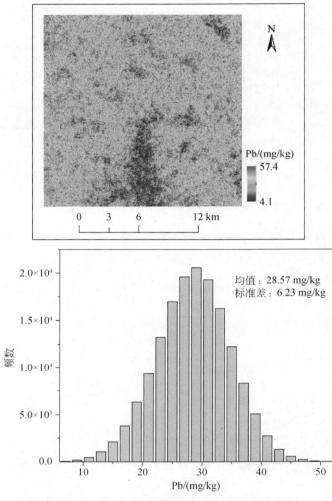

图 2.26　土壤 Pb 含量模拟数据空间分布及直方图

　　系统均匀采样是土壤重金属污染调查中最常用的一种采样方式，均匀采样能避免采样时样点密度不均匀和样点空间分布的方向性问题，便于不同插值方法和采样密度之间的对比，所以本书采用均匀采样方式。对模拟数据区域分别按照：5×5，7×7，9×9，10×10，15×15，20×20，28×28，30×30，35×35，40×40，50×50，70×70，80×80，100×100，200×200 的网格进行系统均匀采样。不同采样方案获得的样点数和采样间距见表 2.30。

表 2.30　模拟数据均匀抽样方案

采样方案	网格	样本量	X（东西向距离）/km	Y（南北向距离）/km	采样间隔/m
R1	5	25	20	20	4000
R2	7	49	20	20	2857
R3	9	81	20	20	2222

续表

采样方案	网格	样本量	X（东西向距离）/km	Y（南北向距离）/km	采样间隔/m
R4	10	100	20	20	2000
R5	15	225	20	20	1333
R6	20	400	20	20	1000
R7	25	625	20	20	800
R8	28	784	20	20	714
R9	30	900	20	20	667
R10	35	1225	20	20	571
R11	40	1600	20	20	500
R12	50	2500	20	20	400
R13	70	4900	20	20	286
R14	80	6400	20	20	250
R15	100	10000	20	20	200
R16	200	40000	20	20	100
模拟数据	400	160000	20	20	50

　　本书选择 IDW、OK 和 RBF 进行插值。为了分析模型参数对插值结果的影响，IDW 的距离权重选择 1、2、3、4；RBF 的核函数选择 CRS、MQ、IMQ、TPS 和 ST。普通克里格法的半变异函数选择指数、球状、高斯和圆形 4 种拟合模型。分别利用独立数据集验证法和交叉验证法评价插值模型精度。独立数据集验证法是将数据集随机分成预测数据集和验证数据集，利用验证数据集验证预测数据集的预测结果。本书从 160000 个模拟数据中随机选取 8000 个数据作为验证数据。评价指标采用 RMSE。

　　基于模拟数据的结果，假定污染物浓度最高的 10% 为高污染风险区域，据此，设定污染分级标准为模拟数据的 90% 分位值（表 2.31）。基于分级标准将空间插值结果分成污染区和未污染区两个级别。

表 2.31　土壤 Pb 模拟数据的分位值

项目	Pb 含量模拟数据分位值统计结果					
分位/%	5	15	30	50	75	90
含量值/(mg/kg)	18.11	22.11	25.38	28.65	32.79	36.47

2. 不同抽样密度样点数据统计分析

　　由表 2.32 可知，不同抽样密度估算的 Pb 含量均值为 26.71~29.19 mg/kg。R1 方案估算的平均值最低，R3 估算的平均值最高。与模拟数据的均值相比（28.57 mg/kg），R1 的均值估计误差最大为 1.86 mg/kg，由图 2.27 可知，在样本量较少时，随着采样数的增加，均值估计误差减小，但当样本量达到一定量后，样本量的增加并不能提高均值的估计精度。本书中在样本量在 225 以上时，均值的估计误差都小于 0.30 mg/kg。当样本量继续增加时，不同方案预测的均值存在一定的波动，精度并没有显著提高，这是因为抽样密度的效率不仅受样点数量的影响，样点的空间格局对估计的精度也有很大的影响。不同抽样密度统计结果的标准差为 5.961 ~ 7.435 mg/kg，与模拟数据的误差在 0.004 ~ 1.205 mg/kg，R1 的误差最大，其他采样方案的误差均小于 0.4。随着样本量的增加，标准差的估计精度变化趋势与平均值相似；在样本量较少时，增加样本会显著提高预测精度；但样本量增加到一定数后，样本量的增加并不能改善标准差预测精度。不同采样方案预测的 1/4 分位值（Q1）在 21.44 ~ 26.05 mg/kg 之间，预测误差在 0 ~ 2.99 mg/kg 之间。3/4 分位值（Q3）预测结果在 32.11 ~ 33.25 mg/kg 之间，预测误差在 0.017 ~ 0.68 mg/kg 之间。Q1 和 Q3 预测精度的变化趋势与均值和标准差类似。

表 2.32　不同抽样密度数据统计特征

采样方案		不同采样密度统计特征						四分位统计值		
方法	样本	最小值 /(mg/kg)	最大值 /(mg/kg)	均值 /(mg/kg)	标准差	偏度系数	峰度系数	25% /(mg/kg)	50% /(mg/kg)	75% /(mg/kg)
R1	25	13.47	35.59	26.71	7.435	(0.564)	2.071	21.44	29.00	33.23
R2	49	14.25	43.66	28.87	5.961	0.221	3.082	24.47	28.93	32.95
R3	81	16.09	40.75	29.19	6.151	(0.210)	2.509	26.05	29.00	33.14
R4	100	9.58	44.18	27.80	6.585	(0.314)	3.007	24.51	27.92	32.11
R5	225	13.47	45.60	28.63	6.427	(0.104)	2.602	24.43	28.80	33.25
R6	400	5.13	45.25	28.35	6.485	(0.118)	2.972	24.11	28.33	32.96
R7	625	8.45	43.94	28.74	6.248	(0.132)	2.919	24.80	28.88	33.19
R8	784	8.36	45.05	28.57	6.393	(0.080)	3.087	24.56	28.34	32.83
R9	900	6.80	46.01	28.60	6.298	(0.236)	3.231	24.76	28.74	32.69
R10	1225	9.55	47.42	28.50	6.189	0.013	2.809	24.33	28.43	32.81
R11	1600	8.39	50.65	28.29	6.386	(0.016)	3.050	24.03	28.44	32.48
R12	2500	8.52	47.00	28.45	6.210	(0.052)	2.928	24.34	28.49	32.60
R13	4900	6.53	51.83	28.54	6.311	(0.056)	2.983	24.38	28.58	32.88
R14	6400	5.88	49.68	28.64	6.234	(0.073)	2.989	24.48	28.72	32.88
R15	10000	5.13	53.67	28.58	6.281	(0.047)	2.973	24.38	28.63	32.84
R16	40000	4.07	54.59	28.56	6.267	(0.072)	3.015	24.42	28.65	32.81

注：（ ）表示为负值

从最大值和最小值的预测结果来看，不同抽样密度预测的最大值在 35.59 ~ 54.59 mg/kg 之间，预测误差在 2.78 ~ 21.77 mg/kg 之间；随着样本量的增加最大值的预测误差逐渐减小。最小值的预测结果在 4.04 ~ 16.09 mg/kg 之间，预测误差在 0 ~ 12.02 mg/kg 之间。样本量较少时最大值预测精度波动较大，但随着样本量的增加最小值预测精度逐渐增加。

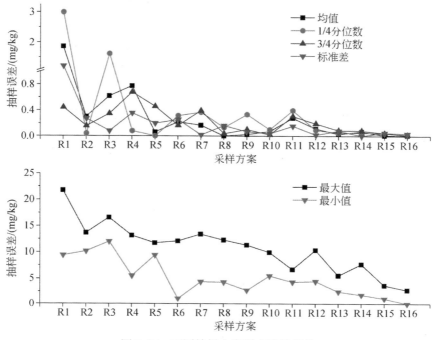

图 2.27　不同抽样方案样点统计误差

3. 不同抽样密度的土壤污染评价结果

根据模拟数据污染评价分级标准，采用样点超标率法估算污染区面积比例。由表 2.33 可知，不同采样密度污染区面积估算结果差异较大。若按照 25 个样本数的采样方案（R1）进行估算，则无污染区域；按 R3 方案估算的污染区面积比例最高，比模拟数据高 4.911%；R1、R2、R4、R9 和 R11 方案估算的污染区面积低于模拟数据的面积，其他采样方案都高估了污染区面积比例。总的来看，随着样本量的增加，污染区面积比例的预测误差逐渐减小。当样本量在 400 以上时，污染区面积比例估算误差小于 2%。当样本量大于 400 时，继续增加样本量对污染区面积估算精度的改善不明显，且存在一定的波动。

表 2.33　不同抽样方案土壤重金属污染评价结果

采样方案	样本数	超标样本	污染面积比例/%	误差/%
R1	25	0	0.000	-9.904
R2	49	4	8.163	-1.740
R3	81	12	14.815	4.911
R4	100	8	8.000	-1.904
R5	225	28	12.444	2.541
R6	400	42	10.500	0.596
R7	625	68	10.880	0.976

续表

采样方案	样本数	超标样本	污染面积比例/%	误差/%
R8	784	88	11.224	1.321
R9	900	82	9.111	−0.793
R10	1225	123	10.041	0.137
R11	1600	155	9.688	−0.216
R12	2500	248	9.920	0.016
R13	4900	498	10.163	0.260
R14	6400	655	10.234	0.331
R15	10000	1024	10.240	0.336
R16	40000	4050	10.125	0.221
模拟数据	160000	15846	9.904	0.000

4. 不同空间插值模型的预测精度评价

从独立数据集验证的均方根误差（表2.34）来看，IDW1方法对所有采样方案插值的均方根误差（RMSE）都是最小的，OK-EXP方法插值误差大于IDW1，小于其他插值方法。IDW4和RBF-TPS插值的均方根误差较大，在样本量较小时（小于100），RBF-TPS的RMSE大于IDW4；当样本量较大时（大于1225时），RBF-TPS的RMSE小于IDW4。IDW方法的距离加权系数越大，插值的均方根误差越大。随着样本量的增加，IDW方法的插值误差都呈线性下降趋势。OK方法中，指数拟合模型（EXP）插值的均方根误差较小，CIR模型的误差较大，这是因为模拟数据是符合指数拟合模型的，因此，用指数模型的插值精度较高。随着样本密度的增加，OK的插值误差都呈线性下降趋势。RBF方法中，RBF-TPS插值的RMSE都是最大的，RBF-ST插值的RMSE最小，其他模型的RMSE排序为RBF-MQ>RBF-CRS>RBF-IMQ。随着采样密度的增加，RBF-IMQ插值误差呈阶梯形下降，即在达到一定样本量后，继续增加样本量并不能显著改进插值精度。RBF其他核函数模型中，随着样本量的增加，RBF-TPS和RBF-MQ插值的RMSE呈幂指数下降趋势；RBF-ST和RBF-CRS呈线性下降趋势。

表2.34　空间插值独立数据集验证的 RMSE

采样方案	IDW 插值 RMSE				OK 插值 RMSE					RBF 插值 RMSE			
	IDW1	IDW2	IDW3	IDW4	EXP	SPH	GS	CIR	CRS	ST	MQ	IMQ	TPS
R1	6.13	6.59	7.15	7.48	6.16	6.20	6.24	6.19	6.79	6.43	7.71	7.12	7.80
R2	5.89	6.30	6.74	7.01	5.86	5.83	5.83	5.83	6.48	6.21	6.60	5.94	7.16
R3	5.70	5.99	6.38	6.64	5.81	5.87	5.91	5.81	6.16	5.92	6.24	5.97	6.66
R4	5.77	6.10	6.58	6.88	5.97	5.87	5.88	5.85	6.37	6.09	6.47	6.38	6.91
R5	5.38	5.67	6.10	6.39	5.37	5.43	5.45	5.44	5.88	5.61	5.94	5.41	6.37
R6	5.38	5.67	6.07	6.33	5.39	5.46	5.55	5.47	5.88	5.64	5.94	5.61	6.29

采样方案	IDW 插值 RMSE				OK 插值 RMSE					RBF 插值 RMSE			
	IDW1	IDW2	IDW3	IDW4	EXP	SPH	GS	CIR	CRS	ST	MQ	IMQ	TPS
R7	5.22	5.48	5.85	6.10	5.30	5.37	5.45	5.37	5.68	5.44	5.73	5.65	6.07
R8	5.20	5.47	5.85	6.10	5.23	5.29	5.38	5.30	5.66	5.42	5.70	5.67	6.04
R9	5.19	5.44	5.80	6.05	5.19	5.27	5.34	5.28	5.65	5.41	5.70	5.34	6.04
R10	5.07	5.27	5.59	5.82	5.12	5.20	5.27	5.21	5.44	5.24	5.49	5.33	5.80
R11	5.02	5.25	5.61	5.86	5.08	5.15	5.22	5.16	5.45	5.22	5.49	5.49	5.81
R12	4.96	5.18	5.52	5.75	5.03	5.09	5.14	5.09	5.35	5.14	5.39	5.53	5.69
R13	4.79	4.98	5.30	5.53	4.90	4.94	4.97	4.94	5.15	4.95	5.20	5.30	5.48
R14	4.66	4.84	5.16	5.39	4.74	4.77	4.79	4.77	5.01	4.82	5.05	4.72	5.33
R15	4.63	4.79	5.11	5.37	4.76	4.82	4.86	4.83	4.96	4.76	4.99	4.79	5.27
R16	4.30	4.34	4.69	4.99	4.53	4.56	4.58	4.56	4.49	4.34	4.54	4.28	4.78

　　从插值模型的交叉验证结果来看（表 2.35），IDW 和 OK 插值的 RMSE 较小，RBF-TPS 的 RMSE 较大。从不同参数设置来看，IDW 不同距离加权系数的 RMSE 差异较小，OK 方法中，不同拟合函数的均方根误差差异较小。RBF 方法中，RBF-TPS 的 RMSE 最大，RBF-IMQ 和 RBF-ST 的 RMSE 较小，RBF-MQ 和 RBF-CRS 较大，且 RBF-MQ 的误差大于 RBF-CRS。随着采样密度的增加，不同插值模型的交叉验证误差都呈逐渐减小趋势。

表 2.35　不同空间插值交叉检验的 RMSE

采样方案	IDW-RMSE				OK-RMSE					RBF-RMSE			
	IDW1	IDW2	IDW3	IDW4	EXP	SPH	GS	CIR	CRS	ST	MQ	IMQ	TPS
R1	7.65	7.66	7.68	7.67	7.75	7.61	7.66	7.59	7.65	7.66	7.77	7.53	7.94
R2	6.10	6.19	6.27	6.33	6.14	6.15	6.16	6.14	6.28	6.21	6.61	6.04	7.18
R3	6.16	6.13	6.16	6.21	6.21	6.25	6.27	6.26	6.23	6.17	6.58	6.13	7.29
R4	6.44	6.36	6.34	6.35	6.31	6.30	6.29	6.30	6.36	6.35	6.55	6.33	7.11
R5	6.00	6.06	6.14	6.23	6.06	6.05	6.06	6.06	6.27	6.16	6.65	5.99	7.40
R6	5.56	5.54	5.56	5.60	5.58	5.65	5.72	5.66	5.62	5.57	5.85	5.54	6.49
R7	5.41	5.38	5.37	5.38	5.46	5.51	5.56	5.51	5.42	5.40	5.57	5.38	5.88
R8	5.41	5.43	5.49	5.56	5.39	5.40	5.44	5.41	5.59	5.50	5.89	5.52	6.52
R9	5.48	5.45	5.44	5.45	5.48	5.55	5.60	5.56	5.48	5.45	5.64	5.45	5.98
R10	5.30	5.30	5.33	5.37	5.29	5.32	5.36	5.33	5.41	5.35	5.64	5.31	6.12
R11	5.40	5.42	5.46	5.52	5.38	5.40	5.44	5.41	5.55	5.47	5.83	5.51	6.48
R12	5.25	5.24	5.27	5.31	5.24	5.27	5.30	5.27	5.34	5.28	5.56	5.39	6.07
R13	5.01	5.00	5.02	5.06	5.02	5.04	5.06	5.04	5.08	5.03	5.28	5.11	5.76
R14	5.00	5.00	5.03	5.07	5.02	5.03	5.04	5.03	5.10	5.04	5.32	4.99	5.82
R15	4.92	4.92	4.95	4.99	4.92	4.96	4.98	4.96	5.02	4.96	5.23	4.93	5.71
R16	4.56	4.54	4.55	4.57	4.66	4.68	4.69	4.68	4.59	4.55	4.76	4.55	5.16

　　从交叉验证结果与独立数据集验证结果对比来看，IDW 比较结果可知（图 2.28），根据交叉验证法计算的 IDW1、IDW3 和 IDW4 的均方根误差要显著大于独立数据集验证的误差；大部分采样方案，IDW2 的交叉验证法要大于独立数据集验证的误差，但是两种方法间的差异较 IDW1、IDW3 和 IDW4 小。从交叉验证误差随着抽样密度的变化趋势来看，交叉验证结果和独立数据集的验证结果总体都呈下降趋势，但是在样点密度较小时，误差波动较大；在样本量较大时，插值预测误差都存在一定的波动，即样本量增加插值均方根反而增大，交叉验证误差波动性要大于独立数据集验证误差。

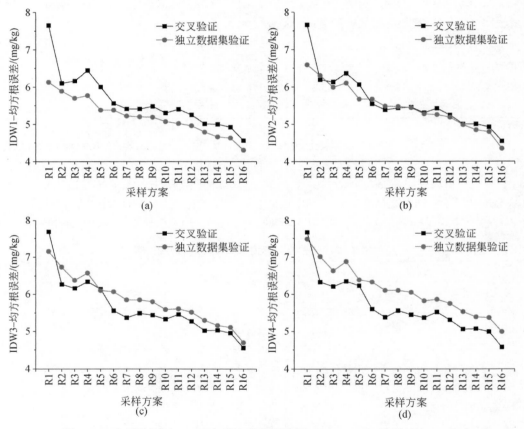

图 2.28　交叉验证（cross）与独立数据集验证（validation）结果对比：IDW

　　从 OK 方法比较结果来看（图 2.29），不同半变异函数的交叉验证的 RMSE 都要高于独立数据验证的 RMSE。交叉验证和独立数据验证的结果都表明，在样本量小于 400 时，误差较大，而且随着采样数的增加，预测误差的下降趋势不明显；当样本量大于 400 时，独立数据集验证误差呈线性下降趋势，而交叉验证误差总体呈下降趋势，但存在一定的波动。

　　从 RBF 的比较结果来看（图 2.30），RBF-CRS 和 RBF-MQ 的交叉验证 RMSE 与独立数据验证误差较接近，而且随着样点密度的增加，变化趋势都呈下降。RBF-ST、RBF-MQ 和 RBF-TPS 的交叉验证误差要大于独立数据集验证误差，两种验证方法对 RBF-TPS 的验证结果差异最大。从误差随着样本量的变化趋势来看，总体的趋势为误差逐渐减小，但都

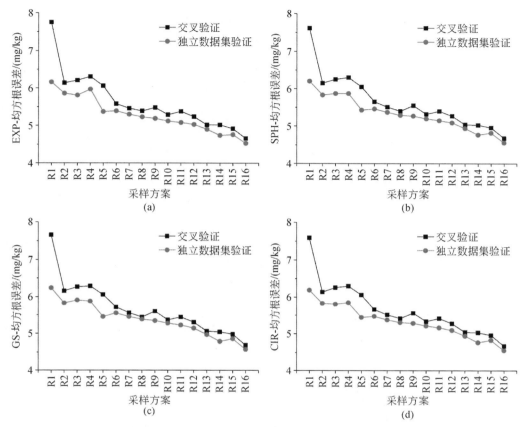

图 2.29　交叉验证（cross）与独立数据集验证（validation）结果对比：OK

存在一定的波动，且交叉验证误差的波动较大。

　　总的来看，交叉验证法计算的均方根误差要大于独立数据集验证的结果。交叉验证法对 IDW 和 OK 验证的误差与独立数据验证结果差异较大，甚至精度评价结论相反。本书采用的独立数据集验证的样本量为 8000 个，远大于交叉验证的样本数，因而能够更加准确地反映插值预测的精度。交叉验证是先去除一个点，用周边其他采样点来预测，通过计算预测值与实测值来评估插值预测误差，交叉验证只能计算每个已经采样点的预测误差（Isaaks and Srivastava，1990）。实际插值过程中，每个点都要参与插值，每去掉一个后，对反距离加权法而言，样点的加权系数会发生很大的变化；对 OK 插值模型而言，每去掉一个点，变异系数应该是变化的，而插值验证是不变的。插值模型对局部异常值点（极大值和极小值）比较敏感，且大部分插值方法预测的结果只能在采样点取值范围内，因此，当去掉极大值和极小值时，交叉验证的误差就会较大。在进行土壤养分制图时，分析比较交叉验证法和独立数据集验证法的验证结果也发现交叉验证误差要大于独立数据集验证误差（Mueller et al.，2001）。因此，很多研究者都对利用交叉验证法选择插值模型提出了告诫（Isaaks and Srivastava，1990；Goovaerts，1997）。

　　由结果可知，独立数据集验证的精度较大，可以有效避免交叉验证方法的不足。但是

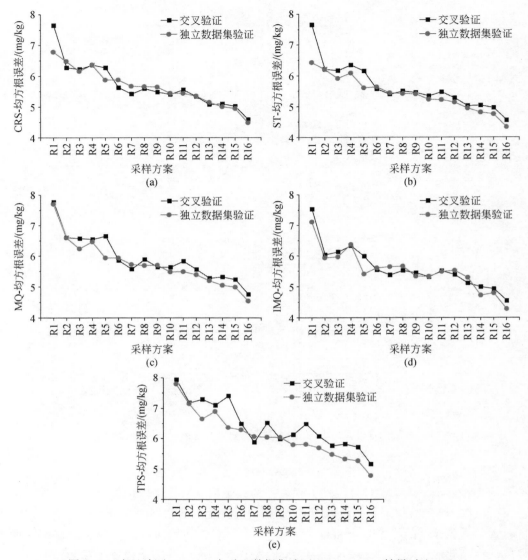

图 2.30　交叉验证（cross）与独立数据集验证（validation）结果对比：RBF

独立数据集验证需要更多的采样量，这增加了实际操作的难度，而且对独立数据集验证至少需要多少样本也没有统一的结论。从交叉验证对不同方法的验证效率来看，交叉验证方法对 RBF 的验证效果较好，对 IDW 和 OK 方法的验证效率较差。因此，在选择土壤重金属污染评价插值模型时，应优先采用独立数据集验证法。如果采用交叉验证法，应对交叉验证的结果进行深入分析，以减小交叉验证结果的偏差。

2.4.2　基于污染概率和局部空间变异的抽样方案

土壤重金属污染评价及修复首先要确定评价或修复的最小单元。根据最小单元的平均含量是否超过某一阈值确定是否污染。土壤污染评价的不确定性可能导致污染区被低估，清洁区被高估。污染区被低估可能导致污染风险没有得到控制，采样方案没能有效识别污染区，需要进一步改进；清洁区被评估为污染区会增加污染修复的成本，即将某一区域界定为污染时，会产生污染修复的费用。要获取准确的污染区信息就可能需要增加样本量，但是增加样本量会导致采样分析成本增加。高效的采样方案是将采样调查成本与调查不确定性导致的经济损失的总成本降到最低（Ramsey et al.，2002）。所以，采样方案优化的目的就是要寻求降低污染修复不确定性的最佳样本量。

土壤污染调查包括污染风险评估、高污染风险详查、确定污染修复区三个阶段。污染风险评估阶段通常是初次采样，样点数较少，侧重于污染风险评价和潜在污染热点区的识别；第二阶段主要是高污染风险区域增加样点，确认污染调查评价结果；在确定了存在需修复的污染区后，就需要对高污染区域进行详查，确定修复土壤的空间范围。因此，一次土壤污染调查取样通常不能满足所有的污染调查目的，土壤污染调查是不断优化的过程。

1. 基于污染概率和空间变异的抽样方案

本书围绕整个污染调查过程，从降低污染评价结果的不确定性，提高采样效率的角度，建立土壤样点空间布局优化方案。土壤重金属污染空间分布描述的不确定性主要是由样点的局部空间变异所导致的。因此，本书结合污染概率预报思想和样点局部空间变异性，建立土壤重金属污染调查样点优化方案。详细的土壤重金属污染调查样点优化方案如图 2.31 所示。

步骤 1：如果已有目标区的相关背景信息，就可以基于现有信息建立场地概念模型（site conception model）。如果没有直接进入步骤 2。

步骤 2：基于场地概念模型，按照分层随机抽样的思路，布设采样点。如果没有建立场地概念模型，利用系统采样（均匀网格）法布设采样点。

步骤 3：基于步骤 2 的调查数据，利用地统计方法（条件模拟），评估污染风险，识别高污染风险区域。估算需修复区域的面积，评估不确定性。

步骤 4：在不确定性较大的区域增加采样点。不确定性的评价为综合污染概率和局部空间变异程度。加密布点的方式为沿着浓度降低的方向增加样本，采样间隔由空间结构分析结果确定。

步骤 5：利用所有的土壤样本（预采样和加密样本），重新计算半变异函数，利用条件模拟方法，估算污染概率、确定污染区面积和分布、评估不确定性。

步骤 6：如果污染区识别的不确定性已经达到了修复决策的要求，则采样优化过程结束。如果没有达到精度要求，则继续实施步骤 4 和步骤 5，直到满足精度要求。

基于污染修复成本不确定性最小化原则，建立最佳的样点布局方案。土壤污染修复的总成本（total cost）为污染调查成本（sampling cost）与修复成本（remediation cost）的总和。为了有准确的污染区分布信息，避免错误的修复决策，就要提高调查取样量，但是取样量的增加，在降低污染区识别的不确定性的同时势必增加成本。因此，最佳样本应该是调查成本与修复成本的平衡。同时，污染调查和修复的不确定性最小。

$$TC = IC + SC$$
$$Opt(TC) = Min(SC_u) + Min(RC_u) \tag{2.17}$$

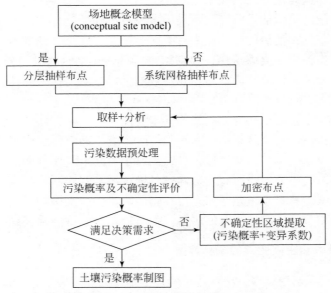

图 2.31　土壤重金属污染调查采样布点优化方案

2. 调查场地背景信息

以某污染场地调查数据为例。该场地污染调查样本总量为 359 个。由于没有实际的土壤重金属污染区分布信息,本书通过间接的方式来验证样点布局优化方案。在 359 个样本中,均匀抽取 97 个样本作为预采样数据,在此基础上应用样本布局优化方案。由于在加密样点过程中,要确定污染调查结果的不确定性较大的区域,本次调查根据污染概率和局部变异系数共同决定,将污染阈值和清洁阈值分别设定为 80% 和 20%。介于 20% ~ 80% 为不确定性区域,需要进一步采样。根据条件模拟的局部变异系数,在局部变异性较大的区域增加采样点。在不确定性区域,根据样点的结构分析结果,沿着浓度变化方向,增加样点。由于是模拟研究,如果在最佳的采样位置没有样点数据,就选择邻近样点做补充,整个样点布局优化的过程见图 2.32。污染修复的成本与场地污染程度、修复目标和修复技术等有关,不能用简单的模型来估算。因此,本书侧重分析土壤污染调查样点优化方法的效率。

$$\text{rule}_{\text{prob}} = \begin{cases} \text{Prob}(Z(x) > z_c) > 80\% & \text{污染区域} \\ \text{Prob}(Z(x) > z_c) < 20\% & \text{清洁区域} \\ \text{其他} & \text{不确定区域} \end{cases} \qquad (2.18)$$

$$\text{rule}_{\text{CV}} = \begin{cases} \text{CV}_x > \text{CV}_{\text{max}} \times 75\% & \text{不确定区域} \\ \text{其他} \end{cases} \qquad (2.19)$$

式中,$Z(x)$ 为条件模拟预测值,Z_c 为污染阈值。

3. 抽样方案的效率评估

由表 2.36 可以看出,预采样(97 个)与样点加密后(154 个)的统计特征很相似,

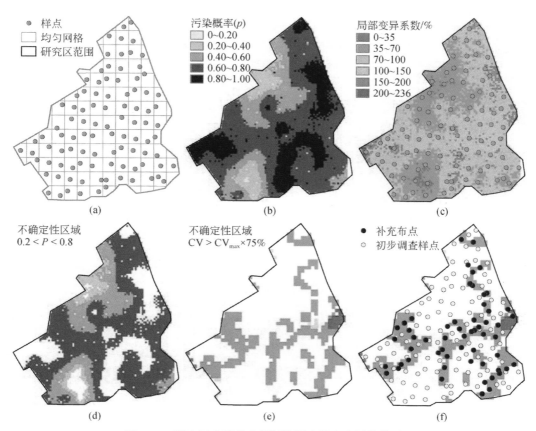

图 2.32　研究区土壤重金属污染调查样点布局优化过程

均值差异仅为 0.001 mg/kg。只是加密后样本的变异系数降低。与总体 359 个样本相比，两个阶段取样的均值都偏高，误差为 5.4%。抽样的变异系数较总体分别降低 2.79% 和 6.71%。土壤污染调查重点关注的是污染信息的识别精度。

表 2.36　不同抽样密度样点 Cd 含量统计特征

样本	含量/（mg/kg）							变异系数	偏度	峰度
	算术均值	标准差	最小值	四分之一	中值	四分之三	最大			
97	1.357	0.867	0.135	0.705	1.215	1.790	4.180	63.86	1.450	2.250
154	1.356	0.813	0.135	0.746	1.233	1.783	4.180	59.94	1.340	2.120
359	1.287	0.858	0.135	0.650	1.100	1.685	5.129	66.65	1.480	2.730

　　从污染区面积估算来看，样点超标率统计结果表明（表 2.37），预采样和加密采样的污染区面积比例分别为 68.04% 和 70.13%，比总体样本的估算结果分别高 3.14% 和 5.23%。污染概率预测的结果表明，当污染概率阈值为 0.7 时，污染概率预测的污染区面积在 53.58% ~ 57.84%，比样点超标率估计的结果低 7.06% ~ 16.39%。预采样和加密采样估计的污染区面积非常接近，加密后估算的污染面积仅增加 0.16%。预采样与加密采样

估算的面积均小于总体样本的估计结果，污染面积低估 4.10%。从污染区的空间分布来看，预采样概率预测的准确度为 79.35%，分别有 12.45% 的区域污染程度被低估，8.2% 的区域污染程度被高估。加密采样后，污染概率预测的准确度提高到 86.10%，污染程度被低估和高度的面积分别降低到 9% 和 4.90%。

表 2.37　不同抽样密度土壤 Cd 污染评价结果

样本量	样点污染/%	插值预测面积（污染概率>0.7）		空间差异		
		清洁/%	污染/%	低/%	中/%	高/%
97	68.04	46.42	53.58	12.45	79.35	8.20
154	70.13	46.26	53.74	9.00	86.10	4.90
359	64.90	42.16	57.84			

　　土壤重金属污染区识别精度包括污染区面积精度和污染区空间位置精度。所采样的样点优化方法对总体平均含量的预测误差为 5.4%，变异系数的预测误差小于 6.71%，污染面积的预测误差为 4.1%，污染区空间位置的精度为 86.10%。样本量仅为总体的 42.90%，降低 57.10%。经过一次加密过程，污染区空间位置精度提高 6.75%。总的来看，样点布局优化方案取得了较好的效果，在保证较高污染调查精度的同时大幅度降低样本量。本书的样点优化思路是在不确定性较大的区域增加采样点，而污染评价结果不确定性区域的界定标准参考了条件模拟的污染概率和变异系数。不确定性区域主要是在污染区边缘，确切地说是在大于污染概率阈值的边缘，在这些区域增加样点密度，能显著提高污染区空间位置精度。经加密采样后，污染区边缘的评价结果不确定性显著降低。当预采样的污染评价结果低估污染程度时，即被错认为清洁区域，样点优化过程中，不会加密样点对评价结果进行确认，导致优化后的结果仍然是被低估。

　　污染程度被低估与预采样布点和污染概率阈值选择有关。由于没有相关的背景知识，网格随机采样布点法对总体平均含量和变异程度的预测精度较高，对局部污染信息的预测精度较低。如果有相关的土地利用、地质背景、土壤等背景信息辅助抽样设计，预采样对污染区识别的精度可以进一步提高。污染概率选择对加密点的空间分布有较大的影响，如果污染阈值选择太低，就会导致被高估的区域不能被识别，概率阈值过高，导致不确定性的区域增大，需加密的样本过多，降低加密效率。为了获取较大的不确定性区域，选择了较高的污染阈值和较低清洁阈值，检验样点优化方案的效率。在具体应用中，应结合研究区的特点和调查目标，选择适宜的污染概率阈值，进一步提高样点优化方案的效率。并没有在这些不确定性较大的区域增加采样点，而是根据已有的样点数据，基于距离邻近原则，用邻近样点替代最佳位置的样点。因此，增加的样点在空间位置上不是最优化的，这可能会降低样点优化的效率。实际应用中，在最佳的位置补充抽样，可能会取得更好的优化效果。

　　总的来看，样点布局优化方案取得了较好的效果，在保证较高污染调查精度的同时大幅度降低样本量，在抽样方案设计时结合相关背景信息，会进一步提高抽样优化的效率。

参 考 文 献

侯景儒. 1990. 指示克立格法的理论及方法. 地质与勘探, 26 (3): 28-36.

穆志纯, 徐雪艳, 闫铁梁. 1995. 利用双 BP 算法提高 BP 网络的泛化能力. 模式识别与人工智能, 8 (1): 51~56.

陶澍. 1994. 应用数理统计方法. 北京: 中国环境科学出版社.

王学军. 2002. 应用转向带法进行土壤铜和铅含量的条件模拟. 应用生态学报, 13 (12): 1667~1670.

朱会义, 刘述林, 贾绍凤. 2004. 自然地理要素空间插值的几个问题. 地理研究, 23 (4): 425~432.

Argyraki A, Ramsey M H, Potts P J. 1997. Evaluation of portable X-ray fluorescence instrumentation for in situ measurements of lead on contaminated land. The Analyst, 122 (8): 743-749.

Goovaerts P. 1997. Geostatistics for natural resources evaluation. New York: Oxford University Press.

Isaaks E H, Srivastava R M. 1990. Anintroduction to applied geostatistics. New York: Oxford University Press.

Jenkins T F, Grant C L, BRAR G S, et al. 1996. Assessment of sampling error associated with collection and analysis of soil samples at explosives-contaminated sites. Special Report, 96-15.

Journel A G. 1983. Nonparametric-estimation of spatial distributions. Journal of the International Association for Mathematical Geology, 15 (3): 445-468.

Mueller T G, Pierce F J, Schabenberger O, et al. 2001. Map quality for site-specific fertility management. Soil Science Society of America Journal, 65: 1547-1558.

Panagopoulos T, Jesus J, Antunes M D C, et al. 2006. Analysis of spatial interpolation for optimising management of a salinized field cultivated with lettuce. European Journal of Agronomy, 24 (1): 1-10.

Ramsey M, Taylor P, Lee J. 2002. Optimized contaminated land investigation at minimum overall cost to achieve fitness for purpose. Journal of Environmental Monitoring, 4 (5): 809-814.

Robinson T P, Metternicht G. 2006. Testing the performance of spatial interpolation techniques for mapping soil properties. Computers and Electronics in Agriculture, 50: 97-108.

Theocharopoulos S P, Wagner G, Sprengart J, et al. 2001. European soil sampling guidelines for soil pollution studies. The Science of the Total Environment, 264 (1-2): 51-62.

United States EPA. 1989. Soil sampling quality assurance users guide. Las Vegas NV.

Verstraete S, Van Meirvenne M. 2008. A multi-stage sampling strategy for the delineation of soil pollution in a contaminated brownfield. Environmental Pollution, 154 (2): 184-191.

Yasrebi J, Saffari M, Fathi H, et al. 2009. Evaluation and comparison of ordinary kriging and inverse distance weighting methods for prediction of spatial variability of some soil chemical parameters. Research Journal of Biological Sciences, 4: 93-102.

第 3 章　土壤环境质量的空间分异

土壤环境信息的一个关键特征是其在特定位置上空间和时间的相关性。一旦没有时空坐标界定土壤属性，那么单纯的数值将因为失去依托而变得几乎没有意义。地统计学提供一系列工具和手段将时空坐标与土壤属性值组合，为数据处理提供服务。其主要目的是，利用半变异函数描述土壤属性的空间模式，并以此为基础利用克里格法预测未采样地区的属性值。本章以北京市为例，介绍土壤重金属在空间上的各向同性和各向异性等结构特征，预测土壤重金属含量分布，评估北京市土壤重金属的污染特性和健康风险。

3.1　区域土壤重金属含量的空间结构特征

空间结构模式的描述并不是研究的最终目的，通常地统计学研究的终极目标都是强调空间相关的存在以预测未采样地点的属性值。连接两者的关键步骤是属性值空间分布的模型化——利用实验半变异函数来推算理论半变异函数的模型。本节以北京市全境的土壤重金属含量为对象，利用地统计学的工具——半变异函数探讨其空间结构，初步分析其空间特征，为进一步的区域规律分析提供依据。

3.1.1　区域土壤重金属半变异函数的各向同性

采用指数模型和球型模型对实验变异函数进行拟合（表3.1）。结果表明，对 As、Cd、Cr、Ni 用指数模型拟合，对 Cu、Pb、Zn 用球型模型拟合，效果较好，决定系数 R^2 介于 0.586 ~ 0.940；所有元素均具有很好的可迁性特点，反映出北京市土壤重金属含量具有很好的空间结构性。7 种元素在原点处均表现出明显的块金效应，As、Cd 的块金值（C_0）甚至高于拱高（C），而 Cr、Ni 的 C_0 与 C 接近，Cu、Pb、Zn 的 C_0 小于 C，显示小尺度的空间变化较大，这种变化在加大采样密度的情况下才能完全反映。块金值在基台值（$C_0 + C$）中所占比例可以揭示区域化变量的空间相关程度，比值小于 0.25 表明空间相关性很强，比值大于 0.75 表明空间相关性较弱（郭旭东等，2000）。研究区域中 7 种元素的比值为 0.219 ~ 0.688。除 Pb 外，其他 6 种元素具有中等程度的空间相关性，其中，As 的相关性相对最弱，其比值达到 0.688。Pb 的比值为 0.219，小于 0.25，因而土壤中的 Pb 含量空间相关性较强。

元素实验半变异函数的变化趋势大致为随着步长（h）的增加逐渐上升，逐渐达到基台值。拟合出的变程为 14 ~ 180 km，As 最小，为 14.1 km；Cd 最大，为 180 km；Cr（174.6 km）与 Cd 相差不大，基本达到整个研究区域的范围，表明其空间相关范围较大。Cu、Pb、Zn 的实验半变异函数在一定的范围内变化较为平稳，在 25 ~ 35km 处半变异函数达到基台值。此时元素的空间相关性最差；但在超出 45km 范围后实验半变异函数呈下降趋势。表明这三种元素各自的空间相关性增强，元素分布特征是性质相同或相近的斑块间隔分布，大致间距为 45 km。

表 3.1　理论半变异函数模型拟合参数

重金属	As	Cd	Cr	Cu	Ni	Pb	Zn
模型类型	指数	指数	指数	球型	指数	球型	球型
块金（C_0）	5.145	0.0544	0.0137	0.022	0.0072	0.007	0.014
拱高（C）	2.328	0.0298	0.0136	0.035	0.007	0.025	0.025
$C_0/(C_0+C)$	0.688	0.646	0.502	0.386	0.507	0.219	0.359
变程/km	14.1	180.0	174.6	25.0	15.0	34.0	25.0
R^2	0.586	0.829	0.940	0.854	0.869	0.895	0.819

　　Cu、Pb、Zn 的块金值在基台值中所占的比重明显偏小。表明在同等采样条件下（相对于其他 4 种元素，尤其对 As 和 Cd），Cu、Pb、Zn 的小尺度空间变异不容易被掩盖，影响它们空间分布的占主导地位的驱动力的空间尺度较大，如风力，其空间相关性已经相当高。相比之下，其他元素的块金值在基台值中所占的比例很高，表明在当前采样条件下，不能完全反映影响元素空间分布的小规模要素。实际上，王学军等（1997）对东南郊污灌土壤的小规模调查仍然出现较大的块金值，而 Tao（1995）对深圳市背景土壤中 Cu 的空间结构的研究（中尺度）却没有块金效应。因而，不同采样条件下揭示的空间要素的影响力及其范围尺度各不相同。因此，对于不同的研究目的，块金值大小并不是最重要的。在本书中，所能揭示的是与研究尺度相符的规律，这已经足够。

3.1.2　区域土壤重金属半变异函数的各向异性

　　区域化变量在不同方向上表现出不同的空间结构时称为各向异性，不同方向上变异程度相同而连续性不同为几何各向异性，可以通过简单的几何图形变化转为各向同性，这时不同方向的半变异函数具有相同的基台值而变程不同。不同方向上的变异程度不能通过几何变换消除为带状各向异性，此时各个方向的半变异函数具有不同的基台值。在本书中，为了比较各个元素在不同方向上的变异程度，分别计算了各元素在多个方向上的半变异函数，最后选出其中最大（长轴）、最小（短轴）变程（或者变化差别最大）方向上的半变异函数做详细说明。为了便于比较，计算了相应两个方向上相同步长时的实验半变异函数的比值（K）（图 3.1～图 3.7，图中方向角度是依逆时针方向与正东方向的夹角）。

　　土壤中的 As 在 65° 和 155° 两个方向的半变异函数各向同性特征比较明显（图 3.1），函数曲线的波动比较一致（不同方向的半变异函数之比，在 1 附近摆动）。但是在大于 55km 范围后，155° 方向半变异函数曲线呈下降趋势。表明空间相关性有所增强。

　　在 67° 和 157° 两个方向上，Cd 的半变异函数表现为各向同性（图 3.2），两个方向上函数的 K 值在小于 46.5 km 时接近 1，差别不大；但是在大于该距离后，157° 方向的半变异函数表现出漂移特征，表明在该方向上元素的空间分布应该具有一定的趋势。总体来看，在两个方向上的变异函数都具有可迁性特点，在一定范围内表现为各向同性。

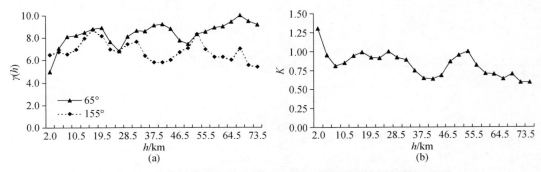

图 3.1　As 各向异性半变异函数（a）及不同方向半变异函数比（b）

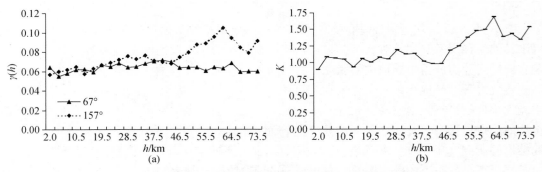

图 3.2　Cd 各向异性半变异函数（a）及不同方向半变异函数比（b）

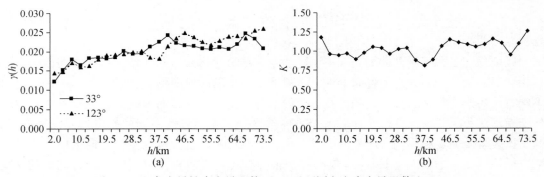

图 3.3　Cr 各向异性半变异函数（a）及不同方向半变异函数比（b）

　　从图 3.3 中可以看到，土壤中 Cr 的空间结构特征表现为比较明显的各向同性特征，在 33°和 123°两个方向上的半变异函数基本重合，而两个方向的函数比值也接近于 1。

　　土壤中的 Cu 在 14°和 104°方向上的半变异函数基本表现为几何各向异性（图 3.4），长轴、短轴方向分别在 14°和 104°方向上，各向异性之比为 1.4，即长轴变程为短轴变程的 1.4 倍，短轴方向的函数值在达到基台值后逐渐下降，因而相关性逐渐增强。

　　土壤中 Ni 的半变异函数基本表现为各向同性（图 3.5），在 74°和 164°两个方向上都具有可迁性特点。但是在 74°方向上的半变异函数在大于 20 km 尺度上表现出漂移现象，

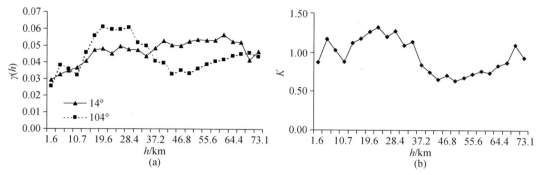

图 3.4　Cu 各向异性半变异函数（a）及不同方向半变异函数比（b）

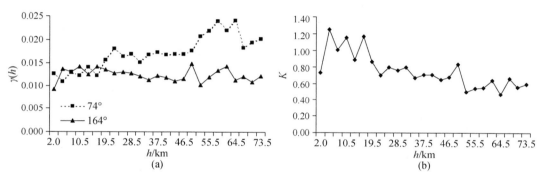

图 3.5　Ni 各向异性半变异函数（a）及不同方向半变异函数比（b）

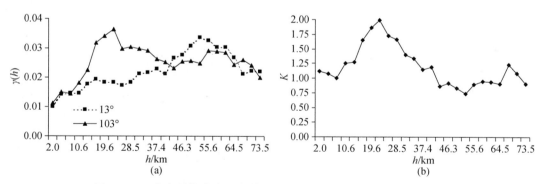

图 3.6　Pb 各向异性半变异函数（a）及不同方向半变异函数比（b）

在 164°方向上的函数有一定随机波动，但较为平稳。因而 K 值在大于变程后开始下降，主要是由 74°方向的半变异函数的漂移所致。

图 3.6 显示，在 13°和 103°两个方向上，土壤 Pb 半变异函数各向异性表现较为明显。其中，13°为长轴方向，103°方向是短轴方向，各向异性之比约为 1.4；两个方向的半变异函数曲线在大于 60 km 后开始下降，表明空间相关性增强。

对土壤中的 Zn 计算了在 12°和 102°两个方向的半变异函数（图 3.7），表现为几何各向异性，各向异性比为 1.4。其中，长轴方向为 12°，该方向的半变异函数在大于 65 km 后

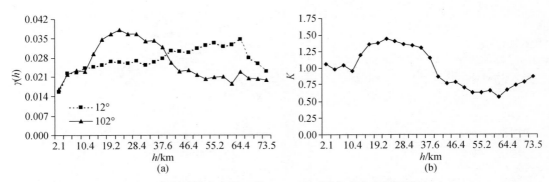

图 3.7　Zn 各向异性半变异函数（a）及不同方向半变异函数比（b）

开始下降；短轴方向上的下降趋势开始于 35 km 处，表明元素的空间相关性有所增强。

3.1.3　区域土壤重金属空间结构特征分析

　　北京市土壤重金属元素的空间结构各不相同，As、Cd、Cr、Ni 表现为各向同性，Cu、Pb、Zn 则表现出明显的各向异性，表明影响元素分布的要素各异，而且要素的作用力随方向有所变化。

　　土壤中 As、Cr、Cd、Ni 4 种元素含量的空间分布与方向无关，表明影响它们空间分布格局的要素在各个方向上是均一化的。只是 As 在大于 55 km 范围后在 155° 方向上的空间相关性增强，表明同浓度斑块间隔分布的特征；Cd 在 157° 方向上的半变异函数在大于 46.5 km 后、Ni 在 74° 方向上的半变异函数在大于 20 km 后均表现出漂移特征，表明其分布具有一定的趋势。Cr 的各向同性特征最为明显，两个方向的半变异函数的比值 K 等于 1。

　　对于 Cu、Zn、Pb 三种元素，在不同方向上半变异函数的变程明显不同，各向异性比均为 1.4，因而控制元素空间变化的要素在不同方向上具有较大的差别。Cu 在短轴方向、Pb 和 Zn 在长轴和短轴方向，在达到基台值一段距离后半变异函数均呈现下降趋势。这表明其空间相关性反而增强，表明性质相同或相近的斑块间隔分布的特征。同时，三种元素的长短轴方向几乎重叠：长轴方向按 Cu、Pb、Zn 顺序分别为 14°、13° 和 12°；短轴方向分别为 104°、103° 和 102°，表明作用于三者的主要的空间要素非常接近，可以判定为在如此大规模的尺度上是一致的。

　　7 种元素形成各自独特的空间结构特征，可能与其来源和元素迁移特性等原因有关。由于影响土壤中 As 含量的因素为成土母质，以及杀虫剂、除草剂、饲料添加剂等农用化合物。这些因素基本不受方向性的影响，因而 As 空间分布的方向性较弱。考虑到 Cu、Pb、Zn 三种元素的一个共同来源是燃料燃烧，且它们容易进入大气，以气溶胶形式参与大气循环，并再次沉降进入土壤，因而风力因素可能是导致其形成这种空间结构的原因。根据《北京市国土资源地图集》（北京市计划委员会，1990）介绍，北京地区有三条风带：一是西北风带，自延庆、康庄经八达岭、南口，向东南顺义、温榆河河谷而下；二是东北风带，自古北口顺潮白河、小中河河谷南下，在天竺与西北风带汇合，直达东南平原；第三条风带由西北向东南顺永定河河谷而下。这三条风带可大致归纳为东北-西南风带和西北-东南风带，恰好与三种元素的空间结构方向基本相符。

3.1.4　污灌区土壤重金属空间结构特征

　　具有复杂变化的区域性变量的空间结构特征，不能用一个简单的理论模型去描述，需要用两个以上理论模型去描述。研究区域土壤 Cu 的实验半变异函数图发现，土壤 Cu 的空间结构并不是一种单纯的结构，是三层次结构叠加在一起的套合结构。当 $h=0$ 时，块金值为 0.44，结构方差为 0.42，结构方差占总方差的 37.5%，由土壤 Cu 含量自身差异造成的误差是 37.5%，空间自相关距离为 8.7km，表明影响土壤 Cu 空间分布的占主导地位的因素空间尺度相对较小，如污水灌溉；随着 h 的增大，Cu 的空间连续性变弱，当 14.4 km $>h>8.7$ km 时，这种自相关现象趋于稳定；当 $h>14.4$ km 时，随着 h 的增大，Cu 的自相关性进一步变弱，当 $h=20.5$ km 时，土壤 Cu 空间自相关性再次趋于稳定，结构方差为 0.68，由土壤 Cu 自身变异造成的误差是 60.7%，相关范围是 20.5 km。此时，影响土壤 Cu 含量空间分布差异的因素可能还包括其他空间尺度较大的因素，如土壤母质等。

　　土壤变量的空间分布变异特征是多种因素综合作用的结果，同时还与研究尺度有关。郑袁明（2003）研究北京市土壤 Cu 空间分布特征，其 Cu 空间自相关范围为 25.0 km，体现大尺度因素主导的空间分布特征，如风向、土壤母质[1]。而王学军等（1997）对北京市东郊通惠河畔土壤 Cu 空间分布的研究则体现小尺度因素（污灌口）对土壤重金属空间分布的影响，其自相关范围为 0.38 km；杨军等（2005）对北京市东南郊凉凤灌区的研究体现了中尺度因素（污水灌溉）对土壤 Cu 空间分布的影响。三种尺度因素导致的土壤 Cu 空间分布的变异占总方差的 61.4%、66.7% 和 95.0%，均表现了极强的空间自相关性。中尺度研究区域（通州-大兴）土壤 Cu 的空间分布是两种尺度因素综合作用的体现，研究结果表明，污水灌溉（污泥施用）导致研究区域凉水河流域附近的农田 Cu 含量增加，污水灌溉（污泥施用）是影响研究土壤 Cu 空间分布的因素之一，土壤 Cu 在空间的迁移距离达 8.7 km，体现中尺度因素影响的空间分布特征；研究区域大部分地区土壤 Cu 含量与北京市土壤背景值含量接近，土壤母质是研究区域土壤 Cu 的主要来源，土壤母质和污水灌溉两个因素共同作用，土壤 Cu 的空间自相关范围为 20.5 km。

　　地统计分析过程中，土壤变量各项同性的特征是相对的，各项异性是绝对的。表 3.2 列出研究区域土壤 Cu 不同方向的半变异函数拟合参数，进一步分析土壤 Cu 空间结构。在半变异函数拟合过程中很难兼顾所有实验半变异函数，但在实际插值过程中，参与统计、计算的样点主要是预测值周围附近的样点，因此，对最开始几个半变异函数点的拟合至关重要。通常块金值与基台值比值大小被认为是判别土壤变量空间自相关度强弱的标准，如果块金值/基台值小于 25%，研究变量具有极强的空间自相关性；大于 75%，则认为自相关性弱；在 25% 与 75% 之间，表明变量具有较强的空间自相关性。通过研究中尺度因素

---

　　① 郑袁明. 2003. 土壤重金属区域分异规律及污染风险评估的理论与方法——以北京市为例. 北京，中国科学院地理科学与资源研究所. 博士学位论文: 27-35.

（凉水河流域）——早期的污水灌溉（污泥施用）对不同方向土壤 Cu 空间分布的影响发现，研究区域土壤 Cu 在西北–东南和南–北方向表现出较强的空间连续性，东北–西南和西–东方向空间连续性较差（表 3.3）。

表 3.2　不同研究尺度下土壤 Cu 半变异函数拟合模型参数

研究区域	面积/km²	C_0	C	C/C_0+C	a/km	模型
		0.44	0.42	0.512	8.7	球状
本书	1932	0.44	0.68	0.393	14.4	球状
		0.44	0.68	0.393	20.5	球状
北京市[1]	16808	0.022	0.035	0.386	25.0	球状
凉凤灌区[2]	286	0.0025	0.005	0.333	4.0	球状
通惠河畔[3]	0.5	10	190	0.050	0.38	球状

1)：（郑袁明等，2003①）；2)：（杨军等，2005）；3)：（王学军等，1997）

表 3.3　研究区域土壤 Cu 不同方向半变异函数的拟合参数统计

方向	C_0	C	C_0+C	C/C_0+C	相关范围/km	模型
西–东	0.40	0.45	0.85	0.471	6.46	球状
东北–西南	0.48	0.41	0.89	0.539	9.12	球状
南–北	0.38	0.56	0.94	0.404	11.0	球状
西北–东南	0.32	0.51	0.83	0.386	6.08	球状

总体来看，北京市东南郊土壤 Cu 的空间分布特征呈现套合结构，是早期污水灌溉和土壤母质两种因素综合作用的结果，两者是该区域土壤 Cu 的主要来源。

3.2　土壤污染风险评估

近年来，随着城市化和工业化的快速发展和农业生产对农用化学品的日益依赖，城市土壤和农业土壤中重金属的积累已引起世界范围内科学界和政府越来越多的关注。土壤重金属的大量积累不仅导致城市土壤和农业土壤的污染，而且可以通过不同的暴露途径对人体的健康构成威胁。本节在前期北京市土壤重金属空间结构分析的基础上，对区域土壤重金属污染进行综合评估。

3.2.1　土壤重金属含量特征及污染评价

北京市土壤中 As、Cd、Cr、Cu、Ni、Pb 和 Zn 七种重金属的基本统计结果列于表 3.4 中。不同重金属的有效样本数不同，其中，Cu、Ni、Pb 和 Zn 四种重金属包括 31 个北京

---

① 郑袁明. 2003. 土壤重金属区域分异规律及污染风险评估的理论与方法——以北京市为例. 北京，中国科学院地理科学与资源研究所. 博士学位论文：27-35.

市公园的土壤样点数据。

表 3.4　北京市土壤重金属含量基本统计结果

统计指标	重金属含量						
	As	Cd	Cr	Cu	Ni	Pb	Zn
样本数	650	764	764	794	794	794	794
最小值/(mg/kg)	0.10	0.007	7.0	0.2	2.8	5.0	22.0
中值/(mg/kg)	8.16	0.118	32.8	20.8	27.3	27.4	59.9
最大值/(mg/kg)	25.26	0.971	228.2	821.4	168.9	207.5	2474
算术平均值/(mg/kg)	8.35	0.149	35.7	26.6	27.6	30.3	69.6
标准差/(mg/kg)	2.70	0.111	14.0	37.0	8.7	16.0	90.6
变异系数/%	32.32	74.45	39.19	139.3	31.61	52.84	130.4
几何平均值/(mg/kg)	7.83	0.124	33.6	22.2	26.5	28.0	62.7
北京市土壤背景值[1]	7.81	0.119	29.8	18.7	26.8	24.6	57.5
前人研究背景值[2]	9.4	0.053	66.7	23.1	28.2	24.7	97.2

1）见文献（陈同斌等，2004）；2）见文献（中国环境监测总站，1990）

由表 3.4 可以看出，北京市土壤重金属含量的最大值都远远超出背景值。As 超出的倍数相对较低，在 3 倍左右；Cd、Cr、Ni 和 Pb 最大含量为背景值的 7~9 倍，Cu 和 Zn 的最大含量高出背景值达 40 余倍，但各重金属的平均含量与背景值差别不大，表明土壤重金属的污染并不具有普遍性，存在个别高含量地区。从标准差和变异系数可以看到，大多数重金属含量的离散度较大，其中，Cu 和 Zn 达 100% 以上，As 和 Ni 较低，在 30% 左右，表明北京市土壤重金属含量的变异较大。

3.2.2　北京市不同行政区重金属含量统计分析

为比较不同行政区之间的重金属含量差异，将土壤重金属含量分区统计。初步探讨不同地理位置、不同人类活动条件对重金属累积的影响。

1. 土壤 As 含量比较

土壤 As 含量的平均值以海淀区最高（表 3.5），为 10.04 mg/kg；密云最低，为 6.09 mg/kg。14 个行政区中有 5 个区土壤 As 平均值高于背景值，分别是昌平、朝阳、海淀、平谷和顺义；而怀柔、门头沟和密云 3 个地区的平均值都低于 7 mg/kg。可见地理位置对于土壤 As 含量有一定的影响。全部样品的最大值为 25.26 mg/kg，位于朝阳区。

表 3.5　北京市及各行政区土壤 As 含量

地区	样本数	As 含量/(mg/kg)					变异系数/%
		平均值	中值	最小值	最大值	标准差	
昌平	74	8.43	8.70	0.10	12.93	2.33	27.70
朝阳	51	9.75	9.51	5.48	25.26	2.85	29.34

续表

| 地区 | 样本数 | As 含量/（mg/kg） | | | | | 变异系数 |
		平均值	中值	最小值	最大值	标准差	/%
大兴	100	8.07	7.75	2.64	23.37	2.91	36.16
房山	48	8.28	8.22	4.16	12.78	1.87	22.66
丰台	9	7.14	7.78	0.15	10.11	3.10	44.58
海淀	28	10.04	10.11	5.54	14.68	2.18	21.87
怀柔	25	6.50	6.25	1.11	16.20	3.37	52.42
门头沟	7	6.97	7.02	3.73	10.08	2.43	36.15
密云	17	6.09	6.12	1.39	14.34	3.14	52.37
平谷	15	9.10	9.37	2.83	13.16	2.92	32.66
石景山	13	7.70	7.13	5.42	13.64	2.21	29.31
顺义	109	8.71	8.47	2.24	18.85	3.15	36.28
通州	138	8.01	7.85	3.48	14.59	2.18	27.26
延庆	16	7.76	7.25	3.78	12.94	2.46	32.25
全市	650	8.35	8.16	0.10	25.26	2.70	32.32

　　各行政区的样本变异系数差别较为明显，平均值最高的海淀区的变异系数最小，表明该地区样本的普遍含量较高。变异系数最大的为怀柔，其次为密云，这两个地区都是 As 含量平均值最小的地区之一，表明土壤中的 As 含量分布较不均匀。

2. 土壤 Cd 含量的比较

　　与本书就近采集的河北省 8 个样点的平均值相比（表 3.6），北京市各行政区土壤 Cd 含量平均值均明显偏高，似乎北京市土壤中的 Cd 积累比较普遍，也比较明显。昌平、朝阳、丰台、海淀、怀柔、门头沟和石景山 7 个区县的平均值超出全市平均值，其中，平均含量最大的为石景山区，达 0.276 mg/kg，其次为门头沟区，为 0.253 mg/kg，这两个地区的明显特征是交通比较密集；怀柔平均含量较高似乎与本地的矿产有关。平均值最小的为平谷县，仅为 0.09 mg/kg，是 14 个行政区中唯一平均值低于 0.1 mg/kg 的。全部样品的最大值达 0.971 mg/kg，位于顺义区。

表 3.6　北京市及各行政区土壤 Cd 含量

| 地区 | 样本数 | Cd 含量/（mg/kg） | | | | | 变异系数 |
		平均值	中值	最小值	最大值	标准差	/%
昌平	85	0.177	0.132	0.015	0.841	0.134	75.65
朝阳	59	0.176	0.172	0.051	0.628	0.093	53.29
大兴	113	0.135	0.123	0.034	0.400	0.068	50.36
房山	51	0.132	0.123	0.061	0.344	0.060	45.76
丰台	12	0.182	0.136	0.067	0.565	0.132	74.11

续表

| 地区 | 样本数 | Cd 含量/(mg/kg) | | | | | 变异系数 |
		平均值	中值	最小值	最大值	标准差	/%
海淀	36	0.171	0.147	0.061	0.454	0.083	49.03
怀柔	25	0.236	0.178	0.055	0.632	0.167	71.22
门头沟	7	0.253	0.165	0.045	0.696	0.216	88.69
密云	17	0.125	0.134	0.062	0.188	0.035	28.00
平谷	15	0.090	0.082	0.061	0.243	0.044	50.30
石景山	15	0.276	0.215	0.041	0.773	0.228	83.94
顺义	135	0.145	0.111	0.007	0.971	0.138	95.32
通州	178	0.118	0.096	0.018	0.397	0.065	55.43
延庆	16	0.142	0.098	0.043	0.594	0.142	101.2
全市	764	0.149	0.118	0.007	0.971	0.111	74.45

土壤 Cd 含量的变异较大，变异系数除密云外，基本都大于 45%，表明样点之间变化较大，数据离散度较高。延庆县的变异最大，变异系数达 101.3%。全市各行政区除平谷、通州外，其他地区的平均含量均超出背景值，表明北京市土壤中有较为普遍的 Cd 积累。

3. 土壤 Cr 含量的比较

朝阳、大兴、丰台、海淀、密云和顺义 6 个地区土壤 Cr 的平均含量超出全市平均值（表 3.7），其中最大值为密云，达 53.2 mg/kg，远远高于其他地区的平均值（其他地区的平均值都低于 40 mg/kg），可能与密云县的矿产开采活动有关（调查资料显示，密云县高含量区有铬、铁矿，具体讨论见第 6 章）。全部样品中的最大值也位于密云，同时这里也是样品变异最大的地区。平均含量最低值为怀柔，为 26.1 mg/kg。全市样品的变异较小，基本在 30% 左右，变异系数最小的地区为门头沟区。

表 3.7　北京市及各行政区土壤 Cr 含量

| 地区 | 样本数 | Cr 含量/(mg/kg) | | | | | 变异系数 |
		平均值	中值	最小值	最大值	标准差	/%
昌平	85	30.9	27.0	12.6	86.3	11.62	37.77
朝阳	59	37.9	34.1	24.3	75.8	11.62	30.77
大兴	113	37.2	35.1	11.3	81.9	9.86	26.59
房山	51	35.4	32.0	20.2	74.6	10.69	30.30
丰台	12	39.1	37.8	21.1	66.3	13.23	34.55
海淀	36	37.6	34.2	14.9	80.9	16.35	43.78
怀柔	25	26.1	26.4	7.0	43.1	9.55	36.90
门头沟	7	28.3	27.0	24.3	34.1	3.41	12.48
密云	17	53.2	39.8	18.0	228.2	47.06	89.77

续表

| 地区 | 样本数 | Cr 含量/(mg/kg) | | | | | 变异系数 /% |
		平均值	中值	最小值	最大值	标准差	
平谷	15	34.3	28.3	24.4	78.8	15.74	46.61
石景山	15	34.9	27.8	21.4	79.2	14.93	43.53
顺义	135	37.4	34.9	14.3	81.4	14.60	39.13
通州	178	35.3	33.2	16.4	72.4	9.59	27.22
延庆	16	28.5	28.2	18.5	55.0	8.42	29.96
全市	764	35.7	32.8	7.0	228.2	13.98	39.19

除密云外，其他地区的 Cr 平均含量接近或略高于土壤背景值，表明 Cr 有一定积累，但未达较高程度。

4. 土壤 Cu 含量比较

从各行政区土壤 Cu 含量的比较可以看到（表3.8），市中心 4 个城区的土壤 Cu 含量明显高于其他地区，平均高于其他地区两倍，更远远高于背景值的 18.7 mg/kg。其中，最大值为东城区，高达 257.7 mg/kg，为背景值的 10 倍有余，这是各行政区中唯一平均值大于 100 mg/kg 的；其次为西城区，平均值为 69.8 mg/kg。全市朝阳、东城和西城 3 个区土壤平均含量超出全市平均值，其中，除朝阳外，其他两个城区的最小值都高于全市平均值；海淀区平均值与全市平均值接近，显示北京市土壤中 Cu 含量分布主要集中在城市中心地区。平均含量最小值为平谷，仅为 16.6 mg/kg。全部样品中最大值位于东城区，高达 821.4 mg/kg。土壤 Cu 含量的变异较大，显示含量分布的不均匀性。不过城区的变异系数不大（东城除外），表明中心城区内土壤 Cu 含量分布较为一致。

表3.8　北京市及各行政区土壤 Cu 含量

| 地区 | 样本数 | Cu 含量/(mg/kg) | | | | | 变异系数 /% |
		平均值	中值	最小值	最大值	标准差	
昌平	85	33.3	22.7	14.2	241.7	31.12	93.73
朝阳	63	36.0	31.9	13.2	103.1	15.59	43.44
大兴	113	21.3	19.7	7.2	93.0	11.17	52.63
东城	9	257.7	72.0	60.2	821.4	317.3	128.26
房山	51	20.0	19.3	8.9	31.0	4.93	24.80
丰台	15	25.5	20.0	13.3	56.0	12.06	48.02
海淀	40	31.8	24.2	14.6	282.2	41.53	131.36
怀柔	25	17.2	17.5	9.0	29.5	5.17	30.34
门头沟	7	21.4	20.0	14.7	33.6	6.37	30.84
密云	17	26.0	22.2	13.0	47.9	10.86	42.37
平谷	15	16.6	16.6	11.8	21.7	2.48	15.20

续表

| 地区 | 样本数 | Cu 含量/(mg/kg) | | | | | 变异系数 |
		平均值	中值	最小值	最大值	标准差	/%
石景山	15	27.5	24.3	10.9	74.2	15.64	57.82
顺义	135	18.5	18.0	6.0	60.8	6.56	35.60
通州	178	22.6	21.7	0.2	68.5	7.44	32.88
西城	10	69.8	74.7	46.6	91.0	18.71	27.78
延庆	16	17.6	17.9	10.3	28.0	4.95	28.48
全市	794	33.3	22.7	14.2	241.7	31.12	139.25

全市全部行政区中，只有怀柔、平谷、顺义、延庆4个地区的 Cu 含量平均值低于背景值。表明北京市土壤 Cu 的积累已经非常明显，部分地区的程度已经相当高。与河北地区的8个样点相比，仅平谷县的平均值低于其平均含量。

5. 土壤 Ni 含量比较

土壤中 Ni 的地区差异与 Cr 类似（表3.9）。除密云外，其他地区的平均含量与全市平均值和背景值差别都不大。统计分析表明，Ni 和 Cr 具有相似性。除密云县外，其他地区的土壤 Ni 含量也主要与背景值有关。密云县的矿产开采活动影响了表层土壤 Ni 含量。可以看到，除密云县的数据变异较大（82.6%）外，其他地区的 Ni 含量变异基本为 20%~30%。

表3.9 北京市及各行政区土壤 Ni 含量

| 地区 | 样本数 | Ni 含量/(mg/kg) | | | | | 变异系数 |
		平均值	中值	最小值	最大值	标准差	/%
昌平	85	24.7	23.0	16.1	39.5	5.75	23.38
朝阳	64	28.4	28.9	2.8	43.8	6.27	22.21
大兴	113	30.0	29.0	15.0	46.6	7.07	23.63
东城	8	26.0	26.5	16.7	36.6	8.03	32.17
房山	51	31.1	30.9	19.0	39.6	5.14	16.61
丰台	15	27.3	29.6	12.0	38.1	8.74	32.61
海淀	40	27.2	27.5	15.0	38.9	5.38	19.90
怀柔	25	21.5	22.1	11.0	35.5	5.76	26.99
门头沟	7	30.4	28.2	20.9	47.4	8.36	28.47
密云	17	42.2	31.0	17.7	168.9	34.39	82.63
平谷	15	25.0	25.1	17.5	31.9	3.64	14.81
石景山	15	28.1	28.4	17.7	38.6	6.25	22.58
顺义	135	24.7	24.6	6.0	44.1	7.35	29.79
通州	178	28.1	27.8	11.7	49.0	6.68	23.75

地区	样本数	Ni 含量/（mg/kg）					变异系数 /%
		平均值	中值	最小值	最大值	标准差	
西城	10	27.8	26.7	23.0	37.2	4.84	18.01
延庆	16	27.5	26.8	17.6	46.5	7.11	26.21
全市	794	27.6	27.3	2.8	168.9	8.71	31.61

6. 土壤 Pb 含量比较

土壤中 Pb 含量普遍较高（表 3.10），10 个地区的平均含量超出全市平均值，14 个地区的平均含量超出背景值，尤其在城市中心地带。平均值的最高值为东城区，为 111.0 mg/kg；其次为西城区，为 84.6 mg/kg。在城市中心的几个行政区，基本都有大于 100 mg/kg 的样品出现，如东城、海淀、石景山和西城等。以东城、西城、朝阳、海淀、石景山和丰台为代表的城市中心区的 Pb 平均含量都大于全市平均值，表明 Pb 在城市中心区土壤中的积累比较明显。而门头沟区由于交通比较密集（以运煤的车辆为主），导致土壤 Pb 含量也高于全市平均值。可见，土壤 Pb 含量与交通量和人类活动有较密切的关系。平均值的最小值为密云县，为 21.5 mg/kg。Pb 数据的变异不是很大，可能与 Pb 容易随大气迁移，导致分布比较均匀有关。

表 3.10　北京市及各行政区土壤 Pb 含量

地区	样本数	Pb 含量/（mg/kg）					变异系数 /%
		平均值	中值	最小值	最大值	标准差	
昌平	85	31.2	28.8	10.9	60.4	10.09	32.45
朝阳	64	39.8	38.2	14.7	78.8	13.17	33.22
大兴	113	27.6	26.6	12.8	50.1	7.08	25.73
东城	9	111.0	93.5	36.3	207.5	72.19	67.77
房山	51	28.6	27.9	16.0	68.6	8.70	30.54
丰台	15	38.0	33.3	23.8	78.4	15.98	42.74
海淀	40	35.9	32.0	17.9	137.3	18.13	50.87
怀柔	25	22.2	21.0	11.5	43.6	6.92	31.51
门头沟	7	33.2	28.4	24.7	65.6	14.43	44.96
密云	17	21.5	22.5	5.2	37.4	7.33	34.59
平谷	15	25.8	25.9	20.2	31.0	3.25	12.83
石景山	15	49.6	37.4	26.9	116.6	26.32	53.90
顺义	135	22.7	22.8	5.0	49.4	6.45	28.49
通州	177	27.8	27.4	12.5	49.9	5.57	20.10
西城	10	84.6	85.4	36.9	156.6	48.34	59.15
延庆	16	28.2	26.9	21.3	45.7	6.67	24.01
全市	794	30.3	27.4	5.0	207.5	16.02	52.84

7. 土壤 Zn 含量的比较

北京市全部行政区中有 8 个地区土壤 Zn 含量平均值超出全市平均值（表 3.11），其中最高值出现在东城，达 497 mg/kg；其次为石景山（136 mg/kg），这两个地区的平均值大于 100 mg/kg。另外，西城和朝阳平均含量在 90 mg/kg 左右，海淀和丰台平均含量均在 70 mg/kg 以上，由此看出城市中心区 Zn 平均含量都高于全市平均值。其他地区的平均值则在全市平均值以下，其中以怀柔平均值为最低，仅为 54.2 mg/kg。

北京全市有 13 个行政区的土壤 Zn 含量平均值超出背景值，与河北省的数据相比，16 个行政区的平均含量全部超出其平均值。表明北京市土壤中的 Zn 含量积累现象较为普遍。

表 3.11 北京市及各行政区土壤 Zn 含量统计

| 地区 | 样本数 | Zn 含量/(mg/kg) | | | | | 变异系数/% |
		平均值	中值	最小值	最大值	标准差	
昌平	85	67.7	61.5	44.0	131.9	19.29	28.60
朝阳	64	90.4	84.2	0.0	201.3	32.39	35.99
大兴	113	56.3	53.9	22.3	196.5	19.04	33.92
东城	69	497.1	106.9	50.5	2474.1	969.1	203.09
房山	51	57.3	57.0	27.9	97.3	13.61	23.85
丰台	15	75.2	67.7	45.2	169.8	29.97	40.52
海淀	40	77.8	69.6	25.7	166.0	29.86	38.63
怀柔	25	54.2	51.5	36.0	96.1	12.90	24.03
门头沟	7	68.9	74.5	44.8	88.9	17.41	26.19
密云	17	55.5	55.2	41.7	82.0	10.38	18.99
平谷	15	55.5	51.5	41.6	79.0	10.96	20.10
石景山	15	136.0	89.9	37.5	399.7	109.21	81.65
顺义	135	58.7	55.3	24.9	307.5	27.55	46.98
通州	178	63.7	60.6	22.0	223.8	19.02	29.89
西城	10	92.0	93.6	57.6	116.9	20.83	23.45
延庆	16	65.2	60.5	39.4	119.8	23.00	35.82
全市	794	69.6	59.9	22.0	2474.1	90.64	130.35

3.2.3 不同重金属的相关性统计分析

相关分析可以用来检验成对数据之间的近似性，已被应用于土壤重金属的数据分析。为消除数据量级不同造成的影响，数据的统计分析之前都进行了标准化处理。

相关性统计分析表明，除 Cr 与 Pb 之外，其他重金属之间都具有显著相关性（表 3.12）。其中，Cd 与 Ni、Cr 与 Zn 之间的相关性检验的显著性水平为 0.05，As 和 Cu 与其他 6 种金属之间相关性检验的显著性水平都达到 0.01。这或许与各重金属来源在某种程度上的近似性有关。据报道，这也可能是由于重金属离子半径相似的缘故。重金属元素之间的相关性可以作为后面章节数据分析和规律解释的基础。

表 3.12　北京市土壤重金属含量相关统计分析

	As	Cd	Cu	Cr	Ni	Pb	Zn
As	1.000	0.139 **	0.112 **	0.135 **	0.124 **	0.161 **	0.137 **
Cd		1.000	0.375 **	0.150 **	0.076 *	0.384 **	0.469 **
Cu			1.000	0.110 **	0.126 **	0.457 **	0.505 **
Cr				1.000	0.648 **	0.048	0.174 *
Ni					1.000	0.166 **	0.177 **
Pb						1.000	0.687 **
Zn							1.000

** $p<0.01$；　* $p<0.05$

3.2.4　重金属含量的主成分分析

主成分分析是用来辅助分析数据的统计方法，可以进一步对数据做详细阐明，如解释污染来源，确定自然和人为因素对土壤元素的贡献等，已经被广泛应用于沉积物、土壤和水等研究领域。

根据初始特征值的结果（表 3.13），前 4 个因子共占总方差的 83%。因而，所有重金属都可以被这 4 个因子很好地替代。提取的因子特征值在旋转变换前有两个因子的特征值小于 1，但在变换后全部大于 1。因子矩阵的转换可以更明确地说明因子所起的作用。

表 3.13　北京市土壤重金属含量主成分分析解释方差

成分	初始特征值值			提取后特征值			变换后特征值		
	特征值	解释方差	累积方差	特征值	解释方差	累积方差	特征值	解释方差	累积方差
1	2.657	37.96	37.96	2.657	37.96	37.96	1.928	27.54	27.54
2	1.569	22.41	60.37	1.569	22.41	60.37	1.680	24.00	51.54
3	0.931	13.30	73.67	0.931	13.30	73.67	1.209	17.27	68.81
4	0.661	9.44	83.12	0.661	9.44	83.12	1.002	14.31	83.12
5	0.584	8.34	91.46						
6	0.341	4.88	96.34						
7	0.256	3.66	100.0						

因子的初始矩阵中（表 3.14），Cd、Cu、Pb 和 Zn 在因子 1（F_1）中显示出较高的值，Cr 和 Ni 在因子 2（F_2）中值较高；As 在因子 3（F_3）、Cd 在因子 4（F_4）中分别表现出较高的值，显得较为混乱。在矩阵旋转后，F_1 包含 Pb、Zn 和 Cu，F_2 包含 Cr 和 Ni，

F_3 包含 Cd 和 Cu，F_4 包含 As。

表 3.14　北京市土壤重金属含量主成分分析成分矩阵

重金属	主成分				旋转主成分			
	F_1	F_2	F_3	F_4	F_1	F_2	F_3	F_4
As	0.312	0.146	0.937	-0.029	0.083	0.080	0.063	0.990
Cd	0.661	-0.257	0.005	0.621	0.241	0.024	0.908	0.078
Cu	0.696	-0.228	-0.106	0.138	0.541	0.058	0.520	-0.002
Cr	0.385	0.820	-0.114	0.156	-0.009	0.916	0.128	0.048
Ni	0.410	0.810	-0.123	-0.097	0.153	0.904	-0.067	0.053
Pb	0.794	-0.234	-0.048	-0.410	0.912	0.049	0.112	0.094
Zn	0.832	-0.215	-0.107	-0.232	0.846	0.099	0.277	0.039

Pb 和 Zn，Cr 和 Ni 成对出现，表明两组重金属在来源上的高度相似性。Cu 比较特殊，在 F_1 和 F_3 中的值都不是特别高，其原因可能很多，如其来源的多样性等。

3.2.5　区域土壤重金属空间分布特性

不同重金属元素有各自不同的分布特征和空间结构特征。根据土壤重金属含量差异分析其空间结构特征，采用克里格方法进行插值，对北京市几种主要土地利用方式的土壤重金属含量空间分布特性有了较为深入的了解。近年来，采用基于当地土壤重金属的背景值——基线值的判断方法已逐步得到认可。

1. 污染指数

土壤重金属污染指数可以表征土壤重金属污染的状况，分为单项污染指数和综合污染指数，其中，单项污染指数（PI）为某重金属元素的实测值与其基线值 [背景值95%置信度的范围区域，对于普通正态分布数据，采用区域背景值与二倍标准差之和（$\bar{x} + 2s$）；对于对数正态分布数据，则用几何平均值与方差平方的乘积表示]（Chen et al.，2001；郑袁明等，2005）的比值。而综合污染指数又与单项污染指数和某种土壤重金属的分担率密切相关，为突出污染较重的重金属的作用，采用下式计算：

$$\mathrm{PKI}_j = \sqrt{\sum_{k=1}^{N} (\mathrm{PI}_{kj})^2 \cdot W_{kj}} \tag{3.1}$$

式中，PKI_j 为第 j 个样点的土壤重金属综合污染指数；PI_{kj} 为第 j 个样点的重金属元素 k 的单项污染指数；W_{kj} 为土壤重金属分担率，用第 j 个样点土壤重金属元素 k 的单项污染指数与该样点 N 个重金属元素单项污染指数之和的比值表示。

在上述污染指数计算中，以重金属的背景值上限值（区域背景值与标准差之和，$\bar{x} + s$）代替基线值，所得的污染指数用 PKI$_{背景}$ 表示。经计算，PKI$_{基线}$ 和 PKI$_{背景}$ 的比值基本稳定（0.81±0.04），呈正态分布（$p_{s-w} = 0.214 > 0.05$），因此，二者可以表示为 PKI$_{基线}$/

$PKI_{背景} = 0.81$。若不加说明，污染指数或综合污染指数均是基于基线值考虑。

采用背景值及标准偏差评价法，用区域土壤环境背景值95%置信度的范围区域，亦即基线值（$\bar{x} + 2s$）来进行评价。重金属综合污染状况用区域土壤背景值上限值（$\bar{x} + s$）和基线值来进行评价（表3.15）。

表 3.15　土壤重金属污染程度评价方法

污染指数类型	≤0.81	>0.81 且≤1.0	>1.0	>2.0
综合污染指数（$PKI_{基线}$）	正常	高于污染临界值	土壤污染	土壤严重污染
单项污染指数（PI）	PI≤1，均为正常		土壤污染	土壤严重污染

在进行土壤重金属含量空间插值分级时，以土壤重金属背景值（$\bar{x}$）及其标准差为基础进行，即 $\bar{x}$、$\bar{x} + s$ 和 $\bar{x} + 2s$（$PI_{基线} = 1.0$）等，由于北京市土壤重金属背景值与标准差大小关系的差异，对不同重金属而言，元素含量分别为 $\bar{x}$ 和 $\bar{x} + s$ 时，$PI_{基线}$ 所对应的值并不一致（表3.16）。

表 3.16　北京市土壤重金属与不同参考相应的 PI 基线值

空间分级参考值	$PI_{基线}$						
	As	Cr	Cd	Cu	Pb	Ni	Zn
$\bar{x}$	0.55	0.60	0.33	0.62	0.71	0.63	0.58
$\bar{x} + s$	0.77	0.80	0.66	0.81	0.86	0.81	0.79
$\bar{x} + 2s$	1.0	1.0	1.0	1.0	1.0	1.0	1.0

2. As

北京市旱地土壤 As 污染指数分布图（图3.8）是根据各样点土壤 As 污染指数插值而得到的。污染指数分别基于北京市土壤 As 背景值（$PI_{背景}$）和土壤基线值（$PI_{基线}$）。共分为三级：Ⅰ级为 $PI_{背景} < 1$ 或 $PI_{基线} < 0.55$，该区域中土壤 As 含量与北京市土壤 As 背景值（7.8 mg/kg）（陈同斌等，2004）相当，主要分布在密云，以及怀柔、密云和顺义交界区域；Ⅱ级为 $0.55 \leq PI_{基线} < 0.77$，与背景值≤As<背景值+标准差一致，即 7.8~11.0 mg/kg；Ⅲ级为 $0.77 \leq PI_{基线} < 1$，与背景值+标准差≤As<背景值+2倍标准差一致，即 11.0~14.3 mg/kg，As 含量稍高的土壤主要分布在房山和门头沟。

3. Cd

北京市旱地土壤 Cd 污染指数分布图（图3.9）是根据各样点土壤 Cd 污染指数插值而得到的。

根据土壤 Cd 含量状况共分为三级（图3.9）：Ⅰ级为 $PI_{背景} < 1$ 或 $PI_{基线} < 0.33$，该区域中土壤 Cd 含量与北京市土壤 Cd 背景值（0.123 mg/kg）（陈同斌等，2004）相当；Ⅱ级

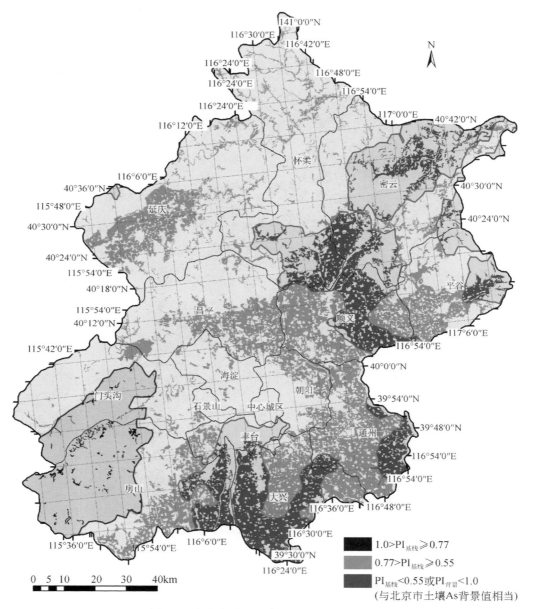

图 3.8　北京市旱地土壤 As 污染指数分布图

为 $0.33 \leqslant PI_{基线} < 0.66$，与背景值 $\leqslant Cd <$ 背景值+标准差一致，即 $0.123 \sim 0.246$ mg/kg；Ⅲ级为 $0.66 \leqslant PI_{基线} < 1.0$，与背景值+标准差 $\leqslant Cd <$ 背景值+2 倍标准差一致，即 $0.246 \sim 0.379$ mg/kg。土壤中的 Cd 含量在怀柔与延庆县的交界地带有一个高含量分布区域，这可能与当地矿产分布有关。

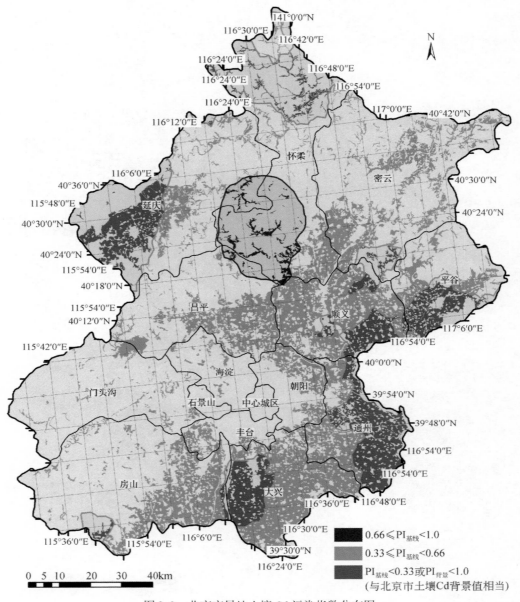

图 3.9　北京市旱地土壤 Cd 污染指数分布图

4. Cr

根据土壤 Cr 含量状况共分为三级（图 3.10）：I 级为 $PI_{背景}<1$ 或 $PI_{基线}<0.60$，该区域中土壤 Cr 含量与北京市土壤 Cr 背景值（29.9 mg/kg）（陈同斌等，2004）相当；II 级为 $0.60 \leqslant PI_{基线}<0.80$，与背景值 $\leqslant$ Cr<背景值+标准差一致，即 29.9 ~ 39.8 mg/kg；III 级为 $0.80 \leqslant PI_{基线}<1.0$，与背景值+标准差 $\leqslant$ Cr<背景值+2 倍标准差一致，即 39.8 ~ 49.7 mg/kg。

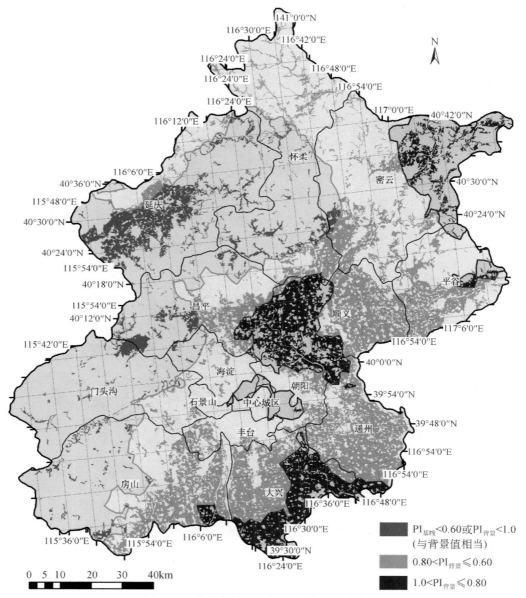

图 3.10 北京市旱地土壤 Cr 污染指数分布图

（图例）
PI$_{基线}$<0.60或PI$_{背景}$<1.0
（与背景值相当）

0.80<PI$_{背景}$≤0.60

1.0<PI$_{背景}$≤0.80

0 5 10   20   30   40km

北京市土壤 Cr 含量有三个相对较高的区域分别位于密云东北部、大兴的西南部和朝阳、昌平和顺义交界区域。而位于北京市西部丘陵地带的土壤 Cr 含量普遍较低，与土壤背景值相当。

5. Cu

北京市土壤 Cu 含量存在较大的空间差异（图 3.11）。根据土壤 Cu 含量特征，将北京市土壤划分为四级：Ⅰ级为 PI$_{背景}$<1 或 PI$_{基线}$<0.62，该区域中土壤 Cu 含量与北京市土壤

Cu 背景值（19.9 mg/kg）（陈同斌等，2004）相当；Ⅱ级为 $0.62 \leqslant PI_{基线} < 1.0$，与背景值≤Cu<背景值+标准差一致，即 19.9～26.2 mg/kg；Ⅲ级为 $1.0 \leqslant PI_{基线} < 2.0$，与背景值+2倍标准差≤Cu<背景值+4倍标准差一致，即 32.4～44.9 mg/kg；Ⅳ级为 $PI_{基线} \geqslant 2$，相当于高于背景值+4倍标准差。

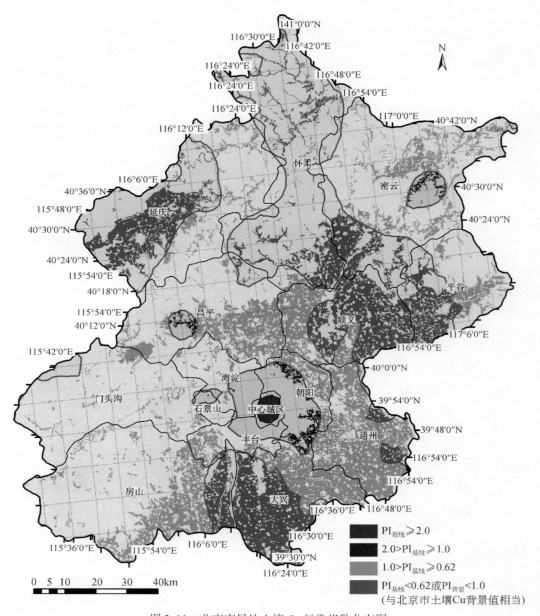

图 3.11　北京市旱地土壤 Cu 污染指数分布图

土壤中 Cu 含量的空间分布大致有 3 个高含量区（图 3.11）：城市中心地区、昌平中部地区和密云中部地区。这些区域土壤 Cu 含量超过基线值，通常可认为已被污染。北京市大部分区域（Ⅱ、Ⅲ和Ⅳ级）区域土壤 Cu 含量已超过背景值，呈现出较为明显的积累效应。其中，中心城区的 Cu 含量更高达 100 mg/kg（最高 Cu 含量样点为 457 mg/kg），显示出污染分布是以城市为中心向外扩散的明显特征。

6. Ni

根据土壤 Ni 含量特征（图 3.12），将北京市土壤划分为两级：Ⅰ级为 $PI_{背景}<1$ 或 $PI_{基线}<0.63$，该区域中土壤 Ni 含量与北京市土壤 Ni 背景值（27.5 mg/kg）（陈同斌等，

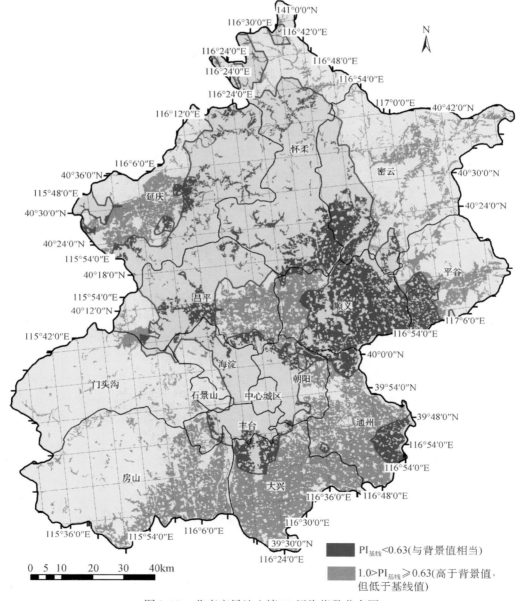

图 3.12　北京市旱地土壤 Ni 污染指数分布图

2004) 相当；Ⅱ级为 $0.63 \leqslant PI_{基线} < 1.0$，与背景值 $\leqslant Ni <$ 背景值+标准差一致，即 $27.5 \sim 35.2$ mg/kg。可见，总体上来讲，北京市土壤未出现明显 Ni 污染区域，但仍然有部分区域（Ⅱ级区域）土壤呈现出较明显的 Ni 积累效应。

7. Pb

与 Cu 类似，北京市土壤 Pb 含量存在较大的空间差异（图 3.13）。根据土壤 Pb 含量

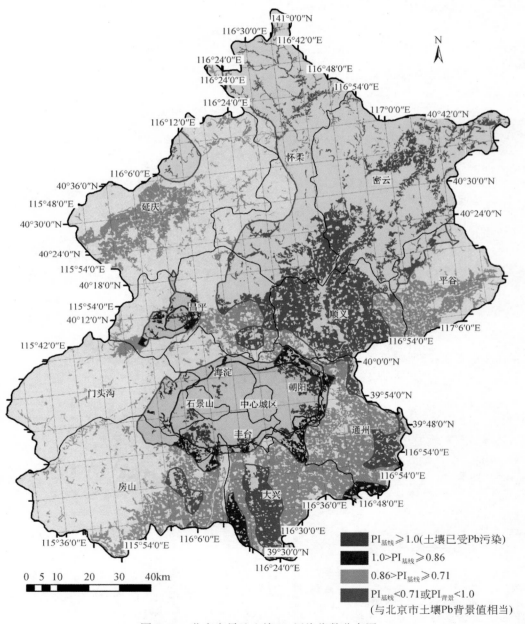

图 3.13   北京市旱地土壤 Pb 污染指数分布图

特征，将北京市土壤划分为四级：Ⅰ级为 $PI_{背景}$<1 或 $PI_{基线}$<0.71，该区域中土壤 Pb 含量与北京市土壤 Pb 背景值（25.1 mg/kg）（陈同斌等，2004）相当；Ⅱ级为 0.71≤$PI_{基线}$<0.86，与背景值≤Pb<背景值+标准差一致，即 25.1～30.2 mg/kg；Ⅲ级为 0.86≤$PI_{基线}$<1.0，与背景值+标准差≤Pb<背景值+2 倍标准差一致，即 30.2～35.2 mg/kg；Ⅳ级为 $PI_{基线}$≥1.0，相当于高于背景值+2 倍标准差，该区域 Pb 含量为 35.2～207.5 mg/kg。

土壤中 Pb 含量的空间分布大致有两个高含量区（图 3.13）：城市中心地区和昌平区中部区。北京市大部分区域（Ⅱ、Ⅲ和Ⅳ级区域）土壤 Pb 含量已超过背景值，呈现出较为明显的积累效应。与 Cu 类似，北京市土壤 Pb 含量也显示出污染分布以城市为中心向外扩散的特征。

8. Zn

北京市土壤 Zn 分布特征如图 3.14 所示。按照土壤 Zn 含量特性，可分为三级：Ⅰ级为 $PI_{背景}$<1 或 $PI_{基线}$<0.58，该区域中土壤 Zn 含量与北京市土壤 Zn 背景值（56.9 mg/kg）（陈同斌等，2004）相当；Ⅱ级为 0.58≤$PI_{基线}$<1.0，与背景值≤Zn<背景值+2 倍标准差一致，即 56.9～98.2 mg/kg；Ⅲ级为 $PI_{基线}$≥1，与 Zn≥背景值+2 倍标准差一致，即 Zn 含量高于 98.2 mg/kg。

9. 土壤重金属综合污染指数空间分布

对北京市土壤重金属的综合污染指数进行克里格插值，得到北京市土壤重金属综合污染指数分布图（图 3.15）。大致可以分成三级：Ⅰ级，综合污染指数（PKI）<0.8，应该可以认为该区域土壤总体来说是清洁的，属低风险区域。Ⅱ级，综合污染指数介于 0.8～1.0，称为中等风险区域，处于清洁与污染之间的警戒区；Ⅱ类区域主要分布在朝阳、丰台、石景山和海淀等近郊区，另外，在延庆和昌平的中部以及房山的西南部也有分布。Ⅲ级，综合污染指数高于 1.0，属高风险区域；它主要分布在以中心城区和近郊区临近中心城区的区域，此区域农业用地较少，主要为工业、建筑用地和公园用地等。

考虑到 Cu 和 Zn 污染问题并不突出。从人体健康的角度，关于儿童和孕妇呈现 Cu、Zn 缺乏的报道并不少见。因此，一般来讲，可以不考虑土壤中 Zn 和 Cu 的负面影响。

在图 3.15 中，排除了 Cu 和 Zn 的影响，只考虑对人体毒性较强的其他 5 种重金属（As、Cr、Cd、Pb 和 Ni）的影响。风险较高的区域仍然分布在以中心城区为圆心的近郊同心圆上。城区中心污染风险最高。

3.2.6　区域土壤重金属健康风险评估

土壤重金属可通过多种暴露途径进入人体：土壤吸食、接触，农产品食用，地下水和地表水的饮用和接触，禽畜肉和牛奶等。其中，最主要的途径包括农产品食用、土壤无意摄入和土壤接触暴露三种途径。

1. 健康风险评估模型参数的确定

从农产品食用、土壤无意摄入和土壤接触暴露途径模型来看，只要获得土壤重金属含

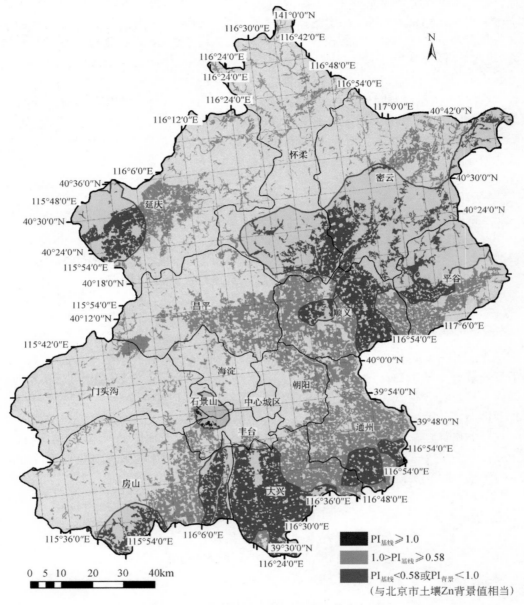

图 3.14　北京市旱地土壤 Zn 污染指数分布图

量（C）、土壤利用类型、农作物的富集系数（BCF）和各种农产品人均日消费量等参数，即可估算人群从土壤中摄入的重金属的量。

表 3.17 是本书和文献提供的几种主要作物对土壤重金属的富集系数。小麦的富集系数以几个文献中提供的资料的平均值为估算依据。有关果树对土壤重金属的富集系数未见报道，在本书计算中暂时由其他几种作物富集系数的平均数代替。

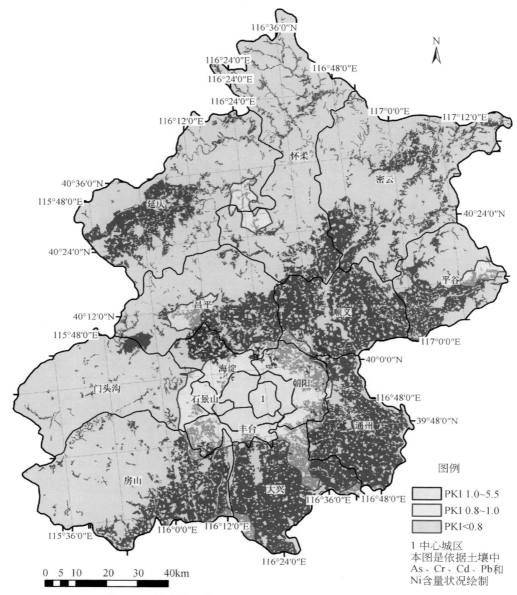

图 3.15　北京市土壤 As、Cr、Cd、Pb 和 Ni 综合污染分布图

表 3.17　几种主要作物重金属富集系数

重金属	玉米[a]	小麦[b]	小麦[c]	小麦[d]	水稻[e]	蔬菜
As	0.0068	—	0.0059±0.0028	0.0044±0.0018	0.0206	0.0054[f]
Cr	0.0188	—	0.0024±0.0008	0.003±0.001	0.0142	0.00123[g]
Cd	0.095	0.2518	0.484±0.343	0.18±0.217	0.202	0.059[h]
Cu	0.169	0.1733	0.251±0.063	0.243±0.071	0.503	0.0237[i]

续表

重金属	玉米[a]	小麦[b]	小麦[c]	小麦[d]	水稻[e]	蔬菜
Pb	0.0097	0.017	0.0123±0.0087	0.0189±0.0138	0.01	0.00261[j]
Ni	0.0124	—	—	0.0139±0.0033	0.0784	0.00237[k]
Zn	0.329	—	0.372±0.094	0.59±0.122	0.179	0.031[l]

注：a，（何峰，2004）[①]；b，（李波等，2005）；c，（魏朝富等，2003）；d，（杨军等，2005）；e，（何峰，2004）；f，（陈同斌等，2006b）；g，（宋波等，2006a）；h，（宋波等，2006b）；i，（郑袁明等，2006）；j，（陈同斌等，2006a）；k，（陈同斌等，2006c）；l，（黄泽春等，2006）

北京市农产品人均消费量参考中国疾病预防控制中心 1992 年和北京市疾病预防控制中心 2002 年开展的"中国居民营养与健康状况调查"等文献提供资料。2002 年人均每日消费的粮谷类食品较 1992 年减少了 10.32%；蔬菜和水果则分别增加了 7.12% 和 30.4%。据此，可推算出北京市居民 2002 年主要农产品消费量（表 3.18）。

表 3.18　北京市 2002 年成人主要农产品消费量

农产品	城乡/［kg/（人·d）］		城市/［kg/（人·d）］		农村/［kg/（人·d）］	
	平均值	标准差	平均数	标准差	平均数	标准差
米及其制品	0.129	0.076	0.126	0.070	0.133	0.085
面及其制品	0.213	0.112	0.195	0.107	0.245	0.114
蔬菜	0.394	0.276	0.395	0.258	0.396	0.301
水果	0.153	0.208	0.170	0.203	0.125	0.210

资料来源：（葛可佑，1996；葛可佑和翟凤英，1999；葛可佑和翟凤英，2004；庞星火等，2005）

2. 从土壤中摄入的重金属的量的估算与比较

以北京市城乡成人居民为例。表 3.19 ~ 表 3.22 分别是北京市城乡成人居民通过农产品暴露、皮肤接触暴露（dermal contact）、无意吸食暴露（incidental soil ingestion），以及三种暴露途径重金属总摄入量的基本统计量。

表 3.19　通过农产品暴露从土壤中摄入的重金属

重金属	土地类型	样本数	中位数	最小值	最大值	平均值	SD	变异系数	偏度	p_{k-s}[a]	$p_{\ln k-s}$[b]
			μg/（kg 体重·d）								
As	菜地 a	77	2.31	0.99	4.29	2.30	0.67	0.45	0.55	0.69	0.72
	稻田 c	14	0.86	0.42	1.27	0.88	0.22	0.05	−0.13	0.91	0.62
	果园 c	29	0.89	0.01	1.74	0.87	0.33	0.11	−0.01	1.00	0.04
	麦地 b	290	1.17	0.33	3.40	1.20	0.34	0.11	1.11	0.07	0.84
Cr	菜地 a	108	25.1	7.8	53.3	26.4	8.1	65.9	0.76	0.00	0.41
	稻田 c	24	8.2	3.2	14.1	7.9	2.3	5.4	0.23	0.95	0.77
	果园 c	33	7.3	4.4	18.7	8.0	2.8	7.9	2.04	0.03	0.58
	麦地 b	350	11.1	3.9	28.1	12.1	4.2	17.6	1.20	0.00	0.26

---

① 何峰. 2004. 重庆市农田土壤-粮食作物重金属关联特征与污染评价. 重庆，西南农业大学. 博士论文.

续表

重金属	土地类型	样本数	中位数	最小值	最大值	平均值	SD	变异系数	偏度	p_{k-s}a	$p_{\ln_{k-s}}$b
			\multicolumn{5}{c}{μg/（kg 体重·d）}					
Cd	菜地 a	108	0.121	0.028	0.733	0.141	0.108	0.012	3.41	0.36	0.51
	稻田 c	24	0.056	0.015	0.110	0.058	0.031	0.001	0.20	0.80	0.40
	果园 bc	33	0.061	0.005	0.245	0.080	0.060	0.004	1.33	0.21	0.63
	麦地 b	350	0.069	0.005	0.557	0.085	0.062	0.004	3.58	0.00	0.22
Cu	菜地 a	108	14.6	0.1	69.2	15.6	7.6	57.2	3.88	0.00	0.00
	稻田 a	24	14.3	8.7	23.5	15.0	3.8	14.2	0.47	0.98	1.00
	果园 b	33	10.9	5.7	126.2	18.7	26.3	691.9	3.55	0.00	0.22
	麦地 b	350	11.8	4.9	68.8	12.8	6.3	40.0	4.31	0.00	0.00
Pb	菜地 a	108	17.0	8.0	48.9	18.2	6.6	44.2	1.90	0.83	0.53
	稻田 c	24	5.7	2.7	11.7	6.0	1.9	3.5	1.42	1.00	0.83
	果园 b	33	7.9	3.7	20.1	8.6	3.9	15.2	1.54	0.87	0.94
	麦地 b	350	9.0	1.8	21.2	9.2	2.7	7.6	0.84	0.29	0.65
Ni	菜地 a	108	17.8	6.8	27.0	17.9	4.3	18.1	−0.02	0.01	0.43
	稻田 c	24	7.3	4.3	10.5	7.6	1.7	2.9	−0.06	0.63	0.97
	果园 d	33	6.5	3.4	10.1	6.4	1.5	2.3	0.34	0.27	0.94
	麦地 b	350	9.5	3.2	18.7	9.6	2.5	6.5	0.51	0.04	0.01
Zn	菜地 a	108	44.0	1.5	211.6	49.5	26.3	694.1	3.17	0.00	0.00
	稻田 c	24	23.6	16.2	33.0	23.7	4.6	20.7	0.11	0.99	0.98
	果园 b	33	34.1	17.8	113.1	39.8	22.1	486.4	1.71	0.26	0.82
	麦地 a	350	50.3	26.1	173.4	52.9	15.8	249.2	2.61	0.00	0.00

注：1）同一列中，不同字母表示差异显著；

2）a、b 分别表示对数转换前后的 Kolmogorov-Smirnov 正态检验结果，大于 0.05 即表示符合正态分布

表 3.20   通过皮肤接触暴露从土壤中摄入的重金属

重金属	土地类型	样本数	中位数	最小值	最大值	平均值	标准差
			\multicolumn{5}{c}{10^{-5} μg/（kg 体重·d）}			
As	自然土壤	105	3.02	0.541	7.34	3.08	1.3
	菜地	77	29.2	12.5	54.3	29.2	8.48
	绿地	20	27.4	11.2	39	27.8	7.5
	稻田	14	31.3	15.3	46.5	32	8.19
	果园	29	28.8	0.341	56.2	28	10.8
	麦地	290	27.4	7.64	79.7	28.1	7.92

重金属	土地类型	样本数	中位数	最小值	最大值	平均值	标准差
			$10^{-5}\mu g/(kg$ 体重 $\cdot d)$				
Cr	自然土壤	106	11.4	4.25	23.8	12.2	3.76
	菜地	108	324	100	686	339	105
	绿地	21	242	153	414	252	70.4
	稻田	24	131	50.8	227	127	37.3
	果园	33	101	61.5	259	111	38.9
	麦地	350	110	38.5	279	121	41.7
Cd	自然土壤	107	0.0448	0.0125	0.246	0.0586	0.0448
	菜地	108	1.28	0.294	7.72	1.49	1.14
	绿地	21	0.795	0.286	3.18	0.943	0.599
	稻田	24	0.532	0.143	1.05	0.549	0.294
	果园	33	0.477	0.0375	1.93	0.626	0.472
	麦地	350	0.356	0.0239	2.89	0.444	0.32
Cu	自然土壤	107	7.67	2.34	14.8	7.76	2.53
	菜地	108	173	1.59	820	185	89.7
	绿地	21	166	113	531	206	92.9
	稻田	24	82.8	50.1	135	86.7	21.7
	果园	33	82.8	43.3	962	142	200
	麦地	350	66.9	28	391	72.9	35.9
	公园土壤	30	22.8	9.39	178	27.7	29.1
Pb	自然土壤	91	9.74	4.48	14.9	9.77	2.06
	菜地	108	218	103	627	233	85.1
	绿地	21	225	166	627	270	108
	稻田	24	93	44.3	192	97.2	30.5
	果园	33	108	50.4	275	117	53.3
	麦地	350	87.7	17	206	89.7	26.7
	公园土壤	30	17.6	9.93	80.8	25.8	17.2
Ni	自然土壤	106	10.8	4.29	23.1	11	3.18
	菜地	108	228	87.5	346	229	54.6
	绿地	21	225	157	299	222	29.4
	稻田	24	95.3	56.4	136	98.2	22
	果园	33	83.9	44	131	83	19.6
	麦地	350	92.6	31.4	182	93.8	24.9
	公园土壤	29	8.96	2.38	14.5	8.93	3.02

续表

重金属	土地类型	样本数	中位数	最小值	最大值	平均值	标准差
			$10^{-5}\mu g/(kg$ 体重$\cdot d)$				
Zn	自然土壤	107	22.3	10.9	46.7	23.4	6.51
	菜地	108	509	17.5	2450	572	304
	绿地	21	501	298	1240	564	200
	稻田	24	237	162	331	238	45.7
	果园	33	226	118	749	264	146
	麦地	350	194	101	670	204	61
	公园土壤	30	32.6	10	76.7	34.1	12.2

表 3.21　通过无意吸食暴露从土壤中摄入的重金属

重金属	土地类型	样本数	中位数	最小值	最大值	平均值	SD
			$\mu g/(kg$ 体重$\cdot d)$				
As	自然土壤	105	0.01	0.00	0.03	0.01	0.01
	菜地	77	0.13	0.06	0.25	0.13	0.04
	绿地	20	0.02	0.01	0.02	0.02	0.00
	稻田	14	0.14	0.07	0.21	0.15	0.04
	果园	29	0.13	0.00	0.25	0.13	0.05
	麦地	289	0.12	0.03	0.36	0.13	0.04
Cr	自然土壤	106	0.12	0.04	0.25	0.13	0.04
	菜地	108	1.47	0.45	3.11	1.54	0.47
	绿地	21	0.13	0.08	0.21	0.13	0.04
	稻田	24	1.39	0.54	2.40	1.34	0.39
	果园	33	1.06	0.65	2.73	1.18	0.41
	麦地	349	1.17	0.41	2.95	1.27	0.44
Cd	自然土壤	107	4.7E-04	1.3E-04	2.6E-03	6.2E-04	4.7E-04
	菜地	108	5.8E-03	1.3E-03	3.5E-02	6.7E-03	5.1E-03
	绿地	21	4.1E-04	1.5E-04	1.6E-03	4.9E-04	3.1E-04
	稻田	24	5.6E-03	1.5E-03	1.1E-02	5.8E-03	3.1E-03
	果园	33	5.0E-03	4.0E-04	2.0E-02	6.6E-03	5.0E-03
	麦地	349	3.8E-03	2.5E-04	3.1E-02	4.7E-03	3.4E-03
Cu	自然土壤	107	0.08	0.02	0.16	0.08	0.03
	菜地	108	0.78	0.01	3.71	0.84	0.41
	绿地	21	0.09	0.06	0.27	0.11	0.05
	稻田	24	0.87	0.53	1.43	0.92	0.23
	果园	33	0.87	0.46	10.16	1.50	2.12
	麦地	350	0.70	0.09	4.13	0.77	0.38
	公园土壤	30	0.24	0.10	1.88	0.29	0.31

续表

重金属	土地类型	样本数	中位数	最小值	最大值	平均值	SD
			μg/(kg 体重·d)				
Pb	自然土壤	91	0.10	0.05	0.16	0.10	0.02
	菜地	108	0.99	0.46	2.84	1.05	0.39
	绿地	21	0.12	0.09	0.32	0.14	0.06
	稻田	24	0.98	0.47	2.02	1.03	0.32
	果园	33	1.14	0.53	2.91	1.24	0.56
	麦地	350	0.92	0.13	2.18	0.94	0.29
	公园土壤	30	0.19	0.10	0.85	0.27	0.18
Ni	自然土壤	106	0.11	0.05	0.24	0.12	0.03
	菜地	108	1.03	0.40	1.57	1.04	0.25
	绿地	21	0.12	0.08	0.15	0.11	0.02
	稻田	24	1.01	0.60	1.44	1.04	0.23
	果园	33	0.89	0.46	1.38	0.88	0.21
	麦地	350	0.98	0.14	1.93	0.99	0.27
	公园土壤	29	0.09	0.03	0.15	0.09	0.03
Zn	自然土壤	107	0.24	0.11	0.49	0.25	0.07
	菜地	108	2.30	0.08	11.07	2.59	1.38
	绿地	21	0.26	0.15	0.64	0.29	0.10
	稻田	24	2.50	1.72	3.49	2.51	0.48
	果园	33	2.38	1.25	7.92	2.79	1.54
	麦地	350	2.05	0.24	7.08	2.15	0.65
	公园土壤	30	0.34	0.11	0.81	0.36	0.13

表 3.22　通过农产品、皮肤接触和无意吸食三种暴露途径从土壤中摄入的重金属

重金属	土地类型	样本数	中位数	最小值	最大值	平均值	SD	p_{k-s}	$p_{\ln k-s}$
			μg/(kg 体重·d)						
As	自然土壤 d	105	0.01	0.00	0.03	0.01	0.01	0.71	0.04
	菜地 a	77	2.44	1.05	4.53	2.44	0.71	0.69	0.72
	绿地 d	20	0.02	0.01	0.02	0.02	0.00	0.95	0.63
	稻田 c	14	1.00	0.49	1.48	1.02	0.26	0.91	0.62
	果园 c	29	1.02	0.01	2.00	1.00	0.38	1.00	0.04
	麦地 b	290	1.29	0.36	3.76	1.33	0.37	0.07	0.37

重金属	土地类型	样本数	中位数	最小值	最大值	平均值	SD	p_{k-s}	$p_{\ln_{k-s}}$
			μg/(kg 体重·d)						
Cr	自然土壤 d	106	0.12	0.04	0.25	0.13	0.04	0.00	0.24
	菜地 a	108	26.61	8.24	56.43	27.90	8.59	0.00	0.41
	绿地 d	21	0.13	0.08	0.22	0.13	0.04	0.19	0.83
	稻田 c	24	9.56	3.70	16.54	9.25	2.72	0.95	0.77
	果园 c	33	8.32	5.09	21.42	9.22	3.22	0.03	0.58
	麦地 b	350	12.27	4.28	31.02	13.39	4.63	0.00	0.25
Cd	自然土壤 d	107	0.0005	0.0001	0.0026	0.00062	0.00047	0.12	0.50
	菜地 a	108	0.127	0.029	0.768	0.148	0.113	0.36	0.51
	绿地 d	21	0.00042	0.00015	0.0017	0.0005	0.00032	0.27	0.60
	稻田 c	24	0.061	0.017	0.121	0.063	0.034	0.80	0.40
	果园 bc	33	0.066	0.005	0.265	0.086	0.065	0.21	0.63
	麦地 b	350	0.072	0.005	0.587	0.090	0.065	0.00	0.22
Cu	自然土壤 c	107	0.08	0.02	0.16	0.08	0.03	0.77	0.26
	菜地 a	108	15.38	0.14	72.90	16.48	7.97	0.00	0.00
	绿地 c	21	0.09	0.06	0.28	0.11	0.05	0.32	0.38
	稻田 a	24	15.22	9.21	24.89	15.95	3.99	0.98	1.00
	果园 a	33	11.74	6.14	136.41	20.16	28.42	0.00	0.22
	麦地 a	350	12.47	5.23	72.92	13.59	6.71	0.00	0.00
	公园土壤 b	30	0.24	0.10	1.88	0.29	0.31	0.99	0.95
Pb	自然土壤 d	91	0.10	0.05	0.16	0.10	0.02	0.37	0.14
	菜地 a	108	18.01	8.48	51.78	19.22	7.03	0.83	0.53
	绿地 d	21	0.12	0.09	0.33	0.14	0.06	0.86	0.67
	稻田 c	24	6.69	3.19	13.78	6.99	2.19	1.00	0.83
	果园 b	33	9.05	4.23	23.06	9.80	4.47	0.87	0.94
	麦地 b	350	9.95	1.93	23.38	10.18	3.03	0.30	0.64
	公园土壤 d	30	0.19	0.11	0.85	0.27	0.18	0.98	0.74
Ni	自然土壤 d	106	0.11	0.05	0.24	0.12	0.03	0.94	0.46
	菜地 a	108	18.84	7.22	28.56	18.94	4.50	0.01	0.43
	绿地 d	21	0.12	0.08	0.16	0.12	0.02	0.22	0.53
	稻田 c	24	8.33	4.93	11.89	8.59	1.93	0.63	0.97
	果园 c	33	7.37	3.86	11.50	7.29	1.72	0.27	0.94
	麦地 b	350	10.47	3.54	20.62	10.60	2.81	0.03	0.01
	公园土壤 d	29	0.09	0.03	0.15	0.09	0.03	0.09	0.33

续表

重金属	土地类型	样本数	中位数	最小值	最大值	平均值	SD	p_{k-s}	$p_{\ln k-s}$
			μg/(kg 体重·d)						
Zn	自然土壤 d	107	0.24	0.11	0.49	0.25	0.07	0.22	0.94
	菜地 a	108	46.33	1.59	222.7	52.1	27.7	0.00	0.00
	绿地 d	21	0.26	0.16	0.65	0.30	0.11	0.38	0.69
	稻田 b	24	26.15	17.92	36.47	26.25	5.04	0.99	0.98
	果园 a	33	36.45	19.05	121.0	42.58	23.60	0.26	0.82
	麦地 a	350	52.27	27.17	180.5	55.03	16.43	0.00	0.00
	公园土壤 c	30	0.35	0.11	0.81	0.36	0.13	0.44	0.59

注：同一列中，不同字母表示差异显著。

从上述结果来看，不同的土地利用方式人体重金属暴露途径也不同，首先，菜地、稻田、麦地和果园土壤主要通过农产品食用暴露影响人体重金属摄入量；其次是无意吸食途径，皮肤接触暴露途径影响最小。从表 3.19 ~ 表 3.22 来看，对于农用土壤，在人体重金属通过上述三种暴露途径的总摄入量中，农产品食用暴露所占比例最高，约占 85% ~ 96%；其次是无意吸食暴露，约占 4% ~ 15%；而皮肤接触暴露途径摄入的重金属最少，不到 0.1%。而对于公路两旁的绿化地（绿地）和公园土壤等娱乐用地土壤，通过皮肤接触摄入的重金属含量一般也不会超过 2%，无意吸食途径摄入量则占该类土壤暴露量的 98% 以上。但对于常在地面玩耍的幼儿，通过皮肤接触和无意吸食途径摄入的重金属相对要高得多。

评估对象从菜地土壤摄入的重金属普遍较高：其中，As、Ni、Cr、Cd 和 Pb 的摄入量显著高于其他 3 种农用地土壤；从菜地土壤摄入的 Cu 与稻田相当，显著高于其他两种土壤；对于 Zn 而言，菜地土壤与麦地相当，显著高于稻田和果园土壤（表 3.19）。

与不同利用类型土壤中重金属含量特征进行比较，可以看出，人体通过不同农产品从土壤摄入的重金属与土壤中重金属含量状况的变化并不总是一致的。例如，北京市菜地、稻田、果园和麦地土壤中 As 含量差异均不显著，但被评估人群从菜地摄入的 As 显著高于麦地，而后者 As 含量又显著高于稻田和果园土壤。同样的，稻田、果园和菜地 Zn 含量差异不显著，但从菜地土壤摄入的 Zn 显著高于果园，而后者 As 含量又比稻田土壤要高；此外，麦地 Zn 含量显著低于稻田和果园土壤，但反过来，从麦地土壤中摄入的 Zn 却比稻田和果园土壤显著要高。可见，影响人体重金属摄入量的因素，不仅与土壤中重金属含量差异有关，与种植不同富集系数的作物和农产品的人均消耗量也密切相关。

将通过农产品食用暴露（表 3.19）与三种暴露途径总量（表 3.22）比较，除公园土壤、自然土壤和绿地的重金属暴露量显著低于其他 4 种农用地外，As、Cr、Cd 和 Pb 在菜地、稻田、果园和麦地 4 种土壤之间的相互关系并没有发生变化。因无意吸食和皮肤接触两种途径贡献率较低，不至于产生明显的影响。

3. 摄入土壤重金属量的空间分布与风险评估

将各土壤样点被评估人群通过农产品暴露、皮肤接触暴露和无意吸食暴露三种暴露途径摄入的重金属总量采用 IDW 进行插值，了解其空间分布状况，并评估各重金属对各样点所在区域的相关人群健康可能的影响。

空间分布图的分级划分主要依据各人体对各重金属的参考剂量（reference dose，RfD）和每日容许摄入量（Acceptable Daily Intake，ADI），对于 Cu 和 Zn 两种必需的微量元素，将其也列为需求量作为评价依据。

从北京市土壤中 As 摄入量的空间分布来看（图 3.16），北京市约 73.7% 的土壤 As 摄入量已超过 USEPA 提出的 0.3 μg/（kg 体重·d）的参考剂量（RfD），但除了朝阳北部和大兴中南部共约 44 km²（约 0.27%）的土壤超过 2.13 μg/（kg 体重·d）的由 WHO 规定

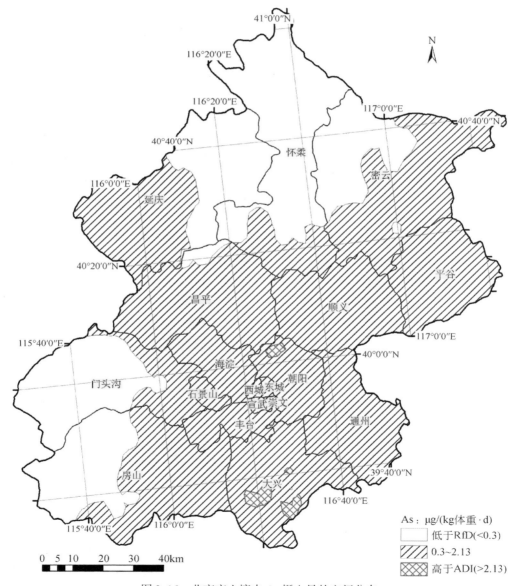

图 3.16　北京市土壤中 As 摄入量的空间分布

的 ADI 值外，其他区域土壤中暴露的 As 的量仍然低于最大可接受安全剂量（ADI）。北京市北部的怀柔、密云、延庆和西南部的门头沟和房山的部分区域土壤的人体 As 摄入健康风险较低，低于 0.3 μg/（kg 体重·d）的参考剂量标准。

　　图 3.17 为北京市土壤中镉摄入量的空间分布图。从图中不难看出，北京市土壤 Cd 健康风险并不大，全部土壤的镉摄入量均低于 USEPA 规定的 RfD 或 ADI 的 50% 含量值。相对而言，中心城区近郊的石景山、丰台、海淀、昌平和朝阳的农业区域土壤（约占北京市总面积的 6.32%）中 Cd 的摄入风险稍高，远郊区土壤一般较近郊区低。

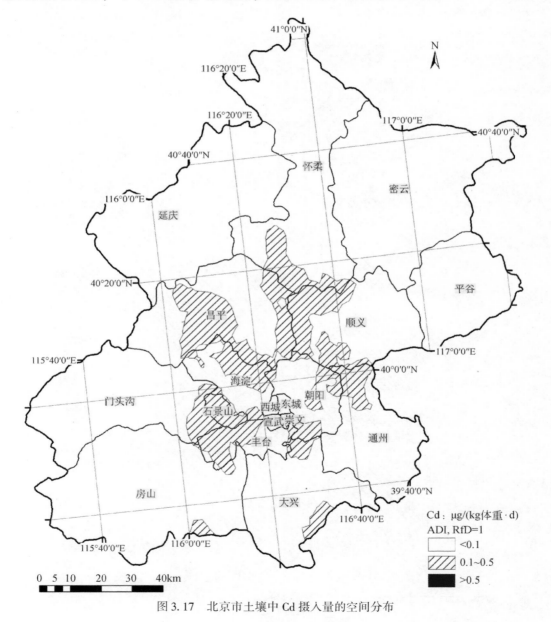

图 3.17　北京市土壤中 Cd 摄入量的空间分布

从北京市土壤中 Cr 摄入量空间分布图来看（图 3.18），北京市西北部和西南部区域土壤（约占北京市总土壤面积的 28.6%）Cr 摄入风险最低，低于美国全国科学研究会（National Research Council，NRC）和中国营养学会规定的 RfD 值，而东部平原大部分地区（约占 46.6%）土壤 Cr 摄入量均超过世界卫生组织（WHO）规定的 RfD 值 [8.33 μg/（kg 体重·d）]。但是，若以 USEPA 规定的 ADI 值 [1500 μg/（kg 体重·d）] 作为安全限值，那么北京市土壤中 Cr 摄入量则均远低于这个标准。可见，采用不同的标准，可能得到完全相反的评价结果。这从另一个角度也可说明，在重金属安全限值的确定方面，还有很多工作要做，需要将各相关部门和机构规定的安全限值进行统一。

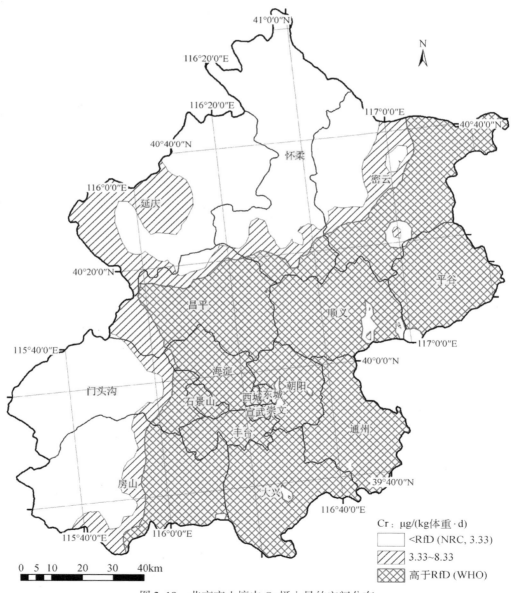

图 3.18　北京市土壤中 Cr 摄入量的空间分布

　　图 3.19 是北京市土壤中 Cu 摄入量的空间分布状况图。从被评估人群从土壤中摄入 Cu 的分布图来看，北京市大部分区域（约占北京市面积的 97.02%）Cu 摄入量低于人体正常需求量 [16.5 μg/（kg 体重·d）]（IMNA，2002）。在密云东部局部区域和石景山、昌平，以及朝阳、大兴和通州交界处（2.97%）土壤 Cu 摄入量高于需求量。可见，除了在大兴和朝阳交界处有非常小一块土壤（0.26 km²）Cu 摄入量稍高于 RfD [40 μg/（kg 体重·d）] 外，绝大部分区域土壤是安全的。若以 ADI 值 200 μg/（kg 体重·d）作为安全限值，北京市土壤则远低于这个标准。因此，从某种意义上来说，北京市人群存在 Cu 缺乏的问题，而不是 Cu 污染。北京市中心城区及其周边存在部分区域土壤 Cu 污染现象，但这些土壤类型多为建筑用地或娱乐用地，其中 Cu 的暴露途径主要是无意吸食和皮肤接触，其影响较农用地低得多。

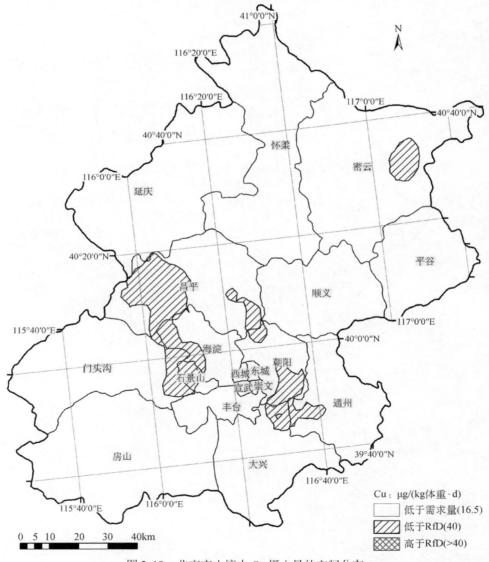

图 3.19　北京市土壤中 Cu 摄入量的空间分布

　　图 3.20 是北京市土壤中 Ni 摄入量的空间分布状况。可以看出，北京市绝大部分土壤是安全的，不会对人体健康构成太大的负面效应。因为绝大部分区域（99.6%）土壤 Ni 摄入量低于 RfD 值 [16 μg/（kg 体重·d）] 的 80%，除大兴中部大约 7 km² 的土壤 Ni 摄入量较 RfD 值稍高外，其他土壤均低于参考剂量标准。

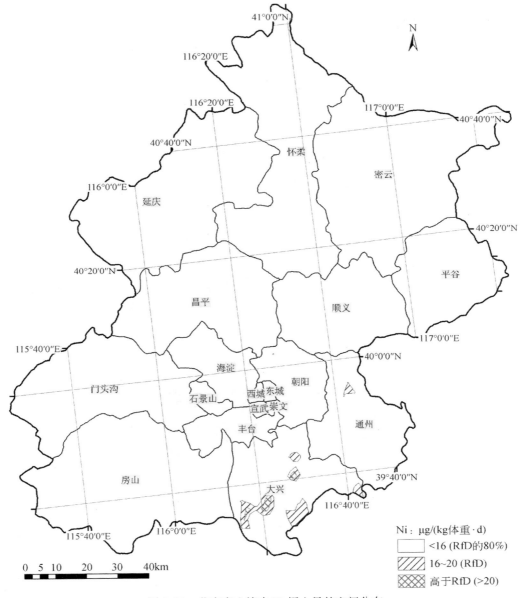

图 3.20　北京市土壤中 Ni 摄入量的空间分布

　　图 3.21 是北京市土壤 Pb 摄入量的空间分布图。它与 Cr 的分布状况很相似。总的来说，北京市土壤 Pb 摄入量对居民的健康影响较大。除西北和西南部分区域（约占 28.9%）土壤的人体 Pb 摄入低于 RfD 或 ADI 值 [3.57 μg/（kg 体重·d）] 外，其他区域

土壤 Pb 摄入量均超过上述标准。而北京市中部和东南部大部分土壤（约占总面积的41.8%）中人体 Pb 摄入量甚至超过 2 倍 ADI 值。但值得注意的是，北京市土壤中 Pb 含量最高的是中心城区的城市土壤，但是 Pb 摄入量却远低于其他低 Pb 含量的农业土壤，因而并不需要过多的关注。

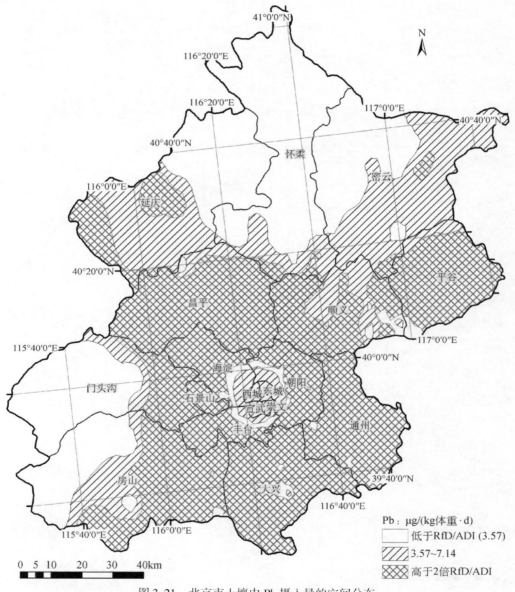

图 3.21　北京市土壤中 Pb 摄入量的空间分布

　　图 3.22 是北京市土壤中 Zn 摄入量的空间分布状况图。从图中可以看出，北京市所有土壤的人体 Zn 摄入量均低于 100 μg/（kg 体重·d），而这只是人体 Zn 需要量的三分之一。远低于 USEPA 规定的 NOAEL 910 μg/（kg 体重·d）和 FAO/WHO 的 1000 μg/（kg 体重·d）。

因此，与 Cu 相似，北京市土壤 Zn 污染的问题暂时也不需要太多关注，倒是应该注意儿童和孕妇等需求量较大人群的缺 Zn 问题。

图 3. 22　北京市土壤中 Zn 摄入量的空间分布

　　总体来看，从重金属单项污染指数比较来看，北京市土壤中 As 和 Ni 污染最轻，Cu 和 Pb 污染最重。从综合污染指数比较来看，公园土壤显著高于其他土地利用方式，菜地土壤显著高于麦地和自然土壤。除 As 外，北京市土壤重金属含量均不同程度受到土地利用方式的影响。

参 考 文 献

北京市计划委员会.1990.北京市国土资源地图集.北京：测绘出版社.

陈同斌，宋波，郑袁明，等.2006a.北京市菜地土壤和蔬菜铅含量及其健康风险评估.中国农业科学，39（8）：1589-1597.

陈同斌，宋波，郑袁明，等.2006b.北京市蔬菜和菜地土壤砷含量及其健康风险分析.地理学报，61（3）：297-310.

陈同斌，宋波，郑袁明，等.2006c.北京市菜地土壤和蔬菜镍含量及其健康风险分析.自然资源学报，21（3）：349-361.

陈同斌，郑袁明，陈煌，等.2004.北京市土壤重金属含量背景值的系统研究.环境科学，25（1）：117-122.

葛可佑.1996.90年代中国人群的膳食与营养状况·第1卷（1992年全国营养调查）.北京：人民卫生出版社.

葛可佑，翟凤英.1999.90年代中国人群的膳食和营养状况·第2卷儿童青少年分册（1992年全国营养调查）.北京：人民卫生出版社.

葛可佑，翟凤英.2004.90年代中国人群的膳食和营养状况·第3卷老年人分册（1992年全国营养调查）.北京：人民卫生出版社.

郭旭东，傅伯杰，陈利顶，等.2000.河北省遵化平原土壤养分的时空变异特征——变异函数与Kriging插值分析.地理学报，55（5）：555-566.

黄泽春，宋波，陈同斌，等.2006.北京市菜地土壤和蔬菜锌含量及其健康风险分析.地理研究，25（3）：439-448.

李波，林玉锁，张孝飞，等.2005.沪宁高速公路两侧土壤和小麦重金属污染状况.农村生态环境，21（3）：50-53.

庞星火，焦淑芳，黄磊，等.2005.北京市居民营养与健康状况调查结果.中华预防医学杂志，39（4）：269-272.

宋波，高定，陈同斌，等.2006a.北京市菜地土壤和蔬菜铬含量及其健康风险分析.环境科学学报，26（10）：1707-1715.

宋波，陈同斌，郑袁明，等.2006b.北京市菜地土壤和蔬菜镉含量及其健康风险分析.环境科学学报，26（8）：1343-1353

王学军，邓宝山，张泽浦.1997.北京东郊污灌区表层土壤微量元素的小尺度空间结构特征.环境科学学报，17：412-416.

魏朝富，高明，车福才，等.2003.三峡库区中低产土壤重金属含量及其与小麦吸收的关系.长江流域资源与环境，12（2）：145-152.

杨军，陈同斌，郑袁明，等.2005.北京市凉凤灌区小麦重金属含量的动态变化及健康风险分析——兼论土壤重金属有效性测定指标的可靠性.环境科学学报，25（12）：1661-1668.

郑袁明，陈同斌，陈煌，等.2003.北京市近郊区土壤镍的空间结构及分布特征.地理学报，58（3）：470-476.

郑袁明，陈同斌，郑国砥，等.2005.不同土地利用方式对土壤铜积累的影响——以北京市为例.自然资源学报，20（5）：690-696.

郑袁明，宋波，陈同斌，等.2006.北京市菜地土壤和蔬菜铜含量及其健康风险.农业环境科学学报，25（5）：1093-1101.

中国环境监测总站.1990.中国土壤元素背景值.北京：中国环境科学出版社.

Chen M, Ma Lena Q, Hoogeweg C G, et al.2001. Arsenic Background Concentrations in Florida,

U. S. A. Surface Soils: Determination and Interpretation. Environmental Forensics, 2 (2): 117-126.

Goovaerts P. 1999. Geostatistics in soil science: state of the art and perspectives. Geoderma, 89 (1-2): 1-45.

IMNA. 2002. Institute of Medicine. Dietary reference intakes for vitamin A, vitamin K, arsenic, boron, chromium, copper, iodine, iron, manganese, molybdenum, nickel, silicon, vanadium, and zinc. Institute of Medicine of the National Academies, The National Academy Press, 2101 Constitution Avenue, NW, Washington, DC. 2002. 773. Journel A, Huijbregis C. 1978. Mining Geostatistics. London: Academic Press.

Tao S. 1995. Spatial Structure of Copper, Lead, and Mercury Contents in Surface Soil in the Shenzhen Area. Water, Air and Soil Pollution, 82 (3-4): 583-591.

第4章　蔬菜种植对土壤环境质量的影响

早期对北京市蔬菜品质的研究主要分两个阶段：第一阶段在 20 世纪 80 年代初期，主要是对污染区蔬菜进行有针对性的调研，了解污染程度；第二阶段在 20 世纪 80 年代后期，主要对北京东南近郊区、污灌区等小范围的蔬菜污染情况进行调查，以及对市售蔬菜的污染情况进行调查。从人体健康的角度来分析：北京市自产蔬菜中重金属通过摄食途径进入人体，对危害北京市居民身体健康有多大的贡献；或者说北京市居民平均每人每天会从北京市自产蔬菜中摄入多少重金属元素，它们对人体的危害程度如何？这对了解重金属在土壤中的累积、扩散，防止蔬菜受到重金属污染从而威胁市民健康有重要的现实意义。本章以北京市为例，在介绍菜地土壤和蔬菜中重金属含量的基础上，探讨重金属在不同种类蔬菜中的富集特性，筛选出低积累蔬菜品种，开展蔬菜安全种植区划。基于蔬菜的消费量和重金属含量特征，介绍北京市暴露人群重金属的致癌和非致癌健康风险。

4.1　菜地土壤和蔬菜重金属含量

北京市蔬菜中 As、Cr、Cd、Cu、Pb、Ni 和 Zn 7 种重金属含量基本统计见表 4.1。不同重金属的有效样本数具有差异。从表 4.1 偏度和峰度等参数来看，北京市蔬菜 7 种重金属含量分布离散度较大，均呈偏度分布，尤其以 As、Cr、Cu 和 Ni 为甚。

表 4.1　北京市蔬菜重金属含量（mg/kg FW）及变异性统计量

统计指标	重金属含量及统计值/（mg/kg FW）						
	As	Cr	Cd	Cu	Pb	Ni	Zn
样本数（n）	310	345	363	416	294	412	402
最低值	0.0003	0.0004	0.0001	0.024	0.0001	0.0007	0.005
5% 分位值	0.001	0.002	0.001	0.154	0.002	0.011	0.515
25% 分位值	0.005	0.008	0.005	0.311	0.016	0.028	1.465
中位值	0.014	0.021	0.010	0.468	0.051	0.055	2.237
75% 分位值	0.033	0.067	0.017	0.837	0.113	0.096	4.103
95% 分位值	0.090	0.254	0.035	1.884	0.281	0.320	7.579
99% 分位值	0.222	0.711	0.054	5.351	0.441	0.740	15.30
最高值	0.479	1.040	0.101	8.247	0.655	1.689	25.60
算术平均值	0.028	0.065	0.013	0.713	0.081	0.091	3.11
标准差	0.045	0.124	0.011	0.819	0.094	0.144	2.690
几何平均值	0.013	0.023	0.008	0.505	0.035	0.053	2.268
偏度	5.1	4.6	2.5	4.7	2.2	5.7	3.1
峰度	38.8	26.9	12.0	31.3	6.8	46.4	17.3

注：FW 为鲜重

4.1.1　As

1. 菜地土壤 As 含量特征

菜地土壤 As 含量的数据符合对数正态分布，变幅为 4.44 ~ 25.26 mg/kg，中位值为 8.72 mg/kg，算术均值和标准差分别为 9.40 mg/kg 和 3.84 mg/kg，几何均值和标准差分别为 8.79 mg/kg 和 1.44 mg/kg。经对数转换后与北京市土壤 As 背景值的几何均值对数（算术均值为 7.81 mg/kg，几何均值为 7.09 mg/kg）相比，二者差异达到极显著水平（$p = 0.001$），这说明北京市菜地土壤的 As 含量明显偏高，呈积累趋势。若与《土壤环境质量标准》在 pH>7.5 下制定农用土壤标准（二级标准，20 mg/kg）相比，有一个土壤样本超标（表 4.2）。

表 4.2　北京市菜地土壤 As 含量统计指标

算术均值	标准差	偏度	峰度	分位值/（mg/kg）								
				最小值	10%	25%	中位值	75%	90%	95%	99%	最大值
9.40	3.84	1.98	6.68	4.44	5.13	6.61	8.72	11.07	12.81	17.23	25.26	25.26

2. 蔬菜 As 含量

从北京市各种蔬菜 As 含量状况基本统计表（表 4.3）来看，北京市各种蔬菜中两个样品（萝卜 0.479 mg/kg；大蒜 0.310 mg/kg）As 含量较高，超过世界卫生组织（WHO）与联合国粮食及农业组织（FAO）联合制订的食品卫生标准的限量值（0.25 mg/kg FW）。若与 2005 年颁布的《食品中污染物限量》标准所规定的限量值 [0.05 mg 无机 As/kg 鲜重，而据前人研究，蔬菜中的 As 大部分为毒性较强的无机 As（As^{3+} 和 As^{5+}），两者约占蔬菜总 As 含量的 83%（Diaz et al., 2004），据此计算，蔬菜中总 As 限值为 0.0602 mg/kg FW] 相比，北京市蔬菜 As 样本超标率为 11.6%。其中超标样本较多的包括：黄瓜和辣椒各 5 个样本、萝卜和圆白菜各 4 个样本，以及大白菜、大葱和云架豆各 3 个样本。北京市蔬菜 As 含量综合超标率为 12.6%，其中贡献率由高到低依次为辣椒、圆白菜、黄瓜、萝卜、大白菜、大葱和云架豆，这 7 种蔬菜占综合超标率的贡献率约为 80%。经正态分布检验，全体蔬菜样本和各大类蔬菜样本的 As 含量均服从对数正态分布。从几何平均值来看，蔬菜的平均含 As 量存在以下趋势：根茎类>特菜类>叶菜类>瓜果类（表 4.3）。但是，各类蔬菜 As 含量的非参数检验比较表明其差异并不显著。

表 4.3　北京市各种蔬菜的 As 含量（干重）

蔬菜品种	n	范围	算术/（mg/kg）		几何/（mg/kg）	
			平均值	标准差	平均值	标准差
大蒜[A]	5	nd ~ 0.310	0.075	0.132	0.013	7.44
小白菜[B]	11	nd ~ 0.223	0.047	0.062	0.027	2.82

续表

蔬菜品种	n	范围	算术/(mg/kg)		几何/(mg/kg)	
			平均值	标准差	平均值	标准差
大葱	17	0.004 ~ 0.138	0.042	0.036	0.029	2.61
空心菜	2	0.024 ~ 0.046	0.035	0.016	0.033	—
大白菜	23	nd ~ 0.190	0.028	0.042	0.009	7.00
圆白菜	11	nd ~ 0.066	0.026	0.029	0.009	8.96
生菜	5	0.003 ~ 0.044	0.022	0.016	0.016	3.36
茼蒿[C]	3	0.011 ~ 0.034	0.020	0.013	0.017	1.83
甘蓝[D]	8	0.002 ~ 0.077	0.020	0.027	0.009	3.91
油菜[E]	15	0.003 ~ 0.071	0.019	0.020	0.012	2.81
苋菜	2	0.013 ~ 0.020	0.017	0.005	0.016	—
芥菜[F]	5	0.005 ~ 0.029	0.014	0.011	0.011	2.36
西兰花	2	nd ~ 0.013	0.012	0.001	0.012	1.05
菠菜[G]	8	nd ~ 0.030	0.012	0.011	0.007	3.46
韭菜	2	0.008 ~ 0.014	0.011	0.004	0.011	1.45
芹菜	8	0.003 ~ 0.020	0.009	0.007	0.007	2.09
菜花[H]	10	0.000 ~ 0.033	0.009	0.010	0.004	5.10
豆苗（芽）[I]	5	nd ~ 0.007	0.003	0.002	0.003	2.56
叶菜类	142	nd ~ 0.310	0.026	0.040	0.011	4.46
萝卜[J]	18	0.004 ~ 0.479	0.069	0.114	0.033	3.25
莲藕	1	0.028	0.028	—	0.028	—
马铃薯	6	0.001 ~ 0.038	0.016	0.014	0.009	4.50
芦笋	2	0.004 ~ 0.025	0.014	0.015	0.010	—
洋葱[K]	6	0.002 ~ 0.012	0.008	0.004	0.007	2.08
莴苣	2	0.002 ~ 0.007	0.004	0.003	0.004	2.44
竹笋	1	0.004	0.004	—	0.004	—
根茎类	36	0.001 ~ 0.479	0.040	0.085	0.016	3.99
黄瓜[L]	15	0.002 ~ 0.126	0.041	0.038	0.022	3.70
辣椒[M]	21	0.001 ~ 0.116	0.038	0.035	0.021	3.56
豆角[N]	16	0.001 ~ 0.202	0.038	0.050	0.017	4.29
毛豆	4	nd ~ 0.127	0.035	0.061	0.007	—
茄子[O]	13	0.004 ~ 0.075	0.024	0.021	0.017	2.32
番茄[P]	24	nd ~ 0.138	0.019	0.029	0.009	4.50
丝瓜[Q]	2	0.003 ~ 0.033	0.018	0.021	0.011	—
冬瓜	12	nd ~ 0.065	0.011	0.018	0.005	3.80
西葫芦	3	0.000 ~ 0.025	0.009	0.014	0.002	18.67

续表

蔬菜品种	n	范围	算术/(mg/kg)		几何/(mg/kg)	
			平均值	标准差	平均值	标准差
瓜果类	110	nd~0.202	0.028	0.035	0.013	4.23
春菜	2	0.005~0.058	0.032	0.038	0.017	—
其他特菜R	15	0.001~0.107	0.024	0.027	0.014	3.52
茴香	2	0.013~0.031	0.022	0.013	0.020	1.88
紫贝天葵	2	0.011~0.025	0.018	0.010	0.017	—
蕃杏	1	0.008	0.008	—	0.008	—
特菜类	22	0.001~0.107	0.024	0.024	0.015	3.24
全部蔬菜样品	310	nd~0.479	0.028	0.045	0.012	4.25

注："nd"表示未检出；"—"表示无数据；

A 包括大蒜和蒜苗；B 包括小白菜和小白菜苔、奶油白菜；C 包括茼蒿和蒿子杆；D 包括羽衣甘蓝、紫甘蓝和圆白菜；E 包括油菜、小油菜、油麦菜；F 包括芥菜、芥蓝和野生芥菜；G 包括菠菜和叶甜菜；H 包括菜花和菜心；I 包括豆瓣菜、黑豆苗、豆芽、绿豆苗和豌豆苗；J 包括白萝卜、水萝卜、卞萝卜、胡萝卜、钢笔萝卜和樱桃萝卜；K 包括洋葱和红洋葱；L 包括黄瓜、迷你黄瓜和荷兰黄瓜；M 包括辣椒、彩椒、尖椒、大椒、彩椒（红）、彩椒（黄）和青椒；N 包括云架豆、四季豆、豌豆、豇豆、蚕豆、荷兰豆；O 包括茄子和荷兰茄子；P 番茄、樱桃番茄、圣女番茄和香蕉番茄；Q 包括丝瓜和凉瓜；R 包括乌塌菜、香白凤菜、长琪、黑果、牛蒡、人参果、软化菊苣、水晶菜、西洋菜、香椿、香菇、香杏、珍珠菜、珍珠菇和紫三地

对各品种蔬菜 As 含量的几何均值（表4.3）进行快速聚类（K-Means）分析，共分为四类：大葱、小白菜、空心菜、萝卜和莲藕为 I 类，其 As 含量最高；茼蒿、生菜、苋菜、春菜、黄瓜、辣椒、茄子、豆角、茴香、紫贝天葵为 II 类，其 As 含量稍低；III 类包括大蒜、西兰花、油菜、韭菜、芥菜、丝瓜、芦笋、大白菜、甘蓝、圆白菜、马铃薯、番茄、蕃杏和其他特菜；IV 类 As 含量最低，包括菠菜、菜花、芹菜、豆苗（芽）、洋葱、莴苣、竹笋、冬瓜、毛豆、西葫芦等。非参数检验比较表明，各类之间的差异均达到极显著水平。

3. 不同来源的蔬菜的 As 含量差异

据统计，2000 年北京市蔬菜自给率为65%（刘明池，2002），其余则主要由河北、山东、广东、内蒙古和天津等地供应。研究发现，北京市本地产蔬菜与外地产蔬菜的 As 含量没有显著差异（表4.4）。北京市本地产蔬菜 As 含量样本超标率分别为 12.3% 和 8%，本地产蔬菜和外地产蔬菜 As 含量综合超标率分别为 13.2% 和 8.2%。

表4.4　北京市本地产和市售外地产蔬菜 As 含量比较

来源	n	超标样本数	分布类型	蔬菜 As 含量/(mg/kg, FW)			
				范围	平均值	中位值	标准差
本地产	260	32	对数正态	0.000~0.479	0.029 a	0.015	0.045
外地产	50	4	对数正态	0.047~0.310	0.024 a	0.010	0.047

续表

来源	n	超标样本数	分布类型	蔬菜 As 含量/(mg/kg, FW)			
				范围	平均值	中位值	标准差
裸露地	114	32	对数正态	0.001~0.479	0.048 a	0.031	0.059
设施栽培	146	4	对数正态	0.000~0.138	0.014 b	0.008	0.019

注：同一列中不同字母表示差异显著

　　设施栽培具有日光、水分利用效率高，生育期短，能反季节生产，经济效益高，颇受到农民的青睐。近年来，北京市设施农业发展迅速，2003 年北京市设施栽培面积约为 2.35 万 hm^2，其中蔬菜栽培约占 68%，其产量达 $1.543×10^6$ t。因此，设施栽培蔬菜的品质也越来越受到关注。从北京市裸露地蔬菜和设施栽培蔬菜 As 含量的比较结果来看（表 4.4），裸露地蔬菜中 As 平均含量高于设施蔬菜，其差异达到极显著水平（$p<0.001$）。与我国 2005 年颁布的《食品中污染物限量》相比，裸露地蔬菜和设施栽培蔬菜的样本超标率分别为 28.07% 和 2.74%。若考虑蔬菜品种在消费结构中的权重，裸露地蔬菜和设施栽培蔬菜的综合超标率分别为 21.7% 和 3.8%。可见，裸露地蔬菜 As 含量超标率比设施栽培蔬菜明显高。

4. 不同蔬菜种类对 As 的富集系数与抗污染品种的选择

　　富集系数是植物 As 含量与土壤 As 含量的比值，它可以大致反映植物在相同土壤 As 浓度条件下对 As 的吸收能力（陈同斌等，2002）。As 富集系数越小，则表明其吸收 As 的能力越差，抗土壤 As 污染的能力则较强。表 4.5 列出了主要蔬菜的 As 富集系数。经检验，蔬菜富集系数呈对数正态分布，因此，采用蔬菜富集系数几何均值进行层级聚类分析以比较各品种的抗 As 污染能力。

表 4.5　主要蔬菜 As 的含量、富集系数及其土壤 As 含量

品种	n	蔬菜 As 含量/(mg/kg, FW)		土壤 As 含量/(mg/kg)		蔬菜 As 富集系数	
		平均值	标准差	平均值	标准差	平均值×10^{-3}	标准差×10^{-3}
萝卜	13	0.086	0.131	9.38	5.64	10.21	13.17
小白菜	5	0.077	0.085	9.15	1.93	9.67	12.11
大白菜	12	0.048	0.050	7.86	2.48	6.98	6.38
黄瓜	8	0.062	0.042	11.52	6.09	6.72	4.73
大葱	13	0.038	0.036	7.58	2.66	5.67	5.08
油菜	4	0.042	0.025	7.88	3.37	5.08	2.06
辣椒	12	0.037	0.036	15.48	7.40	3.86	4.49
芥菜	1	0.029	—	8.32	—	3.53	—
甘蓝	1	0.077	—	25.3	—	3.04	—
番茄	4	0.024	0.025	13.92	7.79	2.37	2.69
云架豆	4	0.023	0.026	9.92	1.30	2.19	2.37
冬瓜	1	0.012	—	12.90	—	0.94	—

续表

品种	n	蔬菜 As 含量/(mg/kg, FW)		土壤 As 含量/(mg/kg)		蔬菜 As 富集系数	
		平均值	标准差	平均值	标准差	平均值×10^{-3}	标准差×10^{-3}
茄子	5	0.010	0.005	8.12	2.18	1.46	1.02
芹菜	1	0.005	—	9.72	—	0.50	—
菠菜	1	0.002	—	25.3	—	0.08	—
其他特菜	3	0.005	0.004	25.3	0.00	0.18	0.16
总计	89	0.046	0.064	11.10	6.37	5.54	7.28

注：1）"—"表示无数据；2）其他特菜是指黑果、软化菊苣和长琪

　　根据蔬菜富集系数高低，采用层级聚类法可将蔬菜分为四类：油菜、小白菜和萝卜类蔬菜富集系数最高，划为Ⅰ类；其次为大葱、芥菜、黄瓜、大白菜和甘蓝，划为Ⅱ类；再次为辣椒、云架豆、冬瓜和茄子，划为Ⅲ类；富集系数最低的包括豆苗（芽）、菠菜、番茄、芹菜和黑果、软化菊苣和长琪等特菜，划为第Ⅳ类。后两类的蔬菜富集系数较低，其可食部分对 As 的积累能力较弱；在相同 As 含量的土壤条件下，As 在这些蔬菜可食部分中的积累较少，即便是种植在 As 含量相对较高一些的土壤中，其可食部分吸收的 As 也不容易超标。因此，在种植蔬菜时，应根据土壤 As 含量状况选择对 As 富集能力较差的蔬菜品种（Ⅲ类和Ⅳ类）。

4.1.2　Cd

　　Cd 是一种积累性的剧毒元素，人体某些器官的 Cd 含量随着年龄的增长而增加。对 Cd 的环境行为、污染防治等方面的研究一直受到广泛关注。Cd 易通过农作物（如水稻、小麦和蔬菜等）吸收途径进入人体造成毒害。世界卫生组织（WHO）和美国环境保护署（USEPA）所规定 Cd 的最大允许摄入量（ADI 值）均为 1 μg/(kg 体重·d)。

　　环境中 Cd 的来源包括自然来源和人为来源。前者主要来自岩石和矿物中的本底值，后者主要指由工农业生产活动直接或间接地将 Cd 排放到环境中。Cd 常被用于电镀、油漆着色剂、合金抗腐蚀和抗摩擦剂、塑料稳定剂、光敏元件的制备，以及电池生产等行业。这些行业的发展必然使 Cd 进入土壤、水体和大气环境中。此外，在镀 Zn 的金属、硫化的轮胎、磷肥和污泥中也夹杂着一定数量的 Cd。

1. 菜地土壤 Cd 含量特征

　　共获得 54 个菜地土壤的有效数据，其中位值为 0.193 mg/kg，其他统计参数如表 4.6 所示。经检验，菜地土壤 Cd 含量呈正偏度分布，由于两个较高异常值（0.971 mg/kg 和 0.886 mg/kg，均出现在顺义区）的影响，数据总体上不服从对数正态分布。若排除两个异常值的影响，菜地土壤 Cd 含量符合对数正态分布（表 4.6）；与北京市土壤 Cd 背景含量的几何均值（算术均值为 0.145 mg/kg，几何均值为 0.119 mg/kg）相比，二者的差异达到极显著水平（$p = 0.000$）。可见，菜地土壤的 Cd 含量偏高，存在明显的积累现象。除顺义区两个样点较高外，北京市菜地土壤 Cd 含量均低于《土壤环境质量标准》为农业土

壤在碱性环境（pH>7.5）中设定的标准。因此，除个别样点可能由于受到污染而不适合农业耕作外，对于 pH 多为 7.5～8.5 的北京市菜地土壤适合蔬菜栽培（图4.1）。

表 4.6　北京市菜地土壤 Cd 含量及其分布特征

数据转换方法	土壤 Cd 含量/（mg/kg）								
	范围	中位值	算术		几何		Box-Cox		
			均值（标准差）	p_{s-w}	均值（标准差）	p_{s-w}	均值（标准差）	p_{s-w}	
原数据	0.091～0.971	0.193	0.229（0.158）	0.00	0.201（1.57）	0.00	0.187（0.001）	0.81	
修正后*	0.091～0.460	0.190	0.202（0.077）	0.00	0.190（1.41）	0.41	0.181（0.001）	0.51	

* "修正后"意为排除两个异常值（0.971 mg/kg 和 0.886 mg/kg）的影响后所得

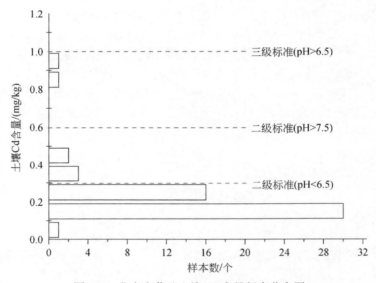

图 4.1　北京市菜地土壤 Cd 含量频率分布图

　　另外，将北京市菜地土壤 Cd 含量全部数据经 Box-Cox 转换后服从正态分布，其最优转换系数（λ）为-0.85，Box-Cox 均值为 0.187 mg/kg，低于非正态分布下算术均值和几何均值。

2. 蔬菜 Cd 含量特征

　　共获得 97 种蔬菜 363 个样品的有效数据，蔬菜样品中有 197 个样品直接采自北京市各区的菜地，101 个为市售的本地产蔬菜，其他 65 个为市售的外地蔬菜。

　　从各种蔬菜 Cd 含量状况（表 4.7）来看，除莼菜 Cd 含量较高（101.4 μg/kg）外，还有 4 个样本（茄子，61.6 μg/kg 和 50.6 μg/kg；叶甜菜，51.0 μg/kg；油麦菜，58.0 μg/kg）的 Cd 含量超过《食品中污染物限量》规定的限量值［根茎类蔬菜（芹菜除外）100 μg/kg 鲜重；叶菜和芹菜 200 μg/kg 鲜重和其他蔬菜 50 μg/kg 鲜重］。但各品种蔬菜中，除莼菜外，其他品种蔬菜 Cd 的平均含量均低于《食品中污染物限量》规定的限量值。与我国食品卫生标准相比，北京市蔬菜 Cd 含量综合超标率为 0.58%。而与 FAO 和 WHO 联合制订的限量标准（叶菜 200 μg/kg FW，其他蔬菜 50 μg/kg 鲜重），以及欧盟制订的限量标准（叶菜 200 μg/kg FW、根茎类 100 μg/kg FW 和其他蔬菜 50 μg/kg FW）相比较，只有两个茄子样本 Cd 含量超标。与 WHO/FAO 和欧盟（EC，2001）标准相比，北京市蔬菜 Cd 含量综合超标率为 0.58%。由表 4.7 可见，叶菜类和根茎类蔬菜的 Cd 含量较高，可划为 I 类；瓜果类和特菜类蔬菜的 Cd 含量较低，归为 II 类。方差分析表明，I 类蔬菜的 Cd 含量显著高于 II 类，但叶菜类和根茎类之间，以及瓜果类与特菜类之间的差异均不显著。

表 4.7　北京市各种蔬菜的 Cd 含量

蔬菜品种	n	蔬菜 Cd 含量/(μg/kg FW)						
		范围	算术		几何		Box-Cox	
			平均值	标准差	平均值	标准差	平均值	标准差
大白菜	41	1.5~48.6	18.5	8.8	16.2	1.8	17.0	3.1
大葱	20	0.1~38.3	10.4	8.6	6.6	3.8	8.2	4.5
油（麦）菜	15	8.1~58.0	20.7	13.2	18.1	1.7	18.9	3.3
甘蓝	13	1.6~20.1	8.0	5.4	6.5	2.0	7.0	3.0
小白菜	12	11.7~33.9	22.2	7.5	20.9	1.4	21.4	2.4
苗（芽）菜	9	0.3~23.0	4.2	7.1	1.9	3.6	2.4	4.4
菜花	7	4.2~20.9	14.9	6.8	13.2	1.8	13.8	3.0
芹菜	6	1.9~2.8	2.4	0.4	2.4	1.2	11.0	2.4
圆白菜	6	5.6~17.0	11.6	4.8	10.7	1.6	2.4	1.2
菠菜	5	11~23.4	18.1	5.2	17.4	1.4	17.6	2.1
芥菜	4	9.6~38.5	21.0	12.4	18.5	1.8	19.3	3.6
生菜	4	6.7~21.4	15.7	6.4	14.4	1.7	14.9	2.8
甜菜	3	0.7~51.0	22.7	25.7	8.4	9.2	13.6	14.3
西兰花	3	3.6~37.1	21.0	16.8	14.6	3.4	17.1	7.3
茼蒿	3	2.8~5.2	4.0	1.2	3.8	1.4	3.9	1.6
大蒜	3	3.6~14.5	8.1	5.7	6.8	2.0	7.2	3.2
菜心	3	8.6~26.2	17.3	8.8	15.6	1.7	16.2	3.2
空心菜	1	27.9	27.9	—	27.9	—	27.9	—
叶菜类	158	0.1~58.0	14.9	10.0	10.5	2.8	12.2	4.5
萝卜	24	2.6~36.6	15.2	9.4	12.8	1.9	13.6	3.3
马铃薯	3	6.4~32.9	17.7	13.7	14.2	2.3	15.3	4.8
蒜苗	3	4.2~10	8.1	3.3	7.5	1.6	7.7	2.3
莴苣	2	8.1~36.6	22.3	20.2	17.2	2.9	19.0	7.3
洋葱	1	2.8	2.8	—	2.8	—	2.8	—
藕	1	10.0	10.0	—	10.0	—	10.0	—

蔬菜品种	n	蔬菜 Cd 含量/(μg/kg FW)						
		范围	算术		几何		Box-Cox	
			平均值	标准差	平均值	标准差	平均值	标准差
根茎类	34	2.6~36.6	14.7	10.0	11.9	2.0	12.8	3.6
黄瓜	23	0.1~15.4	4.6	3.5	2.6	4.3	3.5	3.6
番茄	22	0.9~16	7.5	4.9	5.7	2.3	6.4	3.2
云架豆	21	0.1~14.9	7.9	4.1	6.0	3.0	6.9	3.2
辣椒	18	4.6~46.4	17.9	11.3	14.8	1.9	15.8	3.7
茄子	17	5.2~61.6	19.2	15.9	15.0	2.0	16.2	4.4
冬瓜	11	1.2~13	4.6	3.2	3.8	1.9	4.1	2.5
荷兰豆	4	1.3~14.1	7.2	6.6	4.5	3.4	5.4	4.8
西葫芦	3	3.7~6.2	4.5	1.5	4.4	1.4	4.4	1.6
毛豆	1	30.9	30.9	—	30.9	—	30.9	—
丝瓜	1	1.5	1.5	—	1.5	—	1.5	—
瓜果类	121	0.1~61.6	10.0	10.0	6.3	3.2	7.6	4.4
彩椒	6	2.5~22.5	13.2	7.1	10.8	2.2	11.8	3.6
特种萝卜	5	2.3~17.1	9.5	6.9	7.3	2.4	8.0	3.8
荷兰黄瓜	4	0.4~14	4.5	6.4	2.0	4.4	2.7	5.1
圣女番茄	3	6.5~11.4	9.7	2.8	9.4	1.4	9.5	1.8
白凤菜	2	4.9~13.1	9.0	5.8	8.0	2.0	8.3	3.2
紫贝天葵	2	9.6~31.4	20.5	15.4	17.3	2.3	18.4	5.3
韭菜	2	2.1~9	5.5	4.9	4.3	2.8	4.7	3.9
荷兰茄子	1	4.4	4.4	—	4.4	—	4.4	
莼菜	1	101.4	101.4	—	101.4	—	101.4	
蕃杏	1	1.0	1.0	—	1.0	—	1.0	
其他特菜	23	0.6~37.2	10.1	9.0	6.2	3.2	7.6	4.8
特菜类	50	0.4~101.4	11.7	15.3	6.6	3.2	8.2	5.3
全部种类	363	0.1~101.4	12.8	11.3	8.4	3.0	10.0	4.7

3. 不同来源的蔬菜 Cd 含量差异

从表 4.8 来看,北京市本地产和市售外地产蔬菜 Cd 含量原数据呈正偏度分布,其对数转换则呈负偏度分布,经过 Box-Cox 转换可使数据呈正态分布,Box-Cox 均值差异分析结果表明,北京市本地产蔬菜与市售外地产蔬菜的 Cd 含量没有显著差异。从北京市裸露地蔬菜和设施栽培蔬菜 Cd 含量的比较结果来看,裸露地蔬菜中 Cd 含量的 Box-Cox 均值高于设施栽培蔬菜,其差异达到极显著水平 ($p=0.013$)。

表 4.8 北京市本地产和市售外地产蔬菜 Cd 含量比较

蔬菜来源	n	蔬菜 Cd 含量/$(\mu g/kg\ FW)$					原数据		Box-Cox 转换	
		范围	算术		Box-Cox		偏度	p_{s-w}	偏度	p_{s-w}
			平均值	标准差	平均值	标准差				
本地产	298	0.1 ~ 101.4	13.0	11.3	10.2	4.6	2.67	0.00	0.07	0.79
外地产	65	0.1 ~ 48.6	12.1	10.9	9.1	5.1	1.40	0.00	0.07	0.64
裸露地	215	0.1 ~ 61.6	13.8	10.4	11.2	4.5	1.44	0.00	-0.30	0.13
设施栽培	148	0.3 ~ 101.4	11.4	12.3	8.5	4.8	3.50	0.00	0.56	0.09

4. 不同蔬菜 Cd 富集系数的差异

蔬菜 Cd 的富集系数是指植物 Cd 含量与土壤 Cd 含量的比值，它可以大致反映植物在相同土壤 Cd 含量条件下对 Cd 的吸收能力。Cd 富集系数越小，则表明其吸收 Cd 的能力越差，抗土壤 Cd 污染的能力则较强。北京市几种主要蔬菜 Cd 富集系数原数据呈正偏度分布，对数转换后呈负偏度分布，而 Box-Cox 转换成功使数据符合正态分布（表4.9）。为比较各品种的抗 Cd 污染能力，采用蔬菜富集系数 Box-Cox 均值进行层级聚类分析。从结果来看，根据蔬菜 Cd 富集系数含量高低可将蔬菜分为两类：小白菜、辣椒、茄子、萝卜和大白菜划为 I 类，Cd 富集系数较高；而冬瓜、黄瓜、叶甜菜、大葱、云架豆、甘蓝、番茄以及特菜划为 II 类，Cd 富集系数较低，其可食部分对 Cd 的积累能力较弱。在相同 Cd 含量的土壤条件下，Cd 在这些蔬菜可食部分中的积累较少，即便是种植在 Cd 含量相对较高一些的土壤中，其可食部分吸收的 Cd 也不容易超标。因此，在种植蔬菜时，应根据土壤 Cd 含量状况选择对 Cd 富集能力较差的蔬菜品种（II类）。

表 4.9 北京市主要蔬菜 Cd 的富集系数

蔬菜品种	n	范围	中位值	算术			Box-Cox 转换		
				平均值	标准差	p_{s-w}	平均值	标准差	p_{s-w}
大白菜	22	0.023 ~ 0.246	0.098	0.107	0.060	0.11	0.098	0.015	0.79
大葱	20	0.000 ~ 0.132	0.044	0.054	0.034	0.40	0.047	0.013	0.28
甘蓝	3	0.025 ~ 0.058	0.033	0.038	0.017	0.44	0.037	0.005	0.53
小白菜	17	0.011 ~ 0.252	0.082	0.095	0.072	0.07	0.082	0.021	0.69
叶甜菜	2	0.003 ~ 0.073	0.038	0.038	0.049	—	0.026	0.033	—
叶菜类	64	0.000 ~ 0.252	0.068	0.082	0.060	0.00	0.074	0.018	0.59
根茎类（萝卜）	14	0.011 ~ 0.134	0.069	0.072	0.037	0.79	0.067	0.011	0.55
辣椒	20	0.009 ~ 0.201	0.080	0.090	0.057	0.17	0.081	0.016	0.80
云架豆	18	0.001 ~ 0.113	0.056	0.053	0.033	0.62	0.046	0.014	0.24
番茄	8	0.004 ~ 0.086	0.044	0.044	0.028	0.85	0.039	0.011	0.75
冬瓜	4	0.010 ~ 0.037	0.019	0.021	0.011	0.50	0.020	0.005	0.71
黄瓜	13	0.001 ~ 0.053	0.021	0.025	0.019	0.22	0.020	0.011	0.10

续表

蔬菜品种	n	范围	中位值	算术			Box-Cox 转换		
				平均值	标准差	p_{s-w}	平均值	标准差	p_{s-w}
茄子	16	0.027~0.285	0.083	0.094	0.068	0.01	0.084	0.017	0.33
瓜果类	79	0.001~0.285	0.053	0.064	0.053	0.00	0.055	0.018	0.76
特菜类*	12	0.004~0.202	0.026	0.048	0.058	0.00	0.035	0.021	0.24
全部蔬菜	169	0.000~0.285	0.060	0.070	0.056	0.00	0.059	0.018	0.28

*指金珠、黑果、京舟一号、长琪、白凤、香葱、豆瓣菜、软化菊苣、蕃杏、金珠、珍珠菜、紫三地

从表4.9来看，叶菜类、根茎类、瓜果类和特菜四类蔬菜富集系数有如下趋势：叶菜类>根茎类>瓜果类>特菜，而其 Box-Cox 均值的差异分析结果表明，叶菜类富集系数显著高于瓜果类和特菜类蔬菜，而其他各类蔬菜之间的富集系数差异并不显著。这说明叶菜类蔬菜对 Cd 的富集能力较强。

4.1.3　Cr

1. 菜地土壤 Cr 含量特征

共获得54个菜地土壤样品的有效数据（表4.10）。由于昌平区、石景山和朝阳区3个高值（86.3 mg/kg、79.2 mg/kg 和75.0 mg/kg）的影响，菜地土壤 Cr 含量呈正偏度分布，数据服从弱对数正态分布（$p_{s-w} = 0.013 < 0.05$）。Box-Cox 转换可使数据符合正态分布（$p_{s-w} = 0.366$），其最优化转换系数 λ 为−1.40。若排除这3个数值的影响，菜地土壤 Cr 含量则符合正态分布（$p_{s-w} = 0.93$）。与陈同斌等（2004）提出的北京市土壤 Cr 背景值（算术均值、中位值和几何均值分别为31.1 mg/kg、29.9 mg/kg 和29.8 mg/kg）相比达到极显著差异（$p = 0.000$）。北京市菜地土壤 Cr 含量均低于《土壤环境质量标准》中的二级标准（菜地）。

表4.10　北京市菜地土壤 Cr 含量及其分布特征

数据转换方法	土壤 Cr 含量/(mg/kg)				峰度	偏度	p_{s-w}
	范围	中位值	均值	标准差			
原数据	25.4~86.3	42.20	44.53	10.9	5.4	2.0	0.000
对数转换	25.4~86.3	—	43.45	1.24	2.4	0.89	0.013
Box-Cox 转换	25.4~86.3	—	42.25	1.00	2.5	−0.57	0.366
修正后*	25.4~56.4	42.00	42.43	6.58	−0.19	−0.04	0.93

注：剔除3个较高值（86.3 mg/kg、79.2 mg/kg 和75.0 mg/kg）后所得结果

农业土壤中 Cr 来源广泛，包括大气降尘、畜禽粪便、城市污泥、污灌和化肥等途径；化肥中尤以磷肥的 Cr 含量为高。有报道指出，我国部分污灌区土壤存在明显的 Cr 累积趋势（杨军等，2005）。

2. 蔬菜 Cr 含量特征

共获得 97 种 345 个蔬菜样品的有效数据。从北京市蔬菜 Cr 含量基本统计数据（表 4.11）来看，各品种蔬菜的 Cr 平均含量均低于我国食品卫生标准所规定的限量值。从研究结果来看，共有 6 个样本 Cr 含量超过我国《食品中污染物限量》（豆类 1.0 mg/kg，其他蔬菜 0.5 mg/kg），超标样本包括彩椒（1040 μg/kg）、羽衣甘蓝（1008 μg/kg）、黑果（723 μg/kg）、小白菜（698 μg/kg）、冬瓜（687 μg/kg）和辣椒（587 μg/kg），基于《食品中污染物限量》的综合超标率为 0.96%。

表 4.11　北京市各种蔬菜的 Cr 含量

蔬菜品种	n	蔬菜 Cr 含量/（μg/kg FW）				蔬菜 Cr 含量对数转换结果	
		范围	中位值	平均值（标准差）	p_{s-w}	几何均值（标准差）	p_{s-w}
大白菜	36	1.3 ~ 266	19.4	50.4（68.4）	0.000	19.1（4.5）	0.189
甘蓝	16	3.4 ~ 1008	13.9	86.8（247.1）	0.000	18.9（4.5）	0.059
油（麦）菜	15	5.7 ~ 276	28.0	59.0（74.9）	0.000	31.1（3.2）	0.293
小白菜	13	14.9 ~ 698	111.3	168.9（199.9）	0.000	88.8（3.5）	0.710
大葱	12	6.8 ~ 258	67.5	87.6（76.9）	0.122	56.4（2.9）	0.830
苗（芽）菜	9	2.8 ~ 20.1	8.6	10.4（6.8）	0.194	8.2（2.1）	0.268
菜花	9	3.9 ~ 112.9	16.8	29.8（34.3）	0.005	17.7（3）	0.770
芹菜	8	0.7 ~ 101.3	17.1	33.5（34.8）	0.088	17.1（4.6）	0.265
菠菜	7	13.2 ~ 276	128.6	128.5（89.9）	0.725	89.0（3.0）	0.144
圆白菜	5	0.4 ~ 13.7	12.2	8.4（6.3）	0.083	4.6（4.9）	0.059
芥菜	5	2.7 ~ 108	18.7	47.7（48.8）	0.118	24.1（4.5）	0.452
生菜	4	3.6 ~ 58.3	17.5	24.2（25.6）	0.334	13.5（3.8）	0.456
菜心	4	11.5 ~ 59.9	36.9	36.3（27.3）	0.041	27.6（2.5）	0.072
甜菜	3	33.5 ~ 124.6	39.3	65.8（51）	0.109	54.7（2.0）	0.213
西兰花	3	0.9 ~ 7.4	5.8	4.7（3.4）	0.455	3.4（3.2）	0.207
茼蒿	3	25.9 ~ 77.7	29.8	44.5（28.9）	0.129	39.1（1.8）	0.234
大蒜	3	9.3 ~ 44.6	44.6	32.8（20.4）	0	26.5（2.5）	0
空心菜	2	6 ~ 11.0	8.5	8.5（3.5）	—	8.1（1.5）	—
叶菜类	157	0.4 ~ 1008	21.9	62.7（115.3）	0.00	23.9（4.3）	0.70
萝卜	18	0.7 ~ 175	59.9	61.6（52.3）	0.056	29.2（5.2）	0.007
马铃薯	7	6.3 ~ 118.1	54.8	45.5（40.1）	0.170	28.8（3.1）	0.230
洋葱	3	5.5 ~ 28.1	10.2	14.6（11.9）	0.149	11.6（2.3）	0.729
蒜苗	3	5.1 ~ 7.6	7.6	6.8（1.4）	0	6.6（1.3）	0
莴苣	2	3.6 ~ 212.5	108.1	108.1（147.7）	—	27.7（17.8）	—
藕	1	6.6	6.6	6.6	—	6.6	—
根茎类	34	0.7 ~ 212.5	36.2	50.4（54.7）	0.00	22.5（4.4）	0.056

续表

蔬菜品种	n	蔬菜 Cr 含量/(μg/kg FW)				蔬菜 Cr 含量对数转换结果	
		范围	中位值	平均值（标准差）	p_{s-w}	几何均值（标准差）	p_{s-w}
云架豆	18	5.1~456.2	130.1	164.5（140.5）	0.078	90.5（4）	0.021
黄瓜	18	1.9~204.1	26.5	47.8（52.8）	0.000	25.9（3.6）	0.428
番茄	17	0.8~66.4	5.5	11.1（15.6）	0.000	6（3.1）	0.858
辣椒	15	3.9~587.3	50	118.6（170.5）	0.000	44.4（4.8）	0.914
冬瓜	13	1.9~687	8.2	68.9（187）	0.000	12.4（5.3）	0.137
茄子	11	5.8~242.2	82.5	89.1（78.2）	0.101	49.4（3.8）	0.125
豆	4	13.4~54.7	42.7	38.4（17.6）	0.316	34（1.9）	0.070
西葫芦	3	11.9~33.2	11.9	19.0（12.3）	0	16.8（1.8）	0
荷兰豆	3	8.7~15.1	11.9	11.9（3.2）	0.999	11.6（1.3）	0.802
丝瓜	1	27.7	27.7	27.7	—	27.7	—
瓜果类	103	0.8~687	22.9	77.1（123.8）	0.00	26.1（4.8）	0.10
彩椒	5	1.5~1040	15.6	218（459.3）	0	22.5（10.8）	0.446
特种萝卜	4	7~147.3	50.7	63.9（61.8）	0.608	38.4（3.7）	0.829
荷兰黄瓜	4	2.2~54.1	5.1	16.6（25）	0.010	7.4（4）	0.350
莼菜	2	26.2~37.1	31.6	31.6（7.7）	—	31.2（1.3）	—
白凤菜	2	0.7~12.7	6.7	6.7（8.5）	—	3（7.8）	—
苋菜	2	30.9~36.8	33.9	33.9（4.1）	—	33.7（1.1）	—
紫贝天葵	2	8.9~28.9	18.9	18.9（14.1）	—	16（2.3）	—
韭菜	2	6.2~25.1	15.6	15.6（13.4）	—	12.4（2.7）	—
蕃杏	2	1.7~16.9	9.3	9.3（10.8）	—	5.4（5.1）	—
圣女番茄	1	13.6	13.6	13.6		13.6	
洋葱	1	3.7	3.7	3.7		3.7	
荷兰茄子	1	4.7	4.7	4.7		4.7	
其他特菜	23	3.4~723	15.5	48.2（147.7）	0.000	15.6（3.2）	0.015
特菜类	51	0.7~1040	15.5	54.4（173.3）	0.00	14.6（3.9）	0.067
全部蔬菜	345	0.4~1040	21.5	64.6（123.7）	0.00	22.7（4.4）	0.133

　　从统计结果（表4.11）来看，蔬菜 Cr 含量离异度较大，其总体和各类型蔬菜 Cr 含量均不符合正态分布，但符合对数正态分布。除叶菜类和根茎类蔬菜中 Cr 含量显著高于特菜外（$p<0.05$），其他各类型蔬菜 Cr 含量差异均不显著。根据各品种蔬菜 Cr 平均含量的几何均值的快速聚类分析（K-means）结果，可将全部蔬菜样品划分为四类：云架豆、小白菜、菠菜划为 I 类，Cr 平均含量最高；大葱和甜菜次之，可划为 II 类；III 类包括茄子、茼蒿、辣椒、豆、苋菜、莼菜、油（麦）菜、萝卜、马铃薯、丝瓜、莴苣、菜心、大蒜和芥菜，Cr 含量稍低；番茄、黄瓜、大白菜、圆白菜、甘蓝、菜花、芹菜、西葫芦、生菜、韭菜、冬瓜、荷兰豆、洋葱、苗（芽）菜、空心菜、蒜苗、藕、西兰花等其余蔬菜的 Cr

含量最低，划为Ⅳ类。

3. 不同来源的蔬菜 Cr 含量差异

蔬菜样本中 265 个来自北京市本地，其余 80 个来自外地。蔬菜 Cr 含量超过《食品中污染物限量》的 6 个样本均来自本地，本地产蔬菜的综合超标率为 2.39%。从表 4.12 中的统计结果来看，北京市本地产和市售外地产蔬菜 Cr 含量数据呈正偏度分布，数据对数转换后符合正态分布。对数转换后的差异分析结果表明，北京市本地产蔬菜 Cr 含量显著高于市售外地产蔬菜（$p = 0.024$）。

表 4.12　北京市不同来源蔬菜 Cr 含量比较

蔬菜来源		n	蔬菜铬含量/（μg/kg FW）					
			范围	中位值	算术均值（标准差）	p_{s-w}	几何均值（标准差）	p_{s-w}
蔬菜产地	本地	265	0.4~1039.5	23.4	75.9 (138.4)	0	25.0 (4.8)	0.051
	外地	80	0.7~147.8	16.6	27.1 (28.7)	0.00	16.3 (2.9)	0.76
种植方式	裸露地	192	0.7~698.0	36.4	81.3 (114.2)	0.00	34.9 (4.1)	0.05
	设施栽培	153	0.4~1039.5	12.2	43.6 (132.1)	0.00	13.2 (4.0)	0.32

近年来，北京市设施栽培迅速发展，其品质问题也越来越受关注。本中有 153 个蔬菜样本为设施栽培蔬菜。在裸露地蔬菜和设施栽培蔬菜样本中，其 Cr 含量超过《食品中污染物限量》的样本数均为 3 个，综合超标率分别为 1.12% 和 2.09%。裸露地的 3 个超标样本为小白菜（698 μg/kg）、冬瓜（687 μg/kg）和辣椒（587 μg/kg）。设施栽培蔬菜的 3 个超标样本分别为彩椒（1040 μg/kg）、羽衣甘蓝（1008 μg/kg）和黑果（723 μg/kg）。统计分析结果表明：裸露地蔬菜中 Cr 平均含量显著高于设施 Cr 蔬菜（$p = 0.000$）。总体上来讲，设施栽培蔬菜 Cr 含量低于裸露地蔬菜。

4. 不同蔬菜 Cr 富集系数的差异

蔬菜 Cr 的富集系数是指蔬菜中 Cr 含量与土壤中 Cr 含量的比值，它可以大致反映蔬菜在相同土壤 Cr 含量条件下植物对 Cr 的吸收能力。Cr 富集系数越小，则表明其吸收 Cr 的能力越差，不同品种的蔬菜对 Cr 的积累能力存在明显差异（表 4.13）。蔬菜 Cr 富集系数符合对数正态分布（$p_{s-w} = 0.053$），采用蔬菜富集系数几何均值进行层级聚类分析的结果表明，根据蔬菜 Cr 富集系数含量高低可将蔬菜分为三类：甘蓝单独划为Ⅰ类，Cr 富集系数最高；其次为Ⅱ类，包括小白菜、云架豆和冬瓜；而辣椒、茄子、大葱、大白菜、萝卜、叶甜菜、黄瓜、番茄和芥菜等特菜则划为Ⅲ类，其 Cr 富集系数最低，即可食部分对 Cr 的积累能力最弱，对土壤 Cr 污染不及前两类蔬菜敏感。

表 4.13　北京市主要蔬菜 Cr 的富集系数

蔬菜品种及类别	n	蔬菜 Cr 的富集系数			
		范围×10^{-3}	中位值×10^{-3}	（算术均值±标准差）×10^{-3}	p_{s-w}
大白菜	18	0.04 ~ 5.95	1.04	1.96±1.92	0.000
大葱	12	0.19 ~ 6.92	1.69	2.03±1.93	0.030
小白菜	17	0.1 ~ 16.62	2.26	3.75±4.43	0.000
甘蓝	2	1.42 ~ 29.84	15.63	15.63±20.1	—
叶甜菜	2	0.37 ~ 1.16	0.77	0.77±0.56	—
叶菜类	51	0.04 ~ 29.84	1.42	3.07±4.88	0.000
萝卜	9	0.07 ~ 4.92	1.79	1.88±1.51	0.341
辣椒	17	0.09 ~ 30.77	1.02	4.02±7.64	0.000
云架豆	15	0.12 ~ 9.89	3.54	4.56±2.98	0.341
番茄	6	0.08 ~ 1.61	0.38	0.51±0.56	0.019
冬瓜	3	0.85 ~ 15.48	1.40	5.91±8.29	0.058
黄瓜	8	0.05 ~ 5.18	1.51	1.59±1.67	0.054
茄子	10	0.14 ~ 4.61	1.86	2.01±1.59	0.353
瓜果类	59	0.05 ~ 30.77	1.61	3.23±4.88	0.000
特菜类*	12	0.02 ~ 21.4	0.44	2.82±6.04	0.000
全部蔬菜	131	0.02 ~ 30.77	1.56	3.03±4.81	0.000

*包括芥菜、黑果、软化菊苣、长琪、香葱、京舟一号、白凤、金珠和蕃杏等

　　豆类作物对 Cr 的毒性也较为敏感，而大白菜的抗 Cr 污染能力较强。一般而言，在相同含 Cr 量的土壤中，Cr 富集系数较低的蔬菜品种积累的 Cr 相对较少，其 Cr 含量相对不容易超标；而对于富集系数较高的蔬菜品种，只有种植在 Cr 含量较低的土壤中，其 Cr 超标风险才能得到有效的控制。因此，种植蔬菜时应根据不同土壤的 Cr 含量状况和不同蔬菜品种的 Cr 富集能力选种适宜的蔬菜品种。

4.1.4　Ni

　　Ni 在环境中广泛分布，环境中的 Ni 主要来自火山爆发、岩石土壤风化等自然来源和化石燃料燃烧、工业生产，以及 Ni 制品的使用和处置等人为来源。Ni 主要用于生产镍钢和不锈钢，也是制造耐高温和耐热材料的原料，Ni 的化合物常用于电镀液、镍镉电池和陶瓷工业等，工业生产排放的 Ni 主要随废水排出。大气中的 Ni 主要来源于化石燃料燃烧（石油 1.4 ~ 64.0 mg/kg，煤 15 mg/kg）（廖自基，1989），在工业区和大城市，火力电厂和汽车化石燃料的燃烧产生的飞灰能使大气中 Ni 含量高达 120 ~ 170 ng/m³，而偏远郊区则只有 6 ~ 17 ng/m³（Kasprzak et al.，2003）。

　　职业性 Ni 暴露的主要途径包括采矿、镍合金制品、电镀和电焊等，而普通人群 Ni 暴露主要通过大气吸入、饮用水和食品摄入等途径；另外，有研究表明吸烟也会增加 Ni 的

吸入风险。人体暴露在受 Ni 冶炼、电镀和电焊等影响的 Ni 污染环境中，可能导致皮肤过敏症、肺纤维化、肾和心血管系统病症和呼吸道癌，以及诱发瘤恶化等。大量不同形式的 Ni 可通过职业性暴露、饮食摄入和大气吸入积累于人体中，而各种形式的 Ni 化合物对动物的毒性主要来自于羰基镍 $[Ni(CO)_4]$。

1. 菜地土壤 Ni 含量特征

共获得 54 个菜地土壤的有效数据，从基本统计结果（表 4.14）来看，北京市菜地土壤 Ni 含量符合正态分布。与北京市土壤 Ni 的背景值（算术均值为 27.9 mg/kg，中位值为 27.3 mg/kg，几何均值为 26.8 mg/kg）相比，二者差异不显著。这说明北京市菜地土壤没有出现明显的积累现象。与我国《土壤环境质量标准》相比，北京市菜地土壤 Ni 含量远低于其适合蔬菜种植的二级土壤标准（pH>7.5 时为 250 mg/kg）。

表 4.14　北京市菜地土壤 Ni 含量及其分布特征

土壤 Ni 含量/（mg/kg）				峰度	偏度	p_{s-w}
范围	中位值	均值	标准差			
2.8~46.5	25.75	25.89	7.33	1.6	-0.8	0.09

注：二级标准（蔬菜地）：pH<6.5 时，Ni 为 150 mg/kg；pH 为 6.5~7.5 时，Ni 为 200 mg/kg；pH>7.5 时，Ni 为 250 mg/kg（国家环境保护局，1995）

母岩对土壤 Ni 含量的影响特别明显，而对于同一区域和同一类型的土壤含 Ni 量也可能有很大的变动，可能是由风化程度、盐分的淋溶作用、土壤贫瘠化等次生演化过程的差异造成的。另据报道，土壤中 Ni 含量还与大气降尘、扬尘、灌溉用水（包括含 Ni 废水）和农田施肥等密切相关。

2. 蔬菜 Ni 含量特征

共获得 97 种蔬菜 412 个样品的有效数据，蔬菜样品中有 197 个样品直接采自北京市各区的菜地，130 个为市售的本地产蔬菜，其他 85 个为市售的外地蔬菜。从北京市各种蔬菜 Ni 含量统计数据（表 4.15）来看，共有 14 个样本 Ni 含量超过 1994 年经全国食品卫生标准分委会评审通过的内控标准（蔬菜 0.3 mg/kg，豆类 3.0 mg/kg），它们分别为圆白菜（624.7 μg/kg、624.7 μg/kg、357.7 μg/kg 和 359.4 μg/kg）、芹菜（704.3 μg/kg 和 353.1 μg/kg）、彩椒（461.6 μg/kg 和 327.1 μg/kg）、羌（391.4 μg/kg）、黄瓜（370.1 μg/kg）、菜花（349.7 μg/kg）、小白菜（339.2 μg/kg）、香椿（328.0 μg/kg）和芦笋（315.5 μg/kg）。但各品种蔬菜的 Ni 平均含量均低于我国食品卫生标准所规定的限量值。与我国食品卫生标准相比，北京市蔬菜 Ni 含量综合超标率为 2.62%，超标的蔬菜主要有黄瓜、甘蓝（圆白菜）、芹菜、彩椒、小白菜和菜花。

表 4.15　北京市各种蔬菜的 Ni 含量

蔬菜品种	n	蔬菜 Ni 含量/(μg/kg)				
		范围	中位值	算术均值（标准差）	几何均值（标准差）	Box-Cox 均值（标准差）
大白菜	46	12.4~157.4	58.7	57.3 (32.1)	47.6 (1.9)	48.6 (2.4)
甘蓝	19	7.9~624.7	59.6	152.8 (199.5)	67.9 (3.8)	73.4 (6.3)
大葱	19	7.4~114.2	43.8	48.8 (30.7)	39.9 (2.0)	40.7 (2.5)
油（麦）菜	15	10.9~117.7	51.0	54.7 (31.4)	44.7 (2.1)	45.7 (2.6)
小白菜	13	11.2~339.2	65.1	100.5 (86.6)	71.3 (2.5)	73.8 (3.6)
菜花	11	21.4~349.7	55.4	98.7 (105.8)	68.2 (2.3)	70.2 (3.3)
苗（芽）菜	9	16.0~965.8	100.5	223.8 (302.5)	107.7 (3.8)	115.5 (6.5)
芹菜	8	15.4~704.3	39.2	157.1 (248.2)	61.1 (3.9)	65.9 (6.8)
圆白菜	7	5.5~38.8	23.2	22.0 (10.6)	19.2 (1.9)	19.4 (2.2)
菠菜	7	45.6~109.4	82.6	77.0 (25.3)	73.2 (1.4)	73.5 (1.6)
芥菜	5	18.2~138.0	31.5	61.5 (51.4)	46.0 (2.3)	47.3 (3.2)
西兰花	4	6.8~253.6	33.0	81.6 (116.5)	33.2 (5.0)	36.2 (7.8)
生菜	4	15.9~50.4	28.2	30.7 (17.1)	27.0 (1.8)	27.4 (2.2)
大蒜	4	19.9~68.9	50.3	47.4 (25.3)	41.6 (1.8)	42.2 (2.3)
菜心	4	11.9~35.1	32.8	28.2 (11.1)	25.9 (1.7)	26.1 (1.9)
甜菜	3	20.1~51.1	48.2	39.8 (17.1)	36.7 (1.7)	37.0 (2.0)
茼蒿	3	14.6~67.0	29.0	36.9 (27.1)	30.5 (2.1)	31.0 (2.7)
空心菜	2	18.6~20.4	19.5	19.5 (1.3)	19.5 (1.1)	19.5 (1.1)
叶菜类	183	5.5~965.8	51.0	81.8 (121.4)	49.4 (2.5)	45.9 (1.6)
萝卜	24	32.7~195.6	81.6	83.5 (40.4)	75.0 (1.6)	75.8 (2.0)
马铃薯	7	22.4~86.6	65.1	59.6 (25.0)	54.1 (1.7)	54.6 (2.0)
洋葱	5	6.9~94.4	15.7	42.4 (42.2)	25.5 (3.2)	26.8 (4.4)
蒜苗	3	30.2~41.5	41.5	37.8 (6.6)	37.3 (1.2)	37.4 (1.3)
莴苣	2	11.9~17.7	14.8	14.8 (4.1)	14.5 (1.3)	14.5 (1.4)
藕	1	126.7	126.7	126.7	126.7	126.7
根茎类	42	6.9~195.6	60.7	69.1 (41.3)	55.7 (2.1)	62.2 (10.9)
番茄	24	7.7~84.1	25.2	34.1 (22.1)	27.9 (1.9)	28.4 (2.4)
黄瓜	23	0.7~370.1	56.9	74.0 (70.0)	53.0 (3.0)	55.6 (3.7)
云架豆	21	89.6~992.7	193.1	237.7 (214.4)	190.9 (1.8)	194.0 (2.6)
辣椒	18	13.9~184.5	53.5	71.5 (45.0)	58.7 (2.0)	59.9 (2.5)
茄子	16	8.2~196.0	47.7	56.6 (48.0)	40.5 (2.4)	41.9 (3.2)
冬瓜	15	4.6~177.0	48.9	65.0 (60.7)	36.1 (3.5)	38.5 (5.0)
荷兰豆	5	26.5~68.7	55.2	51.4 (15.6)	49.1 (1.4)	49.3 (1.6)

续表

蔬菜品种	n	蔬菜 Ni 含量/(μg/kg)				
		范围	中位值	算术均值（标准差）	几何均值（标准差）	Box-Cox 均值（标准差）
豆	4	301.2 ~ 1689	721.3	858.2（588.6）	717.1（2.0）	729.2（3.3）
西葫芦	3	107.9 ~ 131.6	131.6	123.7（13.7）	123.2（1.1）	123.2（1.2）
丝瓜	1	162.1	162.1	162.1	162.1	162.1
瓜果类	130	0.7 ~ 1689.0	59.2	114.7（198.2）	60.4（3.1）	64.7（5.0）
彩椒	6	60.8 ~ 461.6	136.2	203.2（157.3）	158.9（2.2）	162.4（3.2）
特种萝卜	5	5.3 ~ 198.6	36.3	65.9（76.9）	36.5（3.7）	38.8（5.3）
荷兰黄瓜	4	9.7 ~ 92.1	54.3	52.6（33.9）	40.3（2.7）	41.6（3.5）
圣女番茄	3	10.1 ~ 141.2	28.8	60.0（70.9）	34.5（3.8）	36.4（5.6）
莼菜	2	20.1 ~ 196.0	108.0	108.0（124.4）	62.7（5.0）	66.5（8.4）
白凤菜	2	11.0 ~ 19.7	15.3	15.3（6.2）	14.7（1.5）	14.8（1.7）
苋菜	2	33.3 ~ 81.4	57.4	57.4（34.0）	52.1（1.9）	52.6（2.4）
紫贝天葵	2	88.1 ~ 106.3	97.2	97.2（12.9）	96.8（1.1）	96.8（1.2）
韭菜	2	32.7 ~ 164.3	98.5	98.5（93.1）	73.3（3.1）	75.4（4.8）
蕃杏	2	14.8 ~ 25.3	20.0	20.0（7.4）	19.3（1.5）	19.4（1.6）
红洋葱	1	89.8	89.8	89.8	89.8	89.8
荷兰茄子	1	6.6	6.6	6.6	6.6	6.6
其他特菜	25	6.4 ~ 391.4	37.2	80.2（107.3）	43.9（2.8）	46.0（4.2）
特菜类	57	5.3 ~ 461.6	38.0	84.8（102.0）	47.4（3.0）	46.5（2.7）
全部蔬菜	412	0.7 ~ 1689.0	54.5	91.3（143.9）	53.0（2.7）	55.4（3.9）

从统计结果（表 4.15）来看，北京市蔬菜 Ni 含量离异度较大，其原数据不符合正态分布，也不符合对数正态分布，但在经过 Box-Cox 转换后符合正态分布。统计分析结果表明，瓜果类蔬菜 Ni 含量显著高于叶菜类，其他差异则不明显。Ni 在植物不同器官中的含量差异很大，一般来讲，根>叶、果>叶、枝，这与其他重金属在植物中的含量分布相反，如叶菜类中 As 和 Cd 的含量一般来讲要高于瓜果类蔬菜。

北京市菜地土壤和蔬菜 Ni 含量之间的相关分析结果表明，若排除其中一个异常点位〔土壤 Ni 浓度异常低（2.8 mg/kg），而蔬菜 Ni 浓度较高（辣椒 0.185 mg/kg；黄瓜 0.37 mg/kg）〕的影响，其他各研究样点的土壤与其蔬菜 Ni 含量成正相关（$p = 0.003$，$R^2 = 0.231$，$n = 167$）。

3. 不同来源的蔬菜 Ni 含量差异

蔬菜样本中 327 个来自北京市本地，其余 85 个来自外地。在本地产和市售外地产蔬菜样本中，其 Ni 含量超过 1994 年经全国食品卫生标准分委会评审通过的内控标准的样本数，分别为 5 个和 9 个，本地产和市售外地产蔬菜的综合超标率分别为 0.87% 和 3.98%。

从表 4.16 来看，北京市本地产和市售外地产蔬菜 Ni 含量原数据呈正偏度分布，其对数转换后仍呈偏度分布，经过 Box-Cox 转换可使数据呈正态分布，Box-Cox 均值差异分析结果表明，北京市本地产蔬菜与市售外地产蔬菜的 Ni 含量没有显著差异。

表 4.16　北京市本地产和市售外地产蔬菜 Ni 含量比较

蔬菜来源	蔬菜 Ni 含量/(μg/kg FW)									
	范围	算术			几何			Box-Cox		
		均值	标准差	p_{s-w}	均值	标准差	p_{s-w}	均值	标准差	p_{s-w}
本地	0.7~965.8	84.9	106.4	0.00	52.9	2.7	0.97	55.3	3.7	0.93
外地	9.7~1689	115.9	238.1	0.00	53.2	3.0	0.00	56.2	4.6	0.05
裸露地	0.7~1689	97.0	153.6	0.00	60.5	2.6	0.57	63.4	3.9	0.12
设施	4.6~965.8	83.9	130.5	0.00	44.7	2.9	0.03	40.8	1.8	0.27

在裸露地蔬菜和设施蔬菜样本中，其 Ni 含量超过 1994 年经全国食品卫生标准分委会评审通过的内控标准的样本数，分别为 9 个和 5 个。本地产和市售外地产蔬菜的综合超标率分别为 0.93% 和 1.09%。表 4.23 为北京市裸露地蔬菜和设施蔬菜 Ni 含量的比较结果。从结果来看，裸露地蔬菜和设施蔬菜 Ni 含量不符合正态分布，但接近几何正态分布，而 Box-Cox 转换可使数据符合正态分布。尽管二者的超标率较为接近，但 Box-Cox 均值差异分析结果表明：裸露地蔬菜中 Ni 含量高于设施蔬菜，其差异达到极显著水平（$p = 0.000$）。因此，总体上来讲，设施蔬菜 Ni 含量要低于裸露地蔬菜，但设施蔬菜的 Ni 含量也存在超标现象，Ni 健康风险仍需关注。

4. 不同蔬菜 Ni 富集系数的差异

蔬菜 Ni 的富集系数是指植物中 Ni 的含量与土壤中 Ni 含量的比值，它可以大致反映蔬菜在相同土壤 Ni 含量条件下对 Ni 的吸收能力。Ni 富集系数越小，则表明其吸收 Ni 的能力越差，抗土壤 Ni 污染的能力则越强。表 4.17 为北京市几种主要蔬菜 Ni 的富集系数的统计数据。蔬菜 Ni 的富集系数符合对数正态分布（$p_{s-w} = 0.053$），采用蔬菜富集系数几何均值进行层级聚类分析，从结果来看，根据蔬菜 Ni 富集系数含量高低可将蔬菜分为三类：云架豆单独划为Ⅰ类，Ni 富集系数最高；其次为Ⅱ类，包括黄瓜、小白菜、萝卜、甘蓝、辣椒、大白菜和冬瓜；而茄子、大葱、叶甜菜、番茄和特菜则划为Ⅲ类，其 Ni 富集系数最低，即可食部分对 Ni 的积累能力最弱。蔬菜 Ni 富集系数的方差分析结果表明：云架豆的 Ni 富集系数显著高于其他蔬菜，而大葱、番茄、茄子和特菜的 Ni 富集系数则显著低于大白菜、萝卜、云架豆和小白菜。对于 Ni 富集系数较低的蔬菜品种，在相同 Ni 含量的土壤条件下，Ni 在这些蔬菜可食部分中的积累较少，即便是种植在 Ni 含量相对较高一些的土壤中，其可食部分吸收的 Ni 也不容易超标。因此，在种植蔬菜时，应根据土壤 Ni 含量状况和蔬菜 Ni 的富集能力进行蔬菜品种的选择。

表 4.17　北京市几种主要蔬菜 Ni 的富集系数

蔬菜品种	n	范围	中位值	算术均值（标准差）	几何均值（标准差）
特菜[1]	12	0.0005 ~ 0.0114	0.0008	0.0026（0.0035）	0.0013（3.01）
番茄	7	0.0004 ~ 0.0028	0.0017	0.0015（0.0009）	0.0012（2.16）
茄子	15	0.0003 ~ 0.0065	0.0017	0.0020（0.0015）	0.0016（2.18）
大葱	19	0.0003 ~ 0.0050	0.0018	0.0020（0.0012）	0.0016（2.01）
冬瓜	4	0.0010 ~ 0.0051	0.0018	0.0024（0.0019）	0.0020（2.04）
叶甜菜	2	0.0007 ~ 0.0032	0.0019	0.0019（0.0018）	0.0015（2.98）
黄瓜[2]	11	0.0013 ~ 0.0042	0.0020	0.0024（0.0009）	0.0023（1.40）
黄瓜	12	0.0013 ~ 0.1322	0.0021	0.0132（0.0375）	0.0032（3.36）
辣椒[3]	19	0.0004 ~ 0.0054	0.0024	0.0027（0.0014）	0.0022（1.96）
萝卜	14	0.0012 ~ 0.0091	0.0024	0.0038（0.0027）	0.0031（1.88）
甘蓝	3	0.0020 ~ 0.0092	0.0025	0.0046（0.0040）	0.0036（2.30）
辣椒	20	0.0004 ~ 0.0659	0.0026	0.0058（0.0142）	0.0026（2.72）
大白菜	22	0.0010 ~ 0.0083	0.0030	0.0031（0.0016）	0.0028（1.62）
小白菜	17	0.0016 ~ 0.0131	0.0030	0.0037（0.0026）	0.0032（1.60）
云架豆	18	0.0030 ~ 0.0086	0.0059	0.0057（0.0017）	0.0054（1.37）

1）包括芥菜、黑果、软化菊苣、长琪、香葱、京舟一号、白凤、金珠和蕃杏；2）去除一个最高值（0.1322）的分析结果；3）为分别去除一个最高值（0.0659）的分析结果

4.1.5　Pb

1. 菜地土壤 Pb 含量特征

北京市菜地土壤 Pb 含量其含量范围、算术均值、几何均值和中位值分别为 13.2 ~ 78.8 mg/kg、30.3 mg/kg、28.7 mg/kg 和 27.8 mg/kg。与北京市土壤 Pb 背景值（算术均值 25.1 mg/kg，中位值 25.1 mg/kg，几何均值 24.6 mg/kg）相比，北京市菜地土壤 Pb 含量表现出极明显的 Pb 积累效应（$p=0.001$），平均积累指数（菜地土壤 Pb 含量与土壤 Pb 背景值的比值）为 1.21，但仍低于我国《土壤环境质量标准》二级标准（pH>7.5 时为 350 mg/kg）。

2. 蔬菜 Pb 含量特征

从北京市 294 个蔬菜样品的 Pb 浓度基本统计数据（表 4.18）来看，各大类和各品种蔬菜间 Pb 浓度变异很大，基本呈偏态分布，经过 Box-Cox 转换后呈正态分布（$\lambda=0.24$）。各品种蔬菜的 Pb 平均浓度均低于《食品中污染物限量》所规定的限量值（豆类为 0.2 mg/kg，球茎蔬菜和叶菜类为 0.3 mg/kg，其他蔬菜为 0.1 mg/kg），但大白菜、甘蓝、大葱、大蒜、小白菜、马铃薯、辣椒、茄子、番茄、小油菜和萝卜等品种中共有 56 个样本 Pb 浓度超过该卫生标准，样本超标率达 19.0%。考虑各品种蔬菜的消费权重，北京市

蔬菜 Pb 浓度综合超标率为 17.3%（陈同斌等，2006）。Pb 含量超标的蔬菜依贡献率大小排列依次为云架豆、萝卜、辣椒、大葱、茄子、大白菜、黄瓜、马铃薯、大蒜、番茄和小白菜，其中，前 5 种蔬菜占样本超标率的 82.3%。

表 4.18　北京市各种蔬菜的 Pb 浓度

品种	n	蔬菜铅浓度/（μg/kg FW）				Box-Cox 转换结果	
		范围	中位值	均值（标准差）	p_{s-w}	均值（标准差）	p_{s-w}
萝卜	21	0.7~440.3	68.8	115.5（129.3）	0.000	75.5（1.7）	0.659
大葱	17	2.0~261.0	66.0	92.2（70.8）	0.090	70.3（1.55）	0.168
马铃薯	7	3.0~286.4	135.2	141.8（137.8）	0.022	72.3（2.13）	0.023
洋葱	5	0.1~68.0	43.6	38.1（29.4）	0.251	23.3（1.68）	0.330
大蒜	4	130.7~654.5	179.1	285.9（250）	0.043	239.8（1.65）	0.125
莴苣	1	99.6	99.6	99.6	—	99.6	—
根茎类	55	0.1~654.5	68.8	116.7（127.6）	0.000	71.2（1.79）a	0.711
黄瓜	19	2.3~122.9	51.3	50.6（35.5）	0.048	41（1.38）	0.485
云架豆	18	0.1~323.5	156.2	154.8（85.5）	0.972	124.8（1.63）	0.001
辣椒	16	0.1~447.0	116.6	143.5（141.4）	0.003	91.1（1.86）	0.612
茄子	14	11.9~367.0	55.1	91.3（100.6）	0.002	62.1（1.61）	0.252
番茄	13	1.1~231.4	34.6	48.7（58.5）	0.000	32.4（1.53）	0.170
冬瓜	10	2.2~68.0	13.8	23.7（25.2）	0.031	13.9（1.49）	0.025
豆	4	21.5~218.1	100.0	109.9（92.4）	0.046	85.7（1.6）	0.508
西葫芦	1	2.2	2.2	2.2	—	2.2	—
丝瓜	1	38.7	38.7	38.7	—	38.7	—
荷兰豆	1	86.4	86.4	86.4	—	86.4	—
瓜果类	97	0.1~447.0	56.6	90.3（95.7）	0.000	57.3（1.68）ab	0.342
大白菜	42	2.7~370.3	48.7	66.2（72.8）	0.000	46.7（1.51）	0.267
甘蓝	17	0.1~286.1	54.9	76.8（85.2）	0.000	48.1（1.68）	0.452
油（麦）菜	10	7.6~219.9	74.2	96.6（72.4）	0.439	76.3（1.51）	0.839
小白菜	10	23.1~350.4	138.9	133.1（109.5）	0.146	100.2（1.62）	0.094
菠菜	7	8.1~0.6	44.1	35.2（18.6）	0.528	31.4（1.26）	0.314
菜花	6	1.2~138.8	63.0	59.6（53.7）	0.593	34.5（1.77）	0.169
芹菜	5	7.6~116.2	18.3	40.7（45）	0.081	29.1（1.47）	0.539
芥菜	4	2.5~185.2	101.9	97.9（78.6）	0.942	65.2（1.84）	0.335
菜心	3	10.7~11.7	10.7	11.1（0.6）	—	11.1（1.01）	—
圆白菜	2	3.3~5.3	4.3	4.3（1.4）	—	4.2（1.07）	—
苗芽菜	2	10.7~33.9	22.3	22.3（16.4）	—	20（1.28）	—
蕹菜	2	0.1~42.5	21.3	21.3（30）	—	6.7（2.06）	—
叶甜菜	1	5.7	5.7	5.7	—	5.7	—

续表

品种	n	蔬菜铅浓度/(μg/kg FW)				Box-Cox 转换结果	
		范围	中位值	均值（标准差）	p_{s-w}	均值（标准差）	p_{s-w}
蒜苗	1	6.5	6.5	6.5	—	6.5	—
西兰花	1	5.6	5.6	5.6	—	5.6	—
叶菜类	113	0.1~370.3	47.1	68.4（75.5）	0.000	42.1（1.62）b	0.744
圣女番茄	2	3.5~45.5	24.5	24.5（29.7）	—	16（1.62）	—
特种萝卜	2	65.1~131.7	98.4	98.4（47.1）	—	94.3（1.27）	—
彩椒	2	30.7~154.4	92.6	92.6（87.5）	—	75.6（1.64）	—
特种黄瓜	2	4.5~10.4	7.4	7.4（4.2）	—	7（1.15）	—
白凤菜	2	22.6~26.2	24.4	24.4（2.5）	—	24.4（1.04）	—
苋菜	2	23.9~28.2	26.1	26.1（3）	—	26（1.04）	—
紫贝天葵	2	1.5~4.0	2.8	2.8（1.7）	—	2.5（1.12）	—
蕃杏	2	28.1~64.9	46.5	46.5（26）	—	43.8（1.26）	—
特种洋葱	1	2.4	2.4	2.4	—	2.4	—
莼菜	1	0.1	0.1	0.1	—	0.1	—
其他特菜	11	0.1~84.9	5.8	20.1（30.3）	0.001	8.1（1.59）	0.424
特菜类	29	0.1~154.4	13.6	30.0（39.5）	0.000	14.7（1.59）c	0.424
全部蔬菜	294	0.1~654.5	51.3	80.9（94.4）	0.000	48.7（1.68）	0.048

各大类蔬菜中 Pb 浓度存在很大差异，具有根茎类>瓜果类>叶菜类>特菜类的趋势（表4.18）。采用 Box-Cox 均值的方差分析表明：特菜类蔬菜 Pb 浓度最低，均显著低于其他大类蔬菜，而根茎类蔬菜 Pb 浓度显著高于叶菜类和特菜类蔬菜，其他各类之间则没有显著差异。根据对各主要品种的蔬菜 Pb 浓度的 Box-Cox 均值（表4.18）进行层级聚类分析，可将蔬菜分为四类：大蒜 Pb 浓度最高，可单独划为 I 类；II 类蔬菜 Pb 浓度次之，包括茄子、芥菜、马铃薯、大葱、萝卜、油（麦）菜、豆、辣椒、小白菜和云架豆；III 类蔬菜再次之，包括菜心、冬瓜、洋葱、苗（芽）菜、白凤菜、苋菜、芹菜、番茄、菠菜、菜花、黄瓜、蕃杏、大白菜和甘蓝；IV 类蔬菜的 Pb 浓度最低，包括紫贝天葵、圆白菜和蕹菜等。

3. 不同来源的蔬菜 Pb 浓度差异

从统计结果来看，蔬菜 Pb 浓度经 Box-Cox 转换后基本符合正态分布（表4.19）。采用 Box-Cox 均值进行方差分析的结果显示，本地蔬菜（$n=208$）Pb 浓度极显著高于市售外地蔬菜（$n=86$）（$p=0.000$）。本地产和市售外地产蔬菜（$n=152$）的样本超标率分别为 22.6% 和 10.5%。可见，本地产蔬菜 Pb 污染问题更为严重，但外地入京蔬菜也同样存在 Pb 超标问题。

从不同种植条件来看，裸露地蔬菜和设施（大棚）栽培蔬菜中 Pb 浓度存在很大差别。正态检验（表4.19）表明，北京市裸露地蔬菜和设施栽培蔬菜 Pb 浓度数据经 Box-Cox 转换（$\lambda = 0.34$）后符合正态分布。采用 Box-Cox 均值进行的方差分析表明，裸露地蔬菜 Pb 浓度极显著高于设施栽培蔬菜（$p = 0.001$）。根据《食品中污染物限量》，裸露地蔬菜和设施栽培蔬菜的样本超标率分别为 22.1% 和 9.7%。从不同栽培条件下蔬菜 Pb 浓度差异比较来看，裸露地蔬菜 Pb 浓度超标现象高于设施栽培蔬菜，部分设施栽培蔬菜也存在 Pb 超标现象。

表 4.19　北京市不同来源蔬菜 Pb 浓度比较

蔬菜来源		n	蔬菜 Pb 浓度/（μg/kg FW）				Box-Cox 转换		p^*
			范围	中位值	平均值（标准差）	p_{s-w}	均值（标准差）	p_{s-w}	
蔬菜产地	本地	208	0.1 ~ 654.5	61.0	95.0（102.0）	0.000	62.0（1.656）	0.067	22.3
	外地	86	0.1 ~ 286.1	24.0	48.0（62.0）	0.000	26.0（1.632）	0.025	9.7
种植方式	裸露地	222	0.1 ~ 447.0	57.0	88.0（93.0）	0.000	41.0（1.66）	0.15	21.7
	设施栽培	72	0.1 ~ 654.5	33.0	60.0（98.0）	0.000	21.0（1.68）	0.047	6.9

* p 为基于《食品中污染物限量》的蔬菜 Pb 综合超标率（%）

4. 不同蔬菜 Pb 富集系数的差异

表 4.20 为各品种蔬菜 Pb 的富集系数（蔬菜中 Pb 含量与土壤中 Pb 含量的比值）的结果。该结果经过 Box-Cox 转换（$\lambda = 0.29$）后符合正态分布。利用 Box-Cox 均值进行层级聚类分析可将蔬菜分成三类：云架豆、萝卜、辣椒和小白菜 Pb 富集系数最高，为 I 类；黄瓜、冬瓜、大白菜、茄子、大葱、番茄和甘蓝的 Pb 富集系数次之，为 II 类；叶甜菜和特菜为 III 类，其富集系数最低。一般来说，Pb 富集系数越小，则表明其吸收 Pb 的能力越差，抗土壤 Pb 污染的能力则越强。可见，对于 Pb 含量较高的土壤中，如果选择种植 II 和 III 类蔬菜，则其受 Pb 污染的风险较 I 类蔬菜要低。

表 4.20　北京市主要蔬菜对土壤 Pb 的富集系数

蔬菜品种	n	蔬菜 Pb 的富集系数			Box-Cox 转换结果	
		均值（标准差）×10⁻³	范围×10⁻³	p_{s-w}	均值（标准差）×10⁻³	p_{s-w}
大白菜	22	3.62（3.96）	0.16 ~ 16.31	0.000	2.54（3.26）	0.632
小白菜	17	3.62（2.8）	0.76 ~ 12.17	0.002	3.04（2.43）	0.483
甘蓝	3	2.22（1.17）	1.29 ~ 3.53	0.436	2.08（1.8）	0.592
叶甜菜	2	0.82（0.99）	0.12 ~ 1.52	—	0.54（3.3）	—
叶菜类	44	3.40（3.33）	0.12 ~ 16.31	0.000	2.54（2.91）	0.732
大葱	17	3.04（2.01）	0.07 ~ 6.49	0.425	2.38（2.9）	0.043
萝卜	12	5.04（6.01）	0.58 ~ 21.67	0.001	3.49（3.68）	0.466
根茎类	29	3.87（4.18）	0.07 ~ 21.67	0.000	2.80（3.22）	0.598
辣椒	17	5.46（5.59）	0.22 ~ 17.74	0.002	3.69（4.03）	0.442

续表

蔬菜品种	n	蔬菜 Pb 的富集系数			Box-Cox 转换结果	
		均值（标准差）×10⁻³	范围×10⁻³	p_{s-w}	均值（标准差）×10⁻³	p_{s-w}
云架豆	17	5.74 (3.36)	0.72 ~ 11.83	0.081	5.05 (2.47)	0.451
番茄	7	2.77 (3.16)	0.52 ~ 9.76	0.001	2.09 (2.78)	0.152
冬瓜	4	1.76 (0.86)	1.02 ~ 2.99	0.278	1.67 (1.64)	0.531
黄瓜	10	2.33 (2.01)	0.03 ~ 5.67	0.305	1.53 (3.5)	0.407
茄子	13	3.43 (4.09)	0.33 ~ 14.86	0.001	2.25 (3.52)	0.441
瓜果类	68	4.19 (4.1)	0.03 ~ 17.74	0.000	2.95 (3.42)	0.753
特菜类*	11	1.89 (2.45)	0.07 ~ 7.62	0.006	0.97 (3.73)	0.346
总计	152	3.73 (3.83)	0.03 ~ 21.67	0.000	2.61 (3.32)	0.318

*包括芥菜、黑果、软化菊苣、长琪、香葱、京舟一号、白凤、金珠和蓄杏等

北京市菜地土壤 Pb 含量偏高，与人类活动可能有很大关系。据 Nicholson 等（2003）对英格兰及威尔士农业土壤的研究发现，大气沉降对农业土壤中 Pb 输入的贡献率最大。尽管无 Pb 汽油在北京市已经得到广泛使用，但土壤环境中的 Pb 浓度并未呈现立即下降的趋势，含 Pb 汽油的不良影响仍将在未来相当一段时间内持续下去。土壤中 Pb 积累可能还与含 Pb 农药、垃圾填埋和污水灌溉有关。

北京市土壤 Pb 含量虽存在显著积累效应，但 Pb 含量远低于《土壤环境质量标准》，仍然适合蔬菜栽培，而北京市蔬菜却存在比较明显的超标问题。这可能是由于土壤 Pb 标准偏高或者蔬菜 Pb 限量标准和 Pb 最大允许摄入量（ADI）偏低有关。但也有可能是由于蔬菜中 Pb 除来源土壤之外，还受其他因素（如大气中输入的 Pb）影响的结果，从本书的大规模调查研究中可以看出，蔬菜的 Pb 含量存在较严重的 Pb 超标问题，但所对应的菜地土壤却不存在 Pb 超标问题，显然两个标准之间并不匹配。至少其中有一个标准应加以修订。从裸露地蔬菜 Pb 浓度超标现象要高于设施栽培蔬菜来看，其原因可能与裸露地蔬菜受大气降尘影响较大有关，但这种推测仍需进一步证实。

近年来，蔬菜中重金属含量状况及其健康风险已受到普遍关注，但研究大都较为零散，很少在省级行政单元内对蔬菜重金属含量状况进行系统调查，并对其健康风险进行评估。本书对北京市蔬菜中 Pb 含量总体状况及其健康风险已有初步了解，为北京市居民蔬菜食用安全提供参考依据。

4.1.6　Cu

地壳中的 Cu 平均值为 70 mg/kg，岩石中以基性岩含量最高。我国土壤含 Cu 量是 3 ~ 300 mg/kg，大部分土壤含 Cu 量在 15 ~ 60 mg/kg，平均为 20 mg/kg。正常大气中 Cu 为 5 ~ 200 ng/m³，而在炼铜厂附近的大气中 Cu 浓度可达 5000 ng/m³；自来水中的 Cu 含量一般为 20 ~ 75 μg/L，但含量高时可达 1000 μg/L（ATSDR，2004）。Cu 主要用于电器工业，

其化合物在杀虫剂、杀菌剂、颜料、电镀液、原电池、染料的媒染剂和催化剂等行业中也有广泛的应用。因此，对 Cu 的研究一直受到生物学、农学和环境科学等领域的广泛关注。

Cu 是生命必需的微量元素。Cu 对造血、细胞生长、某些酶的活性及内分泌等功能有重要作用，在正常饮食环境下，成年人很少出现缺 Cu 症状，而幼儿则可能出现贫血和嗜中性白细胞减少症，以及骨质缺损、疏松和易碎等 Cu 缺乏症。但摄入过多还是会对人和动植物有害，口服剂量为 200 mg/（kg 体重·d）则会使人至死（Goldhaber，2003）。

1. 菜地土壤 Cu 含量特征

共获得 53 个菜地土壤样品，Cu 含量范围、中位值、算术均值（标准差）和几何均值（标准差）分别为 6.0～65.2 mg/kg、23.2 mg/kg、24.5（10.2）mg/kg 和 22.7（1.49）mg/kg。统计分析结果表明，与北京市土壤 Cu 背景值（算术均值为 19.7 mg/kg，中值为 19.4 mg/kg，几何均值为 18.7 mg/kg）相比，菜地土壤 Cu 存在明显的积累现象（$p = 0.001$），平均积累指数（菜地土壤 Cu 含量与土壤 Cu 背景值的比值）为 1.24。但均低于《土壤环境质量标准》为中碱性土壤设定的二级质量标准（pH>6.5 时，100 mg/kg）。因此，就土壤中 Cu 含量而言，对于 pH 多为 7.5～8.5 的北京市菜地土壤均适合蔬菜栽培。

含 Cu 制剂的使用、污水灌溉，以及含 Cu 污泥的施用、工业废弃物和机动车辆机械耗损等可能是菜地土壤 Cu 积累的主要原因。含 Cu 农药（春王铜、噻菌铜、氧化亚铜、脂肪酸铜、松脂酸铜和波尔多液等）的使用是导致土壤 Cu 积累的一个重要因素，施用某些有机肥对土壤 Cu 浓度增加的贡献也不可忽视。利用含 Cu 废水灌溉农田或施用含 Cu 污泥，Cu 可积蓄在土壤中。机动车辆的正常损耗（如轮胎磨损）和汽车刹车时里衬的机械磨损会消耗大量的 Cu，它和工业废弃物产生的 Cu 均容易进入大气，并随大气传播和沉降进入土壤。另外，Cu 矿山和冶炼厂排出的废水可能也是土壤 Cu 积累的原因之一。

2. 蔬菜 Cu 含量特征

共获得 100 种蔬菜 416 个样品的有效数据，其中，167 个样品直接采自北京市各区的主要蔬菜基地，163 个为北京市售本地产蔬菜，其他 86 个为北京市售外地产蔬菜。

表 4.21　北京市各种蔬菜的 Cu 含量

品种及类别	n	蔬菜 Cu 含量/（mg/kg，FW）			对数转换结果	
		范围	均值（标准差）	p_{s-w}	均值（标准差）	p_{s-w}
大白菜	46	0.128～2.155	0.348（0.317）	0.00	0.293（1.66）	0.001
甘蓝	20	0.089～0.999	0.405（0.272）	0.00	0.336（1.86）	0.37
大葱	20	0.322～3.957	0.777（0.804）	0.00	0.611（1.84）	0.01
油（麦）菜	15	0.235～2.151	0.62（0.607）	0.00	0.47（1.97）	0.006
小白菜	13	0.223～3.486	0.798（0.912）	0.00	0.556（2.21）	0.11
菜花	11	0.292～5.627	0.956（1.557）	0.00	0.584（2.26）	0.001
苗（芽）菜	9	0.35～1.538	0.975（0.412）	0.77	0.884（1.65）	0.37

续表

品种及类别	n	蔬菜 Cu 含量/（mg/kg，FW）			对数转换结果	
		范围	均值（标准差）	p_{s-w}	均值（标准差）	p_{s-w}
芹菜	8	0.133～0.85	0.401（0.218）	0.35	0.352（1.76）	0.81
圆白菜	7	0.079～0.193	0.123（0.048）	0.05	0.115（1.46）	0.06
菠菜	7	0.436～1.052	0.719（0.195）	0.96	0.696（1.32）	0.98
芥菜	5	0.259～1.627	0.672（0.551）	0.05	0.542（2）	0.64
西兰花	4	0.18～0.51	0.39（0.151）	0.32	0.362（1.62）	0.15
生菜	4	0.374～3.605	1.245（1.577）	0.00	0.752（2.92）	0.07
大蒜	4	1.156～1.819	1.386（0.313）	0.21	1.362（1.24）	0.25
菜心	4	0.272～0.539	0.406（0.153）	0.03	0.384（1.48）	0.03
甜菜	3	0.321～1.272	0.755（0.481）	0.71	0.65（1.99）	0.92
茼蒿	3	0.577～0.737	0.643（0.084）	0.44	0.64（1.14）	0.46
空心菜	2	0.515～0.689	0.602（0.123）	—	0.595（1.23）	—
叶菜类	185	0.079～5.627	0.596（0.672）	0.00	0.433（2.08）	0.005
萝卜	24	0.089～1.197	0.468（0.351）	0.00	0.356（2.17）	0.36
马铃薯	7	0.52～1.884	1.118（0.46）	0.34	1.029（1.58）	0.17
洋葱	5	0.352～0.666	0.534（0.115）	0.51	0.523（1.27）	0.27
蒜苗	3	0.211～0.402	0.275（0.11）	—	0.262（1.45）	—
莴苣	2	0.526～0.968	0.747（0.313）	—	0.713（1.54）	—
藕	1	1.62	1.62	—	1.62	—
根茎类	42	0.089～1.884	0.611（0.441）	0.00	0.466（2.18）	0.312
番茄	24	0.131～0.771	0.45（0.213）	0.01	0.399（1.67）	0.054
黄瓜	23	0.216～1.661	0.494（0.294）	0.00	0.445（1.52）	0.014
云架豆	21	0.431～8.25	1.986（1.885）	0.00	1.532（1.97）	0.092
辣椒	18	0.328～2.459	0.976（0.527）	0.06	0.857（1.7）	0.94
茄子	17	0.293～2.712	0.981（0.648）	0.00	0.834（1.76）	0.34
冬瓜	15	0.024～1.116	0.271（0.272）	0.00	0.185（2.53）	0.78
荷兰豆	5	0.283～0.99	0.802（0.294）	0.01	0.734（1.71）	0.01
豆	4	1.453～6.34	3.44（2.225）	0.53	2.917（1.95）	0.69
西葫芦	3	0.647～0.677	0.657（0.017）	—	0.657（1.03）	—
丝瓜	1	0.585	0.585	—	0.585	—
瓜果类	131	0.024～8.25	0.935（1.134）	0.00	0.623（2.44）	0.88
彩椒	6	0.152～1.267	0.843（0.388）	0.44	0.708（2.18）	0.02
特种萝卜	5	0.154～0.487	0.312（0.124）	0.95	0.291（1.54）	0.87
圣女番茄	4	0.342～0.761	0.532（0.188）	0.72	0.508（1.43）	0.76
特种黄瓜	4	0.421～0.54	0.456（0.056）	0.03	0.454（1.12）	0.04

品种及类别	n	蔬菜 Cu 含量/(mg/kg, FW)			对数转换结果	
		范围	均值（标准差）	p_{s-w}	均值（标准差）	p_{s-w}
莼菜	2	0.436 ~ 0.807	0.621（0.263）	—	0.593（1.55）	—
白凤菜	2	0.392 ~ 0.477	0.435（0.06）	—	0.433（1.15）	—
苋菜	2	0.806 ~ 1.294	1.05（0.346）	—	1.021（1.4）	—
紫贝天葵	2	0.534 ~ 1.248	0.891（0.504）	—	0.816（1.82）	—
韭菜	2	0.481 ~ 0.531	0.506（0.035）	—	0.506（1.07）	—
蕃杏	2	0.303 ~ 0.711	0.507（0.289）	—	0.464（1.83）	—
洋葱	1	0.336	0.336	—	0.336	—
茄子	1	0.203	0.203	—	0.203	—
其他特菜	25	0.143 ~ 2.253	0.762（0.531）	0.00	0.608（2.02）	0.73
特菜类	58	0.143 ~ 2.253	0.658（0.428）	0.00	0.545（1.87）	0.41
全部蔬菜	416	0.024 ~ 8.25	0.713（0.819）	0.00	0.505（2.21）	0.8

　　从北京市蔬菜 Cu 含量基本统计数据（表 4.21）来看，北京市蔬菜总体上和各类别蔬菜 Cu 浓度频率分布特征符合对数正态分布，而各品种蔬菜也符合对数正态或趋向于对数正态分布（p_{s-w}略低于 0.05）。各类别和品种蔬菜 Cu 浓度平均值和所有样本均低于我国《食品中铜限量卫生标准》（豆类 20 mg/kg，其他蔬菜 10 mg/kg），可见北京市蔬菜 Cu 污染问题并不严重。我国《农产品安全质量无公害蔬菜安全要求》中并未对蔬菜中 Cu 含量进行限制。

　　统计分析表明，除瓜果类蔬菜 Cu 含量显著高于叶菜类（$p = 0.000$）和根茎类蔬菜（$p = 0.035$），特菜类 Cu 含量显著高于叶菜类蔬菜（$p = 0.049$）外，其他类别之间差异不显著。据各品种蔬菜 Cu 浓度几何均值的层级聚类结果，可将蔬菜大致分为三类：豆（毛豆、蚕豆和豌豆）Cu 浓度最高，划为 I 类；II 类蔬菜 Cu 浓度稍低，包括云架豆、马铃薯、苋菜、藕和大蒜；其他 35 种蔬菜 Cu 浓度最低而归为 III 类蔬菜。

3. 不同来源的蔬菜 Cu 含量差异

　　从统计结果（表 4.22）来看，蔬菜 Cu 含量符合对数正态分布，采用蔬菜 Cu 浓度几何均值进行的统计分析结果显示，本地产蔬菜和外地产蔬菜 Cu 含量差异并不显著（$p = 0.138$）。

表 4.22　不同来源蔬菜 Cu 含量比较

来源		n	蔬菜铜含量/(mg/kg FW)			对数转换结果	
			范围	平均值（标准差）	p_{s-w}	均值（标准差）	p_{s-w}
区域来源	本地	330	0.024 ~ 8.25	0.730（0.819）	0	0.520（2.21）	0.955
	外地	86	0.089 ~ 6.340	0.645（0.822）	0.000	0.451（2.17）	0.214
种植方式	裸露地	236	0.089 ~ 8.25	0.789（0.953）	0.000	0.553（2.23）	0.01
	设施栽培	180	0.024 ~ 5.627	0.601（0.584）	0.000	0.449（2.15）	0.997

另外，从统计结果（表4.22）来看，裸露地蔬菜和设施栽培蔬菜符合对数正态或准对数正态分布（裸露地蔬菜），采用几何均值进行的统计分析结果显示，裸露地蔬菜 Cu 含量极显著高于设施栽培蔬菜（$p = 0.008$）。

4. 不同蔬菜的 Cu 富集系数的差异

蔬菜 Cu 的富集系数是指蔬菜中 Cu 含量与土壤中 Cu 含量的比值，它可以大致反映蔬菜在相同土壤 Cu 含量条件下蔬菜对 Cu 的吸收能力。Cu 富集系数越小，则表明其吸收 Cu 的能力越差，抗土壤 Cu 污染的能力则越强。从主要蔬菜的 Cu 富集系数基本统计结果（表4.23）来看，基本符合对数正态分布。各类别蔬菜的 Cu 富集系数几何均值的统计分析结果显示，瓜果类蔬菜富集系数极显著高于叶菜类（$p = 0.001$）、根茎类（$p = 0.001$）和特菜类蔬菜（$p = 0.000$）。依据各主要品种蔬菜的 Cu 富集系数的几何均值进行层级聚类分析的结果，可将蔬菜分为三类：云架豆为 I 类蔬菜，其 Cu 富集系数最高，其抗土壤 Cu 污染能力最差；将辣椒、茄子、大葱和小白菜归为 II 类，其 Cu 富集系数稍低；而冬瓜、黄瓜、大白菜、番茄、甘蓝、萝卜、叶甜菜和部分特菜划为 III 类蔬菜，其 Cu 富集系数最低。

表 4.23　北京市主要蔬菜的 Cu 富集系数

品种	n	范围	算术均值（标准差）	几何均值（标准差）	p_{s-w}
大白菜	22	0.0052 ~ 0.0993	0.0212（0.0207）	0.0161（2.02）	0.174
大葱	20	0.0095 ~ 0.1434	0.0338（0.032）	0.0263（1.94）	0.053
小白菜	17	0.0065 ~ 0.1692	0.0438（0.055）	0.0227（3.05）	0.005
甘蓝	3	0.0114 ~ 0.0166	0.0137（0.0026）	0.0135（1.21）	0.68
叶甜菜	2	0.0058 ~ 0.0159	0.0109（0.0071）	0.0096（2.03）	—
叶菜类	64	0.0052 ~ 0.1692	0.0305（0.0364）	0.0201（2.3）	0.001
根茎类（萝卜）	14	0.0041 ~ 0.0624	0.0181（0.0148）	0.0145（1.94）	0.62
辣椒	19	0.0068 ~ 0.1025	0.0368（0.0227）	0.0307（1.9）	0.81
云架豆	18	0.0246 ~ 0.4063	0.1004（0.1006）	0.0717（2.21）	0.221
番茄	8	0.0024 ~ 0.0374	0.0215（0.0115）	0.0171（2.41）	0.033
冬瓜	4	0.0061 ~ 0.0561	0.0252（0.0216）	0.0188（2.49）	0.93
黄瓜	12	0.0098 ~ 0.0834	0.0235（0.02）	0.0193（1.78）	0.56
茄子	16	0.0102 ~ 0.1594	0.0475（0.0429）	0.0356（2.11）	0.21
瓜果类	77	0.0024 ~ 0.4063	0.0496（0.0609）	0.0329（2.38）	0.80
特菜*	12	0.0026 ~ 0.0818	0.0204（0.0239）	0.0122（2.79）	0.56
全部蔬菜	167	0.0024 ~ 0.4063	0.0375（0.049）	0.0237（2.48）	0.203

* 包括芥菜、黑果、软化菊苣、长琪、香葱、京舟一号、白凤、金珠和蕃杏等

4.1.7　Zn

Zn 是人体、动物和植物所必需的微量元素。土壤含 Zn 量变化很大（痕量至 1000 mg/kg），其主要原因是母岩的含 Zn 量极不相同。施用 Zn 肥、污水灌溉和污泥的施用可能使 Zn 在土壤及蔬菜等农产品中积累，但是并不一定会产生污染问题。

1. 菜地土壤 Zn 含量特征

在本书中的 52 个菜地土壤样品中，菜地土壤 Zn 含量呈正偏度分布（偏度为 2.86），数据服从弱对数正态分布（$p=0.015$）（表 4.24）。经过 Box-Cox 转换，可以使数据符合正态分布（$p=0.277$），其最优化转换系数 λ 为 -0.41。与北京市土壤 Zn 的背景值（算术均值 59.6 mg/kg 和几何均值 57.5mg/kg）比较，二者差异极显著（$p=0.000$）。可见，北京市菜地土壤 Zn 明显高于背景值。但是，除顺义区一个样点相对较高（307 mg/kg）外，北京市菜地土壤 Zn 含量均低于《土壤环境质量标准》中碱性土壤（pH>7.5）的 II 级（适合蔬菜种植的农业土壤）标准（300 mg/kg）。

表 4.24　北京市菜地土壤 Zn 含量及其分布特征

数据转换方法	n	菜地土壤 Zn 含量/(mg/kg)				偏度	峰度	p_{s-w}
		范围	中位值	均值	标准差			
原数据	52	24.9~308	63.8	79.2	46.8	2.86	10.9	0.00
对数转换	52	24.9~308	63.8	70.7	1.57	0.90	1.69	0.02
Box-Cox 转换	52	24.9~308	63.8	68.0	1.08	0.15	1.16	0.28

施用 Zn 肥和含 Zn 农药可能是导致其土壤中 Zn 含量升高的原因。某些禽畜粪便等的 Zn 含量可达 100~207 mg/kg，长期施用有机肥可使土壤 Zn 提高 5%~30%（高明等，2000）。施用过磷酸钙、含锌化肥和含锌农药（如代森锌）也会使土壤 Zn 含量升高。污水灌溉可能也是导致土壤 Zn 含量升高的原因之一。

从农业生产的角度来看，我国土壤缺 Zn 比较普遍。根据第二次全国土壤普查的资料，我国有 0.49×10^8 hm² 耕地缺 Zn，占总耕地面积的 51.1%。缺 Zn 土壤的分布与石灰性土壤的分布模式基本相同。在中国北方的碱性土壤中，作物缺 Zn 问题比较突出，水稻、豆类、小麦和玉米等都需要施用 Zn 肥，合理地施用 Zn 肥能使蔬菜平均增产 15%~25%，而且还能改善蔬菜的品质。

2. 蔬菜 Zn 的含量特征

从北京市各品种蔬菜 Zn 含量统计数据（表 4.25）来看，北京市各种蔬菜的 Zn 平均含量和各样本的 Zn 含量均低于《食品中锌限量卫生标准》（GB13106-1911）规定的限量值（20 mg/kg 鲜重），以及新西兰（40.0 mg/kg）和加拿大（50.0 mg/kg）蔬菜中的 Zn 限量标准，蔬菜中 Zn 总超标率为 0%。我国《农产品安全质量无公害蔬菜安全要求》则未限制蔬菜的 Zn 含量。全体蔬菜样本和各大类蔬菜样本的 Zn 含量经过 Box-Cox 转换后服从正态分布或准正态分布（瓜果类）。从 Box-Cox 平均值来看，蔬菜的平均含 Zn 量存在以下趋势：叶菜类>根茎类>特菜类>瓜果类（表 4.25）。叶菜类蔬菜 Zn 含量显著高于瓜果类蔬菜（$p=0.001$），其余各类型间差异均不显著。

表 4.25　北京市各种蔬菜的 Zn 含量

蔬菜种类	n	蔬菜 Zn 含量/（mg/kg FW）				蔬菜 Zn 含量 Box-Cox 转换结果	
		范围	中值	平均值（标准差）	p_{s-w}	平均值（标准差）	p_{s-w}
大白菜	46	0.37~7.42	2.45	2.71（1.27）	0.01	2.52（1.80）	0.95
甘蓝	20	1.18~10.0	2.03	3.09（2.54）	0.00	2.68（2.23）	0.000
大葱	17	0.30~5.37	1.77	2.16（1.59）	0.05	1.81（2.31）	0.72
油（麦）菜	15	1.64~5.80	2.82	3.11（1.31）	0.00	2.96（1.69）	0.000
小白菜	13	0.86~6.23	3.30	3.20（1.69）	0.57	2.92（2.07）	0.88
菜花	11	3.68~7.70	5.45	5.57（1.48）	0.30	5.45（1.56）	0.36
苗（芽）菜	9	2.74~4.99	4.82	4.38（0.79）	0.01	4.33（1.36）	0.01
芹菜	8	0.91~2.49	1.15	1.42（0.64）	0.01	1.35（1.53）	0.02
圆白菜	7	1.10~2.30	1.86	1.80（0.40）	0.71	1.77（1.32）	0.51
菠菜	7	1.53~5.94	3.13	3.18（1.51）	0.50	2.99（1.84）	0.86
芥菜	5	2.37~5.02	4.17	4.00（0.99）	0.37	3.93（1.50）	0.18
西兰花	4	1.66~9.74	5.78	5.74（3.62）	0.78	5.07（2.90）	0.72
生菜	4	1.95~16.0	2.74	5.87（6.81）	0.01	4.42（4.11）	0.05
大蒜	4	5.80~11.2	6.37	7.42（2.55）	0.06	7.23（1.77）	0.09
菜心	4	2.13~5.27	3.84	3.77（1.74）	0.06	3.56（1.95）	0.07
茼蒿	3	0.91~1.85	1.8	1.52（0.53）	0.09	1.47（1.51）	0.07
甜菜	2	3.70~5.29	4.49	4.49（1.13）	—	4.45（1.48）	—
空心菜	2	3.36~3.90	3.63	3.63（0.38）	—	3.62（1.17）	—
叶菜类	181	0.30~16.0	2.71	3.26（2.16）	0.00	2.88（2.18）	0.05
萝卜	24	1.01~8.88	2.15	2.86（1.77）	0.00	2.59（2.00）	0.04
马铃薯	7	1.62~8.86	3.56	4.09（2.35）	0.17	3.77（2.12）	0.79
洋葱	5	0.06~2.89	1.85	1.76（1.05）	0.72	1.38（2.78）	0.03
蒜苗	3	2.86~3.05	3.05	2.98（0.11）	-0.00	2.98（1.05）	0.00
莴苣	2	0.92~1.99	1.46	1.46（0.76）	—	1.39（1.74）	—
藕	1	3.33	3.33	3.33	—	3.33	
根茎类	42	0.06~8.88	2.32	2.89（1.79）	0.00	2.56（2.15）	0.10
番茄	24	0.16~1.84	1.13	1.10（0.44）	0.65	1.02（1.60）	0.01
黄瓜	22	0.36~3.28	1.43	1.54（0.59）	0.00	1.46（1.53）	0.15
云架豆	21	0.60~12.7	5.28	5.36（2.48）	0.03	4.93（2.25）	0.02
辣椒	15	0.12~8.91	2.13	2.66（1.99）	0.00	2.26（2.36）	0.44
冬瓜	15	0.16~1.50	0.64	0.65（0.39）	0.10	0.58（1.60）	0.66

续表

蔬菜种类	n	蔬菜 Zn 含量/(mg/kg FW)				蔬菜 Zn 含量 Box-Cox 转换结果	
		范围	中值	平均值（标准差）	p_{s-w}	平均值（标准差）	p_{s-w}
茄子	12	0.01~8.97	1.83	2.76（3.08）	0.00	1.72（3.83）	0.57
荷兰豆	5	2.29~6.15	5.32	4.76（1.52）	0.33	4.60（1.76）	0.15
豆	4	10.7~25.6	17.5	17.8（6.33）	0.97	17.2（2.30）	0.99
西葫芦	3	3.91~4.40	3.91	4.07（0.28）	—	4.07（1.11）	—
丝瓜	1	3.89	3.89	3.89	—	3.89	—
瓜果类	122	0.01~25.6	1.70	3.01（3.70）	0.00	2.12（3.14）	0.00
彩椒	6	0.47~3.79	1.42	1.61（1.21）	0.25	1.39（2.11）	0.81
特种萝卜	5	1.14~4.00	1.87	2.14（1.09）	0.10	2.02（1.73）	0.34
圣女番茄	4	0.63~1.90	1.31	1.29（0.56）	0.81	1.22（1.60）	0.75
荷兰黄瓜	4	1.50~4.73	2.91	3.01（1.32）	0.67	2.86（1.81）	0.70
莼菜	2	4.18~5.86	5.02	5.02（1.18）	—	4.98（1.47）	—
白凤菜	2	1.15~2.91	2.03	2.03（1.24）	—	1.90（2.04）	—
苋菜	2	4.54~6.90	5.72	5.72（1.67）	—	5.64（1.63）	—
紫贝天葵	2	3.11~6.97	5.04	5.04（2.73）	—	4.79（2.31）	—
韭菜	2	2.15~3.39	2.77	2.77（0.88）	—	2.72（1.52）	—
蕃杏	2	1.46~3.45	2.46	2.46（1.40）	—	2.32（2.03）	—
洋葱	1	1.39	1.39	1.39	—	1.39	—
茄子	1	1.44	1.44	1.44	—	1.44	—
其他特菜	24	0.24~9.69	3.13	3.57（2.63）	0.08	2.91（2.774）	0.90
特菜类	57	0.24~9.69	2.15	3.02（2.18）	0.00	2.54（2.44）	0.54
全部蔬菜	402	0.01~25.6	2.24	3.11（2.69）	0	2.55（2.54）	0.19

　　据主要蔬菜品种 Zn 含量的 Box-Cox 均值（表 4.25）的层级聚类分析，可将蔬菜分为三类：豆类蔬菜为 I 类，其 Zn 含量最高；大蒜、苋菜、菜花、西兰花、莼菜、云架豆、紫贝天葵、荷兰豆、甜菜、生菜、苗（芽）菜、西葫芦、芥菜、马铃薯、空心菜和菜心为 II 类，其 Zn 含量稍低；其余为 III 类，锌含量最低。Spearman 分析表明，菜地土壤 Zn 含量与蔬菜 Zn 含量没有显著相关性（R^2=0.003，p=0.967）。

3. 不同来源的蔬菜 Zn 含量差异

　　表 4.26 显示，经过 Box-Cox 转换后，本地产蔬菜（λ=0.31）和外地产蔬菜（λ=-0.50）Zn 含量数据基本符合正态分布（外地产蔬菜 Zn 含量经过转换后符合弱正态分布）。统计分析表明，本地产蔬菜 Zn 含量显著低于市售外地产蔬菜（p=0.009）。正态检验表明，北京市裸露地和设施栽培蔬菜 Zn 含量数据经 Box-Cox 转换（λ=0.34）后符合正态分布，但两者差异不显著（p=0.314）（表 4.26）。

表 4.26　不同蔬菜产地和不同栽培条件下蔬菜的 Zn 含量比较

蔬菜区域来源		n	蔬菜 Zn 含量/（mg/kg FW）				Box-Cox 转换结果	
			范围	中值	平均值（标准差）	p_{s-w}	平均值（标准差）	p_{s-w}
蔬菜产地	本地产	316	0.005 ~ 16.0	2.16	2.92（2.25）	0.000	2.38（2.5）	0.965
	外地产	86	1.07 ~ 25.6	2.55	3.87（3.97）	0.000	2.56（1.54）	0.003
栽培条件	裸露地	224	0.005 ~ 25.6	2.32	3.26（3.01）	0.000	2.64（2.63）	0.196
	设施栽培	178	0.062 ~ 16.0	2.18	2.92（2.22）	0.000	2.45（2.43）	0.919

4. 不同蔬菜 Zn 富集系数的差异

蔬菜 Zn 的富集系数是指蔬菜中 Zn 含量与土壤中 Zn 含量的比值，它可以大致反映蔬菜在相同土壤 Zn 含量条件下蔬菜对 Zn 的吸收能力。Zn 富集系数越小，则表明其吸收 Zn 的能力越差，抗土壤 Zn 污染的能力则越强。蔬菜 Zn 的富集系数符合 Box-Cox 正态分布（表 4.27）。从其 Box-Cox 均值为基础的层级聚类分析结果来看，云架豆的富集系数最高；大白菜、小白菜和萝卜次之；而大葱、辣椒、黄瓜、茄子、番茄和冬瓜等的蔬菜 Zn 富集系数较低，即使种植在土壤 Zn 含量稍高的菜地中，其 Zn 含量也可保持在较低的水平。

表 4.27　北京市几种主要蔬菜 Zn 的富集系数

蔬菜品种及类别	n	蔬菜 Zn 的富集系数				Box-Cox 转换结果	
		均值（标准差）	中值	范围	p_{s-w}	均值（标准差）	p_{s-w}
大白菜	22	0.053（0.029）	0.050	0.006 ~ 0.144	0.02	0.048（1.21）	0.16
大葱	17	0.030（0.018）	0.026	0.006 ~ 0.073	0.47	0.026（1.19）	0.93
小白菜	17	0.039（0.021）	0.033	0.016 ~ 0.081	0.07	0.035（1.18）	0.07
叶菜类	56	0.041（0.025）	0.042	0.006 ~ 0.144	0.00	0.037（1.20）	0.55
根茎类（萝卜）	13	0.053（0.062）	0.033	0.016 ~ 0.247	0.00	0.042（1.30）	0.01
辣椒	16	0.035（0.039）	0.024	0.002 ~ 0.165	0.00	0.026（1.29）	0.46
云架豆	18	0.077（0.036）	0.077	0.008 ~ 0.137	0.94	0.071（1.23）	0.24
番茄	8	0.010（0.007）	0.009	0.002 ~ 0.024	0.40	0.009（1.14）	0.99
冬瓜	4	0.007（0.005）	0.006	0.002 ~ 0.012	0.68	0.006（1.12）	0.80
黄瓜	11	0.021（0.013）	0.021	0.006 ~ 0.051	0.32	0.019（1.16）	0.84
茄子	11	0.036（0.045）	0.024	0.0001 ~ 0.149	0.00	0.022（1.40）	0.97
瓜果类	68	0.040（0.04）	0.026	0.0001 ~ 0.165	0.00	0.028（1.33）	0.23
特菜类 *	12	0.023（0.022）	0.014	0.002 ~ 0.079	0.01	0.018（1.23）	0.45
全部蔬菜	149	0.040（0.037）	0.031	0.0001 ~ 0.247	0.00	0.031（1.28）	0.91

* 包括芥菜、黑果、软化菊苣、长琪、香葱、京舟一号、白凤、金珠和蕾杏等

4.2　蔬菜重金属健康风险评价

4.2.1　蔬菜某重金属综合超标率的计算

区域内蔬菜某重金属综合超标率与各种蔬菜的重金属超标率及该种蔬菜占蔬菜总消费量的权重有关，北京市蔬菜某重金属总超标率计算方法为

$$A = \sum_{i=1}^{m} \left(a_i \cdot \frac{N_i^2}{\sum_{i=1}^{m} N_i^2} \right) \tag{4.1}$$

式中，A 为蔬菜某重金属综合超标率；a_i 为各种蔬菜某重金属超标率，用超标数与该种蔬菜的总样本数的比值表示；N 为各品种蔬菜的样本数；m 为蔬菜品种数。

4.2.2　居民食用蔬菜重金属暴露量的估算与安全评价

1. 居民从蔬菜中摄入重金属量的估算

居民每日从蔬菜中摄入重金属的总量与各品种蔬菜的消费量权重和蔬菜重金属的含量密切相关。在计算蔬菜的消费量权重时，应将其样本数进行平方，因为蔬菜样本数是采用与其生产量的平方根成正比的原则来确定的。其计算方法为

$$\mathrm{HM}_{摄入} = Q \cdot \sum_{i=1}^{m} \left(\overline{X_i} \cdot \frac{N_i^2}{\sum_{i=1}^{m} N_i^2} \right) \tag{4.2}$$

式中，$\mathrm{HM}_{摄入}$ 为居民从蔬菜中摄入某种重金属的总量；Q 为日均蔬菜消费量（kg/d）；$\overline{X_i}$ 为各品种蔬菜某种重金属含量符合正态分布状况下的均值（若符合普通正态分布，则为算术均值；若符合对数正态分布，则为几何均值；若符合 Box-Cox 正态分布，则为 Box-Cox 均值）；N 为各品种蔬菜的样本数；m 为蔬菜品种数。

另外，考虑到不同居民蔬菜消费习惯不一。对个体居民而言，不同品种蔬菜的消费比例并不总是与北京市蔬菜消费比例相一致。在此，假设个体居民食用不同重金属含量蔬菜的概率为随机，不考虑蔬菜品种差异。居民从蔬菜中摄入重金属的量的估算方法还可采用式（4.3）：

$$\mathrm{HM}_{摄入} = Q \cdot X \tag{4.3}$$

式中，Q 为日均蔬菜消费量（kg/d）；X 为各蔬菜样本的重金属含量（mg/kg）。其重金属摄入差异可通过分位值表示。

2. 安全限值

常用两种方法来描述或比较外源化学物的毒性，一种是比较相同剂量外源化学物引起的毒作用强度，另一种是比较引起相同毒性作用的外源化学物剂量，后一种方法更易于定

量，安全限值可用来进行定量表述。

安全限值是指为保护人群健康，对生活、生产环境和各种介质（空气、水、食物、土壤等）中与人群身体健康有关的各种因素（物理、化学和生物）所规定的浓度和接触时间的限制性量值，在低于此种浓度和接触时间内，根据现有的知识，不会观察到任何直接和/或间接的有害作用。也就是说，在低于此种浓度和接触时间内，对个体或群体健康的危险度是可忽略的。安全限值可以是每日容许摄入量（acceptable daily intake，ADI）和参考剂量或最大可接受安全剂量（reference dose，RfD）等。

ADI 是指人类每日摄入某物质直至终生，而不产生可检测到的对健康产生危害的量，以每千克体重可摄入的量表示（表 4.28）。

表 4.28　几种重金属的需求量、ADI 和 RfD

重金属	需求量	RfD	ADI
	μg/（kg 体重·d）		
As	0	0.3（IRIS，2003）	2.13（WHO，1996）
Cd	0	1（USEPA，2000）	1（USEPA，1994；FAO/WHO，2003）
Cr	—	1500（USEPA，1996）	WHO：3.33~8.33 和 FDA：2（FDA，1995） NRC 和中国营养学会：0.833~3.33（杨惠芬等，1998a）
Cr（Ⅵ）	—	3（USEPA，2006）	—
Cu	16.5（IMNA，2002）	40（USEPA，2000）	200（WHO，1996）
Pb	0	3.57（USEPA，1996）	3.57（WHO，1993）
Zn	300（USEPA，2005）	300（USEPA，2000）	FAO/WHO：1000（杨惠芬等，1998b） USEPA：910（NOAEL）（USEPA，2005）
Ni	0	20（IRIS，2003）	—

注："0" 表示 As、Cd、Pb 和 Ni 未被证明为人体必需元素，因此需求量为 0；"—" 表示数据不详

RfD 是美国环境保护署对非致癌物质进行危险性评价提出的概念，是指一种日平均剂量和估计值。人群（包括敏感亚群）终身暴露于该水平时，预期在一生中发生非致癌（或非致突变）性有害效应的危险度很低，在实际上是不可检出的。美国环境保护署曾根据不同重金属对人体健康的影响，提出几种重金属口服的 RfD（表 4.28）。

比较而言，Pb 和 Cd 的 ADI 与 RfD 相等；As、Cu 和 Zn 的 ADI 高于 RfD，前者是后者的 3~7 倍；Cr 则相反，其 RfD 远高于 ADI，前者是后者的 400 多倍。可见，对不同重金属元素，ADI 与 RfD 的高低关系并不完全一致。

根据不同元素的 ADI 和 RfD，结合北京市成人、中老年和儿童平均体重资料（分别为 63.9 kg、60.9 kg 和 32.7 kg），可推算出北京市不同年龄段居民每人每天最大允许摄入重金属的量（表 4.29）。

居民从蔬菜中摄入的重金属的量与饮食习惯和所在区域有关。因为不同的饮食习惯，蔬菜食用品种和消费量不同；另外，蔬菜中重金属含量存在区域差异，因此，不同区域居民即使食用相同品种的蔬菜，消费量一样，但从蔬菜中摄入的重金属也可能存在差异。

3. 基于分位值的重金属摄入量估算与安全评价

计算出北京市不同年龄段（成人、中老年人和儿童）居民食用蔬菜而摄入的重金属的量的累积分位值（表 4.29）。重金属摄入量的标准差与算术平均值相当，甚至大于算术平均值，这说明北京市蔬菜重金属含量离散度很大，呈明显的偏态分布。与 RfD 比较来看，不同元素占 RfD 百分比的差异很大：As 最高，其次是 Pb，其他依次为 Cu、Cd、Zn 和 Ni，而以 Cr 为最低。而与 ADI 比较而言，Pb 所占百分比最高，其他依次为 Cd、As 和 Cr，Cu 和 Zn 最低。

表 4.29　北京市居民食用蔬菜摄入的重金属的量　[单位：mg/(人·d)]

重金属	需求量	ADI	RfD	重金属摄入量的累积分位值								算术平均值
				25%	50%	77%	83%	87%	95%	99%	最大值	
成人												
As	0	0.136	0.019	0.002	0.006	0.015	0.019	0.022	0.036	0.088	0.189	0.011
Cr	—	0.213	95.9	0.003	0.009	0.029	0.042	0.052	0.100	0.28	0.41	0.025
Cd	0	0.064	0.064	0.002	0.004	0.007	0.008	0.009	0.014	0.021	0.04	0.005
Cu	1.054	12.78	2.56	0.123	0.184	0.345	0.416	0.485	0.742	2.108	3.25	0.281
Pb	0	0.228	0.228	0.006	0.02	0.047	0.058	0.071	0.111	0.174	0.258	0.032
Ni	0	—	1.278	0.011	0.022	0.039	0.046	0.058	0.126	0.291	0.666	0.036
Zn	19.17	63.9	19.17	0.577	0.88	1.66	1.95	2.09	2.99	6.03	10.08	1.225
中老年人												
As	0	0.129	0.018	0.002	0.005	0.013	0.016	0.019	0.030	0.073	0.158	0.009
Cr	—	0.203	91.4	0.003	0.007	0.024	0.036	0.044	0.084	0.235	0.343	0.021
Cd	0	0.061	0.061	0.002	0.003	0.006	0.007	0.008	0.012	0.018	0.034	0.004
Cu	1.004	12.08	2.44	0.103	0.154	0.289	0.348	0.406	0.622	1.766	2.722	0.235
Pb	0	0.217	0.217	0.005	0.017	0.039	0.049	0.059	0.093	0.145	0.216	0.027
Ni	0	—	1.218	0.009	0.018	0.033	0.039	0.049	0.106	0.244	0.557	0.03
Zn	18.27	60.9	18.27	0.484	0.738	1.39	1.63	1.75	2.5	5.05	8.45	1.026
儿童												
As	0	0.070	0.010	0.001	0.004	0.010	0.013	0.015	0.023	0.057	0.124	0.007
Cr	—	0.109	49.1	0.002	0.006	0.019	0.028	0.034	0.066	0.184	0.268	0.017
Cd	0	0.033	0.033	0.001	0.003	0.005	0.005	0.006	0.009	0.014	0.026	0.003
Cu	0.539	6.54	1.308	0.08	0.121	0.226	0.272	0.318	0.486	1.381	2.128	0.184
Pb	0	0.117	0.117	0.004	0.013	0.031	0.038	0.046	0.073	0.114	0.169	0.021
Ni	0	—	0.654	0.007	0.014	0.026	0.03	0.038	0.083	0.191	0.436	0.024
Zn	9.81	32.7	9.81	0.378	0.577	1.09	1.28	1.37	1.96	3.95	6.6	0.802

若采用摄入量的算术平均值与 RfD 比较，As 摄入量的算术平均值分别占成人、中老

年人和儿童的 RfD 的 57.9%、50% 和 70%，此估算值只是按照蔬菜平均消费量而言的，对于蔬菜消费量较高的居民，其 As 摄入量也可能更高，对于儿童更甚。Pb 相对摄入量仅低于 As，其摄入量的算术平均值分别占成人、中老年人和儿童的 RfD 的 14.0%、12.4% 和 18.0%；就 Cr 而言，不同年龄段居民从蔬菜中摄入的量均低于 RfD 的 0.1%。

4. 北京市居民蔬菜消费量

1992 年全国营养调查资料表明，北京市城乡成人居民和儿童蔬菜食用量分别为 0.368 kg/（人·d）和 0.241 kg/（人·d）（葛可佑和翟凤英，1999），中老年人则为 0.308 kg/（人·d）（葛可佑和翟凤英，2004）。据北京疾病预防控制中心的调查，2002 年人均每日消费蔬菜较 1992 年增加了 7.1%（庞星火等，2005）。照此推算，2002 年北京市成人、中老年人和儿童每人每日蔬菜消费量分别为 0.394 kg、0.330 kg 和 0.258 kg。

1）As

在样本符合正态分布时，算术平均值能较好地表征样本。表 4.29 所示的重金属摄入量数据呈现明显的偏态分布，因此采用分位值表征更为合适。中位值常用来表示样本的平均水平。成人、中老年人和儿童食用蔬菜而摄入 As 的量的中位值分别占其 RfD 的 31.6%、27.8% 和 40.0%。也就是说，假设蔬菜 As 占人体总 As 摄入量的 30% 左右的话，北京市居民 As 摄入量已与 RfD 相当，而对于儿童而言，则已超过最大可接受安全暴露剂量水平。若按照文献提供的数据，在中国普通人群的膳食结构中，蔬菜 As 只占总 As 摄入量的很少部分，约为 5%，其主要来源是谷类粮食（大米、面粉和杂粮等），As 贡献率达 83.2%（张磊和高俊全，2003）。如此推算，北京市居民 As 摄入量远超过 RfD。即便不考虑其他暴露途径 As 摄入量的影响，对北京市成人、中老年人和儿童而言，若食用 As 含量分位值 83%、87% 和 77% 左右的蔬菜，摄入的 As 的量与其相应的 RfD 相当；若对于北京市食用 As 含量分位值 95% 的蔬菜的成年人、中老年人或儿童而言，仅通过蔬菜消费而摄入的 As 的量则分别达到其相应 RfD 的 189%、166% 和 230%（表 4.29）。若与 ADI 比较，成人、中老年人和儿童食用蔬菜而摄入的 As 的量的中位值分别占其 ADI 的 4.4%、3.9% 和 5.7%。若仍假设食用蔬菜 As 暴露量占人体 As 总暴露量的 5%（张磊和高俊全，2003），从平均水平而言，北京市成人、中老年人和儿童居民 As 膳食 As 摄入量分别为 0.125 mg/（人·d）、0.104 mg/（人·d）和 0.083 mg/（人·d），成人和中老年人通过蔬菜消费摄入的 As 的量略低于 ADI，而儿童则要略高于 ADI。而由表 4.29 可以得出，对北京市成人、中老年人和儿童而言，若长期食用 As 含量分位值为 77% 的蔬菜，则他们从蔬菜消费中摄入的 As 的量分别占其相应 ADI 的 11.0%、10.0% 和 14.3%，按照上述推论，则均已超过 ADI。可见，与 ADI 相比，北京市食用蔬菜居民摄入 As 的相对量要远低于与 RfD 相比的相对量，但不管采用 ADI 还是 RfD 作为安全限值进行评价，若长期食用高 As 含量分位值的蔬菜，北京市居民 As 摄入风险不容忽视。

2）Pb

Pb 是毒性很强的重金属元素。其 RfD 和 ADI 是一样的，因此，通过蔬菜消费摄入的 Pb 的相对量也是一致的。但与其他重金属元素相比，基于 ADI 的 Pb 相对摄入量最高。由

表4.29 可以得出，成人、中老年人和儿童因食用蔬菜而摄入的 Pb 的量的中位值分别占其 ADI 或 RfD 的8.77%、7.83%和11.11%。蔬菜是人体 Pb 暴露的重要来源之一，就全国平均水平而言，蔬菜消费摄入 Pb 占人体 Pb 总暴露量的贡献率约为35.3%（张磊和高俊全，2003）。由表4.29 可以得出：对北京市成人、中老年人和儿童而言，若长期食用蔬菜 Pb 含量分位值为87%的蔬菜，则他们从蔬菜消费中摄入的 Pb 的量分别占其相应 ADI 的31.1%、27.2%和39.3%，若按照上述35.3%作为比较基础，成人和中老年人 Pb 摄入量已接近 ADI 或 RfD，而儿童摄入的 Pb 已超过 ADI 或 RfD。再者，若长期食用 Pb 含量分位值为95%或以上的蔬菜，对成人、中老年人和儿童而言，他们通过蔬菜消费摄入的 Pb 分别占其相应 ADI 或 RfD 的48.7%、42.9%和62.4%，均已超过上述的35.3%。事实上，要让某个人一直食用 Pb 含量分位值为95%或以上的蔬菜，可能性比较小。

3）Cd

Cd 的 ADI 和 RfD 取值相同。据报道，贝壳类、谷物类食品 Cd 含量较高，在以谷物类为主食的亚洲人饮食 Cd 摄入中贡献较大。就全国平均水平而言，蔬菜消费摄入 Cd 占人体 Cd 总暴露量的贡献率约为23.9%（张磊和高俊全，2003）。成人、中老年人和儿童食用蔬菜而摄入 Cd 的量的中位值分别占其 ADI 或 RfD 的6.3%、4.9%和9.1%。由表4.29 可以推算出，北京市儿童若长期食用 Cd 含量分位值为95%的蔬菜，从蔬菜中摄入的 Cd 占其 ADI 或 RfD 的27.3%，超过上述的23.9%，此时，这部分儿童的 Cd 摄入量很可能超过了 ADI 和 RfD 的安全限值。而对长期食用 Cd 含量分位值为99%或以上的蔬菜，对于成人、中老年人和儿童而言，其 Cd 摄入量分别占 ADI 或 RfD 的32.8%、29.5%和42.4%，均超过上述的23.9%。这种情况被认为只是理论上存在，实际生活中很少出现某个人长期或终生食用如此高 Cd 含量蔬菜的情况。

4）Cr

Cr 的价态不同，其毒性差别很大，因而其 RfD 值也不同。USEPA 建议的总 Cr RfD 值为 1.5mg/（kg 体重·d），而 Cr（Ⅵ）的 RfD 则为 0.003 mg/（kg 体重·d），两者相差 500 倍。据 Wang 等（2005）研究表明，Cr（Ⅵ）不太可能存在于蔬菜中。这说明蔬菜中 Cr 毒性很低，在本书中，采用总 Cr 的 RfD 作为安全限值评价标准。Cr 的 ADI 值并未完全取得统一，不同的机构建议值不同：WHO 和美国食品药品监督管理局（FDA）建议的总 Cr 参考摄入量分别为200~500 μg/（人·d）和120 μg/（人·d）（FDA，1995），而美国国家研究理事会（NRC）和中国营养学会建议的 Cr 安全和适宜摄入量均为 50~200 μg/（人·d）。尽管如此，不同机构的 ADI 建议值远低于 RfD 值。本书中，我们取 NRC 和中国营养学会建议值的最高值 [200 μg/（人·d）] 作为 ADI 的安全限值。若基于 RfD，北京市不同年龄段居民食用蔬菜而摄入 Cr 的量均低于 RfD 的1%，对成人、中老年人和儿童而言，即使一直食用北京市 Cr 含量最高的蔬菜，因此而摄入的 Cr 的量也只分别占 RfD 的 0.43%、0.38%和0.55%（表4.29），其产生的健康影响可以忽略。

由表4.29 可以推算出，若以 ADI 作为安全限值进行评价，成人、中老年人和儿童食用蔬菜而摄入 Cr 的量的中位值分别占其 ADI 的 4.23%、3.45%和5.50%。通常饮用水和食品是普通人群 Cr 暴露的主要途径。据文献报道，蔬菜 Cr 摄入量占人群 Cr 摄入总量的贡献率约为 19% （陈小梅，2003）。根据表 4.29 可推算出，若食用 Cr 含量为 83% 分位值的蔬菜，北京市成人、中老年人和儿童摄入的 Cr 的量分别占其相应 ADI 的 19.7%、17.7% 和 25.7%，与蔬菜 Cr 摄入量占人群 Cr 膳食总摄入量的比例（19%）相当，甚至更高。换句话说，对于长期食用 Cr 含量为 83% 分位值以上蔬菜的人群，其 Cr 摄入量很可能会超过 ADI，尤其对于儿童。

根据蔬菜 Cr 摄入量占膳食总 Cr 摄入量的贡献率（19%）（陈小梅，2003），结合表 4.29 中的蔬菜 Cr 中位值摄入量，北京市成人、中老年人和儿童膳食摄入的 Cr 的量分别为 47.4 μg/（人·d）、36.8 μg/（人·d）和 31.6 μg/（人·d），略低于美国成年人从食品中摄入 Cr 的总量 [60 μg/（人·d）]（USEPA，1998）。

5) Ni

Ni 是动物必需的微量元素，对人而言，是否为必需元素，尚未确定。通常来讲，饮用水和食品是普通人群 Ni 暴露的主要途径，食品中的谷物和蔬菜含有较高的 Ni，Ni 饮食摄入总量中谷物的贡献率最高可达 55%（西班牙）（Cuadrado et al.，2000），而在美国和英国，其贡献率则分别为 12%~30%（Pennington，1990）和 22%（Hazell，1985）。本书中假设食用蔬菜 Ni 摄入量占总膳食 Ni 摄入量的比例为 20%。

美国环境保护署的 Ni 摄入的 RfD 为 0.02 mg/（kg 体重·d），据此可推算出不同年龄段居民相应的 RfD（表 4.29）。北京市不同年龄段居民食用蔬菜摄入 Ni 的量见表 4.29。从中位值来看，北京市成人、中老年人和儿童从蔬菜中摄入的 Ni 的量分别为 0.022 mg/（人·d）、0.018 mg/（人·d）和 0.014 mg/（人·d），占其相应 RfD 的 1.72%、1.48% 和 2.14%。特殊地，假设长期食用 Ni 含量为 95% 分位值以上的蔬菜，北京市成人、中老年人和儿童通过蔬菜消费而摄入的 Ni 的量则分别相当于 RfD 的 9.86%、8.70% 和 12.69%。即使如此，不同年龄段人群食用蔬菜而摄入 Ni 的量也低于上述 20% 的设定值。

根据蔬菜 Ni 摄入量占膳食总 Ni 摄入量的贡献率（20%），蔬菜 Ni 中位值摄入量，北京市成人、中老年人和儿童膳食摄入的 Ni 的量分别为 0.110 mg/（人·d）、0.09 mg/（人·d）和 0.07 mg/（人·d），低于美国人饮食摄入 Ni 的量的 0.3 mg/（人·d）（Barceloux，1999）。

6) Cu

Cu 是人体所必需的微量元素。美国国家医学研究会规定儿童和成人 Cu 最大允许摄入量分别为 1 mg/（人·d）和 10 mg/（人·d），而 WHO 则规定每日最大 Cu 耐受摄入量（PMTDIs）为 0.2 mg/（kg 体重·d）。USEPA 规定人体 Cu 的 RfD 为 0.04 mg/（kg 体重·d）。

各种膳食对 Cu 摄入贡献率会随居民饮食习惯和膳食中 Cu 含量不同而有所差异。德国人 Cu 摄入量中的膳食依其贡献率依次为：面包谷物（21.6%）>糖果（15.6%）>马铃薯、面条和米饭（12.6%）>水果（13.9%）>肉（11.5%）>蔬菜（9.0%）>奶制品（7.3%）（Kersting et al.，2001），而智利则有所不同，其贡献率较大的是谷物和豆类（42.4%）、肉类（16.8%）和蔬菜（13.3%）（Olivares et al.，2004）。对于普通人群来讲，膳食是人体 Cu 暴露的最主要途径，而通过呼吸和皮肤接触等摄入的则很少。本书中的蔬菜包括的品种范围较广，包括上述德国和智利人群 Cu 摄入量统计中未包括的马铃薯和 Cu 浓度较高的豆类蔬菜（荷兰豆、云架豆、毛豆、蚕豆、豌豆和豆芽菜）；另外，北

京市居民蔬菜日均消费量高于西班牙［251 g/（人·d）］（Rubio et al.，2006）和智利
［327.1 g/（人·d）］（Munoz et al.，2005）等国家，因此，北京市居民蔬菜 Cu 摄入量占
膳食 Cu 总摄入量的贡献率比上述国家要高。在此，本书设定蔬菜 Cu 摄入贡献率为 20%。

　　因 RfD 和 ADI 值差距较大，若采用不同的安全限值进行评价，可能会得到不同的结
果。根据 ADI 和 RfD 参考值，结合北京市不同年龄段人群的体重资料，可推算出其相应的
ADI 和 RfD 值（表4.29）。从中位值来看，北京市成人、中老年人和儿童从蔬菜中摄入的
Cu 的量分别为 0.184 mg/（人·d）、0.154 mg/（人·d）和 0.121 mg/（人·d），占其相应
需求量的 17.5%、15.3% 和 22.4%，相应 RfD 的 7.2%、6.3% 和 9.3% 和相应 ADI 的
1.44%、1.27% 和 1.85%。

　　基于上述设定，北京市一般成人、中老年人和儿童从蔬菜中摄入的 Cu 的量（分别占
人体需求量的 17.5%、15.3% 和 22.4%）与蔬菜 Cu 摄入贡献率（20%）大致相当。而人
群蔬菜 Cu 摄入量占 RfD 和 ADI 的比例均低于 20% 的设定值，尤其是后者远低于这个设定
值。由表4.29 不难得出，即使个别人群长期食用 Cu 含量为 95% 的分位值的蔬菜，对成
人、中老年人和儿童而言，其从蔬菜中摄入的 Cu 也只分别占 ADI 的 5.8%、5.1% 和
7.4%，仍然远低于 20% 的设定值。

　　基于上述设定和不同年龄段人群从蔬菜中摄入的 Cu 的量（表4.29），据推算，北京市
一般成人、中老年人和儿童膳食 Cu 平均摄入量分别为 0.92 mg/（人·d）、0.77 mg/（人·d）
和 0.625 mg/（人·d），与其他国家相比，北京市居民膳食 Cu 平均摄入量与美国［0.76 ~
1.7 mg/（人·d）］（Lewis and Buss，1988）相当，低于英国［1.51 ~ 3.1 mg/（人·d）］
（Lewis and Buss，1988）、加拿大［2.2 mg/（人·d）］、德国［2.7 mg/（人·d）］（Iyengar，
1981）和尼加拉瓜［2.64 mg/（人·d）］（Onianwa et al.，2001），以及印度［5.8 mg/（人·
d）］（Iyengar，1981）、日本［3.6 mg/（人·d）］（Iyengar，1981）和新西兰［1.5 ~ 7.6 mg/
（人·d）］（Guthrie and Robinson，1977）等。

　　7）Zn

　　Zn 是人体必需的微量元素。FAO/WHO 和 USEPA 暂定的每人每日膳食中 Zn 的需要量
为 0.3 mg/（kg 体重·d）。FAO/WHO 暂定的人体对 Zn 的最大允许量（ADI）为 1 mg/（kg
体重·d）（USEPA，2005；杨惠芬等，1998b）。USEPA 规定的无作用剂量或未观察到效应
的最大剂量（NOAEL）为 0.91 mg/（kg 体重·d）。而 USEPA 规定人体 Zn 参考剂量为
0.3 mg/（kg 体重·d）（USEPA，2000），与人体需求量一致。

　　在 Zn 的膳食来源中，植物 Zn 约占 76%；而在植物 Zn 中，蔬菜 Zn 是其主要组成部
分。另据中国疾病控制中心的研究结果，中国居民的 Zn 主要来源于米、面及其制品、蔬
菜和猪肉等，分别占 33.7%、18.2%、10.2% 和 9.4%，豆类及其制品、其他谷类、其他
畜肉、鱼虾类、蛋及其制品分别占 4.9%、3.8%、3.3%、2.2% 和 2.1%（王志宏等，
2006）。因此，本书也设定北京市人群蔬菜 Zn 摄入量占膳食 Zn 总摄入量的百分比
为 10.2%。

　　因为 USEPA 规定的需求量与 RfD 相同，在此，仅将 ADI 作为安全限值进行评价。［从
中位值来看，北京市成人、中老年人和儿童从蔬菜中摄入的 Zn 的量分别为 0.88 mg/（人·
d）、0.738 mg/（人·d）和 0.537 mg/（人·d）表4.29］，占其相应需求量和 RfD 的

4.59%、4.04%和5.88%和相应ADI的1.38%、1.21%和1.76%。可见，按照平均水平，北京市不同年龄段人群从蔬菜中摄入的Zn的量约为人体需求量的50%。另外，普通人群食用蔬菜摄入的Zn的量占ADI的比率远低于10.2%，换句话说，对一般人来讲，食用蔬菜对于Zn暴露风险来讲是安全的。由表4.29不难推算出，即使在极端情况下，个别人长期食用Zn含量为95%分位值的蔬菜，对成人、中老年人和儿童而言，其从蔬菜中摄入的Zn也只分别占ADI的4.68%、4.1%和5.9%，仍然低于蔬菜Zn摄入占总膳食Zn摄入的权重（10.2%）。况且，实际上，发生上述极端情况的可能性并不大。

5. 基于不同品种蔬菜消费权重的重金属摄入量估算与安全评价

在前文中，对北京市不同年龄段人群食用蔬菜而摄入的重金属的量的估算和安全评价中，并没有考虑不同品种蔬菜的消费权重差异。从个别评估对象来说，其食用的蔬菜品种及其权重并不总是都与北京市不同品种蔬菜消费权重相一致。但是，总体上讲，不同品种的蔬菜占消费权重的差异是客观存在的。在进行重金属摄入量评估时，我们也可以假设评估对象的不同品种蔬菜消费权重与北京市总体蔬菜消费权重一致。

从推算结果来看（表4.30）：若以RfD作为安全限值进行评价，As所占比例最高，对于成人、中老年人和儿童而言，均超过了20%，远高于食用蔬菜As暴露量占人体As总暴露量的5%的权重值（张磊和高俊全，2003）。换句话说，此时As摄入量已超过RfD这一安全限值，而对儿童而言，风险更大。Cr的摄入量占RfD比例最小，对不同的年龄段人群均低于0.1%。因此可以认为，若以RfD作为安全限值，北京市居民蔬菜Cr摄入量是安全的。而对于Cd、Cu、Pb、Ni和Zn 5种元素，对不同年龄段的人群从食用蔬菜中摄入的量均小于其相应的蔬菜占总膳食权重，它们分别为23.9%（张磊和高俊全，2003）、20%、35.3%（张磊和高俊全，2003）、20%和10.2%（王志宏等，2006）。因此，可以认为，若基于北京市不同品种蔬菜消费权重的重金属摄入量估算，对成人、中老年人和儿童来说，这5种重金属也都是安全的。

表4.30　基于北京市蔬菜消费比例的重金属摄入量

重金属	成人			中老年人			儿童		
	平均摄入量 /[mg/（人/d）]	占ADI的百分比	占RfD的百分比	平均摄入量 /[mg/（人/d）]	占ADI的百分比	占RfD的百分比	平均摄入量 /[mg/（人/d）]	占ADI的百分比	占RfD的百分比
As	0.005	3.68	26.3	0.004	3.10	22.2	0.0033	4.71	33
Cr	0.009	4.23	0.009	0.007	3.45	0.008	0.006	5.50	0.012
Cd	0.004	6.25	6.25	0.003	4.92	4.92	0.003	9.09	9.09
Cu	0.199	1.56	7.79	0.163	1.35	6.69	0.13	1.99	9.94
Pb	0.018	7.89	7.89	0.015	6.91	6.91	0.012	10.26	10.26
Ni	0.021	—	1.64	0.017	—	1.4	0.014	—	2.14
Zn	1.01	1.58	5.27	0.828	1.36	4.53	0.656	2.01	6.69

4.2.3 居民食用蔬菜健康风险评估

1. 非致癌健康风险评估

目标危险系数（target hazard quotient，THQ）由 USEPA 提出，用以评价食品中重金属非致癌健康风险。近些年来，已得到广泛的应用。

在目标危险系数估算中，假设评估对象食用的蔬菜品种是随机的，并不一定按照北京市居民总体消费的蔬菜品种权重进行。换句话说，评估时，只考虑重金属含量的差异，并不考虑其品种差异。由此，可用不同累积概率分位值表示，中位数的健康风险值出现的概率最高，两端的健康风险值出现的概率则要低，两个极端（最小值和最大值）出现的概率最低。THQ_c 在某种程度上能体现不同人群的蔬菜食用习惯，因为不同的人对蔬菜消费存在一定的偏好，或者因为某些原因只能常年食用某几种或某重金属含量水平的蔬菜。在实际生活中，种种特殊例子都是可能存在的，只不过相对北京市整体居民而言，出现的概率高低不同罢了。

在目标危险系数估算中，则是基于另外一种假设：认为评估对象食用的蔬菜品种构成与北京市居民总体蔬菜消费品种构成是一致的，即大白菜、黄瓜、番茄等 19 种大宗蔬菜的消费权重为 74.9%，而其他蔬菜品种只占 25.1%。可见，THQ_w 可表示北京市普通人群食用蔬菜的重金属健康风险的平均水平。

2. 仅考虑食用蔬菜的重金属非致癌健康风险评估

从北京市不同年龄段人群食用蔬菜摄入的重金属暴露非致癌健康风险来看（表 4.31）：As 的非致癌健康风险约占 7 种重金属 THQ_c 和 THQ_w 总和的 50%，而在 THQ_c 95% 和 99% 的高分位上所占的比例更高；其次是 Pb 和 Cu。成人、中老年人和儿童的 7 种重金属 THQ_c 的中位值之和分别为 0.514、0.452 和 0.658，均低于 1。因此，可以认为，一般来讲，北京市不同年龄段人群食用平均重金属含量的蔬菜不太可能产生负面的健康效应。随着分位数的升高，这种情况发生了变化：在 70% 分位数上，各年龄段人群的重金属累积非致癌健康风险均接近甚至高于 1，此时就可能产生负面的健康效应。随着累积概率的进一步升高，累积非致癌健康风险也随之增加，如在 99% 分位数上，成人、中老年人和儿童的累积健康风险分别达 6.88、6.05 和 8.80，此时已远高于阈值 1。但是也应该看到，在实际生活中，这种情况不大可能发生，尽管从概率论的角度是可能的，因为 99% 分位数上累积健康风险只在下述情况下才可能发生：作为评估对象的人群长期食用 7 种重金属含量均为 99% 分位数或以上的蔬菜。这在实际生活中几乎是不可能的。但是，上述是一个极端的讨论，如果将分位数适当降低，若降至 75% 甚至稍低，此时 7 种重金属的累积健康风险值也会达到甚至超过可能产生负面健康效应的阈值（THQ=1），而此时产生负面健康风险的可能性则要大得多，在实际生活中也是可能存在的。另外，对于儿童而言，这种风险较成人和中老年人要高。

表 4.31　北京市食用蔬菜重金属基于 RfD 的暴露非致癌健康风险（THQ）

重金属	THQ_c 累积分位值														THQ_w
	最小值	10%	20%	30%	40%	50%	60%	70%	80%	85%	90%	95%	99%	最大值	
成人															
As	0.001	0.002	0.048	0.086	0.146	0.238	0.341	0.513	0.824	1.022	1.269	1.813	4.499	9.853	0.268
Cd	0.002	0.015	0.026	0.039	0.050	0.062	0.084	0.097	0.122	0.134	0.159	0.216	0.332	0.625	0.063
Cr	0.000	0.000	0.000	0.000	0.000	0.000	0.000	0.000	0.000	0.000	0.001	0.001	0.003	0.004	0.000
Cu	0.004	0.031	0.041	0.052	0.062	0.072	0.089	0.113	0.145	0.178	0.211	0.290	0.825	1.271	0.079
Ni	0.000	0.005	0.007	0.010	0.013	0.017	0.020	0.027	0.033	0.040	0.056	0.098	0.228	0.521	0.017
Pb	0.000	0.005	0.019	0.035	0.053	0.079	0.102	0.135	0.202	0.243	0.336	0.433	0.679	1.009	0.074
Zn	0.000	0.018	0.026	0.034	0.040	0.046	0.060	0.077	0.092	0.106	0.120	0.156	0.314	0.526	0.053
总计	0.007	0.076	0.168	0.255	0.364	0.514	0.697	0.961	1.419	1.723	2.152	3.007	6.880	13.81	0.554
儿童															
As	0.002	0.003	0.062	0.110	0.187	0.304	0.437	0.656	1.054	1.308	1.624	2.319	5.756	12.61	0.343
Cd	0.003	0.019	0.033	0.049	0.064	0.080	0.107	0.124	0.156	0.172	0.204	0.276	0.425	0.800	0.080
Cr	0.000	0.000	0.000	0.000	0.000	0.000	0.000	0.000	0.001	0.001	0.001	0.004	0.005	0.000	
Cu	0.005	0.040	0.053	0.067	0.080	0.092	0.114	0.144	0.186	0.228	0.271	0.372	1.056	1.627	0.102
Ni	0.000	0.006	0.009	0.013	0.017	0.021	0.026	0.034	0.042	0.051	0.071	0.126	0.292	0.666	0.022
Pb	0.000	0.006	0.024	0.045	0.067	0.101	0.130	0.173	0.258	0.311	0.430	0.554	0.869	1.291	0.095
Zn	0.000	0.024	0.033	0.043	0.051	0.059	0.077	0.098	0.118	0.135	0.154	0.199	0.402	0.673	0.067
总计	0.009	0.097	0.215	0.326	0.465	0.658	0.891	1.230	1.816	2.205	2.754	3.847	8.803	17.67	0.709
中老年人															
As	0.001	0.002	0.042	0.075	0.128	0.209	0.300	0.451	0.724	0.898	1.115	1.593	3.953	8.659	0.235
Cd	0.002	0.013	0.023	0.034	0.044	0.055	0.074	0.085	0.107	0.118	0.140	0.190	0.292	0.549	0.055
Cr	0.000	0.000	0.000	0.000	0.000	0.000	0.000	0.000	0.000	0.001	0.001	0.003	0.004	0.000	
Cu	0.003	0.027	0.036	0.046	0.055	0.063	0.079	0.099	0.128	0.157	0.186	0.255	0.725	1.117	0.070
Ni	0.000	0.004	0.006	0.009	0.012	0.015	0.018	0.023	0.029	0.035	0.049	0.086	0.200	0.458	0.015
Pb	0.000	0.004	0.016	0.031	0.046	0.070	0.089	0.119	0.177	0.213	0.295	0.381	0.597	0.887	0.065
Zn	0.000	0.016	0.023	0.030	0.035	0.040	0.053	0.067	0.081	0.093	0.105	0.137	0.276	0.462	0.046
总计	0.006	0.066	0.147	0.224	0.320	0.452	0.612	0.845	1.247	1.515	1.891	2.642	6.046	12.14	0.487

　　由表 4.31 不难看出，成人、中老年人和儿童的 7 种重金属 THQ_w 之和均低于阈值 1。因此，可以认为，若食用的蔬菜品种权重与北京市总体蔬菜品种贡献率一致的话，一般来讲，蔬菜中的重金属也不大可能产生负面的健康效应。

　　下面就某单一重金属的非致癌健康风险进行探讨。在此假设不同重金属元素健康风险之间存在累积效应。

　　对于北京市不同年龄段人群而言，Zn、Ni、Cd 和 Cr 4 种重金属的 THQ_c 各分位值均低于 1。也就是说，若不考虑各重金属非致癌健康风险的累积效应，北京市居民不大可能因摄入蔬菜 Zn、Ni、Cd 和 Cr 而产生负面健康效应。蔬菜 Cr 的 THQ$_c$ 各分位值均低于 0.01，其健康风险基本可以忽略，这是由于 Cr 的参考剂量相当高的缘故。对于成人、中老年人和儿童，蔬菜中 Cu 的 THQ$_c$ 的 99% 分位值分别为 0.79、0.68 和 1.0，可见，对于儿童而言，已达到安全阈值；也就是说，某儿童长期食用 Cu 含量 99% 分位数的蔬菜，才会有风险，而在实际生活中，这一情况被认为是不太可能发生的（Guo，2002），因而认为是安全的。Pb 也与 Cu 类似，在 THQ$_c$ 的各分位值中，只有成人和儿童的 100% 分位值（最大值）高于阈值 1，也就是说，除非某成人或儿童长期食用北京市 Pb 最高含量的蔬菜，否则不大可能产生负面的健康相应。蔬菜 As 的非致癌健康风险较其他重金属高。只要某成人和儿童长期食用 As 含量为 85% 分位值的蔬菜，THQ$_c$ 就已超过安全阈值 1。而对于个别评估对象而言，长期食用 As 含量为 85% 分位值的蔬菜是可能存在的。

　　上述讨论是基于 RfD 进行非致癌健康风险（THQ）的估算，但采用 RfD 估算健康风险通常较为保守，可能导致评价结果偏高，主要原因是它考虑到对于部分敏感人群等不确定因素。在此，我们用 ADI 替代 RfD 进行 THQ 的估算，从与基于 RfD 估算的 THQ 结果（表 4.32）比较来看，Cr 的风险增高，Cd、Ni 和 Pb 一致，而 As、Cu 和 Zn 则大幅降低。

表 4.32　北京市食用蔬菜重金属暴露基于 ADI 的非致癌健康风险（THQ）

重金属	THQ$_c$ 累积分位值														THQ$_w$
	最低值	10%	20%	30%	40%	50%	60%	70%	80%	85%	90%	95%	99%	最高值	
成人															
As	0.000	0.000	0.007	0.013	0.022	0.036	0.051	0.077	0.124	0.153	0.190	0.272	0.675	1.478	0.038
Cd	0.002	0.015	0.028	0.041	0.053	0.066	0.089	0.104	0.130	0.143	0.170	0.230	0.354	0.666	0.000
Cr	0.000	0.001	0.003	0.005	0.009	0.014	0.022	0.040	0.065	0.088	0.121	0.192	0.557	0.822	0.016
Cu	0.001	0.007	0.009	0.011	0.013	0.015	0.019	0.024	0.031	0.038	0.045	0.062	0.176	0.271	0.017
Ni	0.000	0.005	0.008	0.011	0.014	0.018	0.021	0.028	0.035	0.042	0.059	0.105	0.243	0.555	0.063
Pb	0.000	0.005	0.020	0.037	0.056	0.084	0.108	0.144	0.215	0.259	0.358	0.461	0.723	1.075	0.074
Zn	0.000	0.006	0.008	0.011	0.013	0.015	0.019	0.024	0.030	0.034	0.038	0.050	0.100	0.168	0.016
总计	0.004	0.039	0.083	0.129	0.180	0.248	0.331	0.441	0.629	0.757	0.981	1.371	2.828	5.034	0.223
儿童															
As	0.000	0.000	0.009	0.016	0.028	0.046	0.065	0.098	0.158	0.196	0.244	0.348	0.863	1.891	0.048
Cd	0.003	0.020	0.035	0.053	0.068	0.085	0.114	0.133	0.167	0.183	0.217	0.294	0.453	0.852	0.000
Cr	0.000	0.001	0.004	0.007	0.012	0.017	0.028	0.051	0.083	0.112	0.154	0.246	0.713	1.052	0.020
Cu	0.001	0.008	0.011	0.014	0.017	0.020	0.024	0.031	0.040	0.049	0.058	0.079	0.225	0.346	0.022
Ni	0.000	0.006	0.010	0.014	0.018	0.023	0.027	0.036	0.045	0.054	0.076	0.134	0.311	0.710	0.080
Pb	0.000	0.007	0.025	0.047	0.072	0.108	0.139	0.184	0.275	0.331	0.458	0.590	0.926	1.375	0.095
Zn	0.000	0.008	0.011	0.014	0.016	0.019	0.025	0.031	0.038	0.043	0.049	0.064	0.128	0.215	0.020
总计	0.004	0.050	0.106	0.165	0.231	0.317	0.423	0.564	0.805	0.968	1.255	1.755	3.618	6.442	0.286

重金属	THQ$_c$ 累积分位值														THQ$_w$
	最低值	10%	20%	30%	40%	50%	60%	70%	80%	85%	90%	95%	99%	最高值	
	中老年人														
As	0.000	0.000	0.006	0.011	0.019	0.031	0.045	0.068	0.109	0.135	0.167	0.239	0.593	1.299	0.033
Cd	0.002	0.014	0.024	0.036	0.047	0.058	0.078	0.091	0.114	0.126	0.149	0.202	0.311	0.585	0.000
Cr	0.000	0.001	0.003	0.005	0.008	0.012	0.019	0.035	0.057	0.077	0.106	0.169	0.489	0.723	0.014
Cu	0.001	0.006	0.008	0.010	0.012	0.013	0.017	0.021	0.027	0.033	0.040	0.054	0.154	0.238	0.015
Ni	0.000	0.004	0.007	0.009	0.012	0.016	0.019	0.025	0.031	0.037	0.052	0.092	0.213	0.487	0.055
Pb	0.000	0.005	0.017	0.033	0.049	0.074	0.095	0.126	0.189	0.227	0.314	0.405	0.636	0.944	0.065
Zn	0.000	0.005	0.007	0.009	0.011	0.013	0.017	0.022	0.026	0.030	0.034	0.044	0.088	0.148	0.014
总计	0.003	0.035	0.073	0.113	0.158	0.218	0.291	0.387	0.553	0.665	0.862	1.205	2.485	4.424	0.196

3. 考虑其他膳食暴露途径的非致癌健康风险评估

蔬菜中的重金属暴露是人群膳食重金属的重要组成部分，但并不是全部。因此，在进行非致癌健康风险评估中，也需考虑其他重金属暴露途径，如谷物、面食及其制品和肉类等。

根据相关文献，蔬菜重金属占摄入量占人群重金属摄入总量的贡献率分别为：Cr，约为 19%（陈小梅，2003）；As，约为 5%（张磊和高俊全，2003）；Cd，23.9%（张磊和高俊全，2003）；Cu，约为 20%；Pb，约为 35.3%（张磊和高俊全，2003）；Ni，20%；Zn，约为 10.2%（王志宏等，2006）。按照上述贡献率，可以推断出，对于 As、Cr、Cd、Cu、Pb、Ni 和 Zn，其相应的 THQ 只要分别达到 0.05、0.19、0.239、0.20、0.353、0.20 和 0.102，即可认为达到安全阈值。

对照表 4.31，不难看出，As 的非致癌健康风险依然最高，对于不同年龄段的人群，THQ$_c$ 的中位值和 THQ$_w$ 均超过 0.05，即使在 25% 分位数上，其 THQ$_c$ 也超过了安全阈值。但如果从采用 ADI 进行非致癌健康风险估算的结果来看（表 4.32），相对风险大幅降低：对于北京市儿童、成人和中老年人而言，食用其中 47%、40% 和 37% 左右高 As 含量的蔬菜存在较大的风险；THQ$_c$ 的中位值和 THQ$_w$ 低于 0.05，这表明，对于使用平均 As 含量蔬菜和与大众蔬菜结构相当的居民的 As 摄入暴露风险不大。

除 As 外，其他 6 种重金属的 THQ$_w$ 中位值和 THQ$_c$ 中位值均低于其相应的安全阈值。这说明，对于食用平均重金属含量蔬菜的人群和食用蔬菜的品种构成与北京市蔬菜总体消费权重相一致的一般人群来说，不大可能因膳食中的重金属而产生负面的健康效应。

Cr 的 THQ$_c$ 和 THQ$_w$ 均远低于 0.19 的安全阈值，因此，可认为北京市居民不大可能出现因正常膳食中 Cr 出现负面的健康效应。Ni 的 95% 分位数以下的 THQ$_c$ 和 THQ$_w$ 均低于 0.20 的安全阈值，但成人和儿童 99% 分位数的 THQ$_c$ 稍高于 0.20 的安全阈值，这种风险通常认为只是在理论上存在，在实际生活中出现的可能性很小。

成人和中老年人 Cd 的 95% 分位值以下的 THQ$_c$ 和 THQ$_w$ 均低于安全阈值 0.239，儿童

Cd 的 THQ$_c$95% 分位值高于 0.239, 这表明, 对于少部分北京市儿童而言, 可能会出现 Cd 摄入超过安全阈值, 尽管这种可能性并不大。

儿童 Pb 的 THQ$_c$ 的 85% 分位值已达到 0.35 的安全阈值, 成人和中老年人的 THQ$_c$85% 分位值也已接近这个安全限值, 他们的 THQ$_c$95% 分位值均超过了 0.35。因此, 不能再视其为小概率事件。可见, 对少部分北京市居民而言, 膳食 Pb 摄入健康风险是可能的。

北京市不同年龄段人群的膳食 Cu 和 Zn 摄入量分别在 95% 和 85% THQ$_c$分位数上超过其相应的安全阈值。也就是说, 理论上讲, 也可能出现负面健康效应。但是应该注意到, Cu 和 Zn 与上述类似的 Cd 和 Pb 不同, 首先在于前两者是人体必需元素, 后两者则则不是; 另外, Cd 和 Pb 的 RfD 与其各自的 ADI 值相等, 而 Cu 和 Zn 的 RfD 分别只相当于各自 ADI 值的 20% 和 30% (表 4.30), 因此, 仍有相当的缓冲空间。USEPA 提出的 Zn 的 RfD 值与人体需求量一致, 均为 0.3 mg/(kg 体重·d)。与 Zn 类似, Cu 的 RfD 值也只是略高于其人体需求量 (表 4.30)。可见, 作为 Cu 和 Zn 非致癌健康风险评价标准的 RfD 相对偏低, 这从基于 ADI 估算的 THQ 结果可以看出, 只有不到 1% 左右的蔬菜会存在较大的 Cu 和 Zn 摄入暴露风险 (表 4.30)。

国内外普通人群 Cu 摄入超标引发的中毒现象少见报道, 而有研究表明, 儿童和营养失调的婴幼儿容易出现 Cu 缺乏状况, 北京、郑州和佳木斯等地的部分幼儿园儿童 Cu 缺乏率达 50% 左右 (孔庆平等, 1998; 唐晓文等, 2002; 陈莹等, 2004)。

从人体健康角度来看, 我国的人体缺 Zn 问题也比较突出。全国约有 30% 的孕妇和 40% 的儿童处于缺 Zn 状态 (辛素贤, 1998)。有研究指出, 低 Zn 的地球化学环境是诱发北京市房山区胎儿神经管畸形较高的重要因素之一 (葛晓立和曾太文, 1999)。北京市儿童缺 Zn 比例较大, 尤其是四岁以下的儿童缺 Zn 比例更高 (约占 65% ~ 86%) (张完白等, 1997)。

因此, 从人体健康的角度来看, 北京市人群 Cu 和 Zn 膳食并不足以引起负面健康效应, 对于相对需求量较大的儿童和孕妇, 还应适当加以补充。

4. 蔬菜中无机 As 致癌风险评估

TCR (target cancer risk) 可评估蔬菜中致癌重金属的致癌健康风险, 它由 USEPA 提出。致癌风险没有阈值, 这是与 THQ 的不同之处。一般认为, TCR 高于 10^{-6} 即可认为该污染物对人体的致癌健康影响不可忽略。

不同形态的 As, 其毒性差别很大。无机 As (As^{3+} 和 As^{5+}) 毒性远高于有机 As, 而且具有致癌性。据研究表明, 蔬菜中的 As 大部分为毒性较强的无机 As (As^{3+} 和 As^{5+}), 两者约占蔬菜总 As 含量的 83% (Diaz et al., 2004)。按照前述所示的方法, 估算出蔬菜中无机 As 产生的致癌健康风险 (表 4.33)。从评估结果来看, TCR$_c$的中位值和 TCR$_w$均超过了 10^{-6}。因此可以认为, 按照 USEPA 提出的评估方法, 蔬菜中无机 As 对居民的致癌健康影响不可忽略。

表 4.33　蔬菜中无机 As 的致癌健康风险

		TCR$_c$ 累积分位值						TCR$_w$
最小值	5%	25%	50%	75%	95%	99%	最大值	
8.6×10^{-7}	2.6×10^{-6}	1.4×10^{-5}	3.3×10^{-5}	8.4×10^{-5}	2.3×10^{-4}	5.7×10^{-4}	1.2×10^{-3}	3.5×10^{-5}

　　总体来看，北京市裸露地栽培的蔬菜中重金属除 Zn 外，其他 6 种重金属均显著高于设施栽培的蔬菜；蔬菜样品 As、Pb、Ni、Cr 和 Cd 的综合超标率分别为 12.6%、17.3%、2.62%、0.96% 和 0.58%。若考虑其他膳食暴露途径，北京市成人、中老年人和儿童食用蔬菜的 As 摄入量已超过其相应的 RfD，其健康风险不可忽略；Ni、Cu 和 Zn 的摄入量远低于其相应的人体 ADI，不大可能产生负面的健康效应。

参 考 文 献

北京市统计局 . 2004. 2004 北京统计年鉴 . 北京：中国统计出版社 .

陈同斌，宋波，郑袁明，等 . 2006. 北京市菜地土壤和蔬菜铅含量及其健康风险评估 . 中国农业科学，39（8）：1589-1597.

陈同斌，韦朝阳，黄泽春，等 . 2002. 砷超富集植物蜈蚣草及其对砷的富集特征 . 科学通报，47（3）：207-210.

陈同斌，郑袁明，陈煌，等 . 2004. 北京市土壤重金属含量背景值的系统研究 . 环境科学，25（1）：117-122.

陈小梅 . 2003. 福州市居民膳食铬营养水平评价 . 微量元素与健康研究，20（1）：37-39.

陈莹，梁军，宋红，等 . 2004. 郑州市区 739 名儿童发铜分析 . 郑州大学学报：（医学版），39（3）：523-524.

高明，车福才，魏朝富，等 . 2000. 长期施用有机肥对紫色水稻土铁锰铜锌形态的影响 . 植物营养与肥料学报，6（1）：11-17.

葛可佑，翟凤英 . 1999. 90 年代中国人群的膳食和营养状况——第二卷儿童青少年分册（1992 年全国营养调查）. 北京：人民卫生出版社 .

葛可佑，翟凤英 . 2004. 90 年代中国人群的膳食和营养状况——第 3 卷老年人分册（1992 年全国营养调查）. 北京：人民卫生出版社 .

葛晓立，曾太文 . 1999. 影响北京房山地区胎儿神经管畸形的地球化学因素 . 长春科技大学学报，29（1）：78-81.

国家环境保护局 . 1995. GB15618-95. 土壤环境质量标准 . 北京：中国标准出版社 .

孔庆平，安玉贵，段玉林 . 1998. 2213 例儿童发锌铜铁微量元素检测结果分析 . 中国公共卫生，14（10）：613.

廖自基 . 1989. 环境中微量重金属元素的污染危害与迁移转化 . 北京：科学出版社 .

刘明池 . 2002. 关于首都蔬菜生产现状和发展的思考 . 北京农业科学，（1）：1-4.

庞星火，焦淑芳，黄磊，等 . 2005. 北京市居民营养与健康状况调查结果 . 中华预防医学杂志，39（4）：269-272.

唐晓文，鲁立刚，汪宏远 . 2002. 佳木斯市 6366 例儿童发铜、铁含量与健康状况相关性分析 . 数理医药学杂志，15（2）：529-530.

王志宏，翟凤英，何宇纳，等 . 2006. 中国居民膳食锌元素的摄入状况及变化趋势 . 卫生研究，35（4）：485-486.

辛素贤 . 1998. 国内锌营养研究的新进展 . 中国公共卫生，14（12）：755-756.

杨惠芬，李明元，沈文 . 1998a. 食品卫生理化检验标准手册 . 北京：中国标准出版社 .

杨惠芬，李明元，沈文 . 1998b. 食品卫生理化检验标准手册 . 北京：中国标准出版社 .

杨军，郑袁明，陈同斌，等 . 2005. 北京市凉凤灌区土壤重金属的积累及其变化趋势 . 环境科学学报，
　　25 （9）：1175-1181.

张磊，高俊全 . 2003. 中国与一些发达国家膳食有害元素摄入状况比较 . 卫生研究，32 （3）：268-271.

张完白，王彤文，李赛君，等 . 1997. 700 例儿童发中锌钙镁铁铜的测定结果及统计分析 . 广东微量元素
　　科学，4 （11）：23-28.

ATSDR. 2004. Potential for human exposure, toxicological profile for copper. http：//www. atsdr. cdc. gov/
　　toxprofiles/tp132. html. 2004-12-20.

Barceloux D G. 1999. Nickel. Journal of Toxicology Clinical Toxicology, 37 （2）：239-258.

Cuadrado C, Kumpulainen J, Carbajal A, et al. 2000. Cereals Contribution to the Total Dietary Intake of Heavy
　　Metals in Madrid, Spain. Journal of Food Composition and Analysis, 13 （4）：495-503.

Diaz O P, Leyton I, Munoz O, et al. 2004. Contribution of Water, Bread, and Vegetables （Raw and Cooked）
　　to Dietary Intake of Inorganic Arsenic in a Rural Village of Northern Chile. Journal of Agricultural and Food
　　Chemistry, 52 （6）：1773-1779.

EC. 2001. Setting maximum levels for certain contaminants in foodstuffs （Text with EEA relevance）. Official
　　Journal of European Communities, 1-13.

FAO/WHO. 2003. Joint FAO/WHO expert committee on food additives. Sixty-first Meeting, Rome, June 10-19,
　　2003, ftp：//ftp. fao. org/es/esn/jecfa/jecfa61sc. pdf.

FDA. 1995. Food labeling reference daily intakes, final rule. Federal Register. http：//www. gpoaccess. gov/fr/
　　retrieve. html, 60 （249）：67164-67175.

Goldhaber S B. 2003. Trace element risk assessment：essentiality vs. toxicity. Regulatory Toxicology and
　　Pharmacology, 38 （2）：232-242.

Guo H R. 2002. Cancer risk assessment for arsenic exposure through Oyster consumption. Environmental Health Per-
　　spectives, 110 （2）：123-124.

Guthrie B E, Robinson M F. 1977. Daily intakes of manganese, copper, zinc and cadmium by New Zealand
　　women. The British Journal of Nutrition, 38 （1）：55-63.

Hazell T. 1985. Minerals in foods：dietary sources, chemical forms, interactions, bioavailability. World Review of
　　Nutrition and Dietetics, 46：1-123.

IMNA. 2002. Institute of Medicine. Dietary reference intakes for vitamin A, vitamin K, arsenic, boron,
　　chromium, copper, iodine, iron, manganese, molybdenum, nickel, silicon, vanadium, and zinc. Institute
　　of Medicine of the National Academies, The National Academy Press, 2101 Constitution Avenue, NW,
　　Washington, DC. 2002. 773.

IRIS. 2003. Integrated Risk Information System-database, US Environmental Protection Agency.

Iyengar G V. 1981. The elemental content of human diets and extreta. Environmental Chemistry. In：Bowen H J
　　M. London, the Royal Society of Chemistry, 70-93.

Kasprzak K S, Sunderman J F. William S K. 2003. Nickel carcinogenesis. Mutation Research/Fundamental and
　　Molecular Mechanisms of Mutagenesis, 533 （1-2）：67-97.

Kersting M, Alexy U, Sichert-Hellert W. 2001. Dietary intake and food sources of minerals in 1 to 18 year old
　　German children and adolescents. Nutrition Research, 21 （4）：607-616.

Lewis J, Buss D H. 1988. Trace nutrients. 5. Minerals and vitamins in the British household food supply. The
　　British Journal of Nutrition, 60 （3）：413-424.

Munoz O, Bastias J M, Araya M, et al. 2005. Estimation of the dietary intake of cadmium, lead, mercury, and arsenic by the population of Santiago (Chile) using a Total Diet Study. Food and Chemical Toxicology, 43 (11): 1647-1655.

Nicholson F A, Smith S R, Alloway B J, et al. 2003. An inventory of heavy metals inputs to agricultural soils in England and Wales. The Science of the Total Environment, 311 (1-3): 205-219.

Olivares M, Pizarro F, de Pablo S, et al. 2004. Iron, zinc, and copper: contents in common Chilean foods and daily intakes in Santiago, Chile. Nutrition, 20 (2): 205-212.

Onianwa P C, Adeyemo A O, Idowu O E, et al. 2001. Copper and zinc contents of Nigerian foods and estimates of the adult dietary intakes. Food Chemistry, 72 (1): 89-95.

Pennington J A T. 1990. Daily intakes of nine nutritional elements: analyzed vs. calculated values. Journal of the American Dietetic Association, 90: 375-381.

Rubio C, Hardisson A, Reguera J I, et al. 2006. Cadmium dietary intake in the Canary Islands, Spain. Environmental Research, 100 (1): 123-129.

USEPA. 1994. Integrated Risk Information System, Cadmium (CASRN 7440-43-9) http://www.epa.gov/iris/subst/0141.htm. 2007-03-20.

USEPA. 1998. Toxicological review of trivalent chromium (CAS No. 16065-83-1) In: Support of Summary Information on the Integrated Risk Information System (IRIS). http://www.epa.gov/iris/toxreviews/0028-tr.pdf. 2007-03-20.

USEPA. 1996. Risk-based Concentration Table, RegionⅢ; U. S. Environmental Protection Agency: Philadelphia, PA.

USEPA. 2000. Risk-based concentration table. Philadelphia PA: United States Environmental Protection Agency, Washington DC.

USEPA. 2005. Toxicological review of Zinc and compounds (Cas No. 7440-66-6) In support of summary Information on the Integrated Risk Information System (IRIS) http://www.epa.gov/iris/toxreviews/0426-tr.pdf. 2007-03-20.

USEPA. 2006. Human Health Risk Assessment Risk-Based Concentration Table, http://www.epa.gov/reg3hwmd/risk/human/index.htm. 2007-03-20.

Wang X L, Sato T, Xing B S, et al. 2005. Health risks of heavy metals to the general public in Tianjin, China via consumption of vegetables and fish. Science of the Total Environment, 350 (1-3): 28-37.

WHO. 1993. Evaluation of certain food additives and contaminants (41st report of the Joint FAO/WHO Expert Committee on food additives). WHO technical report series, No 837. World Health Organization, Geneva.

WHO. 1996. Trace elements in human nutrition, Geneva.

第5章　土地利用对土壤环境质量的影响

研究土地利用类型对土壤重金属含量的影响，可以合理规划土地用途，实现资源的合理利用与管理。本章以北京市为例，系统介绍了不同土地利用方式（菜地、麦地、绿地、果园、公园等）对土壤重金属积累的影响及健康风险。此外，利用碳、硫同位素技术探讨工业场地、麦地两种典型土地利用方式对北京市土壤环境质量的影响。

5.1　土地利用类型对重金属含量的影响

为了直观地比较不同土地利用方式对重金属积累的影响，利用每种土地利用类型下的重金属平均含量与北京市土壤重金属背景值的比值［重金属积累指数（accumulation index，AI）］评价土壤环境质量。不同土地利用类型下的重金属含量数据经过对数转换，以使其服从正态分布，便于进一步的统计分析。根据统计结果，在不同土地利用方式下大多数重金属有一定积累，各重金属含量的平均值均接近或高于背景值。其中，Cd 在所有土地利用类型中，Cu 在果园中，Pb 在城市绿地中的平均值与背景值相比，均有较大幅度的提高。尤其是 Cd，增加幅度为 1~2 倍，说明人为因素导致 Cd 在土壤中大量累积。此外，果园土壤的 Cu 含量达到背景值的 1.8 倍，城市绿地的 Pb 含量也达到了背景值的 1.6 倍，污染程度较重。综合分析显示，不同土地利用方式下，土壤重金属含量存在较大差异。

5.1.1　不同土地利用类型对 As 含量的影响

北京市土壤 As 含量的最小值出现在果园土壤中（表 5.1），最大值出现在菜地土壤中，为 25.3 mg/kg。5 种土地利用方式之间 As 的含量差别不大（统计分析未发现显著性差异，故 As 的统计分析数据未列出），但菜地、麦地、绿地与背景值差异达到显著（$p < 0.05$）；稻田与果园未见与背景值的差异达到显著。果园土壤平均值最小，为 8.23 mg/kg；稻田土壤平均值最大，为 9.4 mg/kg。

表 5.1　北京市不同土地利用类型土壤 As 含量

土地利用类型	样本数	土壤 As 含量/(mg/kg)					
		算数平均值	中值	最小值	最大值	标准差	几何平均值
菜地	78	8.78	8.63	3.68	25.3	3.11	8.33
麦地	290	8.24	8.03	2.24	23.4	2.32	7.93
稻田	14	9.40	9.20	4.48	13.6	2.40	9.08
果园	29	8.23	8.45	0.10	16.5	3.16	6.94

续表

土地利用类型	样本数	土壤 As 含量/（mg/kg）					
		算数平均值	中值	最小值	最大值	标准差	几何平均值
绿地	21	9.20	9.11	5.42	14.7	2.62	8.85
土壤背景值	115	7.81	7.46	1.39	18.9	3.22	7.09

各种土地类型土壤 As 含量较背景值含量均有所增加，其中，菜地、麦地、绿地土壤的 As 积累现象相对明显一些，AI 在 1～2 之间的样点数占样本总量的60%以上（表5.2），小于 1 和大于 2 的样本数较少，表明 As 的污染程度为中等。但有个别样点的 AI 值达到 3 以上，值得关注。

表 5.2　不同土地利用类型 As 积累指数统计

类型	平均值	最小值	最大值	样点数/个			
				AI≤1	1<AI≤2	AI>2	合计
菜地	1.24	0.52	3.56	3	52	23	78
麦地	1.16	0.32	3.30	2	197	91	290
稻田	1.33	0.63	1.92	2	12	0	14
果园	1.16	0.01	2.32	9	19	1	29
绿地	1.30	0.76	2.07	5	15	1	21

5.1.2　不同土地利用类型对 Cd 含量的影响

Cd 在 5 种土地利用类型的土壤中均有一定程度的积累（表5.3）。其中，麦地土壤的积累程度最低，平均含量最小，为 0.13 mg/kg，但是麦地土壤的 Cd 含量最大值为 0.849 mg/kg，表明地区分布的平衡；菜地土壤平均值最大，为 0.187 mg/kg，因而积累程度也最高。果园土壤的平均含量与菜地相近，为 0.183 mg/kg。全部样品的最小值仅为 0.007 mg/kg（麦地土壤），最大值为 0.971 mg/kg（菜地土壤）。进一步的统计分析表明，麦地土壤的 Cd 含量显著低于菜地和果园土壤（表5.4），而菜地土壤 Cd 含量又显著高于背景值。因而人为的耕作模式对土壤的 Cd 含量有明显的影响，该重金属比较容易积累在菜地、稻田、绿地和果园土壤中。

表 5.3　北京市不同土地利用类型土壤 Cd 含量统计

土地利用类型	样本数	土壤 Cd 含量/（mg/kg）					
		算术平均值	中值	最小值	最大值	标准差	几何平均值
菜地	109	0.187	0.162	0.037	0.971	0.142	0.157
麦地	350	0.130	0.105	0.007	0.849	0.094	0.109
稻田	24	0.161	0.156	0.042	0.308	0.086	0.136

土地利用类型	样本数	土壤 Cd 含量/（mg/kg）					
		算术平均值	中值	最小值	最大值	标准差	几何平均值
果园	33	0.184	0.140	0.011	0.565	0.138	0.140
绿地	21	0.161	0.117	0.041	0.734	0.144	0.130
土壤背景值	117	0.145	0.111	0.032	0.632	0.112	0.119

表 5.4 北京市不同土地利用类型土壤 Cd 含量差异性检验

显著性	麦地	稻田	果园	绿地	土壤背景值
菜地	0.000 ***	0.281	0.363	0.185	0.000 ***
麦地		0.082	0.027 *	0.184	0.199
稻田			0.888	0.828	0.322
果园				0.739	0.205
绿地					0.511

*** 显著性水平为 0.001；** 显著性水平为 0.01；* 显著性水平为 0.05

由此可见，北京市土壤中的 Cd 明显受到人为干扰，导致含量增加。在取样调查过程中发现，北京的农业生产，尤其是蔬菜生产过程中，地膜的使用非常普遍，使得大量塑料残留在土壤中难以清除。塑料中常添加 Cd 作为稳定剂，因此，塑料也许是 Cd 的来源之一。尤其在广泛使用塑料温室大棚的蔬菜地中，Cd 的含量明显偏高。此外，Cd 的来源还与汽车轮胎磨损和燃料燃烧（煤和石油）有关。在较大尺度的迁移中，气溶胶和大气飘尘将成为土壤中 Cd 的重要来源之一。

由表 5.5 可以看出，麦地的污染较轻，大多数样品均在背景值以下；但是菜地、稻田、果园的大部分样品含量均超出背景值，且都有约 20% 的样品 Cd 含量达到背景值的 2 倍以上。个别地区样点甚至超出背景值的 6 倍以上，这显示出污染已经较为严重。

表 5.5 北京市不同土地利用类型 Cd 积累指数统计

土地利用类型	平均值	最小值	最大值	样点数/个			
				AI≤1	1<AI≤2	AI>2	合计
菜地	1.58	0.31	8.16	33	59	17	109
麦地	1.09	0.06	7.13	151	113	26	350
稻田	1.35	0.35	2.59	9	9	6	24
果园	1.54	0.09	4.75	12	13	8	33
绿地	1.35	0.34	6.17	11	8	2	21

5.1.3 不同土地利用类型对 Cr 含量的影响

北京市不同土地利用类型的土壤中（表 5.6），Cr 最大平均含量为菜地土壤，

42.6 mg/kg，高出背景值较多；最小为果园土壤，32.7 mg/kg。同时发现菜地土壤 Cr 含量显著高于麦地、果园和绿地土壤（表 5.7），表明北京现行的蔬菜种植方式对土壤 Cr 含量的影响不容忽视。此外，菜地、麦地、稻田土壤的 Cr 含量都显著高于背景值，土地利用类型对 Cr 在土壤中的积累有显著影响。

表 5.6　北京市不同土地利用类型土壤 Cr 含量

土地利用类型	样本数	土壤 Cr 含量/(mg/kg)					
		算术平均值	中值	最小值	最大值	标准差	几何平均值
菜地	109	42.6	40.7	12.6	86.3	13.1	40.6
麦地	350	35.4	32.4	11.3	81.9	12.2	33.5
稻田	24	37.2	38.5	14.9	66.6	10.9	35.5
果园	33	32.7	29.5	18.0	75.9	11.4	31.2
绿地	21	34.9	29.7	21.4	80.9	14.3	32.9
土壤背景值	116	31.1	29.9	10.9	61.1	9.29	29.8

表 5.7　北京市不同土地利用类型土壤 Cr 含量差异性检验

显著性	麦地	稻田	果园	绿地	土壤背景值
菜地	0.000 ***	0.067	0.000 ***	0.006 **	0.000 ***
麦地		0.390	0.027 *	0.788	0.001 **
稻田			0.120	0.425	0.010 *
果园				0.549	0.437
绿地					0.175

*** 显著性水平为 0.001；** 显著性水平为 0.01；* 显著性水平为 0.05

大多数土壤样品的 Cr 积累指数介于 1~2 之间，除菜地外，各土地利用类型的平均值接近于 1，表明其他土地利用类型下，Cr 的污染并不突出。菜地中 Cr 积累指数较高，平均值达 1.43。全部样品中超过背景值 2 倍的样本占 6%，主要分布于菜地和麦地（表 5.8）。

表 5.8　北京市不同土地利用类型 Cr 积累指数统计

土地利用类型	平均值	最小值	最大值	样点数/个			
				AI≤1	1<AI≤2	AI>2	合计
菜地	1.43	0.42	2.9	15	85	9	109
麦地	1.19	0.38	2.75	73	199	18	290
稻田	1.25	0.5	2.23	6	17	1	24
果园	1.10	0.6	2.55	17	15	1	33
绿地	1.17	0.72	2.71	11	9	1	21

5.1.4　不同土地利用类型对 Cu 含量的影响

果园土壤的 Cu 平均含量较高（表5.9），达41.7 mg/kg，是背景值的2倍多。其他类型土壤的 Cu 含量则与土壤 Cu 背景值比较接近，其中又以麦地的含量为最低，21.4 mg/kg。全部样本中的最高值达282.2 mg/kg（果园土壤），远远高于其他土地类型中土壤 Cu 含量的最高值。麦地土壤 Cu 含量显著低于稻田、果园和绿地土壤；而果园土壤的 Cu 含量则显著高于菜地和麦地土壤（表5.10）。另外，除麦地外，其他土地利用类型的土壤 Cu 含量都显著高于背景值，表明不同的土地利用方式对土壤 Cu 含量的影响明显不同。

表 5.9　北京市不同土地利用类型土壤 Cu 含量

土地利用类型	样本数	土壤 Cu 含量/(mg/kg)					
		算术平均值	中值	最小值	最大值	标准差	几何平均值
菜地	109	23.6	21.8	0.2	103.1	11.6	21.2
麦地	350	21.4	19.6	8.2	114.7	10.5	19.9
稻田	24	25.4	24.3	14.7	39.7	6.4	24.7
果园	33	41.7	24.3	12.7	282.2	58.8	28.3
绿地	21	28.2	22.6	14.3	74.2	15.9	25.4
土壤背景值	117	19.7	19.4	6.0	37.9	6.3	18.7

表 5.10　北京市不同土地利用类型土壤 Cu 含量差异性检验

显著性	麦地	稻田	果园	绿地	土壤背景值
菜地	0.168	0.206	0.042	0.174	0.048 *
麦地		0.004 **	0.009 **	0.003 **	0.105
稻田			0.323	0.783	0.000 ***
果园				0.542	0.003 **
绿地					0.000 ***

*** 显著性水平为0.001；** 显著性水平为0.01；* 显著性水平为0.05

果园土壤中 Cu 含量极高的原因很可能与长期使用含 Cu 的化学制剂有关。在世界范围内，果园使用含 Cu 的化学药剂比较普遍，含 Cu 的杀虫剂和植物喷洒剂（如波尔多液，Bordeaux mixture）广泛用于果园以防治果树病虫害。北京市果园土壤中 Cu 含量较高与果园中长期以来习惯于使用含 Cu 制剂这一事实相符。Chen 等（1997）对香港土壤的研究也发现，果园土壤中的 Cu 含量明显高于其他土壤。

土壤 Cu 积累指数的计算结果表明（表5.11），Cu 的污染比较严重，尤其在果园土壤中，近80%的样品超出背景值。其他土地利用类型中的大多数土壤（麦地土壤为50%，其他类型土壤为70%）的 Cu 积累指数大于1，且在菜地和麦地中，最大值分别达背景值的5.51倍和6.13倍。因而，从保护环境和保障食品安全的角度考虑，对含 Cu 制剂的长期超量使用应予以重视。

表 5.11　北京市不同土地利用类型 Cu 积累指数统计

土地利用类型	平均值	最小值	最大值	样点数/个			
				AI≤1	1<AI≤2	AI>2	合计
菜地	1.26	0.01	5.51	32	70	7	109
麦地	1.14	0.44	6.13	90	186	14	290
稻田	1.36	0.79	2.12	4	19	1	24
果园	2.23	0.68	15.09	9	17	7	33
绿地	1.51	0.76	3.97	4	14	3	21

5.1.5　不同土地利用类型对 Ni 含量的影响

尽管总体上 Ni 在土壤中的含量与背景值相差不大（表 5.12），但是在果园土壤中的平均含量（24.3 mg/kg）明显低于其他 4 种土地利用类型，也显著低于土壤 Ni 的背景值（表 5.13）。

表 5.12　北京市不同土地利用类型土壤 Ni 含量

土地利用类型	样本数	土壤 Ni 含量/(mg/kg)					
		算术平均值	中值	最小值	最大值	标准差	几何平均值
菜地	109	28.8	28.7	11.0	43.5	6.8	28.0
麦地	350	27.5	27.2	9.2	53.5	7.3	26.6
稻田	24	28.8	28.0	16.5	39.9	6.5	28.1
果园	33	24.3	24.6	12.9	38.4	5.8	23.7
绿地	21	27.0	27.4	19.7	33.7	3.8	26.8
土壤背景值	116	27.9	27.3	11.0	59.3	7.9	26.8

表 5.13　北京市不同土地利用类型土壤 Ni 含量差异性检验

显著性	麦地	稻田	果园	绿地	土壤背景值
菜地	0.077	0.957	0.001**	0.274	0.222
麦地		0.334	0.019*	0.826	0.813
稻田			0.011*	0.432	0.454
果园				0.023*	0.030*
绿地					0.986

** 显著性水平为 0.01；* 显著性水平为 0.05

从积累指数的结果可以看出（表 5.14），Ni 的积累现象不明显，没有发现明显的污染现象，各种土地利用方式下土壤的 Ni 含量主要取决于成土母质。

表 5.14　不同土地利用类型 Ni 积累指数统计

土地利用类型	平均值	最小值	最大值	样点数/个			
				AI≤1	1<AI≤2	AI>2	合计
菜地	1.08	0.41	1.62	46	63	0	109
麦地	1.03	0.34	2.00	110	180	0	290
稻田	1.07	0.62	1.49	8	16	0	24
果园	0.91	0.48	1.43	22	11	0	33
绿地	1.01	0.74	1.26	8	13	0	21

5.1.6　不同土地利用类型对 Pb 含量的影响

各土地利用类型土壤的 Pb 含量均不同程度地超出背景值（表 5.15），显示出人为原因导致重金属积累的现象。其中，Pb 的最高平均含量出现在城市绿地中，达 40.3 mg/kg，为背景值的 1.6 倍。统计分析显示（表 5.16），城市绿地的 Pb 含量与菜地、麦地、稻田有显著性差异，但是与果园的差别未达显著。果园、绿地中的 Pb 含量都显著高于背景值，表现出明显的积累特征。

表 5.15　北京市不同土地利用类型土壤 Pb 含量

土地利用类型	样本数	土壤 Pb 含量/（mg/kg）					
		算术平均值	中值	最小值	最大值	标准差	几何平均值
菜地	109	29.4	27.5	12.9	78.8	10.8	27.8
麦地	350	26.3	25.7	5.0	60.4	7.8	25.1
稻田	24	28.5	27.3	13.0	56.2	9.0	27.3
果园	33	34.3	31.7	14.8	80.7	15.6	31.5
绿地	21	40.3	35.8	26.9	116.6	19.2	37.8
土壤背景值	101	25.1	25.1	11.5	38.2	5.08	24.6

表 5.16　北京市不同土地利用类型土壤 Pb 含量差异性检验

显著性	麦地	稻田	果园	绿地	土壤背景值
菜地	0.000 ***	0.803	0.075	0.000 ***	0.058
麦地		0.213	0.004 **	0.000 ***	0.393
稻田			0.156	0.001 **	0.332
果园				0.092	0.012 *
绿地					0.000 ***

*** 显著性水平为 0.001；** 显著性水平为 0.01；* 显著性水平为 0.05。

究其缘由，城市绿地一般位于道路旁边和居民小区附近，相对容易受到 Pb 污染。因为交通和生活用燃料，如含铅汽油、石油、煤等的燃烧可能会排放一定量的 Pb，通过大气沉降的方式进入土壤，造成 Pb 在土壤中的增加。另外，果园的 Pb 含量虽然小于绿地，但显著高于背景，说明 Pb 在果园土壤中也有一定的累积，这可能与果园中使用含 Pb 的化学药剂有关。另外，采样过程发现，某些果园中的机械化程度较高，燃油的使用可能也是促成个别果园土壤 Pb 含量升高的原因之一。

　　不同土地利用类型中，分别有约 60% ~ 100% 的土壤样品的 Pb 积累指数高于 1（表 5.17），表明北京市土壤的 Pb 积累现象比较普遍。可能是由于 Pb 易进入大气，容易实现远距离的迁移。位于公路附近的城市绿地所承受的 Pb 积累最为明显，积累指数都在 1 以上，全部超出背景值。另外，对北京市区公园土壤进行过系统调查，发现其土壤 Pb 含量也非常高，同样全部超出背景值，平均高出 2.7 倍。因此，北京城市土壤的 Pb 污染治理已经刻不容缓。

表 5.17　北京市不同土地利用类型 Pb 积累指数统计

土地利用类型	平均值	最小值	最大值	样点数/个			
				AI≤1	1<AI≤2	AI>2	合计
菜地	1.20	0.52	3.20	43	60	6	109
麦地	0.7	0.2	2.46	89	194	7	290
稻田	1.16	0.53	2.28	7	16	1	24
果园	1.39	0.6	3.28	9	20	4	33
绿地	1.64	1.09	4.74	0	18	3	21

5.1.7　不同土地利用类型对 Zn 含量的影响

　　麦地土壤的 Zn 含量与背景值最为接近（表 5.18），其他 4 种土地利用类型土壤都高于背景值。统计结果表明（表 5.19），菜地、稻田、果园和绿地的 Zn 含量不仅显著高于麦地，也显著高于背景值，显示出较明显的积累现象。

表 5.18　北京市不同土地利用类型土壤 Zn 含量

土地利用类型	样本数	土壤 Zn 含量/(mg/kg)					
		算术平均值	中值	最小值	最大值	标准差	几何平均值
菜地	109	72.4	64.0	22.0	307.5	38.0	66.2
麦地	350	59.9	57.0	29.6	196.5	17.9	57.9
稻田	24	69.8	69.6	47.7	97.0	13.4	68.6
果园	33	77.3	66.2	34.6	219.8	42.9	68.7
绿地	21	90.3	74.7	37.5	399.7	75.6	76.9
土壤背景值	117	59.6	57.0	27.9	119.8	16.29	57.5

表 5.19　北京市不同土地利用类型土壤 Zn 含量差异性检验

显著性	麦地	稻田	果园	绿地	土壤背景值
菜地	0.001 **	0.524	0.653	0.135	0.003 **
麦地	1.000	0.001 **	0.048 *	0.017 *	0.839
稻田		1.000	0.982	0.333	0.003 **
果园			1.000	0.407	0.046 *
绿地				1.000	0.017 *

** 显著性水平为 0.01；* 显著性水平为 0.05

　　不同土地利用类型土壤的 Zn 的积累指数（表 5.20）表现出一个共同特征，约 50% 的样点的积累指数为 1~2，表明总体上北京市土壤中 Zn 有一定程度的积累，但是没有达到极高的程度。有个别样点较高，达到 5 以上。这与 Pb 积累指数在各土地利用类型的分布有一定相似性，都是在菜地、果园和绿地的含量较高，在麦地较低。这应该与 Pb 和 Zn 具有较为近似的来源有关。

表 5.20　不同土地利用类型 Zn 积累指数统计

土地利用类型	平均值	最小值	最大值	样点数/个			
				AI≤1	1<AI≤2	AI>2	合计
菜地	1.26	0.38	5.35	41	59	9	109
麦地	1.04	0.51	3.42	121	164	5	290
稻田	1.21	0.83	1.69	5	19	0	24
果园	1.35	0.6	3.82	15	13	5	33
绿地	1.57	0.65	6.95	4	15	2	21

　　采样过程中发现，麦地所在的地区一般较为偏远，人类活动较少，交通密度相对较低；另外，相对于菜地、稻田和果园，麦地的经营方式更粗放一些，受到的人为扰动并不是很强烈，因而其重金属含量（包括积累指数）较低；而菜地由于人为扰动相对剧烈，重金属含量一般较高，如 Cd、Cr 等。Pb 和 Zn 的来源主要与含 Pb 汽油的使用和汽车尾气等交通行为有关，人类活动密集的地区，如城市道路和城区附近等，由于车流量大，容易导致土壤 Pb 和 Zn 含量升高。所以，地理位置与土壤中 Pb 和 Zn 的积累有明显的关系。

5.1.8　综合污染指数

　　图 5.1 为各种土地利用方式下土壤重金属综合污染指数的频率分布图。总体上看，所有样本中的 12.2% 的土壤重金属综合污染指数大于 1，其中，公园土壤、果园、菜地、绿地、麦地、稻田和自然土壤的综合污染指数大于 1 的样本比例分别为 90%、30.3%、13.9%、9.5%、7.1%、4.2% 和 1.9%。公园多分布于人口密集的城区，受工业、交通等人类活动影响强度大，经历时间长，因而不管是从污染广度还是从深度来讲，公园土壤受重金属污染最为严重，综合污染指数最高的达 11.6，而介于 2~3 和 3~4 的分别占 16.7% 和 10%［图 5.1 (g)］。重金属污染稍轻的是果园土壤，从图 5.1 (c) 来看，果园土壤重金属污染指数离异度较大，并出现两个高值样本（6.6 和 5.7），这是由于其 Cu 含量较高

所致，单项污染指数分别高达 8.7 和 7.5。对于人类活动影响较小的自然土壤，绝大部分样本（98.1%）重金属含量状况正常，只有极少部分土壤样品综合污染指数略高于 1。

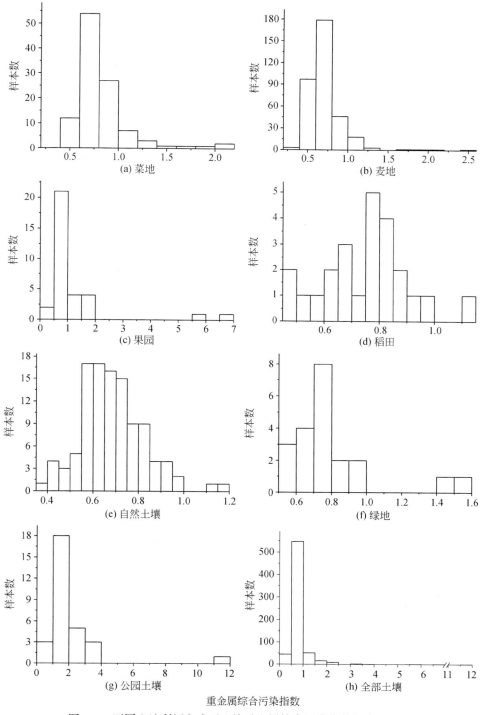

图 5.1　不同土地利用方式下土壤重金属综合污染指数频率分布图

　　为探讨各土地利用方式下重金属污染状况的差异，先进行数据转换，重金属综合污染指数经 Box-Cox 转换后（$\lambda = -1.104$），基本符合正态分布。因各利用方式下综合污染指数方差非齐性（$p = 0.018 < 0.05$），故采用 Tamhane's T2 法进行方差检验，结果表明，公园土壤综合污染指数显著高于其他各种土地利用方式，除菜地土壤综合污染指数显著高于麦地和自然土壤以外，其他土地利用方式之间差异不显著（表 5.21）。

表 5.21　不同土地利用方式土壤综合污染指数的 Box-Cox 均值差（左下）和差异检验显著性水平（右上）

土地利用方式	n	p_{s-w}	菜地	麦地	稻田	果园	绿地	自然土壤	公园土壤
菜地	108	0.04		0.00	1.00	1.00	1.00	0.00	0.00
麦地	350	0.024	-0.205		0.82	0.35	0.32	1.00	0.00
稻田	24	0.056	-0.078	0.127		1.00	1.00	0.79	0.00
果园	33	0.78	0.038	0.243	0.116		1.00	0.32	0.00
绿地	21	0.42	-0.017	0.188	0.061	-0.055		0.30	0.00
自然土壤	108	0.01	-0.216	-0.011	-0.138	-0.254	-0.199		0.00
公园土壤	30	0.48	0.630	0.835	0.709	0.593	0.647	0.846	

　　研究发现，不同的土地利用类型对土壤重金属含量有显著影响，菜地、麦地和绿地土壤的 As 含量，菜地土壤的 Cd 含量，菜地、麦地、稻田土壤的 Cr 含量，菜地、稻田、果园和绿地土壤的 Cu 含量，果园、绿地土壤的 Pb 含量，菜地、稻田、果园和绿地土壤的 Zn 含量都显著高于背景值，显示出明显的积累特征。在 5 种土地利用类型当中，麦地的重金属积累程度最低，7 种重金属的积累指数几乎全都为最小。菜地对 Cd、果园对 Cu、绿地对 Pb 的积累效应最为明显，均高于其他土地利用类型。尤其是果园中的 Cu 和绿地中的 Pb 显著高于其他土地利用类型。

5.2　麦地土壤和小麦的重金属含量

5.2.1　麦地土壤重金属分布特征

　　北京市麦地土壤重金属含量（表 5.22）都远低于《食用农产品产地环境质量评价标准》（HJ/T332—2006）中规定的各金属元素的限值，但 Zn、Cr、Cu 和 Cd 显著高于北京市土壤背景值，4 种元素高于背景值的样本分别占总样本数的 82%、88%、65% 和 79%；Ni 和 Pb 显著低于北京市土壤的 Ni 和 Pb 背景值，高于背景值的样本分别只占 24% 和 6%；麦地土壤 As 与北京市土壤 As 背景值没有显著差异，高于背景值的样本占 56%。

表 5.22　北京市麦地土壤重金属含量

重金属	重金属含量/（mg/kg）（n=68）[①]				
	范围	中值	算术均值（标准差）	几何均值（标准差）	背景值
As	2.70~12.2	7.39	7.46 (2.11)	7.16	7.09
Cd	0.088~0.598	0.148	0.178 (0.084)	0.165 (1.46)	0.119
Cr	22.2~57.0	36.7	37.8 (7.22)	37.2	29.8
Cu	10.2~76.7	19.9	21.5 (9.02)	20.3 (1.49)	18.7
Ni	14.7~41.5	24.4	24.2 (5.00)	23.7	26.8
Pb	7.53~35.3	14.2	15.0 (5.23)	14.3 (1.35)	24.6
Zn	42.9~133.8	69.1	70.1 (5.56)	68.6	57.5

①样本为 68 个

　　中国科学院地理科学与资源研究所曾于 2000 年对北京市不同土地利用方式下的土壤重金属累积状况进行了研究。研究结果表明，与菜地、果园、稻田和绿化地土壤相比，麦地土壤的重金属含量最低。为揭示作物与种植土壤之间重金属含量的关系，对小麦及其根部土壤对应取样，土壤的调查结果也显示北京市麦地土壤重金属含量不高，处于清洁水平。再次说明小麦种植活动这一土地利用方式并不一定会导致土壤重金属污染。

　　北京市小麦种植区主要分布在大兴、房山、顺义和通州 4 个区。表 5.23 显示 4 个区县之间的麦地土壤 As 含量没有显著性差异；房山的 Cd 显著高于其他 3 个区；但通州麦地土壤多数重金属浓度相对较高，其中，Zn、Cr 和 Cu 显著高于其他 3 个区；Pb 显著高于大兴和房山。As、Ni 和 Cr 的最大值、Zn 的第二大值都出现在通州，通州早期污水灌溉使农业环境受到不同程度的污染（杨军等，2005）。污灌可能是导致通州麦地土壤重金属相对较高的主要原因之一。另外，交通对周围土壤重金属含量可能也有一定影响。

表 5.23　北京市不同区、县麦地土壤重金属含量

行政单位（n）	重金属/（mg/kg）						
	As	Cd	Cr	Cu	Ni	Pb	Zn
大兴（10）	6.96a	0.144b	36.9b	16.9b	23.1a	11.2b	61.0 b
房山（10）	7.76a	0.227a	35.8b	18.2b	24.4a	13.2b	62.9 b
顺义（11）	7.28a	0.139b	26.1b	19.6b	22.8a	14.5ab	64.1 b
通州（14）	7.01a	0.147b	43.2a	24.1a	26.3a	17.2a	76.7a

注：未含相同字母的表示差异显著

5.2.2　小麦籽粒的重金属含量

　　北京市小麦籽粒中 As 和 Zn 符合正态分布，Cu、Ni、Cr、Cd 和 Pb 经对数转换后符合正态分布。表 5.24 描述了小麦中各元素的含量分布。偏相关分析表明，小麦中 Pb 与 Cu、Ni、As 相关；Cr 与 Ni、Cu 相关。根据《食品中污染物限量》，谷物中无机 As 含量限值为 0.1 mg/kg，而谷类无机 As 约占总 As 的 26.8%，换算成总 As 限量为 0.373 mg/kg。差异性检验结果表明：As 含量显著低于标准限值，超标样本为 0；Cd、Pb、Zn、Cu 和 Ni 的含量均显著低于其相应的标准限值（表 5.24），但由于空间离异度较大，仍存在不同程度的超标现象，其超标率分别为 2.9%、27.9%、2.9%、11.8% 和 26.5%。同样，北京市小麦 Cr 含量与标准限值差异不显著，但样本超标率高达 42.6%。

表 5.24　北京市小麦籽粒重金属含量

| 重金属 | 重金属/（mg/kg） | | | | 污染物限量 | p 值 | 超标率/% |
	算术均值（标准差）	范围	中值	几何均值（标准差）			
As	0.032 (0.013)	0.014 ~ 0.072	0.029	0.030	0.2a[1]	0.000	0
Cd	0.034 (0.02)	0.008 ~ 0.126	0.031	0.031 (1.6)	0.1	0.000 b	2.9
Cr	1.22 (1.11)	0.381 ~ 8.03	0.835	0.967 (1.87)	1.0	0.663 b	42.6
Cu	7.57 (3.5)	1.03 ~ 30.5	6.83	7.05 (1.46)	10[2]	0.000 b	11.8
Ni	0.350 (0.258)	0.103 ~ 1.54	0.262	0.293 (1.75)	0.4	0.000 b	26.5
Pb	0.203 (0.157)	0.047 ~ 1.09	0.156	0.172 (1.7)	0.2	0.022 b	27.9
Zn	33.7 (5.77)	23.8 ~ 51.3	32.7	33.2	50[3]	0.000	2.9

1）见参考文献（中华人民共和国卫生部，2012）
2）见参考文献（中华人民共和国卫生部，1994）
3）见参考文献（中华人民共和国卫生部，1991）
注：a 代表无机砷限值；b 经对数转换后比较

小麦 Cr 的超标率最大，超标样本主要分布在顺义、平谷和大兴等地。其次是 Pb 和 Ni，顺义超标样本最多，分别为 64% 和 55%。与杨军等（2005）分析的北京市凉凤灌区小麦籽粒重金属含量相比，小麦 Cr 含量高 6.4 倍，Pb 含量低 55.9%，Ni 低 24.9%，其他元素差异不大。总的来说，小麦籽粒的重金属含量也不高，说明土壤中重金属并未完全被籽粒富集。

5.2.3　灌区小麦重金属含量

灌区小麦籽粒样品中 As、Cd、Cr、Cu、Hg、Ni、Pb 和 Zn 等重金属的含量统计及超标率见表 5.25。与国家食品卫生标准相比，Ni 的超标率最高，达 38.1%；其次是 Pb，超标率为 28.6%；Zn 元素的超标率为 4.8%；样品中的 Cd、Hg 虽然没有超标，但其最大值分别为 0.096 mg/kg、0.017 mg/kg，已接近卫生标准的临界值。

表 5.25　北京凉凤灌区小麦籽粒的重金属含量

| 重金属 | n | 重金属浓度/（mg/kg） | | | | | 国家食品卫生标准[1]/（mg/kg） | 超标率/% |
		最小值	最大值	中值	平均值	标准差		
As	21	0.02	0.08	0.031	0.036	0.016	0.7	0.0
Cd	20	0.003	0.096	0.015	0.020	0.020	0.1	0.0
Cr	20	0.10	0.30	0.13	0.13	0.04	1.0	0.0

续表

重金属	n	重金属浓度/(mg/kg)					国家食品卫生标准[1]/(mg/kg)	超标率/%
		最小值	最大值	中值	平均值	标准差		
Cu	21	5.10	8.10	6.12	6.29	0.75	10	0.0
Hg	15	0.002	0.017	0.003	0.004	0.004	0.02	0.0
Ni	21	0.20	0.50	0.39	0.39	0.08	0.4[3]	38.1
Pb	14	n.d.[2]	1.20	0.21	0.39	0.43	0.5	28.6
Zn	21	24.6	50.7	38.2	37.6	6.32	50	4.8

1）引自《食品卫生理化检验标准手册》（杨惠芬等，1997）

2）n.d.：未检出

3）内控标准：全国食品卫生标准分委会推荐标准

5.2.4　小麦籽粒重金属含量的变化趋势

　　1976 年，北京东南郊环境污染调查及其防治途径研究协作组对东南郊灌区小麦、玉米、水稻等农作物的重金属含量进行过调查，但是当时并未发现污灌会影响作物生长，作物中 7 种重金属的含量基本都没有超过食品卫生标准，只有少量（超标率约占 10%）糙米样品的 Hg 含量超标[①]。图 5.2 列出本书中小麦籽粒的重金属含量与 1976 年调查结果的相对值（设 1976 年的调查结果为 1）。比较两次调查的结果可以发现，除 As、Cd 和 Cr 外，其余 4 种重金属的含量都有所增加。进一步的统计分析表明（均值比较），小麦籽粒中的 Hg、Cu、Pb 和 Zn 含量比 30 年前均有显著提高（$p<0.05$），其中，Cu、Pb 和 Zn 达极显著（$p<0.01$），上升趋势明显；小麦籽粒中的 As、Cd 和 Cr 含量都显著低于 1976 年的调查值，呈下降趋势。

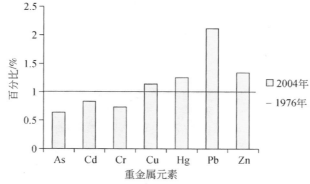

图 5.2　1976 年和 2004 年北京市凉凤灌区小麦籽粒重金属含量的比较

为方便比较，图中将 1976 年的调查数值（重金属含量）设为 1

　　据中国营养学会推荐的理想膳食结构，每人每日食用谷类食物 300～500 g。本书以中

① 北京东南郊环境污染调查及其防治途径研究协作组 . 1980. 北京东南郊环境污染调查及防治途径研究（报告集）. 665-666.

间值 400 g 计，估算每人每日摄入的重金属量（estimated daily absorption，EDA）。与 ADI（FAO/WHO，1991）值相比（表 5.26），Ni 和 Pb 的摄入量非常高，As 最低（0.5%）。对于 Pb 而言，仅通过食用谷物这一单一渠道，Pb 的摄入量已达到日允许摄入量的 72.9%。Pb 对人体具有极强的毒害性，过量摄入 Pb 将会损害人体中枢神经组织，对儿童的智能发育造成不可逆转的损伤。因此，灌区土壤中的 Pb 对人体健康存在比较严重的潜在威胁，应该关注凉凤灌区农作物的 Pb 污染问题及其对人体健康的潜在危害。

表 5.26　膳食摄入的重金属量与 ADI 比较

	As	Cd	Cr	Cu	Hg	Ni	Pb	Zn
EDA /mg	0.014	0.008	0.052	2.52	0.002	0.156	0.156	15.04
ADI/mg[1]	3.00	0.06	0.20~0.50	30.0	0.043	0.020	0.214	60.0
EDA/ADI/%	0.5	13.3	10.4~26.0	8.4	3.7	780	72.9	25.1

1）WHO/FAO 食品添加剂联合专家委员会建议的成人（以体重 60 kg 计）每日重金属允许摄入量（ADI）

5.2.5　小麦对重金属的富集系数

富集系数反映作物从土壤中吸收重金属的能力。将小麦籽粒与对应土壤的重金属含量相除得到富集系数。经 K-S 正态检验，小麦 Zn 和 Cd 的富集系数符合正态分布，其他均符合对数正态分布（表 5.27）。比较时，符合正态分布的取算术均值，符合对数正态分布的取几何均值，则富集系数由大到小的顺序为：Zn>Cu>Cd>Cr>Ni ≈ Pb>As，说明小麦对 Zn 的富集能力最强，对 As 的富集能力最弱。

表 5.27　小麦重金属富集系数

重金属	范围	中值	算术均值（标准差）	几何均值（标准差）	p_{k-s}
As	0.001~0.01	0.004	0.005 (0.002)	0.004 (1.62)	0.288a
Cr	0.009~0.291	0.024	0.034 (0.037)	0.026 (1.93)	0.559a
Cd	0.004~0.49	0.19	0.21 (0.1)	0.19	0.405
Cu	0.07~1.55	0.34	0.39 (0.22)	0.35 (1.59)	0.367a
Ni	0.004~0.102	0.011	0.015 (0.01)	0.012 (1.79)	0.641a
Pb	0.003~0.075	0.010	0.015 (0.012)	0.012 (1.87)	0.173a
Zn	0.23~0.84	0.49	0.5 (0.12)	0.48	0.966

注：a 为经对数转换后的 p_{k-s} 值

小麦和土壤重金属相关性分析显示两者之间对应金属不存在相关性。大兴、房山、顺义和通州的麦地土壤重金属水平有一定差别，但是小麦重金属含量差别不大。对于小麦 As，大兴和房山显著高于顺义和通州，而 4 个区的土壤 As 没有显著性差异；通州小麦 Cd 含量显著高于房山，而房山土壤 Cd 含量显著高于通州。分析 4 个区县的小麦重金属富集系数，发现其差异与小麦重金属含量差异表现一致。说明小麦中重金属的含量不完全取决于土壤中重金属含量总量，而是更依赖于小麦对重金属的富集能力。

5.2.6　居民从小麦中摄入重金属的暴露量

北京市居民的人均面粉摄入量为 0.141 g/d。与污染物限量相比，小麦重金属超标率较高的 3 种元素是 Cr、Pb 和 Ni（表 5.28），但以北京市小麦重金属平均值考虑，北京市居民的小麦重金属摄入量都低于相应的成人最大重金属耐受限量（ADI 值，成人以 60 kg 计）。这是我国污染物限量标准严于 ADI 值对应浓度的缘故。分别计算大兴、房山、顺义和通州 4 个区小麦重金属摄入量。由于顺义产小麦的 Cr、Cu、Ni 和 Pb 浓度都明显高于其他 3 个区，因而其导致的重金属摄入量也明显高于其他 3 个区，但都未超过 ADI 限量值。综合来看，房山产小麦导致的重金属摄入量最低。

表 5.28 北京市居民小麦重金属摄入量

| 重金属 | 重金属摄入量/[mg/(人·d)] | | | | | | | | ADI |
| | 小麦 | | | | | 蔬菜 | 主食+蔬菜 | | |
	北京市	大兴	房山	顺义	通州	北京市	北京市	顺义	
As	0.005	0.005	0.006	0.004	0.004	0.016	0.024	0.022	0.128[1]
Cd	0.004	0.004	0.003	0.004	0.005	0.012	0.019	0.019	0.06
Cr	0.136	0.148	0.130	0.298	0.125	0.051	0.278	0.547	0.2~0.5
Cu	0.994	0.995	0.898	1.52	0.963	0.816	2.47	3.35	12
Ni	0.041	0.042	0.039	0.089	0.040	0.100	0.169	0.248	1.2[2]
Pb	0.024	0.024	0.025	0.052	0.025	0.017	0.057	0.104	0.214
Zn	4.75	4.95	4.61	4.86	4.64	4.04	12.0	12.1	18

1）表示无机砷；2）表示 RfD 值

与蔬菜研究结果相比（表 5.28），As、Ni 和 Cd 三种元素的小麦重金属摄入量均低于蔬菜途径摄入量；但 Cr、Cu、Zn 和 Pb 的小麦重金属摄入量高于蔬菜途径摄入量；与北京市小麦重金属平均值计算的居民重金属摄入量比较，居民对此 4 种元素的小麦重金属摄入量分别是蔬菜的 2.67 倍、1.22 倍、1.18 倍和 1.14 倍。这说明小麦摄入 Cr 导致的风险明显高于蔬菜，而对于 Zn、Cu 和 Pb，小麦和蔬菜导致的健康风险差异不大。Zn 是人体必需元素，需求量为 18 mg/d。以小麦摄入占主食结构的 60% 计，北京市居民从主食和蔬菜摄入的 Zn 为 12.0 mg/d，低于日均需求量，因此，北京市居民饮食中 Zn 的摄入量不足。

在不考虑其他途径摄入重金属的实际量的情形下，将蔬菜摄入 As 占膳食总摄入量的比例按 5% 计算，结果发现长期食用高 As 含量蔬菜的北京市居民通过膳食摄入的 As 存在一定风险。本书在以小麦摄入重金属占主食结构的 60% 的基础上，叠加蔬菜摄入重金属的绝对量，若以北京市小麦重金属平均值计算，北京市居民的主食加蔬菜的重金属摄入量仍低于 ADI 限值。因此，对于按平均消费量和平均重金属浓度计的北京市居民而言，通过主食和蔬菜摄入重金属没有明显的风险。但若食用顺义产小麦，Cr、Cu、Ni 和 Pb 的摄入量都高于食用具有平均值水平的小麦的重金属摄入量，同时小麦 Cr 的摄入量已超过 ADI 限值。

5.3 公园土壤重金属含量特征

城市中众多污染源，如工业活动、建筑业、车辆损耗、废弃物处理、化石燃料（煤和石油等）燃烧和其他人类活动，释放大量重金属进入土壤，其中人为原因导致的土壤重金属污染在城市中表现得更为明显。而城市土壤，尤其是公园和居民区的土壤，由于易与人们接触，使其对人类健康存在更大的潜在影响，越来越多的科学家将目光转向了城市土壤重金属的研究（Chen et al.，1997）。

　　作为中国的首都，北京市是拥有悠久历史和庞大人口数量、正在迅猛发展中的城市。快速的城市化导致了一系列环境问题。但是，北京市土壤重金属方面的研究却为数不多，尤其是城市中人们休闲的主要场所——公园的土壤环境质量状况依然是未知数。本章调查研究了 Cu、Ni、Pb 和 Zn 四种重金属的含量，力图评价公园土壤的环境质量状况及其对居民和旅游者健康风险的影响。

5.3.1　研究区域

　　以北京市城区的 30 个公园为调查对象，主要集中在东城区、西城区、宣武区、崇文区 4 个中心城区（CAD），以及海淀区、朝阳区、丰台区 3 个近郊区。四个中心城区是北京市传统的商业聚集和居民聚居地，3 个近郊区则是近年来随北京市的高速城市化而发展起来的新兴地区（图 5.3）。采样选取的地点基本上包括了北京市重要的世界知名的公园，如故宫、颐和园、圆明园等（表 5.29）。这些公园是中外游客旅游观光的重要场所，也因此负担了北京市旅游者中的重要部分。

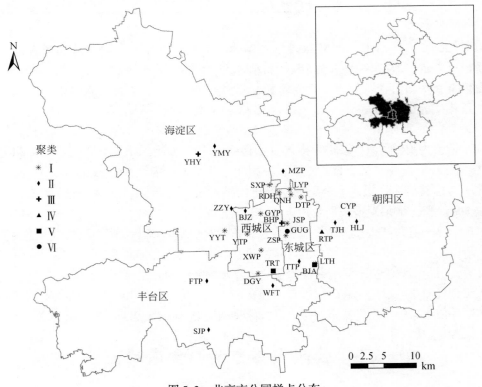

图 5.3　北京市公园样点分布

表 5.29　调查公园基本情况统计

公园名称	缩写	所在区	历史/年	面积/hm²
故宫	GUG	东城	596	72
天坛	TTP	崇文	582	270
中山公园	ZSP	东城	581	24
宣武艺园	XWP	宣武	538	7.4
日坛	RTP	朝阳	472	1
地坛	DTP	东城	472	42.7
月坛	YTP	西城	472	8.1
陶然亭	TRT	宣武	307	59
圆明园	YMY	海淀	258	350
景山公园	JSP	西城	251	23
颐和园	YHY	海淀	238	290.8
北海公园	BHP	西城	206	71
北京动物园	BJZ	西城	94	90
龙潭湖公园	LTH	崇文	50	120
红领巾公园	HLJ	朝阳	44	37.5
柳荫公园	LYP	东城	44	19
青年湖公园	QNH	东城	44	17
玉渊潭	YYT	海淀	42	140.7
紫竹院	ZZY	海淀	37	14
官园	GYP	西城	20	15
朝阳公园	CYP	朝阳	18	320
双秀公园	SXP	西城	18	6.4
团结湖公园	TJH	朝阳	16	13.8
人定湖公园	RDH	西城	16	9
丰台公园	FTP	丰台	16	20
大观园	DGY	宣武	16	13
北京游乐园	BJA	崇文	15	40
万芳亭公园	WFT	丰台	12	10.6
世界公园	SJP	丰台	9	46.7
中华民族园	MZP	朝阳	8	40

5.3.2　公园中土壤重金属含量

重金属含量的分析结果见表 5.30。与背景值相比，公园土壤中 Ni 的最小、最大值和平均值三项指标均小于相应的背景值，因此，可以初步判断土壤中 Ni 的积累并不严重。

其他三种重金属则不同，三项指标均超过背景值。其中 Zn 的程度较轻，差别并不是很大，平均值超出背景值 0.55 倍左右。而土壤 Cu 含量的平均值为背景值的近 4 倍，最大值更是为背景平均值的 25 倍；土壤 Pb 含量的平均值为背景值的约 3 倍，最大值也是大大高于背景值。因而 Cu 和 Pb 在土壤中的积累非常明显，一些公园土壤已经受到明显的污染；同时 Zn 也有一定程度的积累，但是并不是非常严重。需要特别指出的是，Cu 和 Pb 含量的最大值出现在故宫，这是北京公园中历史最为悠久的。

表 5. 30　北京公园中土壤重金属含量统计

土壤类型	重金属种类	样本数	重金属含量/（mg/kg）			
			最小值	最大值	平均值	标准差
公园土壤	Cu	30	24.1	457.5	71.2	74.7
	Ni	30	0.0	37.2	22.2	8.7
	Pb	30	25.5	207.5	66.2	44.2
	Zn	30	25.7	196.9	87.6	31.2
背景土壤	Cu	117	6.0	37.9	18.7	6.33
	Ni	116	11.0	59.3	26.8	7.90
	Pb	101	11.5	38.2	24.6	5.08
	Zn	117	27.9	119.8	57.5	16.29

相关性分析表明，Cu 与 Pb，Cu 与 Zn，Pb 与 Zn 呈显著相关（$p<0.01$）（表 5.31），意味着土壤中的部分 Cu、Pb 和 Zn 可能有着相同的来源。Ni 未见与其他元素的显著相关。

表 5. 31　公园土壤重金属含量相关系数

重金属	Pb	Ni	Zn	Cu
Pb	1	0.239	0.476 **	0.701 **
Ni		1	−0.115	0.065
Zn			1	0.890 **
Cu				1

** 在 0.01 水平上显著相关

5.3.3　聚类分析（HCA）和主成分分析（PCA）

聚类分析的结果表明，在 5 ~ 10 相关距离之间可以将 30 个样品分为 6 类（图 5.4）。其中每一类的基本统计结果列于图 5.4 中。

对比不同类别中样点的位置发现，在 Ⅰ 类 13 个公园当中有 12 个位于 CAD 以内，而 Ⅱ 类 11 个公园有 9 个位于 CAD 以外（图 5.1）。基本统计结果表明，Ⅰ 类中公园土壤的重金属含量高于 Ⅱ 类公园（表 5.32）。进一步的均值比较发现，两类样点 Cu、Ni、Pb 含量有显著性不同（表 5.33）。

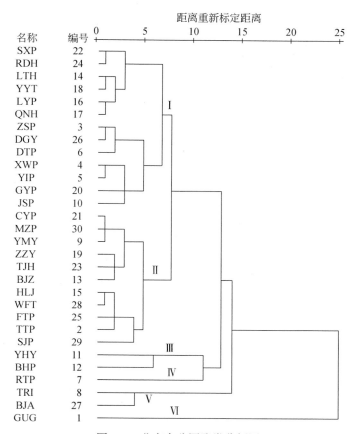

图 5.4　北京市公园聚类分析图

表 5.32　聚类分析结果统计

类别	样本数	公园历史/年		土壤重金属含量/(mg/kg)							
				Cu		Ni		Pb		Zn	
		平均值	标准差	平均值	标准差	平均值	标准差	平均值	标准差	平均值	标准差
I	13	197.2	230.8	62.9	14.8	27.1	4.4	63.1	26.7	83.0	17.5
II	11	99.5	176.0	46.5	12.7	17.6	4.3	41.1	11.6	78.7	23.8
III	2	222.0	22.6	74.4	23.5	19.5	6.4	147.0	13.6	102.5	20.3
IV	1	472.0	—	74.7	—	37.2	—	136.6	—	80.8	—
V	2	161.0	206.5	62.7	3.7	3.1	4.3	37.8	1.8	124.3	102.6
VI	1	596.0	—	457.5	—	36.6	—	207.5	—	148.5	—

表 5.33 聚类分析不同类别间重金属含量差异显著性水平

重金属	类别	II	III	V
	I	0.017 *	0.011 *	0.005 **
Pb	II		0.000 **	—
	III			0.008 **
	I	0.000 **	0.048 *	0.000 **
Ni	II			0.001 **
	I	0.008 **	—	—
Cu	II		0.025 *	—
	III			—

** 显著性水平为 0.01； * 显著性水平为 0.05

与 I、II 类公园相比，YHY 和 BHP（III 类）、RTP（IV 类）、GUG（VI 类）4 个具有更长历史的公园土壤具有更高的 Pb 含量。其中，III 类与 I、II 类的 Pb 含量具有显著性差异（由于 IV、VI 中的公园数量只有一个，所以不能与其他类别进行统计比较）。YHY 的位置远离中心城区，但是依然具有与市中心公园（如北海等）近似的较高重金属含量，可能与其较长的历史有关；另外，由于其知名度较高，每年吸引着大量的游客，或许是促成其重金属含量现状形成的原因。

V 类中的公园具有最低的 Ni 含量。其 Pb 含量显著不同于 I、III 类公园，而与 II 类相比没有显著性不同，而这是由于 V 类中的公园位于 CAD 的南部边界，可能导致其重金属含量特征与 II 类公园类似。

VI 类中只有 GUG 一个公园，具有最高的 Cu、Pb 含量，分别大约是公园土壤平均含量的 6 倍和 3 倍。GUG 是明清两代的宫城，具有近 600 年的历史，地处北京市最繁华的地区，交通量和人口密度极大。由于其蜚声海内外，因而每年的游客人次以亿计。所有这些因素都可能导致 GUG 土壤的重金属含量增加。

基于以上分析可以初步判断，公园的位置是影响其土壤重金属含量的一个重要因素：位于城市中心地区（CAD）的公园以更高的重金属累积为特征；另外，公园的建成历史也是促成土壤重金属含量增加的因素之一。这在后面将会详细论述。

聚类分析各类别之间的 Pb 含量均有显著性差异（表 5.33），表明 Pb 含量更容易受到人为原因的影响。各类别间的 Zn 含量没有显著差异。从污染指数可以看出（表 5.34），北京公园土壤中的 Cu 指数明显偏高，除 II 类外，其余超过背景值 3 倍以上，最大为 24.47，Cu 的污染已经比较严重；Pb 的污染指数除 II、V 类低于 2 以外，I 类为 2.56，剩余都在 5 以上，表明土壤中的 Pb 也有一定程度污染。Zn 的污染指数基本小于 2，虽然高于背景值，但污染并不严重；Ni 的污染指数在 1 左右，基本未达到污染水平。

表 5.34 聚类分析各类别污染指数（PI）

类别	PI-Cu	PI-Ni	PI-Pb	PI-Zn
I	3.37（H）	1.01（M）	2.56（M）	1.44（M）
II	2.49（M）	0.66（L）	1.67（M）	1.37（M）

类别	PI-Cu	PI-Ni	PI-Pb	PI-Zn
Ⅲ	3.98（H）	0.73（L）	5.97（H）	1.78（M）
Ⅳ	4.00（H）	1.39（M）	5.55（H）	1.40（M）
Ⅴ	3.35（H）	0.11（L）	1.54（M）	2.16（M）
Ⅵ	24.47（H）	1.37（M）	8.43（H）	2.58（M）

注：L 表示 PI≤1；M 表示 1<PI≤3；H 表示 PI>3

主成分分析（PCA）的结果表明土壤 Cu、Ni、Pb、Zn 含量可以归纳为两个因子（表 5.35），可解释近 80% 的总体方差。因子 1（F_1）主要由 Cu、Zn、Pb 构成；因子 2（F_2）主要由 Ni 构成。这与 HCA 分析的结果类似，表明 Cu、Zn、Pb 可能具有不同于 Ni 的近似污染源。

表 5.35　主成分分析结果

成分	因子矩阵				解释方差		
	Pb	Ni	Cu	Zn	特征值	百分率/%	累积百分率/%
1	0.737	0.049	0.845	0.774	1.858	46.45	46.45
2	0.463	0.911	−0.26	0.447	1.312	32.8	79.25

5.3.4　公园土壤环境质量评价

表 5.36 的统计结果显示，Cu、Pb 的污染指数都在 1 以上。其中，Cu 污染指数的平均值高达 3.81，最大值达 24.47，大部分样品污染指数在 3 以上，因而公园土壤的 Cu 污染尤其严重。而 Pb 污染指数的平均值为 2.69，30 个样点中 21 个污染指数分级为中等（M），有 9 个公园的污染指数超过 3，最高值达 8.43，因此，Pb 污染在北京市公园中也有一定的规模。大多数样点的 Ni 污染指数较低（L），平均值为 0.83，与背景值接近；Zn 的污染指数以中等（M）为主，平均值 1.52，显示有一定污染，但是并不严重。因而，北京市公园土壤的重金属污染以 Cu 和 Pb 污染为主。

从综合污染指数的结果（表 5.37）可以看到，只有一个公园的 CPI 值小于 1（但已经很接近）；15 个公园 CPI 值为 1~2，达到中等污染水平；14 个公园 CPI 值在 2 以上，污染程度较高。其中，故宫（GUG）CPI 值高达 9.21。因此，北京市大部分公园的土壤重金属污染已经比较严重，应当予以关注。

表 5.36　北京市公园污染指数（PI）统计

重金属	最小值	最大值	平均值	污染程度		
				L	M	H
Cu	1.29	24.47	3.81	0	14	16
Pb	1.04	8.43	2.69	0	21	9

续表

重金属	最小值	最大值	平均值	污染程度		
				L	M	H
Ni	0.00	1.39	0.83	21	9	0
Zn	0.45	3.42	1.52	4	25	1

注：L 表示 PI≤1；M 表示 1<PI≤3；H 表示 PI>3

表 5.37　北京市公园综合污染指数（CPI）

H（CPI>2）		M（1<CPI≤2）		L（CPI≤1）	
公园名称	CPI	公园名称	CPI	公园名称	CPI
GUG	9.21	QNH	1.99	SJP	0.97
BHP	3.54	BJZ	1.85		
RTP	3.09	SXP	1.73		
GYP	2.76	FTP	1.67		
JSP	2.71	WFT	1.67		
YHY	2.69	LTH	1.66		
DTP	2.44	YMY	1.65		
ZSP	2.39	CYP	1.55		
DGY	2.29	HLJ	1.53		
XWP	2.24	MZP	1.52		
TTP	2.18	RDH	1.50		
YTP	2.18	TRT	1.47		
BJA	2.11	TJH	1.40		
LYP	2.01	YYT	1.37		
		ZZY	1.03		

5.3.5　影响公园土壤重金属含量的因素

1. 公园位置与土壤重金属浓度

前面提到，公园的位置对公园土壤重金属含量有影响。因此，根据公园的位置将公园分为两组：位于 CAD 以内的为组 A；位于 CAD 以外的为组 B。其中，组 A 包括 18 个公园，分别是 GUG、TTP、ZSP、XWP、YTP、DTP、TRT、JSP、BHP、QNH、LYP、GYP、SXP、DGY、RDH、BJZ、BJA 和 LTH；组 B 包括 12 个公园，分别为 RTP、YMY、YHY、HLJ、YYT、ZZY、CYP、FTP、TJH、WFT、SJP 和 MZP。A 组中 Cu、Pb 和 Zn 的最小值、最大值和平均值均大于 B 组（表 5.38）。进一步的统计分析表明，两组间的 Cu、Ni 和 Pb 含量存在显著性差异（$p<0.05$）。因而可以得出，位于 CAD 以内的公园的 Cu 和 Pb 的污染程度高于位于 CAD 以外的公园（由于 Ni 含量较低，不予以论述）。由于高密度的商业和

交通量是造成城市土壤中重金属累积的重要因素，因此，北京市中心区较高密度的商业、交通及其他人类活动是造成该地区土壤中重金属含量增加的重要原因。

表 5.38　按位置划分的公园土壤重金属统计（以 CAD 为界）

统计量	Cu/(mg/kg)		Ni/(mg/kg)		Pb/(mg/kg)		Zn/(mg/kg)	
	A	B	A	B	A	B	A	B
最小值	46.6	24.1	0.0	12.0	32.3	25.5	50.5	25.7
最大值	457.5	74.7	36.6	37.2	207.5	137.3	196.9	100.2
平均值	88.0	46.1	23.6	20.0	74.2	54.3	96.4	74.3
标准差	93.1	13.1	9.1	7.9	46.4	39.6	34.9	19.2

必须指出，TRT 和 BJA 虽然位于城市中心区的南部边界，靠近丰台区，然而北京市城市发展的特点是南部地区的发展速度要比北部地区慢，如丰台区由于种种原因近年来的发展远逊于朝阳、海淀两区。因此，与中心区内其他公园相比，TRT 和 BJA 两处公园土壤的重金属含量较低。在作均值比较的统计分析时，这两个点被排除在 A 组之外。

2. 公园建成历史与污染程度

同时，以公园的建成历史为依据可以把公园分成两类：Ⅰ类是建成历史小于 100 年的（<100 年），Ⅱ类是建成历史大于等于 100 年的（≥100 年）。两类公园重金属含量的统计结果见表 5.39。可以看到，Ⅱ类公园土壤 Cu 和 Pb 含量明显高于Ⅰ类，平均值高出 2 倍。均值比较发现，两类公园的土壤 Pb 含量有显著性差异（$p<0.05$）。公园的建成历史与 Pb 含量呈显著正相关（$p<0.01$）。因此，随建成历史的增加，公园土壤 Pb 含量也呈增加趋势（郑袁明等，2002）。但是对 Cu 含量的统计检验未发现两类公园的差异达到显著水平。

表 5.39　按建成历史分类的公园重金属含量统计

统计量	Cu/(mg/kg)		Ni/(mg/kg)		Pb/(mg/kg)		Zn/(mg/kg)	
	Ⅰ	Ⅱ	Ⅰ	Ⅱ	Ⅰ	Ⅱ	Ⅰ	Ⅱ
最小值	24.1	43.8	6.1	0.0	25.5	36.5	25.7	50.5
最大值	85.4	457.5	32.3	37.2	94.4	207.5	196.9	148.5
平均值	50.8	101.8	21.9	22.2	44.0	99.5	84.8	91.8
标准差	13.8	112.8	7.7	10.3	19.6	50.5	34.4	26.7

注：Ⅰ类是建成历史小于 100 年的（<100 年），Ⅱ类是建成历史大于等于 100 年的（≥100 年）

总体来看，北京市公园土壤已经受到明显的 Cu 和 Pb 污染，全部 30 个公园的表层土壤 Cu 和 Pb 含量均超出背景值，其中，50% 以上的样品 Cu 含量和约 30% 的样品 Pb 含量超出背景值 3 倍，PI 最大值分别高达 24.47 和 8.43，表明北京市公园土壤中的 Cu 和 Pb 含量污染已经相当严重。北京市 30 个公园，仅 1 个公园的综合污染指数小于 1，15 个公园的综合污染指数为 1~2，有 14 个公园综合污染指数超过 2。一些公园，如故宫、北海公园、圆明园、日坛等的重金属污染相当严重，综合污染指数最低 2.69，最高 9.21。这些公园的土壤环境质量必须予以关注。在北京市公园土壤中，Zn 含量有一定积累，但污染并不严重；同时，未发现明显的 Ni 污染。

5.4　区域土壤重金属污染成因初步分析

从各土地利用方式的综合污染指数比较来看，菜地土壤显著高于麦地土壤和自然土壤（表 5.22）。而从单项污染指数来看，除 Ni 外，菜地土壤其他几种重金属受到了不同程度的污染（表 5.21），其中，Cd 和 Cr 尤为突出，其平均含量较其他利用方式的土壤要高。

5.4.1　菜地土壤重金属

菜地土壤重金属含量普遍较高，造成菜地土壤重金属含量较高的原因是多方面的。我国菜地素有精耕细作的传统，形成了轮作、连作及间、套、混作等形式多样的多熟制种植模式，其复种指数比其他土地利用方式要高。在复种指数高的菜地土壤中，重金属含量较高的化学制品反复、大量使用，可能是重金属积累的原因之一。据张夫道（1985）调查，北京密云、昌平和通县的普钙中，Cd、Cr、Cu、Pb 和 Zn 含量分别为 0.2～1.9 mg/kg、39.9～130 mg/kg、50.2～62.9 mg/kg、41.5～124 mg/kg 和 253.2～345 mg/kg，我国云南、贵州、湖北和湖南生产的磷矿粉中也含有相当量的 Cd（1.6～5.8 mg/kg）和 Cr（39.9～49.8 mg/kg），而浙江义乌的钙镁磷肥及湖南和天津的铬渣磷肥含 Cr 量则相当高（1057～5144 mg/kg）。可见，磷肥等化肥的大量施用可能是菜地土壤 Cd 和 Cr 积累的原因之一。尽管北京市菜地土壤中 Cu 和 Zn 通过农用化学品也有一定的输入，但与蔬菜吸收而带走的量基本平衡，因此，一般不存在明显的积累现象，况且从经蔬菜食用而摄入 Cu 和 Zn 的健康风险的角度来看，菜地土壤 Cu 和 Zn 的积累对人体的健康并不构成威胁。塑料中常添加 Cd 作为稳定剂，北京农用塑料地膜使用量为 12456t，其中地膜 5272.4t，使用面积 30719hm²（《北京农村年鉴》编委会，2003），因此，塑料地膜可能是 Cd 的来源之一。其次，燃煤是北京市大气降尘的重要来源之一。降尘中所含的 As（22.7 mg/kg）、Pb（27.3 mg/kg）和 Cr（54.5 mg/kg）等重金属输入可能是近郊菜地土壤重金属积累的原因之一，其贡献要大于多位于远郊的麦地和自然土壤等类型的土壤。由于菜地土壤一般距公路较近，较容易受到含 Pb、Cu 和 Zn 等重金属的汽车尾气和公路扬尘的影响。因此，菜地土壤重金属含量普遍较高与其高复种指数和地处近郊等因素密切相关。

5.4.2　果园土壤重金属

果园土壤中 Cu、Zn、Pb 和 Cd 含量较高，又以 Cu 含量尤其显著。果园土壤中 Cu 含量离异度很大，其最高含量分别是最低含量和北京市土壤 Cu 背景值的 22.2 倍和 8.7 倍。果园土壤中 Cu 含量极高的原因，与长期使用波尔多液、硫酸铜、硫酸铜锌等含 Cu 化学制剂有关。Chen 等（1997）对香港土壤的研究也发现，果园土壤中的 Cu 和 Pb 含量明显高于其他土壤，这可能与果园中使用含 Cu 和 Pb 的农业化学制剂有关。果园土壤中 Cu 和 Zn 含量较高还可能与施用含重金属的畜禽粪便和堆肥等有机肥有关，因为 Cu 和 Zn 能促进动物生长而加到添加剂中。因此，果园土壤中 Cu、Zn 和 Pb 等含量较高与大量施用的化学制剂和有机肥有关。

5.4.3　公路旁绿地土壤重金属

公路交通是公路两旁绿地土壤中 Cu 和 Pb 的主要来源之一。汽车尾气排放（Pb）和刹车里衬磨损等机械损耗（Cu 和 Pb）是公路交通排放重金属的主要途径，排放的重金属经过扬尘和大气降尘等途径进入绿地土壤。因此，公路旁绿地土壤中的 Cu 和 Pb 主要来源于汽车尾气排放与汽车机械损耗。

5.4.4　麦地土壤重金属

麦地土壤中大部分重金属含量均较低，基本上与自然土壤相当。北京市的麦地土壤一般分布在较为偏远的地区，人类活动相对较少，交通密度相对较低；另外，相对于菜地、水田和果园等农业土壤而言，北京市麦地的耕种方式更粗放一些，受人为活动的重金属输入影响相对小一些，因而其重金属含量较低。

土地的不同利用方式是由地理条件、人文和经济等众多因素共同驱动和决定的。土地利用方式对土壤重金属含量的影响程度不一，与其重金属输入途径和通量有密切关系。例如，污水灌溉、化石燃料的燃烧、某些高重金属含量的化学制品（地膜、化肥和农药）的大量使用、土地复种指数等因素均会影响重金属输入通量。

5.4.5　城市公园土壤重金属

前已述及，全部公园土壤的 Cu 和 Pb 含量都超过了背景值。在一些公园当中（如 GUG、BHP、YHY 等）都不同程度地发现明显的重金属污染。根据 Madrid 等（2002）的报道，来自大气沉降的重金属输入对土壤重金属含量的增加有着显著影响，根据不同的元素种类，分别增加 33～259%。其中 Pb 沉降的重要来源之一是汽车排放和含铅汽油的使用。根据北京市统计年鉴的资料，2000 年北京由于能源消耗（如汽油、煤炭等）导致的降尘量为每月 $15.1~t/km^2$。因此，北京市大气对土壤重金属含量的增加有着重要作用。此外，机动车辆的正常损耗也会释放重金属进入环境。因而，高密度的交通量及人类活动都会使土壤的重金属增加。而在故宫这样的皇家宫殿，由于使用含铅的涂料或油漆，随房屋使用年限的增加，也会导致土壤中 Pb 含量的升高。

北京市公园土壤的 Ni 含量接近背景值，没有发现明显的污染现象。这可能是由于影响 Ni 含量的主要因素是成土母质。Zn 的含量较背景值有所增加，但是未到显著污染。

5.5　利用碳、硫同位素识别土壤污染来源

随着我国经济高速发展，生态环境日趋恶化，工矿企业产生了大量的废渣、废气、废

水，通过大气、地表径流和地下水等地表地质作用，导致许多污染场地及附近农田、生活区域、水流域遭受严重污染。其中，煤中硫化物燃烧和颗粒物较为严重地影响了区域乃至全球环境下的地球化学硫循环，这是全球、区域和城市大气污染和酸沉降的主要原因。总硫中以不同形态的硫存在，如硫酸盐硫、硫化物硫、有机硫等，它们的来源和迁移过程都不一样。不同硫化合物里的不同形态硫的同位素组成能指示不同硫源泉或者生物化学循环同位素选择性。硫输入到土壤中主要有：①大气沉降（干湿）；②母质同化；③含硫化肥的输入；④植物和动物的残留物；⑤煤渣和燃煤燃烧中排放的烟尘颗粒物。

研究表明，浓度和来源的暴露时间、植物覆盖的数量、土壤的类型和结构、土壤中的硫总量和排水的情况等是决定人类活动导致硫进入土壤深度的主要决定因素（Krouse et al.，1991）。硫酸盐与土壤有密切的联系，渗入一个复杂的有机-无机土壤硫循环（van Stempvoort et al.，1992）。大气降水是地表水的主要来源，化石燃料燃烧释放的 SO_2 等大量酸性气体会在地表水的硫酸盐硫同位素组成上有所体现。不同环境中不同形态硫稳定同位素组成的技术，可以作为示踪不同来源硫的方法和技术。

土壤有机质能在一定时间内保留干湿沉降物、化石燃料燃烧物等残余物的同位素信号。虽然土壤有机质主要来源于植物，但是人类活动也会提供不同形态的有机物。土壤有机质的矿化和腐殖化过程均伴随有同位素的分馏过程，从而导致不同来源或产物的土壤有机碳（SOC）具有不同的有机碳同位素组成（$\delta^{13}C_{SOC}$）。人类活动贡献（如煤燃烧、碳氢化合物产品、石油化工废弃物等）也会导致土壤碳同位素组成的差异。

北京首钢地区集炼焦、发电、烧结、炼铁和炼钢等生产为一体，污染产生源比较复杂，其产生的废渣、颗粒污染物等固体废弃物对首钢周围地区乃至北京市环境都有可能产生潜在影响。所以对首钢工业区及其附近土壤进行研究的意义不言而喻。本节主要应用不同形态硫同位素、有机质含量和碳同位素组成探寻污染场地土壤剖面和地表水中不同形态硫、SOC 来源、迁移过程，探寻钢铁厂场地土壤中硫、SOC 来源和迁移过程及其在环境污染辨识方面的指示意义。

在首钢工业区的烧结厂附近采集了土壤剖面（39°55′20.8″N，116°8′36.3″E），从表层到深部土壤，颜色从黑灰色和黑色变化到浅灰和褐色，最终变化为黄色；颗粒也由表层的黑色、褐色粗粒，向下变为细粒，最后是黏土质黄土。北京市通州永乐店位于北京的东南郊，是北京郊区的环境优美乡镇，森林覆盖率高，城镇绿化好，是通州区建设北京新城区所确定的"一城五镇双走廊"的主要组成部分。

5.5.1　利用硫同位素组成识别土壤污染

1. 土壤剖面硫同位素分布特征

首钢烧结厂剖面土壤全硫含量在 0.1‰~6.9‰ 变化（表 5.40，图 5.5），在地表以下 20~60 cm，含量在 1.5‰以上。不同形态硫同位素组成随土壤剖面深度的增加而逐渐减小（图 5.6）：硫酸盐硫同位素组成在 16.6‰~31.3‰ 变化（$\delta^{34}S_{SO_4^{2-}-avg}=22.5\pm4.7‰$，$n=10$）；硫化物硫同位素组成在 7.6‰~14‰ 变化（$\delta^{34}S_{CRS-avg}=10.5\pm2.2‰$，$n=6$）；有机硫

同位素组成是 2.8‰。

表 5.40 首钢烧结厂和通州永乐店土壤剖面分析结果

地点	样品号	深度/cm	$\delta^{34}S$ (CRS)/(‰, VCDT)	$\delta^{34}S$ (SO_4^{2-})/(‰, VCDT)	$\delta^{34}S$ (OBS)/(‰, VCDT)	TS/(‰, wt)	SO_4^{2-}/(‰, wt)
首钢烧结厂	1-0	0	—	—	—	—	—
	1-1	-10		31.3		6.94	20.45
	1-2	-20	9.4	29.6	2.8	6.23	13.87
	1-3	-30	9.9	21.1		0.42	1.04
	1-4	-40	14	22		0.32	1.33
	1-5	-50		24		0.69	1.74
	1-6	-60	7.6	20.5		1.717	4.03
	1-7	-70	10.3	19.4		0.228	5.17
	1-8	-80		18.4		0.12	0.47
	1-9	-90		16.6		0.13	0.46
通州永乐店	044-0	0	5.8	7.0		0.16	0.05
	044-1	-10	3.5	9.2		0.27	0.33
	044-2	-20				0.05	
	044-3	-30	5	7.2		0.12	0.34
	044-4	-40	4.5	8.3	5.6	0.17	0.42
	044-5	-50	5.6			0.22	0.07
	044-6	-60	1.1	9.1		0.14	0.35
	044-7	-70	-7.1			0.10	
	044-8	-80	5	8.8		0.17	0.35
	044-9	-90		8.2		0.15	0.21
	044-10	-100	-4.3			0.18	0.02
	044-11	-110	-0.5	7.6	4.3	0.18	0.23
	044-12	-120	-0.7	8.1		0.16	0.06
	044-13	-130				0.12	
	044-14	-140				0.05	
	044-15	-150				0.05	
	044-16	-160				0.01	
	044-17	-170	4.9	7.2		0.07	0.22

注：SO_4^{2-}，硫酸盐；CRS，硫化物；OBS，有机硫

　　永乐店剖面土壤全硫含量在 0.01‰ ~ 0.27‰ 变化（图 5.5）。不同形态硫同位素组成随深度加深而变化（图 5.5）：硫酸盐硫同位素组成在 7.0‰ ~ 9.2‰ 变化（$\delta^{34}S_{SO_4^{2-}-avg}$ = 8.1±0.8‰，$n=10$）；硫化物硫同位素组成在 -7.1‰ ~ 5.8‰ 变化（$\delta^{34}S_{CRS-avg}$ = 1.9±4.3‰，$n=12$）；有机硫同位素组成在 4.3‰ ~ 5.6‰ 变化。湖泊水的硫酸盐硫同位素组成在

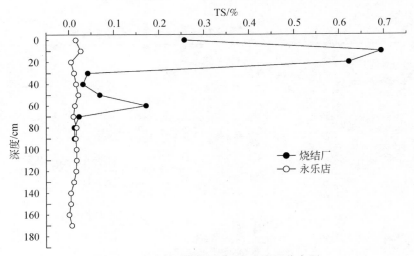

图 5.5　北京地区土壤剖面总硫含量分布图

$5.5‰\sim10.2‰$变化；SO_4^{2-}浓度在$0.05‰\sim0.22‰$变化（图5.6；表5.41）。

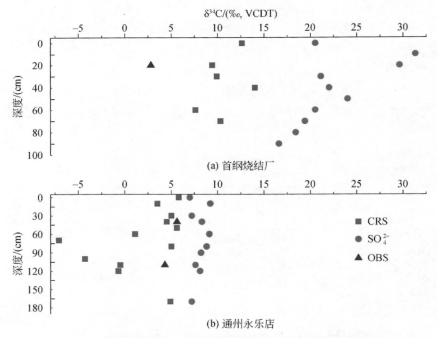

图 5.6　北京地区土壤剖面不同形态硫同位素组成含量分布图

表 5.41　北京湖泊水样分析结果

地点	样品号	$\delta^{34}S$（BaSO$_4$）/(‰，VCDT)	SO$_4^{2-}$/‰
积水潭	JST24	8.2	0.06
穿洞园	CDY24	9.2	0.22
紫竹园	ZZY24	5.5	0.09
未名湖	WMH24	9.0	0.09
颐和园	YHY24	7.5	0.05

同一个样品的硫化物硫同位素组成（$\delta^{34}S_{CRS}$）通常是比硫酸盐硫同位素组成（$\delta^{34}S_{SO_4^{2-}}$）低（图 5.6）；$\delta^{34}S_{SO_4^{2-}}$和$\delta^{34}S_{CRS}$平行分布，这反映硫化物黄铁矿是硫酸盐异化还原的产物，相对亏损^{34}S，而残余母体富集^{34}S；随着深度加深，深部硫酸盐含量降低，硫酸盐还原细菌作用降低，$\Delta(=\delta^{34}S_{SO_4^{2-}}-\delta^{34}S_{CRS})$减少，分馏减少，$\delta^{34}S_{SO_4^{2-}}$和$\delta^{34}S_{CRS}$接近。

2. 利用硫同位素组成识别土壤污染的可行性

与加拿大阿尔伯塔的研究结果相比，阿尔伯塔附近的酸气处理排放的 SO$_2$ 导致周边土壤$\delta^{34}S$达 20‰，首钢剖面有相似的结果，硫酸盐硫同位素组成在 16.6‰～31.3‰变化，表层土壤甚至达到 31.3‰。永乐店剖面结果和喀斯特地区的研究结果类似。

大气沉降、生物成因硫、石膏的溶解、含硫化肥的输入、煤中硫化物矿物的氧化、植物、土壤有机物的腐败脱硫等是土壤硫的来源。本书工业区剖面表层土壤的硫含量和硫同位素组成相对较高，而永乐店剖面表层土壤的硫含量和硫同位素组成相对较低（表 5.40，表 5.41，图 5.6），反映了不同土地类型形态硫来源的差异。相对于原煤或烟气 SO$_2$ 而言，煤燃烧过程中，由于同位素分馏，排出的烟尘颗粒物富集^{34}S重同位素，硫同位素组成升高，释放的 SO$_2$ 气体相对富集^{32}S，同位素组成降低。来源于华北的煤，由更低的硫浓度和更高的硫同位素组成（$\delta^{34}S_{总硫-avg}=3.7‰$），而华南的煤有相反的结果（$\delta^{34}S_{总硫-avg}=-0.3‰$），这是总硫同位素组成的结果，而总硫中有不同形态硫，其中的硫酸盐硫同位素组成较总硫更富集^{34}S，$\delta^{34}S_{SO_4^{2-}}$更高；而硫化物硫富集^{32}S，$\delta^{34}S_{CRS}$组成相对更低。通常，北京首钢工业区使用北方来源的煤：煤中硫含量低，硫同位素组成较高。综上分析，首钢工业区样品特别富集^{34}S，高的$\delta^{34}S$值指示了不同形态硫的来源，虽然比较多元，主要来源于煤渣和燃煤燃烧中排放的烟尘颗粒物的沉降堆积（图 5.7）。土壤平均硫同位素组成受到工业排放的影响，取决于与工业硫发生地点的范围、距离和强度等因素。工业区表层土壤的不同形态硫同位素组成有不同程度的富集重硫^{34}S的现象，混入比例和富集^{34}S的比例随深度加深和距离越远逐渐减少和降低，土壤的不同形态硫同位素组成也会随之降低。结果显示，这些来源^{34}S的渗入已影响到研究区地下 1 m 处左右，也就是说，污染可达地下 1 m，$\delta^{34}S$随深度加深和距离越远逐渐减少和降低。

2006 年北京雨水的硫酸盐含量在 0.06‰～0.99‰变化（Xu and Han，2009），1994 年湖水的硫同位素组成在 6‰～10‰变化（储雪蕾，2000）。北京湖泊水硫酸盐含量和硫同位素组成分别在 0.05‰～0.22‰和 5.5‰～10.2‰变化（2010 年 5 月）。湖水的硫酸盐含

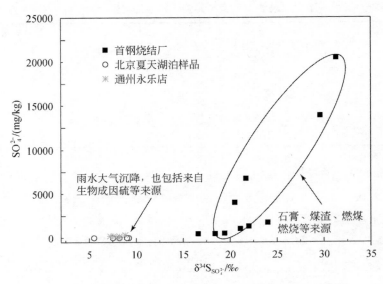

图 5.7　北京地区土壤剖面和湖泊样品 SO_4^{2-} 和 $\delta S_{SO_4^{2-}}$ 对比图

量和 $\delta^{34}S_{SO_4^{2-}}$ 与以上的研究结果相似。永乐店剖面 $\delta^{34}S_{SO_4^{2-}}$（7‰～9.2‰）更接近北京雨水和湖水的硫酸盐硫同位素组成，土壤的硫酸盐主要来源于雨水大气湿沉降，也有来自生物成因硫酸盐还原细菌的作用。不像首钢工业区剖面的硫同位素组成从表层向下同位素组成逐渐减小的变化趋势，永乐店土壤剖面表层和深层土接近的不同形态硫同位素组成，表示表层和深层土壤并没有受到污染，仍保持原始自然的特性，硫含量和硫同位素组成分布趋势和喀斯特地区的研究结果类似。$\delta^{34}S_{SO_4^{2-}}$ 和 $\delta^{34}S_{CRS}$ 平行分布，也反映硫化物黄铁矿是硫酸盐异化还原的产物，不同组成的硫可能是由于动力学同位素分馏的影响，或涉及化学和生物转换的同位素交换反应作用所致。

5.5.2　利用有机碳及同位素组成识别土壤污染

1. 土壤剖面有机碳及同位素分布特征

分析结果表明，首钢烧结厂土壤的 $\delta^{13}C_{SOC}$ 值在 $-24.8‰$ ～ $-23.1‰$，平均值为 $-23.8‰$ $\pm 0.5‰$（$n=10$），变化幅度小；通州永乐店土壤的 $\delta^{13}C_{SOC}$ 值在 $-26.4‰$ ～ $-20.5‰$，平均值为 $-22.5‰ \pm 1.7‰$（样本量 $n=17$），变化幅度大（表 5.42，图 5.8）。两个剖面均在地表下 30 cm 处有一个明显的正漂移，在地表以下 60 cm 左右出现一个负漂移，逐渐升高到一个高值后又逐渐下降，具有类似的变化趋势。

表 5.42 首钢烧结厂和通州永乐店土壤剖面分析结果

地点	样品号	深度/cm	TC/%	TIC/%	TOC/%	δ^{13}Corg/‰
首钢烧结厂	1-0	0	5.0082	1.4105	3.5977	-23.9
	1-1	-10	5.5162	1.1100	4.4062	-24
	1-2	-20	4.3729	0.7409	3.6320	-23.9
	1-3	-30	0.8946	0.0734	0.8212	-23.4
	1-4	-40	0.5944	0.0945	0.4998	-23.8
	1-5	-50	0.7439	0.0911	0.6528	-23.5
	1-6	-60	4.4479	1.0702	3.3777	-24.1
	1-7	-70	0.3144	0.0241	0.2903	-23.1
	1-8	-80	0.0638	0.0004	0.0635	-23.8
	1-9	-90	0.0522	0.0003	0.0519	-24.8
通州永乐店	044-0	0	1.5065	0.6834	0.8231	-22.5
	044-1	-10	1.4889	0.6654	0.8235	-22
	044-2	-20	1.3084	0.7059	0.6025	-21.2
	044-3	-30	1.0227	0.6257	0.3971	-21.1
	044-4	-40	1.0290	0.6742	0.3548	
	044-5	-50	1.0339	0.6518	0.3822	-21.5
	044-6	-60	0.9303	0.5677	0.3626	-21.8
	044-7	-70	0.9318	0.5523	0.3795	-20.6
	044-8	-80	0.7881	0.4440	0.3441	-20.5
	044-9	-90	1.6743	1.0135	0.6608	-22.3
	044-10	-100	1.4692	0.9006	0.5686	-21.7
	044-11	-110	1.7270	1.0982	0.6288	-22.2
	044-12	-120	1.8979	1.3353	0.5626	-21.7
	044-13	-130	1.4544	1.0401	0.4143	-21.9
	044-14	-140	1.1448	0.8455	0.2994	-24.5
	044-15	-150	1.1745	0.8869	0.2876	-24.8
	044-16	-160	1.0695	0.9227	0.1468	-25.5
	044-17	-170	1.1009	0.8670	0.2339	-26.4

首钢烧结厂土壤样品有机碳（SOC）含量在0.05%~4.4%，通州永乐店的土壤样品有机碳含量在0.15%~0.82%（图5.9）。首钢烧结厂表层土壤样品的有机碳同位素组成较非工业区的样品低1.4‰，直到土壤表层下70cm，有机碳同位素组成升到最高的-23.1‰左右，仍然比非工业区的表层土壤有机碳同位素组成负（图5.10）。在地表下70~100cm，两个土壤剖面都由最高的有机碳同位素组成，然后逐渐下降，变化趋势明显（图5.9）。大致而言，土壤有机质含量总体随深度变化而降低，但是工业区土壤样品的有机碳含量显著高于自然土壤剖面。

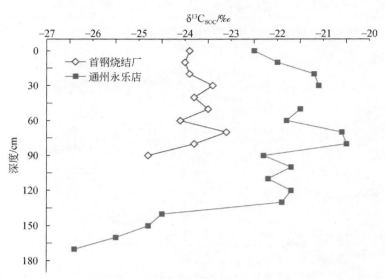

图 5.8　北京地区土壤剖面有机碳同位素组成

2. 利用有机碳及同位素组成识别土壤污染的可行性

通州永乐店剖面和首钢剖面属于不同土地利用方式，土壤有机质含量总体随深度的变化而降低，表层和深部土壤变化明显（图 5.9）；而首钢烧结厂土壤样品的有机碳含量比自然土壤剖面样品高很多（图 5.9），特别是土壤表层。土壤样品镜下的鉴定结果显示，首钢烧结厂的样品含有不同比例的直径可达 2 mm 的煤炭土壤颗粒，其有更高的有机碳含量。通州永乐店剖面和首钢烧结厂剖面 $\delta^{13}C_{SOC}$ 深度分布具有较为相似的变化趋势和规律：采样点表层到地下 30 cm，$\delta^{13}C_{SOC}$ 随深度增加。其主要原因是，植物残留物分解过程中微生物对 ^{12}C 的优先分解将引起土壤 ^{13}C 的比例升高。

两剖面的 $\delta^{13}C_{SOC}$ 变化幅度不同：通州永乐店土壤剖面从表层到深部的土壤有机碳同位素组成变化较大，有机质降解趋势更为明显；而首钢烧结厂则不明显，向下变化不大，有机质降解趋势不明显（图 5.9）。

首钢烧结厂表层土壤样品的有机碳同位素组成比非工业区的样品低 1.4‰，直到土壤表层下 70 cm，有机碳同位素组成升到最高的 −23.1‰左右，仍然比非工业区的表层土壤有机碳同位素组成低（图 5.8）。而且首钢烧结厂土壤有机碳的 $\delta^{13}C_{SOC}$ 值在 −24.8‰ ~ −23.1‰，变化幅度小；通州永乐店土壤有机碳的 $\delta^{13}C_{SOC}$ 值的变幅较大（图 5.8），反映其剖面存在有机质自然降解和微生物作用下的有机质分馏过程，而首钢烧结厂剖面不明显。这是由于不便于降解的煤炭残渣进入到土壤中，影响和干涉了微生物作用下的有机质分馏过程。首钢烧结厂土壤的有机碳同位素组成接近燃煤的值，指示了土壤有机质的来源，首钢烧结厂表层土壤的有机碳来自于燃煤的粉尘或干湿沉降的有机质，直到土壤表层下 70 cm，有机碳同位素组成升到最高的 −23.1‰。而非工业区的有机质含量较低（图 5.10），有机碳同位素组成相对首钢烧结厂较正，土壤有机碳主要来自枯枝落叶。由于 C_3 植物同位

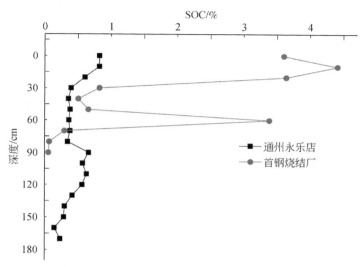

图 5.9　北京地区土壤剖面有机碳含量分布图

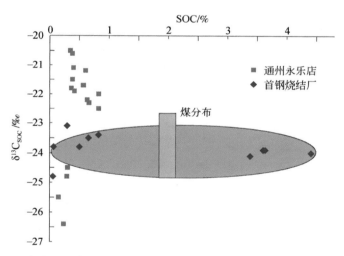

图 5.10　本书的土壤样品和中国煤（周强，2007）的 $\delta^{13}C_{soc}$ 和 SOC 对比图

素组成在 $-30‰ \sim -20‰$，C_4 植物同位素组成在 $-17‰ \sim -8‰$，考虑到微生物作用和有机质降解等，通州永乐店的土壤有机质应该主要来自于 C_3 植物，C_4 植物来源有限。

工业成因产生的硫存在于土壤中，煤渣和燃煤燃烧中排放的烟尘颗粒物沉降可能是首钢烧结厂最主要的土壤硫酸盐、硫化物和有机硫来源，较高的 $\delta^{34}S_{SO_4^{2-}}$ 值揭示了首钢烧结厂表层土壤和深部土壤受到了不同程度的污染，这些来源的 ^{34}S 渗入已影响到地下 1 m 处左右。而较低的 $\delta^{34}S$ 值反映了通州永乐店剖面表层和深部土壤未受到污染，硫酸盐主要来源于雨水大气沉降，也包括来自生物成因硫等来源，保持了自然土壤特性。硫同位素组成分析可以作为探寻不同土地利用类型土壤硫来源、影响范围和过程的有效方法之一。

北京首钢烧结厂和自然环境土壤剖面有机碳同位素组成和有机质含量存在显著的差

异。永乐店土壤剖面从表层到深部的土壤有机碳同位素组成变化较大，有机质降解趋势更为明显；而工业区则不明显，向下变化不大，有机质降解趋势不明显。

不同土地利用方式的土壤有机质来源不同：首钢烧结厂的有机碳受到燃煤燃烧和煤炭废渣的影响，有机质含量高，污染影响可达地下 70 cm 深处，表层土壤有机质中有一部分来源于燃煤燃烧和煤炭残渣，受到了较强的污染；而非工业区的土壤中，土壤有机质主要来自于以 C_3 植物为主的植物枯枝落叶。两者结果虽然具有明显的差异，但是变化趋势相似，土壤有机碳的同位素组成差异可以作为判断土壤有机碳来源的研究手段。

参 考 文 献

《北京农村年鉴》编委会. 2003. 北京农村年鉴. 北京：中国农业出版社.

储雪蕾. 2000. 北京地区地表水的硫同位素组成与环境地球化学. 第四纪研究，20（1）：87-97.

杨惠芬，李明元，沈文. 1997. 食品卫生理化检验标准手册. 北京：中国标准出版社.

杨军，郑袁明，陈同斌，等. 2005. 北京市凉凤灌区土壤重金属的积累及其变化趋势. 环境科学学报，25（9）：1175-1181.

张夫道. 1985. 肥料中的有害成分. 农业环境保护，4（3）：17-19.

郑袁明，余柯，吴鸿涛，等. 2002. 北京城市公园土壤铅含量及其污染评价. 地理研究，21（4）：418-424.

中华人民共和国卫生部. 1991. GB 13106—1991. 食品中锌限量卫生标准. 北京：中国国家标准出版社.

中华人民共和国卫生部. 1994. GB15199—1994. 食品中铜限量卫生标准. 北京：中国标准出版社.

中华人民共和国卫生部. 2012. GB2762—2012. 中国国家标准化管理委员会. 北京：中国国家标准出版社.

周强. 2007. 中国煤中稳定同位素地球化学. 质谱学报，28（增刊）：11-13.

Chen T B, Wong J W C, Zhou H Y, et al. 1997. Assessment of trace metal distribution and contamination in surface soils of Hong Kong. Environmental Pollution, 96（1）: 61-68.

FAO/WHO. 1991. Evaluation of certain veterinary drug residues in food, Thirty-eight report of the Joint FAO/WHO Expert Committee on Food Additives. WHO Technical Report Series, No. 815, Geneva.

Krouse H R, Stewart W B, Grinenko V A. 1991. Stable isotopes: Natural and anthropogenic sulfur in the environment. Pedosphere and biosphere, Chichester: John Wiley and Sons. 267-306.

Madrid L, Diaz-Barrientos E, Madrid F. 2002. Distribution of heavy metal contents of urban soils in parks of Seville. Chemosphere, 49（10）: 1301-1308.

van Stempvoort D R, Fritz P, Reardon E J. 1992. Sulfate dynamics in upland forest soils, central and southern Ontario, Canada: stable isotope evidence. Applied Geochemistry, 7（2）: 159-175.

Xu Z, Han G. 2009. Chemical and strontium isotope characterization of rainwater in Beijing, China. Atmospheric Environment, 43（12）: 1954-1961.

第6章 城市人类活动对土壤环境质量的影响

城市是人类生产和生活的重要场所。城市土壤是构成城市环境的一个重要部分。密集的工业、交通、能源等人类活动使土壤受不同程度的干扰，造成较为严重的重金属污染。作为潜在的来源途径之一，公路交通可能带来一系列重金属污染问题，影响了城市的土壤环境质量。本章介绍了城市不同功能区的土壤污染特征、交通等人类活动对城市土壤重金属含量的影响。

6.1 城市土壤重金属污染特征

城市土壤是城市生态系统的重要组成部分，其有害物质会影响城市环境质量和人体健康。与农业土壤不同，城市土壤和灰尘中的重金属虽不会直接污染食物链，但仍可通过呼吸、吞食和皮肤吸收等途径进入人体，直接对人体，特别是对儿童健康造成危害。儿童血铅含量对智力、行为、感觉综合发育、学习成绩的影响存在明显的"剂量–效应"关系。1999年对北京城区、郊县178名1~6岁儿童血铅调查的结果显示，儿童血铅≥0.483 μmol/L的样本占54.5%，这表明城市土壤和灰尘中的Pb污染仍在继续危害儿童健康。除Pb外，其他重金属也可通过无意吸食等途径进入人体内，导致健康风险。如Zn和Cd等在内的重金属的过度暴露同样会导致儿童认知不全、轻度痴呆等中枢神经系统紊乱。

与农业土壤单纯的种植利用不同，城市土壤因城市功能的需要，存在诸多不同的土地利用方式，因而土壤物质在组成上存在较大的时间和空间变异性。近年来国内外学者针对城市土壤重金属含量及其分布状况进行了大量研究，结果表明不同城市不同功能区土壤重金属含量和污染水平差异各有特点。北京市城市土壤重金属分布状况也有一些研究：公园土壤Cu和Pb积累显著（Chen et al.，2005），公路两侧土壤Pb受交通污染影响明显（郑袁明等，2005），但针对北京市整个城区土壤重金属整体水平及不同功能区土壤的重金属累积状况的研究还略显薄弱。北京市城区商业区密集，交通流量大，人口密度高，据统计，2007年城市公共交通运营车辆为2.05万辆，出租车运营车辆为6.66万辆，年末全市民用汽车保有量达277.8万辆；2007年末北京常住人口为1633万，人口密度为995人/km²。近年来，随着城市建设的发展，不少工矿企业已经外迁，但过去的工业活动留下的场地污染问题，还将在很长一段时间内影响周围的土壤及相关环境介质。

6.1.1 北京市城区土壤重金属含量

北京市城市土壤As和Cd含量呈对数正态分布，Cu、Ni、Pb和Zn含量变异程度较大，经Box-Cox转换后呈正态分布。与北京市土壤重金属的相关背景值比较，As（$p = 0.288$）和Ni（$p = 0.418$）与背景值无显著差异；Cd、Cu、Pb和Zn显著高于背景值（$p =$

0.000），超过背景值的样本比率分别为 53.6% 、86.2% 、64.2% 和 85.4% （表 6.1），这说明北京市城市土壤 Cd、Cu、Pb 和 Zn 存在一定程度的积累。

表 6.1　北京市城区土壤的重金属分布

项目	重金属含量/（mg/kg）					
	As	Cd	Cu	Ni	Pb	Zn
范围	2.98~28.0	0.115~0.649	13.7~741	17.7~297	15.0~429	34.8~891
中值	7.23	0.206	24.3	25.9	27.5	74.2
均值	7.25 a	0.215 a	25.1 b	25.8 b	28.2 b	77.2 b
北京市背景值	7.09	0.199	18.7	26.8	24.6	57.5
超背景值的样本比例/%	51.2	53.6	86.2	42.3	64.2	85.4

注：a 为几何均值；b 为经过 Box-Cox 正态转换后的均值

6.1.2　北京市城区土壤重金属污染评价

总体来看，北京市城区土壤 As、Cd、Cu、Ni、Pb 和 Zn 的单项污染指数均小于 1，说明北京市城区土壤的 6 种重金属含量总体处于清洁状态。

工业区单项污染指数 P_{Cu}、P_{Pb} 和 P_{Zn} 大于 1，说明工业区土壤 Cu、Pb 和 Zn 已达到污染程度。工业区 As、Cd 和 Ni，以及其他 6 种土地利用方式下土壤中 As、Cd、Cu、Ni、Pb 和 Zn 的污染指数均小于 1 （表 6.2），表明其并未受到明显污染，至今仍属于清洁范围。

表 6.2　北京市不同功能区土壤的重金属污染指数

土地利用方式	单项污染指数 P_i						内梅罗综合累积指数 P_n	累积水平
	As	Cd	Cu	Ni	Pb	Zn		
交通边缘带	0.51	0.47	0.58	0.59	0.63	0.65	0.63	清洁
住宅区	0.46	0.52	0.66	0.52	0.80	0.78	0.75	尚清洁
商贸区	0.52	0.56	0.79	0.53	0.72	0.91	0.87	尚清洁
工业区	0.50	0.77	1.19	0.69	1.32	1.37	1.62	轻污染
中学校园	0.55	0.58	0.75	0.52	0.79	0.79	0.81	尚清洁
城市广场	0.50	0.50	0.67	0.52	0.65	0.74	0.69	清洁
公园	0.56	0.61	0.81	0.56	0.96	0.89	0.95	尚清洁

内梅罗综合累积指数 （P_N） 评价不同功能区土壤重金属综合污染状况表明，城区土壤 6 种重金属的内梅罗指数为 0.71，处于尚清洁水平。土壤 As、Cd、Cu、Ni、Pb 和 Zn 的内梅罗指数由高到低的顺序为：工业区>公园>商贸区>中学校园>住宅区>城市广场>交通边缘带，其中，工业区土壤显著高于商贸区、校园、住宅区、城市广场和交通边缘带；公园和校园土壤显著高于交通边缘带土壤；商贸区土壤显著高于城市广场和交通边缘带土壤。

6.2 城市不同功能区的土壤重金属含量

北京市城市住宅区土壤 Cu 含量，工业区土壤 Cu 和 Ni 含量，公园土壤 As 和 Pb 含量呈对数正态分布，其他重金属含量数据符合正态分布。

公园土壤 As 含量最高，住宅区土壤 As 含量最低，公园、校园和商贸区的土壤 As 显著高于住宅区；工业区土壤 Ni 含量最高，城市广场土壤 Ni 含量最低；交通边缘带和校园土壤的 Cu 显著高于商贸区、住宅和城市广场，公园土壤 Cu 含量显著高于城市广场；工业区土壤 Ni 分布离散度较大，平均含量最高，但与其他功能区无显著差异；对于 Cd、Cu、Pb 和 Zn 四种金属，工业区土壤含量最高，交通边缘带土壤含量最低，而且工业区土壤 Cd、Cu、Pb 和 Zn 均显著高于商贸区、住宅区和交通边缘带；另外，其他不同功能区之间 Cd、Cu、Pb 和 Zn 也存在显著差异（图 6.1）。

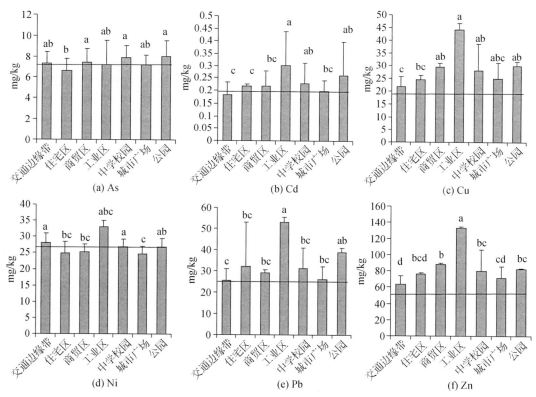

图 6.1 北京市不同功能区土壤重金属分布

注：未含相同字母表示差异显著

总体来看，工业区土壤重金属含量最高，Cd、Cu、Ni、Pb 和 Zn 平均含量均居首位，其超过背景值的样本比率分别为 67%、100%、60%、80% 和 100%。公园土壤仅次于工业区土壤，其中，公园土壤 As 含量位居 7 种功能区之首，其超过背景值的样本比率为 72%。住宅区、交通边缘带（道路）和市广场的土壤重金属含量较低，其中，住宅区土壤

As、Cd、Cu 和 Zn 超过背景值的比例最低。

对北京市城市土壤重金属的调查结果显示，不同土地利用方式下城市土壤重金属累积水平存在较大差异。根据单项累积指数分析，工业活动下土壤 Cu、Pb 和 Zn 存在一定程度的积累，而其他利用方式下土壤重金属水平均处在清洁状态。另外，公园土壤 Cu、Pb、Zn 及商贸区 Zn 的污染指数接近污染评判阈值，特别是公园土壤 P_{Pb} 已高达 0.96，说明公园和商贸区土壤重金属累积明显。根据内梅罗综合指数，工业区土壤重金属的累积程度较大，内梅罗指数为 1.62，已达到轻度污染水平；其次为公园土壤（$P_n = 0.95$），接近轻度污染警戒线。商贸区、中学校园及住宅区土壤尚处于清洁状态；城市广场和交通边缘带土壤属于清洁水平。从 6 种重金属来看，工业活动对土壤中重金属的累积作用最大，其次是公园和商贸活动。

6.2.1　不同功能区土壤重金属含量差异分析

北京市工业区土壤重金属累积最明显。工业区土壤样点包括首都钢铁集团、新型工业开发区和工厂搬迁遗弃地，工业活动类型主要为金属冶炼与加工。工业废弃物的排放与沉降直接进入土壤，造成土壤重金属累积。工业区土壤 Cu、Pb 和 Zn 的高值点集中出现在两个机械设备厂的废弃地。工业区土壤 Cu、Pb 和 Zn 的最高值与最小值的比值分别为 37.8、13 和 14，可见工业废弃地土壤重金属污染不容忽视；特别是随着城市发展的需要，大批工矿企业搬离城区，原有场地转为其他建设用途，在开发前应高度关注场地土壤的重金属污染风险和治理修复问题。

公园土壤 As 含量最高，超过土壤 As 背景值的样本达 76%，但 As 与 Cd、Cu、Pb 和 Zn 相比，单因子污染指数仍处于较低水平（表 6.2）。公园土壤的 Cd、Cu、Pb 累积程度仅次于工业区土壤。为探究公园土壤重金属来源，对北京城区某大型古老公园的建筑材料（油漆末、瓦片及砖块）的重金属进行了检测，结果发现，油漆中 As、Cu 和 Pb 含量很高（表 6.3），最高值分别为北京市土壤背景值的 660、164 和 3743 倍，琉璃瓦的 Pb 含量最高值达到土壤背景值的 198 倍。因此，公园建筑材料中含有大量重金属可能是导致土壤重金属升高的原因之一。

表 6.3　北京市古老公园中建筑材料的重金属含量

材料	重金属含量/（mg/kg）		
	As	Cu	Pb
砖块	5.06 ~ 6.21	20.8 ~ 23.7	17.8 ~ 19.8
瓦片	6.04 ~ 16.5	36.9 ~ 53.7	42.4 ~ 4888
油漆	23.5 ~ 4790	23.5 ~ 3069	1540 ~ 92087

交通运输是城市土壤重金属的另一个重要来源。汽车尾气排放、轮胎添加剂中的重金属元素均可影响土壤中 Pb、Zn 和 Cu 的含量。郑袁明等（2005）对北京市不同土地利用方式下土壤重金属的前期研究发现，城区外围公路附近绿化地土壤的 Pb 含量达 34.8 mg/kg，显著高于北京市土壤 Pb 背景值（$p < 0.05$）。但本次调查显示，交通边缘绿化带重金属水平相

对较低，Pb 的几何均值仅 25.6 mg/kg，这可能与本次研究的采样点有关。本次交通边缘带土壤取自八达岭高速和四环线两旁绿化地。近年来，随着城市建设的发展，城市道路两旁绿化覆盖率明显好转，树木和草坪对来自机动车排放和大气沉降的重金属进入土壤有一定的阻隔和过滤作用。另外，近年来无 Pb 汽油的使用和绿化带土壤相对较高频率的扰动也可能是交通边缘带重金属含量偏低的原因之一。

6.2.2　城市广场和校园土壤重金属污染的特征

北京市城市土壤和地表灰尘重金属含量符合正态分布（p_{k-s} > 0.05）。土壤中 As、Cu、Pb、Zn 的均值分别为 7.60 mg/kg、26.6 mg/kg、28.9 mg/kg 和 75.4 mg/kg（表 6.4），显著高于北京市土壤元素背景值，超过背景值的样本比率分别为 67%、83%、73% 和 83%；Cd、Ni 的均值为 0.203 mg/kg 和 25.6 mg/kg，与土壤背景值没有显著性差异，超过背景值的样本比率为 53% 和 37%。土壤中 As、Cd 和 Ni 的均值相对于背景值的累积指数接近 1.00，说明土壤中此 3 种元素累积不明显；Cu、Zn 和 Pb 累积指数分别为 1.42、1.31 和 1.17，表明存在一定的累积，其中 Cu 的累积相对最重。

表 6.4　北京市城市广场和校园土壤、地表灰尘重金属统计

元素	样品类型（n=30）	重金属/（mg/kg）			累积指数	差异性检验 p
		均值±偏差	中位值	土壤背景值		
As	土壤	7.60±1.18	7.54	7.09	1.07	0.798
	灰尘	7.69±1.55	7.26		1.08	
Cd	土壤	0.213±0.07	0.203	0.199	1.07	0.000
	灰尘	0.765±0.38	0.632		3.84	
Cu	土壤	26.6±9.42	24.7	18.7	1.42	0.000
	灰尘	54.3±28.1	49.5		2.90	
Ni	土壤	26.1±2.57	25.6	26.8	0.97	0.115
	灰尘	27.6±4.56	27.1		1.03	
Pb	土壤	28.9±8.57	27.7	24.6	1.17	0.000
	灰尘	59.0±25.8	56.5		2.40	
Zn	土壤	75.4±22.2	72.9	57.5	1.31	0.000
	灰尘	243±150	196		4.23	

与北京市土壤背景值相比，灰尘中的 Ni 没有显著性差异（$p = 0.336$），As、Cd、Cu、Pb 和 Zn 显著高于背景值（$p = 0.000$）。Ni 和 As 超过土壤背景值的样本比率分别为 57% 和 63%，Cd、Cu、Pb 和 Zn 超过土壤背景值的样本比率均为 100%。相对于北京市土壤背景值，灰尘中 Ni 和 As 无明显累积，Cd、Cu、Pb 和 Zn 累积较重，累积指数分别为 3.84、2.90、2.40 和 4.23。

与土壤重金属背景值相比，土壤中 Cu、Pb、Zn 含量偏高，灰尘中除这 3 种元素含量偏高外，Cd 也偏离背景值较远，且 Cu、Pb、Zn 和 Cd 显著高于土壤（表 6.1），说明灰尘重金属积累程度高于土壤，这与大多数研究结果一致。

土壤和灰尘中对应元素相关性检验结果显示，两种介质中 Zn（$p=0.011$）、Ni（$p=0.037$）显著相关，说明灰尘 Zn 和 Ni 的来源与土壤类似，而 As、Cu、Pb 和 Cd 不相关，表明土壤与灰尘中这 4 种元素的来源存在一定差异。城市街道灰尘重金属来源较为复杂。西安城市灰尘 Cu、Pb 和 Zn 来自工业污染源，Pb 和 Zn 同时还来自交通活动；Zn 是轮胎硬化剂的材料，香港主干道灰尘高含量的 Zn 源于高温下轮胎的磨损。本次研究区域为城市广场和中学校园，周围工业活动较少，但研究地点大多临近街道，因此，推断 Cu、Pb 和 Zn 等重金属浓度偏高主要源于交通活动和大气沉降。机动车辆直接排放的颗粒物及车辆行驶引起的二次扬尘，是公路灰尘和土壤中重金属含量增加的重要因素。虽然无 Pb 汽油的使用减轻了交通活动中 Pb 的排放，但过去滞留在土壤中的 Pb 随着微小颗粒物的扬起又沉降，仍然会影响街道灰尘中 Pb 的累积。

城市广场和中学校园土壤重金属含量总体差异不显著，仅中学校园的表土重金属 Ni 显著高于城市广场（$p=0.010$）；而两者之间灰尘重金属含量差异较大（表 6.5），中学校园灰尘中 Ni、Pb 和 Zn 平均值为 29.9 mg/kg、69.4 mg/kg 和 301 mg/kg，显著高于城市广场，特别是 Pb 和 Zn，平均值分别是城市广场的 1.53 和 1.80 倍。

针对北京市不同土地利用方式下土壤重金属分布的研究发现，公路两侧土壤受交通污染的影响明显（郑袁明等，2005）。本次调查中部分学校分布在道路两旁，学校与道路之间没有明显的绿化隔离带，而城市广场虽然多在市区，但周围树木、草坪占地比例较大，绿化遮挡物对来自周围的污染源及大气沉降有一定的屏蔽作用。另外，本次调查中，在主城区三环以内，中学样本数有 6 个，而城市广场样本数仅两个，城中心街道灰尘重金属含量明显高于外围也是本次研究中中学灰尘普遍高于城市广场的原因之一。

表 6.5　中学校园和城市广场灰尘重金属含量统计

元素	中学校园（$n=17$）/（mg/kg）			城市广场（$n=13$）/（mg/kg）			差异性分析 p
	范围	Mean±SD[a]	中值	范围	Mean±SD	中值	
As	5.80～12.4	8.04±1.71	7.73	5.97～10.8	7.24±1.21	7.12	0.162
Cd	0.275～1.270	0.705±0.286	0.632	0.298～1.810	0.844±0.492	0.570	0.338
Cu	26.7～85.0	57.3±18.8	52.1	22.7～162	50.3±37.6	34.5	0.511
Ni	23.4～40.0	29.9±4.44	28.5	19.6～28.9	24.6±2.54	25.0	0.001
Pb	34.4～114	69.4±23.7	63.9	26.1～108	45.3±22.3	41.3	0.008
Zn	129～643	301±169	243	75.3～287	167±71.2	162	0.007

a Mean±SD 为平均值±标准差。

6.3　城市交通对土壤重金属含量的影响

随着我国汽车工业和交通运输的发展，特别是高速公路的相继运营，公路交通对我国的经济发展起着十分重要的作用。但是，公路交通的快速发展也带来了一系列重金属污染问题，尤其是目前汽车排放性能不佳，车辆维护保养差，车辆平均排放因子较高，使得重金属污染问题更加突出。

机动车辆直接排放的颗粒物及车辆行驶引起的二次扬尘，是大气粉尘中 Pb、Zn、Cu 和 Cd 含量升高的重要影响因素，同时也是公路灰尘和土壤中重金属含量增加的重要因素。含 Pb 汽油中通常含有四乙基铅或四甲基铅等抗爆剂，经燃烧后，烷基铅化合物转化为 PbO 和 PbO_2，继而转化为挥发性的 $PbCl_2$、$PbBr_2$ 和 PbClBr，最后随尾气排出。据估计，75% 的 Pb 以颗粒态的形式随汽车尾气进入环境。汽车轮胎中通常含有二乙基锌盐或二甲基锌盐等抗氧化剂，润滑油中通常含有二硫代磷酸锌盐等抗氧化剂和分散剂，镉盐主要作为含 Zn 添加剂的杂质存在于汽车轮胎和润滑油中。因此，汽车轮胎磨损及润滑油燃烧是公路 Zn 和 Cd 污染的主要来源。此外，防腐镀锌汽车板的广泛使用所产生的大量含 Zn 粉尘，也是公路 Zn 污染的来源之一。刹车里衬的磨损不仅造成公路 Cd 和 Pb 污染，而且会导致 Cu 污染。

不同机动车车型各组件部分的 Pb、Cu、Zn 和 Cd 含量及其耗损量等参数如下（表6.6 和表6.7）。

表6.6　机动车辆各组分的重金属含量

汽车部件	重金属含量/（mg/kg）			
	Pb	Cu	Cd	Zn
含铅汽油	200	—	—	—
无铅汽油	17	—	—	—
刹车里衬	3900	142000	2.7	21800
橡胶轮胎	6.3	1.8	2.6	10250

资料来源：Legret and Pagotto，1999

表6.7　不同车型各组件部分的平均耗损量

车型	刹车里衬磨损 /[mg/（v·km）]	耗油量 /[g/（v·km）]	轮胎磨损量 /[mg/（v·km）]
客车	20	58	68
货车	29	61	68

资料来源：Legret and Pagotto，1999

6.3.1　计算方法

1. 机动车重金属的排放量

机动车运行中重金属的排放总量随其排放因子、行驶里程数和运营辆数而异。可用式（6.1）计算机动车排放的重金属总量：

$$M = \sum_{i=1}^{p} \sum_{j=1}^{q} Z_j L_i C_j \tag{6.1}$$

式中，M 为机动车所排放某重金属的总量（mg）；p 为车型数；q 为机动车各组件部分数；

Z 为机动车各组件部分的耗损量 [mg/(v·km)]; L 为不同车型机动车的总行驶里程数 (v·km); C 为汽车组件部分的重金属含量 (mg/kg)。

式 (6.1) 中的 L 由式 (6.2) 计算:

$$L = \frac{a \times x}{b} \tag{6.2}$$

式中, a 为年总载客量 (10^4 人/a) 或年总载货量 (10^4 t/a); x 为载客或载货的平均运距 (km); b 为每辆客车的载客量 (人) 或每辆货车的载重量 (t)。假设每辆客车的载客量平均为 30 人,每辆货车的平均载重量为 3.5 t。

目前,我国载客车和载货车的拥有量占民用汽车总量的 95% ~ 99%,机动车辆可以忽略不计。因此,在本书中只考虑载客车和载货车。

2. 公路两侧土壤中 Pb 污染的范围

为使不同人的研究结果 (表 6.8) 具有可比性,郭广慧 (2012) 采用距公路的垂直距离 (W) 与其相应土壤中 Pb 的 PI 的平均值 ($\overline{PI}$) 进行拟合。

在求得 Pb 污染指数的基础上,计算不同观测点的土壤中 Pb 的 PI 的平均值 ($\overline{PI}$) 和标准差 (SD) (郭广慧,2012)。拟合结果表明,W 与其相应的 Pb 污染指数的平均值 ($\overline{P_i}$) 可用指数衰减模型进行描述。

表 6.8　不同研究中距公路不同距离土壤中的 Pb 含量及其污染指数

地区	距公路的距离 /m	不同位置的土壤 Pb 含量/(mg/kg)	土壤 Pb 背景值 /(mg/kg)	PI [*]
中国武汉	5	100.7	24.4	4.13
	10	92.3		3.79
	20	84.8		3.48
	40	64.9		2.67
	60	50.0		2.05
	100	36.0		1.48
	130	30.5		1.25
	160	28.1		1.15
中国福建龙岩	5	—	35	3.26
	10	—		3.44
	20	—		3.44
	30	—		3.14
	50	—		2.68
	80	—		2.34
	150	—		2.02
	250	—		1.58

续表

地区	距公路的距离 /m	不同位置的土壤 Pb 含量/(mg/kg)	土壤 Pb 背景值 /(mg/kg)	PI*
中国西宁 甘里铺	5	117	21.8	5.37
	10	105		4.82
	20	98.3		4.51
	40	60.7		2.78
	60	49.8		2.28
	100	40.1		1.84
	130	32		1.47
	160	32.4		1.49
中国西宁 乐家湾	5	83.2	24.8	3.82
	10	81.7		3.75
	20	77.6		3.56
	40	58.9		2.70
	60	42		1.93
	100	25.4		1.17
	130	24.8		1.14
	160	24.8		1.14
约旦安曼	10	10.9	6.3	1.73
	25	8.25		1.31
	60	6.6		1.05
斯洛文尼亚 丘陵地区	5	71.1	22.3	3.18
	10	34.2		1.53
	100	25.9		1.16
	500	25.3		1.13

* 各 PI 是本书根据文献的资料重新计算所得到

3. 土壤中 Pb 累积含量的计算

Pb 在土壤中的累积含量可用式（6.3）来计算：

$$Q = K(B + \Delta R) \tag{6.3}$$

式中，Q 为土壤中 Pb 的年累积含量（mg/kg）；K 为 Pb 在土壤中的年残留率，根据文献资料一般取值为 0.95（郦桂芬，1989）；B 为表层土壤中 Pb 含量的初始值（mg/kg），本书以北京市北郊安立路两侧土壤为例，其初始值为 32.7 mg/kg（张毅，1991）；ΔR 为土壤中 Pb 的年输入量［mg/(kg·a)］。

式（6.3）中的 ΔR 可采用式（6.4）求得

$$\Delta R = \frac{0.75M}{2 \times W \times L_g \times h \times 1150} \tag{6.4}$$

式中，0.75 为大气中 Pb 的沉降率（Nicholas Hewitt and Rashed，1990）；M 为机动车排放的 Pb 总量（mg）；L_g 为公路长度（m）；h 为表层土壤的厚度（0.05 m）；1150 为土壤容重（kg/m³）；$2 \times W$ 为公路两侧土壤中 Pb 严重污染的范围（m）。

根据式（6.3）可推导出 n 年后公路两侧土壤中 Pb 的累积含量：

$$Q_n = BK^n + K\sum_{i=1}^{n} K^{n-i}\Delta R_i \tag{6.5}$$

式中，Q_n 为 n 年后土壤中 Pb 的累积含量（mg/kg）；ΔR 为第 i 年土壤中 Pb 的输入量 [mg/(kg·a)]。

使用无铅汽油后，机动车 Pb 的排放量大幅度下降，土壤中 Pb 的年输入量降低，导致式（6.5）不再成立，因此，采用式（6.6）来计算土壤中 Pb 的累积含量：

$$Q_n = B + K\sum_{i=1}^{n} K^{n-i}\Delta R_i \tag{6.6}$$

4. Pb 污染土地面积的计算

按照式（6.7）可计算出受公路交通排放 Pb 的污染土地面积：

$$S_p = 2 \times W \times L \tag{6.7}$$

式中，S_p 为受公路交通 Pb 污染的土地面积（m²）；L 为公路总长度（m）；$2 \times W$ 为公路两侧土壤中 Pb 严重污染的范围（m）（不包括公路本身的面积）。

6.3.2 交通对公路灰尘及土壤重金属含量的影响

含铅汽油、润滑油燃烧后的废气排放，车辆轮胎、刹车里衬的机械磨损是公路沿线重金属颗粒物的重要来源。这些含重金属的颗粒物，一部分直接沉积在路面，一部分飘散在空气中或通过干湿沉降沉积到公路两侧土壤中，对公路灰尘和两侧土壤造成一定程度的重金属污染。

1. 交通对公路灰尘中重金属含量的影响

公路灰尘对大气中颗粒态 Pb 和其他重金属具有吸附作用。研究发现，Pb、Zn、Cu 和 Cd 在公路灰尘中已有不同程度的积累（表 6.9）。伯明翰（人口数为 23 万）城市道路灰尘中，Pb、Zn、Cu 和 Cd 的平均含量均高于考文垂（人口数 3 万）道路灰尘中的含量，尤其是公路十字路口处灰尘中重金属含量较高。张毅（1991）的研究发现，北京北郊安立公路灰尘中 Pb 含量分别是北郊土壤中 Pb 背景值和公路两侧土壤中 Pb 含量的 12.0 倍和 5.7 倍，这表明公路交通导致公路灰尘中重金属的累积，对公路周边环境造成了严重的污染。

2. 交通对公路两侧土壤中重金属含量的影响

大量研究发现，国内外城市公路旁土壤中的重金属已出现了不同程度的累积（表 6.9）。尽管使用无铅汽油后，上海市汽车尾气对大气中 Pb 颗粒物的贡献率仅为 20%；长春市 TSP 中 Pb 含量比使用含铅汽油时下降了约 44%~48%。但重金属在土壤中具有累积

表 6.9　国内外不同城市公路灰尘和土壤中 Pb、Cu、Zn 和 Cd 的含量

类别	城市	样本数	重金属含量/(mg/kg)							
			Pb M±SD	Pb 背景值	Cu M±SD	Cu 背景值	Zn M±SD	Zn 背景值	Cd M±SD	Cd 背景值
灰尘	香港 (Li et al., 2001)	45	181±92.9	—	173±2.25	—	1450±869	—	3.77±2.25	—
	香港 (Chan and Kwok, 2001)	8	120±4	—	110±4	—	3840±70	—	—	—
	香港 (Lee et al., 2006)	633	214.3±147.9	—	445.6±708.6	—	2665.0±1815.0	—	4.3±3.3	—
	西安 (Han et al., 2006)	65	230.5±431.0	26	95.0±130.2	22.6	421.5±456.0	74.2	—	—
	大田 (Kim et al., 1998)	31	52	28	57	24	214	107	—	—
	西班牙马德里 (de Miguel et al., 1997)	16	1927±3.79	—	188±7.83	—	476±15.87	—	—	—
	英国伦敦 (Warren and Birch, 1987)	12	3495.6	1526.0	513.6	274.4	950.0	600.3	3.75	2.9
	加拿大渥太华 (Rasmussen et al., 2001)	45	39.05	—	65.84	—	112.5	—	0.37	—
	挪威奥斯陆 (de Miguel et al., 1997)	16	180±12.86	—	123±9.46	—	412±6.75	—	1.4±7.0	—
	英国考文垂 (Charlesworth et al., 2003)	49	47.1±5.61	—	226.4±8.81	—	385.7±6.32	—	0.9±3.33	—
	英国伯明翰 (Charlesworth et al., 2003)	100	48.0±2.9	—	466.9±4.73	—	534±11.38	—	1.62±7.04	—
	约旦安曼 (Jiries et al., 2001)	8（车流量小）	421.7±285.7	—	117±28.38	—	—	—	8.6±9.5	—
	约旦安曼 (Jiries et al., 2001)	8（车流量大）	642.3±493.0	—	167.3±56.1	—	—	—	9.37±7.73	—
土壤	南京市 (Lu et al., 2003)	21	151.4±68.2	24.8	117.3±83.4	32.2	280.3±194.3	78.6	—	—
	香港 (Li et al., 2004)	58	94.6±61.0	50	23.3±23.4	10	125±89.1	50	0.62±0.82	—
	香港 (Lee et al., 2006)	236	88.1±62.0	—	16.2±22.6	—	103±91.3	—	0.36±0.16	—
	意大利都灵 (Biasioli et al., 2006)	70	149±120.6	20	90±47.9	28	183±97.3	62	—	0.8
	瑞典斯德哥尔摩 (Linde et al., 2001)	7	100	—	27	—	126	—	0.37	—
	塞维利亚 (Ruiz-Cortes et al., 2005)	12	92.1	—	38.4	—	91.4	—	2.37	—
	尼日利亚 (Ideriah et al., 2004) 车流量小	35（东侧1.5 m）	18.96±4.11	4.0±3.22	11.97±2.48	3.34±1.25	27.87±13.37	14.05±6.03	—	—
	尼日利亚 (Ideriah et al., 2004) 车流量大	35（西侧1.5 m）	60.63±29.58	4.0±3.22	37.23±15.88	3.34±1.25	40.10±15.86	14.05±6.03	—	—
	约旦安曼 (Qasem and Momani, 1999)	22	188.8±71.2	—	29.7±7.2	—	121.7±13.8	—	0.75±0.32	—
	美国德克萨斯州 (Turer and Maynard, 2003)	22	61.5±5.6	—	22.5±10.3	—	75±17.2	—	0.55±0.23	—
	约旦安曼 (Qasem and Momani, 1999)	—	720	—	93	—	260	—	—	—
	美国德克萨斯州 (Turer and Maynard, 2003)	—	340	—	71	—	360	—	—	—

特性，公路交通造成的土壤重金属污染仍会在相当一段时间内持续下去。对北京市不同土地利用方式下土壤重金属的研究发现，公路附近的绿化地土壤中 Pb 含量达 34.8 mg/kg，显著高于北京市土壤 Pb 背景值 24.6 mg/kg（$p<0.05$），公路两侧土壤仍受到交通污染的影响。北京市旧城区（市中心）公园表层（0～5 cm）土壤中 Pb、Cu 和 Zn 均超过北京市土壤背景值，Cu 和 Pb 含量明显高于旧城区外公园土壤的含量，这与旧城区交通密度大、人类活动频繁等有关。

6.3.3　影响公路两侧土壤中重金属含量及分布的因素

公路两侧土壤中重金属含量及其分布格局除受土壤母质的影响外，主要受交通流量、车辆类型、地形与路面状况、绿化带配置等交通状况，当地风力、风速、盛行风向、降雨量和径流量等气候气象条件的影响。

1. 交通流量

交通流量是影响公路两侧土壤中重金属含量及其分布的主要影响因素之一。研究发现，公路日车流量与该公路两侧土壤中的 Pb 含量呈正相关关系（$r=0.916$，$n=17$）；车流量大（$>2×10^6$ 辆/d）与车流量小（$<2×10^6$ 辆/d）的不同公路两侧，土壤中的 Pb 含量存在显著性差异（$p<0.05$），公路灰尘中 Pb 和 Zn 的含量均高于车流量为 3.4 万辆/d 的贝尼奥尼沙公路（图 6.2）。

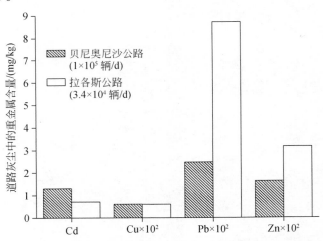

图 6.2　不同车流量公路灰尘中 Cd、Cu、Pb 和 Zn 的含量

根据文献（Ogunsola et al.，1994）数据重新作图

2. 地形及路况

公路所处的地理位置直接影响公路两侧土壤中重金属的含量及其分布格局。山区和丘陵地带，空气流动不畅，机动车辆排放的重金属颗粒物被大气稀释的空间所限，容易滞留在公路附近；平坦地形有利于重金属颗粒物的扩散、稀释，却容易造成大范围的污染。

十字路口、盘旋路和路况较差的公路，由于车流量大、车辆行驶缓慢、刹车现象频繁、尾气排放加重、轮胎磨损严重，从而产生大量含 Pb、Zn、Cu 和 Cd 的颗粒物，造成严重的重金属污染。而绿化带可以通过滞留、吸附和过滤等方式净化空气，有效阻止重金属颗粒物的进一步扩散，对公路两侧土壤的重金属污染有很好的防治作用。资料表明，高 6 m、宽 10 m 或高 12 m、宽 25 m 的绿化带可使大气颗粒物分别降低 65% 或 75%，从而使进入公路两侧土壤中的重金属含量降低。公路两侧林地土壤中的 Pb 含量在路边 5 m 处较高，在距公路 5 ~ 100 m 范围 Pb 含量较低。绿化带使公路两侧重金属峰值的出现点距公路的距离缩短，并且有效降低了重金属污染程度，其峰值降低了 25% ~ 50%。

3. 气候与气象因素

受风的影响，机动车辆产生的含重金属的颗粒物容易扩散到周边环境中。风向会影响公路两侧土壤中重金属的含量，下风向地区土壤中重金属的平均含量比上风向地区高。风速和风力较大的地区，重金属颗粒物虽然能够得到有效稀释，但却形成了较大范围的污染。

降雨量对公路灰尘和土壤中重金属含量的影响较大。当累积径流深度约为 12 mm/h 时，会产生等于或大于 90% 以上的冲刷率。吸附在公路灰尘中的重金属颗粒物会随路面径流迁移到公路两侧的土壤中，从而影响公路两侧土壤中重金属的含量。研究发现，约 5% ~ 20% 来自机动车辆的污染物随径流排放进入地表水体或者渗入土壤。

总体上讲，公路两侧土壤中重金属的含量及其分布格局是多种因素综合影响的结果。由于佛罗里达州坦帕高速公路受到当地局部气候、地貌、人工建筑物和绿化带等综合因素的影响，该公路两侧土壤中 Pb 含量与日车流量并没有显著的相关性。Al- Chalabi 和 Hawker（2000）研究发现，尽管澳大利亚布里斯班 Ipawich 公路车流量较 Southeast 公路低，但其两侧土壤中 Pb 含量比 Southeast 公路的含量高；公路旁土壤中 Pb 的含量与日车流量也没有正比关系（图 6.3）。这可能是因为 Ipawich 公路的重型商业车辆所占总机动车辆的比例较高的缘故。

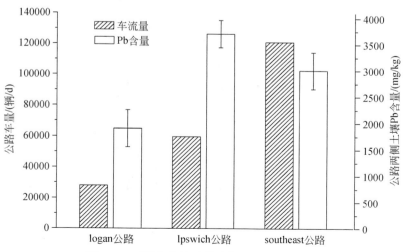

图 6.3　不同车流量对道路旁 Pb 含量的影响

根据文献（Al-chalabi and Hawker，2000）的数据重新作图

6.3.4 公路两侧土壤重金属的分布特征

　　研究区域的气候、气象条件和地理位置不同，公路两侧土壤中重金属的分布会有差异。总体上讲，在公路两侧的土壤中，重金属的含量一般随着距公路距离的增加呈下降趋势，公路两侧土壤中重金属含量与距公路的距离呈负相关关系（$r = 0.958$，$n = 17$）。郭广慧等（2007）统计国内外的大量研究资料发现，公路两侧土壤中 Pb 含量随距公路垂直距离的外延呈指数形式下降，重度污染与中度污染的临界点和中度污染与轻度污染的临界点（距离）分别为距公路 10 m 和 65 m。

　　由于受公路两侧土壤的性质、公路周围植被等的影响，某些公路两侧土壤中的重金属在距公路几十米处已达当地背景值水平。公路两侧土壤中 Pb 含量主要分布在距公路 0 ~ 50 m 内，在距离公路 70 ~ 150 m 以外基本达到当地土壤的背景值水平（图 6.4）。公路两侧土壤中 Pb 含量集中分布在距公路 15 m 的范围内，在距公路 30 m 时，公路土壤中 Pb 含量趋于稳定，并接近背景值水平；Pb 含量随着距公路距离的增加呈指数形式下降。德国多特蒙德公路（车流量为 3200 辆/d）两侧森林土壤中 Pb、Zn 和 Cd 含量随距公路的距离呈指数形式下降，在距公路 10 m 均已达到背景值水平。车流量大的公路两侧土壤中重金属含量高，且重金属含量随着距公路距离的增加呈指数形式下降；Pb、Cd 和 Cu 在距公路 50 m 处基本达到背景值水平，Zn 在 30 m 处趋于背景值水平（图 6.5）。约旦安曼某公路两侧土壤中 Pb 含量集中分布在距公路 1.5 m 范围内，Pb、Cu、Zn 和 Cd 在距公路两侧 60 m 处基本上趋于背景值水平。公路两侧土壤中 Zn 含量随距公路距离的增加呈指数形式递减，

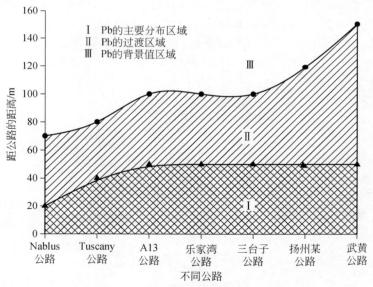

图 6.4　Pb 在公路两侧土壤中的分布区域

资料来源：Leonzio and Pisan, 1987；Warren and Birch, 1987；曹立新等，1995；索有瑞和黄雅丽，1996；
李湘南等，2000a；王金达等，2003；Swaileh et al.，2004

约 75% 的 Zn 沉降在距公路 6 m 的范围内，在距公路边 30 m 处，土壤表层中 Zn 的累积指数因子接近 1。

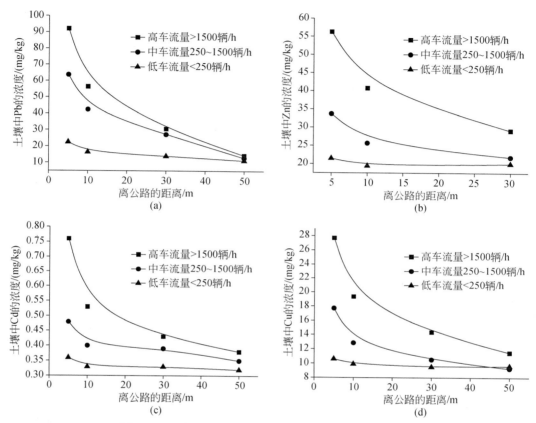

图 6.5　公路两侧土壤中重金属含量与距公路距离的关系

根据文献 Fakayode and Oliu-Owolabi, 2003 的数据重新作图

由于公路所处的地理位置和当地的气候气象的影响，公路交通排放的含重金属颗粒物可以扩散到公路周边更远的区域。含 Pb 的颗粒物主要沉降在距公路 5 m 内；在风的作用下将飘移到更远的地方。因此，蔬菜应种植在离公路 200 m 以外。公路旁土壤中 Pb 含量在距公路 5~80 m 范围内污染最严重，污染扩散范围约为 250 m。在轻型车辆（载重量 < 3 t）占总机动车辆（车流量为 32227 辆/d）的比例为 70.6% 的某公路两侧，Mo、Cr 和 Cu 在距公路 1000 m 处的苔藓中仍有积累。Viard 等（2004）评价了某高速公路车流量为 4×10^4 辆/d 和车流量为 6×10^4 辆/d 两处的土壤重金属污染（图 6.6）。从图 6.6 中可以看出重金属集中分布在距公路 0~20 m 范围内，公路两侧土壤中重金属污染范围可以扩散到距公路 320 m 处；受主导风向（西风）的影响，公路东侧土壤中重金属的平均含量比西侧土壤高。

1. 不同位置的 Pb 污染程度

根据表 6.3 中的数据，采用指数衰减模型进行拟合（图 6.7），其拟合结果得到式(6.8)：

$$\overline{\mathrm{PI}} = 2.14\exp(-0.014W) + 1.14 \tag{6.8}$$

式中，$\overline{\mathrm{PI}}$ 为不同研究中 PI 的平均值；W 为距公路的垂直距离。

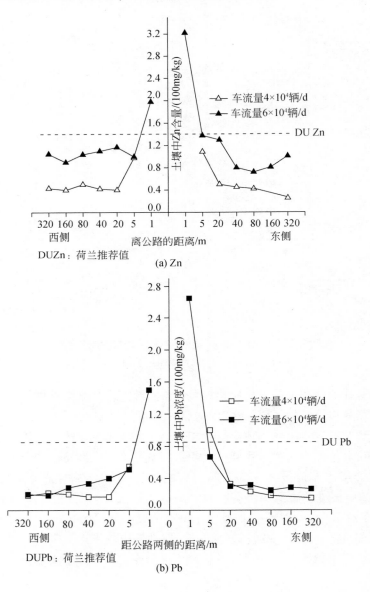

(a) Zn

(b) Pb

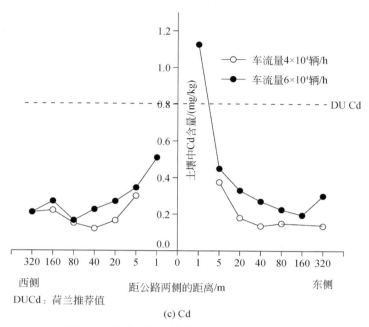

图 6.6　公路两侧土壤中 Zn、Pb 和 Cd 的分布

根据文献（Viard et al.，2004）的数据重新作图

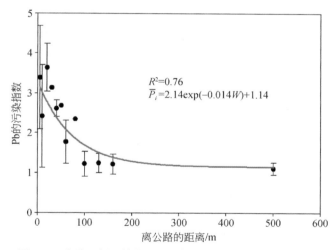

图 6.7　公路两侧土壤的 Pb 污染指数与离公路距离的关系

本书的 PI 计算中，均以文献中最远点的土壤 Pb 含量作为背景值。因此，PI 一般大于 1，因而不需考虑土壤中没有 Pb 污染（PI≤1）的情形。根据土壤中 Pb 的 PI 的分级标准：PI≥3 为重度污染，2<PI<3 为中度污染，1<PI<2 为轻度污染，PI≤1 为无污染，由式（6.8）求出公路周边土壤受 Pb 污染的临界距离。根据式（6.8）可计算得出，在公路两侧的土壤中，重度污染与中度污染的临界点和中度污染与轻度污染的临界点（距离）分别为距公路 10 m 和 65 m。

尽管由于研究区域气候气象条件、交通状况、地理位置和土壤类型的影响，不同区域公路两侧土壤中 Pb 污染的分布会有所不同，但本书的计算结果与不同文献报道的结果大致相近。约旦安曼公路两侧土壤中重金属 Pb 集中分布在距公路 10 m 的范围内。巴勒斯坦的城市公路两侧土壤中 Pb 集中分布在距公路约 7 m 的范围内。德国多特蒙德公路（交通流量为 3200 辆/d）两侧森林土壤的 Pb 含量在距公路 5～10 m 范围内已经达到当地土壤背景值水平。但是该研究地点的交通流量大大低于城区和主要干道的正常水平，且公路两侧为森林，因此，其数值可能偏低。

2. 公路两侧土壤中 Pb 的累积含量

根据式（6.4）和式（6.6）分别计算北京市公路两侧土壤中 Pb 的输入量与累积含量（图 6.8），其中，累积含量以北京市北郊安立路两侧土壤为例进行计算。由图 6.8 可知，使用含铅汽油阶段（1990～1996 年）土壤中 Pb 的年输入量为 2.48～3.17 mg/(kg·a)，土壤中 Pb 的累积含量随着时间的推移明显增加。1996 年，北京市公路两侧土壤中 Pb 累积含量由 1990 年的 35.2 mg/kg 增加到 46.6 mg/kg。从 1997 年使用无铅汽油以后，土壤中 Pb 的年输入量大幅降低。1997～2003 年土壤中 Pb 的输入量为 0.26～0.29 mg/(kg·a)，且土壤中 Pb 的累积含量增加缓慢（50.3～51.6 mg/kg）。然而，2003 年公路两侧土壤中 Pb 的累积含量仍很高，是北京市土壤 Pb 背景值（24.6 mg/kg）的 2.09 倍。

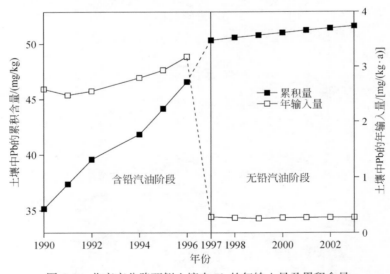

图 6.8　北京市公路两侧土壤中 Pb 的年输入量及累积含量

研究表明，使用无铅汽油后，汽车对大气中含 Pb 颗粒物的贡献明显降低，并且土壤中的 Pb 主要通过大气干湿沉降输入。因此，公路交通对土壤中 Pb 的输入量降低。另外，Pb 一旦进入土壤后，就会在土壤中不断积累。尽管北京市已经使用无铅汽油，但公路附近的绿化地土壤中 Pb 含量（34.8 mg/kg）是北京市土壤背景值的 1.41 倍。北京市二环以内公园表层（0～5 cm）土壤 Pb 含量比二环以外高 0.5 倍，达 88 mg/kg，是北京市土壤背景值的 3.58 倍。这可能与二环以内车流量较大等原因有关。香港已经使用无铅汽油，但土壤中 Pb 含量依然居高不下 (56.9 mg/kg)。由此看来,使用无铅汽油后,虽然可以降低大气颗粒物中的 Pb 浓度,从而有效降低土壤中 Pb 的输入量,但原来使用含铅汽油时输入到土壤环境中的 Pb 仍累积在土壤中,含铅汽油造成的不良影响在相当一段时间内仍将持续下去。

3. Pb 对土地的污染估算

根据式 (6.7) 计算 1996~2003 年每年全国和北京市公路交通导致的 Pb 污染土地面积 (图 6.9)。从图 6.9 中可看出,北京市和全国受 Pb 污染的土地面积在逐年增加。根据计算,2003 年北京市和全国受公路交通影响的土地面积分别为 2.31×10^3 km² 和 2.89×10^4 km²,分别是 1996 年的 1.29 倍和 1.53 倍。

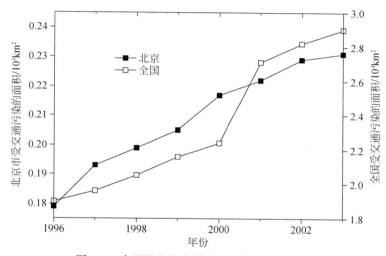

图 6.9　全国及北京市受交通污染的土地面积

随着我国机动车拥有量的逐年增加、公路建设的迅速发展,受公路交通重金属污染的土地面积将不断扩大。尤其是城区和近郊人口密度和交通密度较远郊大,涉及的人数较多,重金属的暴露风险也高。因此,对公路交通引起的土地重金属污染问题应该引起足够重视。

总体来看,公路两侧土壤和灰尘中 Pb、Cu、Zn 和 Cd 的含量和分布,除与当地土壤母质有关外,主要受交通流量、车辆类型、地形与路面状况、绿化带配置等交通状况和风、降雨等气象条件的影响。大致而言,公路两侧土壤中重金属含量随着距公路距离的增加呈指数形式下降。机动车排放的 Pb 对公路两侧土壤产生的严重污染和轻度污染的范围分别为 0~10 m 和 10~65 m。

参 考 文 献

曹立新,李惕川,刘莹,等.1995.公路边土壤和水稻中铅的分布、累积及临界含量.环境科学,16 (6):66-68.
丁素敏,何金生.2001.无铅汽油对土壤、植物中铅含量及儿童血铅的影响.中国医刊,36 (7):32-33.

郭广慧，陈同斌，宋波，等．2007. 中国公路交通的重金属排放及其对土地污染的初步估算．地理研究，26（5）：922-930.

李晓燕，陈同斌，雷梅，等．2010. 不同土地利用方式下北京城区土壤的重金属累积特征．环境科学学报，30（11）：2285-2293.

郦桂芬．1989. 环境质量评价．北京：中国环境科学出版社．

索有瑞，黄雅丽．1996. 西宁地区公路两侧土壤和植物中铅含量及其评价．环境科学，17（2）：74-76.

王金达，刘景双，于君宝，等．2003. 沈阳市城区土壤和灰尘中铅的分布特征．中国环境科学，23（3）：300-304.

张毅．1991. 北京北郊安立公路两侧的土壤，蔬菜及公路灰尘的铅污染研究．环境导报，（2）：5-8.

章明奎，符娟林，黄昌勇．2005. 杭州市居民区土壤重金属的化学特性及其与酸缓冲性的关系．土壤学报，42（1）：44-51.

AL-Chalabi A S, Hawker D. 2000. Distribution of vehicular lead in roadside soils of major roads of Brisbane, Australia. Water, Air and Soil Pollution, 118 (3-4): 299-310.

Biasioli M, Barberis R, Ajmone-marsan F. 2006. The influence of a large city on some soil properties and metals content. The Science of the Total Environment, 356 (1-3): 154-164.

Chan L Y, Kwok W S. 2001. Roadside suspended particulates at heavily trafficked urban sites of Hong Kong-Seasonal variation and dependence on meteorological conditions. Atmospheric Environment, 35 (18): 3177-3182.

Chen T B, Wong J W C, Zhou H Y, et al. 1997. Assessment of trace metal distribution and contamination in surface soils of Hong Kong. Environmental Pollution, 96 (1): 61-68.

De Miguel E, Llamas J F, Chacon E, et al. 1997. Origin and patterns of distribution of trace elements in street dust: Unleaded petrol and urban lead. Atmospheric Environment, 31 (17): 2733-2740.

Fakayode S O, Oliu-Owolabi B I. 2003. Heavy metal contamination of roadside topsoil in Osogbo, Nigeria: its relationship to traffic density and proximity to highways. Environmental Geology, 44 (2): 150-157.

Ferreira-Baptista L, de Miguel E. 2005. Geochemistry and risk assessment of street dust in Luanda, Angola: A tropical urban environment. Atmospheric Environment, 39 (25): 4501-4512.

Han Y, Peixuan D, Junji C, et al. 2006. Multivariate analysis of heavy metal contamination in urban dusts of Xi'an, Central China. The Science of the Total Environment, 355 (1-3): 176-186.

Jiries A G, Hussein N H H, Halaseh Z. 2001. The quality of water and sediments of street runoff in Amman, Jordan. Hydrological Processes, 15 (5): 815-824.

Kim K W, Myung J H, Ahn J S, et al. 1998. Heavy metal contamination in dusts and stream sediments in the Taejon area, Korea. Journal of Geochemical Exploration, 64 (1-3): 409-419.

Legret M, Pagotto C. 1999. Evaluation of pollutant loadings in the runoff waters from a major rural highway. The Science of the Total Environment, 235 (1-3): 143-150.

Li X, Lee S L, Wong S C, et al. 2004. The study of metal contamination in urban soils of Hong Kong using a GIS-based approach. Environmental Pollution, 129 (1): 113-124.

Lu Y, Gong Z, Zhang G, et al. 2003. Concentrations and chemical speciations of Cu, Zn, Pb and Cr of urban soils in Nanjing, China. Geoderma, 115 (1-2): 101-111.

Nicholas Hewitt C, Rashed M B. 1990. An integrated budget for selected pollutants for a major rural highway. The Science of the Total Environment, 93: 375-384.

Ogunsola O J, Oliuwole A F, Asubiojo O I, et al. 1994. Traffic pollution: preliminary elemental characterization of roadside dust in Lagos, Nigeria. The Science of the Total Environment, 147: 175-184.

Rasmussen P E, Subramanian K S, Jessiman B J. 2001. A multi- element profile of house dust in relation to exterior dust and soils in the city of Ottawa, Canada. The Science of the Total Environment, 267 (1-3): 125-140.

Ruiz-Cortes E, Reinoso R, Diaz-Barrientos E, et al. 2005. Concentration of potentially toxic metals in urban soils of seville: relationship with different land uses. Environmental Geochemistry and Health, 27 (5-6): 456-474.

Turer D, Maynard J B. 2003. Heavy metal contamination in highway soils. Comparison of Corpus Christi Texas and Cincinnati, Ohio shows organic matter is key to mobility. Clean technologies and Environmental Policy, 4 (4): 235-245.

Viard B, Pihan F, Promeyrat S, et al. 2004. Integrated assessment of heavy metal (Pb, Zn, Cd) highway pollution: Bioaccumulation in soil, Graminaceae and land snails. Chemosphere, 55 (10): 1349-1359.

Warren R S, Birch P. 1987. Heavy metal levels in atmospheric particulates, roadside dust and soil along a major urban highway. The Science of the Total Environment, 59: 253-256.

第7章 灌溉及污泥对土壤环境质量的影响

由于早期污水处理设施缺乏，污水灌溉曾导致土壤重金属污染严重，因此，污水灌溉、污泥施用被认为是农田土壤污染物的主要来源。随着城市市政设施进一步完善，工业废水得到有效处理，城市污水处理厂出水（再生水）、污泥重金属含量显著降低，二者是否仍是农田土壤重金属的主要来源，有待进一步考证。本章以北京市为例，从再生水灌溉、大气沉降、污泥土地利用等输入途径入手，运用通量分析手段、同位素示踪等技术手段解析当前区域土壤、农产品重金属的主要来源途径。针对主要输入途径，结合地理信息系统（GIS）技术，合理规划，控制输入途径对区域土壤、农产品的污染风险。本章尝试从方法论的角度解析区域土壤重金属主要来源和具体控制对策，为其他地方开展类似研究提供方法参考。

7.1 再生水灌溉的重金属污染风险

水资源匮乏是影响我国经济快速发展的重要因素之一。2006 年，农业灌溉用水占全国用水总量的 63.2%，水资源短缺问题在农业方面尤为严重（中华人民共和国国家统计局，2007）。2006，北京市年污水处理量为 $9.32 \times 10^8 \mathrm{m}^3$，再生水利用率仅为 38.7%（北京市统计局，2007），并且主要用于园林、市政和景观用水。因此，再生水的利用空间非常大，尤其是在用水量巨大的农业。水资源匮乏推动污水再生回用，预计 2030 年，我国缺水量将达到 130 亿 m^3，再生可利用量将达到 767 亿 m^3。

再生水回用的污染风险是人们关注的主要问题之一。由于早期污水灌溉导致土壤重金属污染，天津、沈阳、保定、兰州等工业城市的污灌区表层土壤呈现不同程度的重金属污染，太原市部分地区、关中交口灌区浅层地下水产生重金属污染的风险。因此，有观点认为再生水来源于污水，用其进行灌溉可能会像污水灌溉那样产生污染问题。但是也有观点认为，再生水是城市污水处理厂经过再生水工艺处理后的水，重金属等污染物浓度显著降低，且再生水中重金属浓度远远低于国家农田灌溉水质标准，因此，用其进行灌溉重金属污染风险较小。由于缺乏数据支持，再生水灌溉的长期风险一直处于争议之中。

通常情况下，再生水灌溉不会导致土壤 pH 上升，但也有再生水灌溉导致土壤 pH 发生轻微变化的报道。Smith 等（1996）通过对连续 14 年进行再生水灌溉的灌溉区进行调查，评估再生水灌溉对土壤理化性质的影响及重金属污染风险，结果表明，短期内再生水灌溉的重金属污染风险较小。Wang 等（2003）的研究发现，长期再生水灌溉对土壤孔隙率和镁含量造成影响，导致土壤密度增加，营养物的吸持能力下降。Pollice 等（2004）的研究结果表明，再生水灌溉莴苣、胡萝卜、白菜、芹菜、菠菜、番茄，番茄等蔬菜的产量、品质与常规水肥灌溉的蔬菜相似。

随着我国城市市政设施进一步完善，城市污水处理厂对污水处理设施、技术进行更新，以及城市工业废水未处理达标前禁止排放的法规严格执行，城市污水处理厂出水水质得到了很大改善，再生水重金属浓度并不高，通过短期的灌溉试验得到的研究结果说服力不强。在实际生产过程中，长期的再生水灌溉现场并不存在，很难通过调查反映再生水长期灌溉导致的环境风险；并且当前再生水灌区在早期均有不同程度的污水灌溉历史，通过调查得到的信息不能真实反映再生水灌溉的污染风险。有鉴于此，通过长期污水灌溉现场的调查信息预测再生水灌溉对环境的污染风险；与早期相同区域的调查结果相比，辨识再生水灌溉区土壤重金属的主要来源；进一步运用通量计算的手段，比较再生水灌区不同输入途径对土壤重金属的贡献；通过分析再生水灌溉、长期污水灌溉条件下土壤剖面和地下水的重金属含量变化，预测再生水灌溉对地下水的重金属污染风险。

7.1.1 研究区域的灌溉特征

研究区域 3 个典型灌溉区域：凉水河灌区、北野厂灌区、井水灌区（图 7.1）。据统计资料显示，北京市东南郊农田自 1959 年开始引通惠河、凉水河污水进行灌溉，污灌历史长达 20 多年，整个区域污水灌溉量达 0.64 亿 m^3/a；部分地区同时存在污泥土地利用的历史，如 1961~1975 年近 50 万污泥施用到高碑店大队、北花圈大队、半壁店大队[①]。污水灌溉（污泥施用）导致凉凤灌区表层土壤的 Hg、Pb 和 Cu 污染严重，与北京市土壤基线值相比，灌区土壤 Hg、Pb 和 Cu 超标率分别为 34.5%、8.86% 和 8.33%（杨军等，2005a）。2003 年，北野厂灌区作为北京市再生水灌溉示范区利用再生水进行农田灌溉，凉凤干渠是灌区内主要的灌溉河流。早期，城市污水处理率低，凉凤干渠接纳北京市大红门闸上的污水（北京市水利科学研究所，2005）。北野厂灌区引凉凤干渠河水灌溉，1961~1975 年年平均灌溉用水量达 0.06 亿 m^3。黄村污水处理厂（2000 年）、吴家村污水处理厂（2003 年）和小红门污水处理厂（2005 年）先后建成，凉凤干渠主要接纳上述 3 座污水处理厂产生的再生水[②]。2006 年监测结果表明，凉凤干渠再生水 As、Cd、Cr、Cu、Ni、Pb、Zn 浓度分别为 1.50 μg/L、0.024 μg/L、1.13 μg/L、4.47 μg/L、2.74 μg/L、1.02 μg/L、29.2 μg/L，远远低于农田灌溉水质标准。井水灌溉区位于通州永乐店镇半截河村附近，该区域周边无明显的灌溉沟渠，农田灌溉长期以地下水为主，作为对照区分析重金属在土壤剖面的分布特征，评估再生水灌溉对农田地下水的污染风险。

由于早期不同程度的污水灌溉（污泥施用），与井灌区、再生水灌区土壤重金属含量相比，凉水河灌区土壤 Cr、Cu、Hg、Zn 含量最高，分别为 42 mg/kg、35 mg/kg、0.13 mg/kg、81 mg/kg，显著高于北京市土壤背景值，重金属累积现象明显。北野厂灌区土壤 As、Cu、Ni、Pb 和 Zn 也呈现一定程度的累积趋势，其含量显著高于井灌区土壤，但与北京市土壤背景含量差异不大，污染现象不明显。井灌区土壤重金属含量最低，与北京市土壤背景值相比，井灌区土壤重金属含量不高，未出现重金属污染现象。

①② 北京东南郊环境污染调查及其防治途径研究协作组 . 1980. 北京东南郊环境污染调查及防治途径研究（报告集）. 13，659.

图 7.1　研究区域样点分布图

7.1.2　再生水重金属含量

1. 北京市城市污水处理厂出水重金属含量

与《农田灌溉水质标准》（GB 5084—2005）相比，北京市城市污水处理厂出水（再生水）重金属浓度平均值和加权平均值均远远低于农田灌溉水质标准，样品超标率为 0（表 7.1）。表明北京市污水处理厂的出水重金属浓度符合农田灌溉水质标准，从重金属污染风险的角度考虑，北京市污水处理厂的再生水可进行农田灌溉。

表 7.1　北京市污水处理厂出水重金属浓度（$n=18$）

重金属	重金属浓度/(μg/L)					农田灌溉水质标准 /(μg/L)*	超标率/%
	最小值	最大值	中位值	算术均值	标准差		
As	1.51	21.0	3.73	5.47	4.90	100	0.00
Cd	n.d	0.03	0.005	0.006	0.008	10	0.00
Cr	n.d	2.72	0.41	0.88	0.85	100	0.00
Cu	3.13	13.3	4.82	6.34	5.65	1000	0.00
Ni	10.3	92.9	17.0	27.2	25.1	—	—
Pb	1.40	4.45	2.85	2.81	0.90	200	0.00
Zn	22.0	149	45.4	63.5	38.0	2000	0.00

＊农田灌溉水质标准

2. 再生水（再生水灌渠）与地下水重金属含量比较

与《农田灌溉水质标准》相比，北野厂灌区凉凤干渠采集的再生水水样超标率为 0，重金属浓度远远低于农田灌溉水质标准。与研究区域通州-大兴区地下水重金属浓度相比，北野厂灌区凉凤干渠的再生水 As、Cd、Cr、Cu、Ni、Pb 浓度与地下水重金属浓度无明显差异，仅 Zn 浓度显著高于地下水中 Zn 浓度。表明北野厂灌区凉凤干渠再生水重金属浓度与通州-大兴区地下水重金属浓度相当。在同等灌溉条件下，除 Zn 外，调查区域再生水灌溉带入的重金属并不一定比地下水灌溉带入的重金属多（表 7.2）。

表 7.2　不同来源途径的灌溉水重金属浓度比较

	样本量	重金属含量/(μg/L)						
		As	Cd	Cr	Cu	Ni	Pb	Zn
通州-大兴区地下水	5	1.92a[1]	0.022a	1.84a	2.66a	1.68a	0.75a	12.9a
北野厂灌渠再生水	4	1.50a	0.024a	1.13a	4.47a	2.74a	1.02a	29.2b
农田灌溉水质标准[2]		100	10	100	1000	—	200	2000
地下水质量标准 I 类[3]		5	0.1	5	10	—	5	50

1）表中数据后不同字母表示同一列的数据之间存在显著差异（$p<0.05$）；
2）《农田灌溉水质标准》（GB 5084—2005）；
3）地下水质量标准（GB/T 14848—1993）

7.1.3　再生水灌溉对土壤的污染风险

1. 不同灌区土壤的重金属含量比较

不同灌溉区土壤重金属含量的比较结果见表 7.3。凉水河灌区土壤重金属含量最高，尤其是 As、Cr、Cu、Hg、Ni 和 Zn，其中，Cr、Cu、Hg、Zn 含量显著高于背景值，污染特征明显。北野厂灌区土壤重金属含量相对较低，尽管北野厂灌区土壤 As、Cu、Ni、Zn

含量显著高于井灌区土壤重金属含量，但与北京市土壤重金属背景值相比，北野厂灌区土壤重金属与北京市土壤重金属背景值差异不明显，污染特征不明显。井灌区土壤重金属含量最低，Ni、Pb 和 Zn 含量甚至低于北京市土壤背景值含量。

表 7.3　研究区域土壤重金属含量比较

项目	样本量	不同灌区土壤重金属含量/（mg/kg）							
		As	Cd	Cr	Cu	Hg	Ni	Pb	Zn
井灌区	14	6.65a[1]	0.156a	29.8a	15.7a	0.049a	21.8a	13.1a	46.1a
北野厂灌区	15	7.99b	0.185a	31.1a	20.1b	0.005b	28.4b	17.5b	61.6b
凉水河灌区	11	8.61b	0.186a	42.0b	35.8c	0.134c	27.9b	17.4b	81.6c
北京市土壤背景值[2]	115	7.81	0.145	31.1	19.7	0.0576	27.9	25.1	59.6

1）表中数据后不同字母表示同一列的数据之间存在显著差异（p<0.05）；
2）见参考文献（陈同斌等，2004）

2. 再生水灌区不同输入途径重金属通量比较

通过计算再生水灌区不同输入途径带入的重金属总量评估再生水灌溉对土壤的重金属污染风险。与其他输入途径相比，再生水灌溉途径带入的重金属远远低于大气沉降和有机肥施用等途径（表 7.4）。大气沉降输入的重金属是再生水灌溉输入途径的 31.4（Cd）、13.5（Cr）、4.0（Cu）、2.7（Ni）、28.8（Pb）、13.5（Zn）倍，相对于大气沉降、有机肥施用等输入途径，通过再生水灌溉途径带入的重金属量非常低。国外的研究结果也表明，使用城市污水处理厂处理后的再生水进行农田灌溉，并不会导致明显的重金属污染（Al-Nakshabandi et al.，1997；Wang et al.，2003）。当前，大气沉降或有机肥施用可能是灌区土壤重金属的主要输入途径。因此，从控制土壤重金属污染源头的角度分析，应优先监控大气沉降或有机肥施用等输入途径所带来的重金属污染风险。

表 7.4　北野厂灌区不同途径输入重金属含量比较

输入途径	输入途径带入重金属含量/［g/（hm²·a）］							
	As	Cd	Cr	Cu	Hg	Ni	Pb	Zn
有机肥施用[1]	18.1	14.6	401	206	1.20	142	168	892
化肥施用[2]	0.244	0.013	3.84	0.513	0.017	—	0.033	6.10
再生水灌溉[3]	6.75	0.11	5.09	20.1	—	12.3	4.59	131
大气沉降	—	3.39	69.1	79.6	—	33.0	175	1805

1）有机肥中重金属含量见参考文献（刘荣乐等，2005）；有机肥施用量参考《城镇污水处理厂污泥处置–农用泥质》（CJ/T 309—2009）污泥施用量；
2）化肥中重金属含量见参考文献（王起超和麻壮伟，2004）；化肥施用量参考中国统计年鉴，2007 年全国化肥平均施用量［904 kg/（hm²·a）］（中华人民共和国国家统计局，2007）；
3）再生水灌溉量参考《农田灌溉水质标准》（GB 5084—2005）旱地灌溉量

3. 再生水灌区土壤重金属来源

与 1980 年北京东南郊环境污染调查组的研究结果相比，北野厂灌区土壤中仅 Cd 呈现一定程度的增加趋势，增幅为 25.0%，其他重金属增幅并不明显，甚至有降低的趋势，如 Cr、Hg、Pb 和 Zn（表 7.5）；凉水河灌区土壤中 As 和 Cu 增幅较大，为 15.6% 和 79.0%，其他重金属的增幅趋势并不明显。这表明，再生水灌区土壤中大部分重金属污染现象 1976 年调查时已经存在，这种特征在凉水河灌区尤为明显。从输入途径来看，再生水灌溉带入的重金属量与地下水灌溉带入的重金属量相当，再生水灌溉导致土壤重金属污染的可能性较小。

表7.5　再生水灌区土壤重金属含量的比较

调查区域	调查时间	不同灌区土壤重金属含量/（mg/kg）							
		As	Cd	Cr	Cu	Hg	Ni	Pb	Zn
北野厂灌区	2007 年	7.99	0.185	31.1	20.1	0.005	28.4	17.5	61.6
	1976 年	8.27	0.148	56.5	19.0	0.131	—	23.2	87.1
凉水河灌区	2007 年	8.61	0.186	42.0	35.8	0.134	27.9	17.4	81.6
	1976 年	7.45	0.172	57.5	20.0	0.132	—	22.0	78.9

尽管再生水重金属含量非常低，但再生水灌溉的土壤仍存在重金属污染现象。如果仅通过再生水灌区的简单调查，得出的结论可能是再生水灌溉导致土壤重金属污染。通常，再生水灌区的灌溉水来源于附近的河流、灌渠，河流、灌渠主要接纳城市污水处理厂的出水。早期污水处理实施并不完善，污水处理率很低，出水中污染物浓度高，因此，再生水灌区均有不同程度的污水灌溉（污泥施用）历史。研究区域中的北野厂灌区和凉凤灌区曾有污水灌溉（污泥施用）的历史，研究结果表明，污水灌溉（污泥施用）容易导致土壤重金属污染。1980 年东南郊环境污染调查及其防治途径研究结果也显示，凉凤灌区土壤 Hg 和 Cd 污染现象严重。这表明，再生水灌溉之前，凉凤灌区土壤已存在不同程度的重金属污染。随着城市污水处理厂污水处理设施、技术更新和工业废水处理未达标之前禁止排放法规的严格实施，城市污水处理厂出水水质得到了很大改善，再生水中重金属浓度远远低于农田灌溉水质标准。灌区农田灌溉水仍来源于城市污水处理厂出水，当前通过再生水灌溉途径带入的重金属非常少。因此，再生水灌区土壤的重金属污染并不一定是再生水灌溉导致的，更大程度是早期的污水灌溉（污泥施用）造成的。

7.1.4　再生水灌区小麦籽粒中重金属来源

1. 井灌区-凉水河灌区小麦籽粒中重金属含量比较

北京市通州-大兴区井灌区与凉水河灌区小麦籽粒重金属含量统计分析结果表明，两者之间的含量差异并不显著（表 7.6）。尽管凉水河灌区土壤 As、Cr、Cu、Ni、Pb、Zn 含量显著高于井灌区土壤重金属含量，尤其凉水河灌区土壤中 Cr、Cu、Hg、Zn 污染特征明显，但并没有导致小麦籽粒的重金属含量显著增加。

表7.6　井灌区与凉水河灌区小麦籽粒重金属含量比较

灌区	样本量	小麦重金属含量/(mg/kg)						
		As	Cd	Cr	Cu	Ni	Pb	Zn
井灌区	13	0.038a	0.040a	0.525a	7.66a	0.367a	0.141a	36.1a
污水灌溉区	11	0.031a	0.048a	0.367a	7.57a	0.362a	0.106a	41.4a

注：同一列中不同字母表示差异显著（$p=0.05$）

2. 不同处理小麦籽粒重金属含量的比较

小麦籽粒 Pb 存在一定程度的超标现象。其含量范围为 0.036~0.273 mg/kg，平均值为 0.140 mg/kg。与食品（谷物）Pb 限量标准（0.2 mg/kg）相比，4 个小麦籽粒 Pb 含量超过限量标准，占调查样本的 20.0%。

未清洗小麦籽粒 Pb 含量高于清洗处理。未清洗小麦籽粒 Pb 含量范围为 0.059~0.915 mg/kg，平均值为 0.343 mg/kg，是清洗处理小麦籽粒 Pb 含量的 2.04 倍。对不同处理小麦籽粒 Pb 含量差异显著性进行分析，发现未清洗籽粒中 Pb 含量显著高于清洗处理。小麦籽粒表层附着的灰尘含有一定的 Pb，进而为籽粒从灰尘中吸收 Pb 提供可能（表7.7）。

表7.7　不同处理小麦籽粒重金属含量比较

不同处理	不同处理小麦重金属含量/(mg/kg)						
	As	Cd	Cr	Cu	Ni	Pb	Zn
清洗	0.035a	0.044a	0.368a	7.47a	0.365a	0.104a	38.5a
未清洗	0.074b	0.044a	0.361a	9.15b	0.448a	0.212b	42.7b

3. 再生水灌区大气沉降的污染风险

从总体趋势分析，调查区域冬季大气沉降中重金属总量最低，春季大气沉降中重金属总量略有升高，夏季重金属总量最高，秋季重金属总量又呈降低趋势（图7.2）。这种变化趋势在居民区和农田中尤为明显。如居民区冬季大气沉降样 Cd 总量分别为 0.37 g/(hm² · a)、0.33 g/(hm² · a)，春季分别为 0.55 g/(hm² · a)、0.72 g/(hm² · a)，夏季分别为 1.33 g/(hm² · a)、1.20 g/(hm² · a)，秋季分别为 1.10 g/(hm² · a)、0.69 g/(hm² · a)；农田大气沉降冬季 Cd 总量分别为 0.28 g/(hm² · a)、0.33 g/(hm² · a)，春节分别为 0.64 g/(hm² · a)、0.70 g/(hm² · a)，夏季分别为 0.89 g/(hm² · a)、1.57 g/(hm² · a)，秋季分别为 0.51 g/(hm² · a)、0.50 g/(hm² · a)；公路附近大气沉降重金属总量变化趋势总体为冬、春季低，夏、秋季高的特征，如冬季、春季公路附近大气沉降 Cd 总量分别为 1.09 g/(hm² · a)、0.73 g/(hm² · a)，夏季、秋季大气沉降 Cd 总量分别为 1.48 g/(hm² · a)、2.10 g/(hm² · a)。

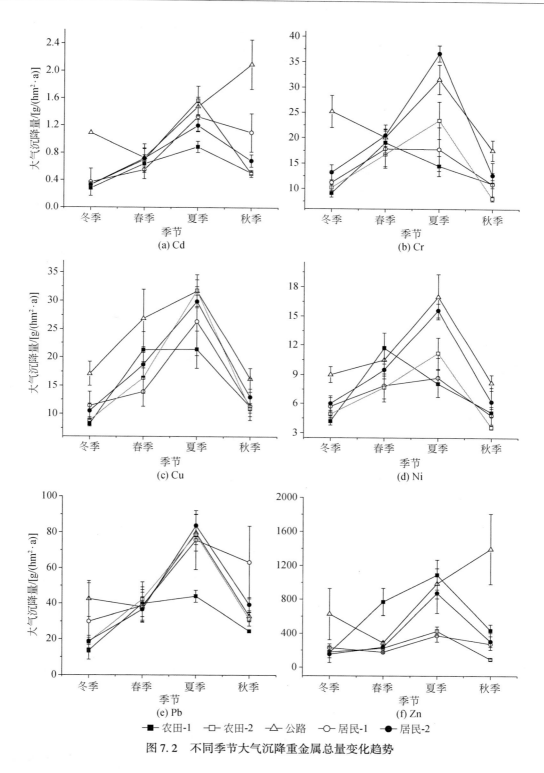

图 7.2　不同季节大气沉降重金属总量变化趋势

不同功能区域大气沉降重金属总量的比较结果表明（表 7.8），公路附近大气沉降重金属总量最高,明显高于居民区和农田大气沉降总量。公路附近大气沉降 Cd、Cr、Cu、Ni、Pb 和 Zn 总量分别是农田大气沉降重金属总量的 1.99、1.68、1.42、1.58、1.32 和 1.94 倍;居民区大气沉降中 Cd、Cr、Cu、Ni 和 Pb 总量均明显高于农田大气沉降重金属总量,尤其是 Cr 和 Pb,分别是农田大气沉降重金属总量的 1.15 和 1.31 倍。

表 7.8　不同区域大气沉降重金属总量比较

调查区域	大气沉降重金属含量/[g/(hm² · a)]					
	Cd	Cr	Cu	Ni	Pb	Zn
农田	2.72	56.2	65.0	28.3	147	1703
居民区	3.14	70.4	67.5	32.2	193	1315
公路边	5.40	94.5	92.1	44.7	193	3303

4. 不同介质 Pb 同位素比值的分布

不同介质 Pb 同位素比值散点图显示(图 7.3),相对于土壤,大气沉降对小麦籽粒中 Pb 的贡献更大。调查区域小麦籽粒、大气沉降 $^{206}Pb/^{207}Pb$ 数值相对较高(1.163 ~ 1.190、1.166 ~ 1.179),$^{208}Pb/^{206}Pb$ 数值较低(2.059 ~ 2.096、2.075 ~ 2.096);土壤 $^{206}Pb/^{207}Pb$ 数值相对较低(1.162 ~ 1.172),$^{208}Pb/^{206}Pb$ 数值较高(2.098 ~ 2.113)。小麦籽粒、土壤和大气沉降 Pb 同位素 $^{206}Pb/^{207}Pb$-$^{208}Pb/^{206}Pb$ 散点图表明,土壤与小麦籽粒、大气沉降的 Pb 同位素比值存在明显差异,小麦籽粒 Pb 同位素比值分布范围与大气沉降 Pb 同位素比值散点分布较为接近。

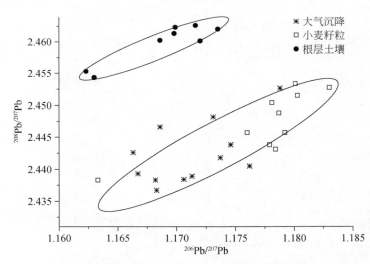

图 7.3　不同介质中 Pb 同位素 $^{206}Pb/^{207}Pb$-$^{208}Pb/^{207}Pb$ 比值散点图

调查区域大气沉降 Pb 主要来源于北部的内蒙古沙尘及本地工业燃煤释放。大气沉降 $^{206}Pb/^{207}Pb$ 数据值范围为 1.166 ~ 1.179(图 7.4),北京本地工业燃煤灰烬 $^{206}Pb/^{207}Pb$ 范围为 1.157 ~ 1.176,内蒙古背景土壤 $^{206}Pb/^{207}Pb$ 范围为 1.173 ~ 1.181,含铅汽油 $^{206}Pb/^{207}Pb$ 范围为1.06～1.09。不同介质 Pb 的同位素^{206}Pb/^{207}Pb 比较结果显示，调查区域大气沉降^{206}Pb/^{207}Pb 数值明显高于含铅汽油^{206}Pb/^{207}Pb 数值，更接近本地工业燃煤灰烬和来自内蒙古土壤的沙尘^{206}Pb/^{207}Pb 数值。

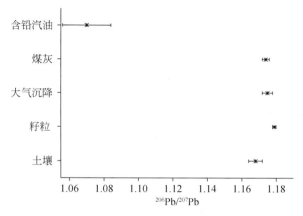

图 7.4　不同样品中 Pb 的同位素比值^{206}Pb/^{207}Pb 的比较

5. 再生水灌溉对农作物的重金属污染风险

不同灌区土壤、农作物重金属含量的比较结果表明，尽管凉水河灌区土壤重金属含量高于井灌区土壤，但不同灌区的小麦籽粒重金属含量差异并不明显。在一定含量范围内，由于土壤自身的缓冲容量和植物对土壤重金属的耐性，土壤重金属含量增加并不一定会导致小麦籽粒重金属含量相应增加。再生水中重金属浓度与地下水重金属浓度的比较结果，以及不同输入途径的比较结果均表明，再生水灌溉带入的重金属量有限，导致土壤重金属污染的风险并不高。土壤重金属需要通过植物根、茎部位向上转运，最终进入小麦籽粒。由于植物根、茎对土壤重金属具有一定的阻碍作用，在一定含量范围内，土壤重金属的增加并不一定导致小麦籽粒中重金属含量相应增加。因此，从本书研究结果来看，再生水灌溉导致小麦重金属超标的可能性不大。

7.1.5　再生水灌溉对农田地下水的污染风险

1. 重金属在土壤剖面中的分布

不同灌区表层土壤重金属的比较结果表明，凉水河灌区土壤 Cr、Cu 和 Zn 含量最高。图 7.5 为 Cr、Cu 和 Zn 在凉水河灌区、再生水灌区和井灌区土壤剖面的分布特征。凉水河灌区土壤中 Cr、Cu 和 Zn 主要在表层 0～20 cm 处累积，平均含量分别达 39.2 mg/kg、34.4 mg/kg、74.4 mg/kg，均高于北京土壤 Cr（29.8 mg/kg）、Cu（18.7 mg/kg）和 Zn（57.5 mg/kg）背景值；在 0～60 cm 土层重金属随土壤深度的增加而呈明显的降低趋势，30～60 cm 土层 Cr、Cu 和 Zn 平均含量为 33.3 mg/kg、21.3 mg/kg、52.2 mg/kg；在 70～120 cm土层土壤重金属呈现增加的趋势，平均含量为 38.7 mg/kg、25.4 mg/kg、58.7 mg/kg；

在 120～180 cm 土层重金属含量逐渐降低，其中，150～180 cm 平均含量为 34.6 mg/kg、23.8 mg/kg、57.6 mg/kg。

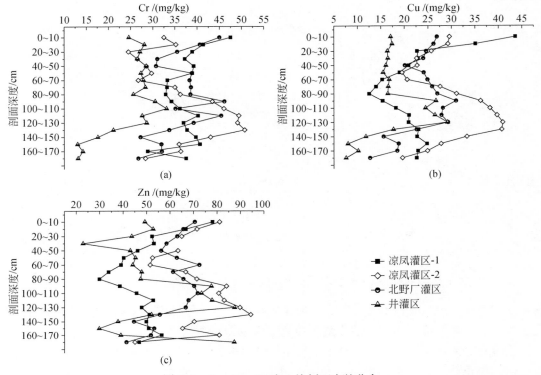

图 7.5　Cr、Cu、Zn 在土壤剖面中的分布

在北野厂灌区 0～20 cm 表层，Cr、Cu 和 Zn 平均含量分别为 42.8 mg/kg、26.6 mg/kg 和 68.2 mg/kg，高于北京土壤 Cr（29.8 mg/kg）、Cu（18.7 mg/kg）和 Zn（57.5 mg/kg）背景值，累积现象比较明显；在 30～60 cm 土层，重金属平均含量分别为 33.3 mg/kg、22.7 mg/kg 和 59.2 mg/kg；在 70～120 cm 土层，平均含量分别为 40.7 mg/kg、28.0 mg/kg 和 67.4 mg/kg；在 120～180 cm 土层，重金属含量总体呈降低趋势，其中，150～180 cm 土层重金属平均含量分别为 30.2 mg/kg、16.7 mg/kg 和 48.8 mg/kg。

井灌区（对照区）表层土壤未出现重金属污染现象，重金属含量是 3 个灌溉区中最低的。由图 7.5 可看出，井灌区表层 0～20 cm 土壤中 Cr、Cu 和 Zn 含量不高，平均含量分别为 26.4 mg/kg、17.3 mg/kg 和 51.1 mg/kg，低于北京市土壤背景值含量。30～60 cm 土层 Cr、Cu 和 Zn 平均含量分别为 27.4 mg/kg、16.0 mg/kg、37.1 mg/kg；60～80 cm 土层 Cr、Cu 和 Zn 平均含量分别为 28.1 mg/kg、16.7 mg/kg 和 46 mg/kg，上下层之间重金属含量差异不大。90～130 cm 土层重金属含量呈增加的趋势，Cr、Cu 和 Zn 平均含量为 30.4 mg/kg、25.9 mg/kg 和 79.1 mg/kg；130～180 cm 土层重金属含量逐渐降低，其中，150～180 cm 土层 Cr、Cu 和 Zn 平均含量为 13.4 mg/kg、8.60 mg/kg 和 34.4 mg/kg。

凉水河灌区、北野厂灌区、井灌区土壤 As、Ni 和 Pb 污染现象并不明显，与北京市土壤背景值差异不大。As、Ni、Pb 三种重金属在 3 个典型灌区土壤剖面中的分布趋势大致相同。0 ~ 60 cm 土层 As、Ni 和 Pb 含量变化不大，70 ~ 130 cm 土层含量呈增加趋势，130 ~ 180 cm含量逐渐降低。如凉水河灌区，As、Ni 和 Pb 在 0 ~ 20 cm 土层的平均含量分别为 8.29 mg/kg、30.1 mg/kg 和 16.6 mg/kg，30 ~ 60 cm 的平均含量为 7.87 mg/kg、28.5 mg/kg和15.4 mg/kg，90 ~ 130 cm 土层土壤 As、Ni 和 Pb 的平均含量分别为 10.3 mg/kg、39.7 mg/kg 和 17.1 mg/kg，150 ~ 180 cm 土层 As、Ni 和 Pb 的平均含量为 10.7 mg/kg、36.6 mg/kg 和 14.7 mg/kg。

凉水河灌区、北野厂灌区和井灌区表层土壤 Cd 含量差异不大，但均高于北京市土壤背景含量。如图 7.6 所示，Cd 主要在土壤 0 ~ 20 cm 累积，凉水河、北野厂和井灌区的表层土壤 Cd 含量分别为 0.19 mg/kg、0.19 mg/kg 和 0.19 mg/kg。在 0 ~ 60 cm 土层 Cd 含量随土壤深度增加而降低，其中，30 ~ 60 cm 土层不同灌区 Cd 平均含量分别为 0.13 mg/kg、0.12 mg/kg 和 0.13 mg/kg；70 ~ 130 cm 土层 Cd 含量逐渐增加，90 ~ 130 cm 土层 Cd 平均含量为 0.146 mg/kg、0.199 mg/kg 和 0.293 mg/kg；130 ~ 180 cm 土层 Cd 含量呈降低趋势，150 ~ 180 cm土层灌区 Cd 平均含量分别为 0.106 mg/kg、0.091 mg/kg 和 0.078 mg/kg。

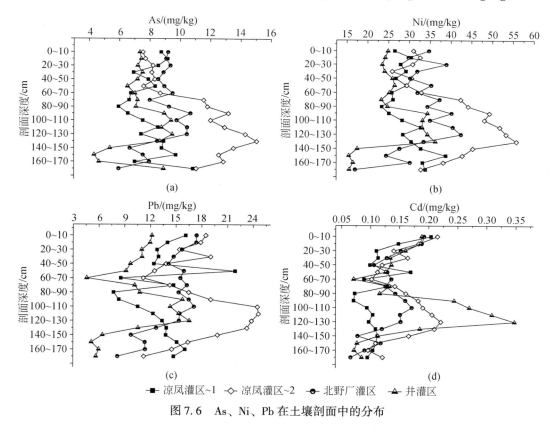

图 7.6　As、Ni、Pb 在土壤剖面中的分布

分析重金属在不同灌区土壤剖面的分布特征，发现凉水河灌区、北野厂灌区污染较为严重的 Cr、Cu 和 Zn 主要在土壤表层 0 ~ 20 cm 累积，0 ~ 60 cm 含量随土壤深度的增加呈降低趋势。凉水河灌区、北野厂灌区污染较轻的 As、Ni 和 Pb，以及井灌区 As、Cr、Cu、Ni、Pb 和 Zn 含量在 0 ~ 60 cm 土层变化不大。由土壤重金属的剖面分布特征可知，其向下

迁移的趋势很小，对地下水的污染风险不大。在凉水河灌区、北野厂灌区和井灌区 3 个典型区域中，所有重金属在 70～150 cm 土层均有一个高值区，含量高于上下土层。这主要与土壤形成母质有关，并非表层土壤重金属淋溶至下层。

2. 重金属在土壤剖面的迁移趋势

根据研究区域采集的 5 个地下水水样分析结果，发现通州–大兴地下水中 As、Cd、Cr、Cu、Ni、Pb 和 Zn 浓度非常低（表 7.9）。与地下水水质标准 II 相比，调查区域地下水中重金属浓度均远远低于标准，没有样本超标，研究区域地下水未受到重金属的污染。

表 7.9　调查区地下水重金属含量

项目	样本量	重金属含量/(μg/L)						
		As	Cd	Cr	Cu	Ni	Pb	Zn
地下水	5	2.7	0	4.4	3	1.8	1	15
地下水 II 类标准[1]	—	10	1	10	50	50	10	500
超标率/%	—	0.0	0.0	0.0	0.0	0.0	0.0	0.0

1)《地下水水质标准》（GB/T 14848-93）

污染特征明显的 Cr、Cu 和 Zn 主要在 0～20 cm 土层累积，向下层迁移的趋势很小。在 70～150 cm 土层，无论是表层土壤重金属累积明显的凉水河灌区，还是表层土壤重金属含量较低的井灌区，均存在高值区，含量明显高于上、下土层。夏增禄在调查北京市东南郊污灌区重金属的剖面分布时也发现了类似的现象，As、Cd、Cu、Ni、Pb、Zn 等的含量在 70 cm 左右处的黏壤土中都较上下层的砂质或壤质土明显高，在 90 cm 以下的细砂土中则最低（夏增禄等，1985）。野外现场取样调查发现，土壤剖面 0～50 cm 主要为砂壤土，90 cm 左右存在一层黏壤土层，黏土层下主要为细砂土和壤砂土，高值区的位置与剖面土壤母质的分布特征相近。这表明，在 90 cm 左右的黏土层重金属含量较高并非重金属的纵向迁移形成的，大多与土壤自然形成、发育有关。从重金属在土壤纵向迁移的趋势可知，北京市农田表层土壤重金属向下层迁移的量很少，尤其是 150 cm 以下的土层，重金属淋溶到该层的可能性很小，对农田地下水的污染风险不大。

Nyamangara 和 Mzezewa（1999）对污染区土壤（潜育低活性淋溶土）的研究表明，Cu、Ni、Pb、Zn 主要在土壤 0～20 cm 的土壤表层累积。地下水中的重金属含量超过饮用水水质标准的现象，主要原因可能是当表层土壤重金属处于迁移形态和地表水汇集，通过沟、渠、洼地、渗坑和水稻田等渠道渗漏补给地下水造成的。

在北京气候条件下，即使连续强降雨，土壤水分变化深度仅为 100 cm，降水直接通过土层渗入地下水的可能性极小。从土壤下渗水角度来看，重金属通过水分下渗污染地下水的可能性不大。研究区域土壤 pH 在 7 以上，碳酸盐含量较高，重金属进入土壤很快变为难溶性的碳酸盐、磷酸盐、氢氧化物或硫化物等难溶性的化合物，这些因素使重金属在土壤中很难向下迁移。

早期污水灌溉导致凉水河灌区表层土壤重金属污染，以及北野厂灌区表层土壤不同程度的重金属污染，但污染物主要在土壤表层累积，向下层土壤迁移的量非常少，未导致地下水重金属污染。目前北京市再生水中重金属浓度较低，再生水灌溉输入的重金属含量低于大气沉降和有机肥施用带入的重金属量。因此，在当前的水质条件下农田再生水灌溉中的重金属在土壤中的累积量低于大气沉降和有机肥施用，可以认为再生水灌溉导致地下水重金属污染的可能性不大。

通过再生水灌溉途径带入的重金属总量与地下水灌溉相当，且低于大气沉降和有机肥施用等输入途径带入的重金属总量再生水灌溉并不会对导致土壤、地下水重金属、农作物重金属超标的可能性不大。

7.2　城市污泥土地利用的重金属污染风险

伴随我国社会、经济和城市化的发展，以及人民生活水平的提高，人们对周围所处的环境也日趋重视，城市污水处理厂的建设有效地减少废水向环境的排放。以北京市为例，1984 年城市污水的处理率仅为 10%，2006 年城市污水的处理率达 73.8%。年处理量由 1984 年的 6824 万 m³ 增加到了 2006 年的 93198 万 m³，增幅达 1266%（北京市统计局，1985~2007）。城市污水处理能力显著提高，污泥产生量也随之增加，2006 年北京市污水处理厂产生城市污泥（含水率占 80%）52.2 万~61.3 万 m³。如果按 1 m 的高度堆放，占地面积为 52.2~61.3 hm²，约相当于 73~85 个标准足球场。随着可填埋范围的日益减少，城市污泥土地利用是一个重要的发展方向。

重金属污染风险是限制城市污泥土地利用的重要因素，国内外学者关于污泥施用重金属污染风险进行了大量的研究，长期施用污泥的果园、麦地调查，表层重金属累积现象明显。也有学者通过小区实验研究发现，在控制污泥施用量的条件下，重金属对农作物品质的影响不大。国内部分学者通过室内盆栽或小区试验研究施用污泥条件下重金属对农产品品质的影响。室内盆栽和小区试验受条件控制，很难模拟污泥施用实际情况，其结果并不能代表真实情况；不同区域气候、土壤类型，以及土壤化学、物理性质均不同，在具体某一区域的研究结果并不一定适合其他区域。故通过调查北京市污泥施用区土壤、作物重金属含量，评估基于北京市的城市污泥农用重金属对环境的影响，筛选北京市城市污泥土地利用优先控制重金属。

7.2.1　研究区域概况

调查区域（大兴区庞各庄）位于北京市东南郊（图 7.7），属大陆性季风气候，年降水量约 620 mm，主要土壤类型为褐潮土、砂姜潮土，农作物类型以小麦/玉米为主。

北京市污泥消纳厂位于北京市大兴区庞各庄北顿垡村，于 2002 年 10 月建成投入使用，接纳高碑店污水处理厂、卢沟桥污水处理厂、黄村污水处理厂 3 家污水处理厂产生的污泥，主要以高碑店污水处理厂污泥为主，该厂日产污泥 500~600 t，占消纳厂总接收污泥量的 80%，含水率 80%，其重金属含量见表 7.10。与国家污泥农用标准相比，高碑店污水处理厂污泥重金属含量均低于标准，适宜土地利用。从变异系数看，2006 年与 2007 年冬季污泥 Cu、Ni、Zn 变异系数最小，变化幅度在 10% 以内，表明近两年冬季 Cu、Ni、

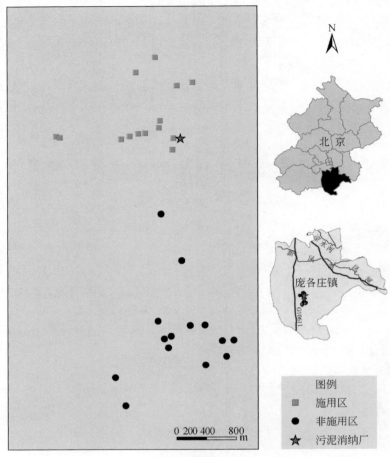

图 7.7　采样分布图

Zn 含量变化幅度并不大（表 7.10）。施用区从 2003 年春季开始施用污泥，截至 2007 年，部分农田连续施用污泥 5 年，也有部分农田仅施用 1~2 次，污泥施用量不等。

表 7.10　不同时期消纳厂（高碑店）污泥重金属含量

采样时间	重金属含量/（mg/kg）							
	As	Cd	Cr	Cu	Ni	Pb	Zn	Zn/Cu
2006 年 11 月	20.9	1.05	30.2	208	41.5	23.0	1048	5.02
2007 年 11 月	27.0	1.68	52.0	221	43.4	83.9	1189	5.38
变异系数/%	18.0	32.6	37.5	4.29	3.16	80.6	8.91	—

7.2.2 污泥施用对土壤的重金属污染风险

1. 非施用区土壤重金属含量

经 K-S 正态分布检验，非施用区土壤重金属含量均服从正态分布，从变异系数来看，Hg 的变异系数最大（表7.11），这表明在当前的采样尺度下，相对于其他重金属，Hg 的空间变异最大；Ni 的变异系数最小，其次 Zn，Cr、Cu、Pb 的变异系数也均未超过 10%，表明非施用区土壤 Ni、Zn、Cr、Cu、Pb 含量相对均一，空间变异性小，重金属含量受人类活动影响程度小。

表 7.11 非施用区土壤重金属含量统计

| 元素 | 重金属含量/(mg/kg) | | | | | | 变异系数 |
	最小值	中位值	最大值	算术均值	几何均值	标准差	
As	6.07	8.23	9.69	8.15	8.05	1.28	15.7
Cd	0.15	0.19	0.21	0.187	0.187	0.021	11.2
Cr	26.3	31.0	33.6	30.5	30.4	2.30	7.54
Cu	14.2	16.0	18.9	16.2	16.1	1.37	8.45
Hg	nd	0.014	0.03	0.013	—	0.01	76.9
Ni	19.6	21.7	23.7	21.8	21.7	1.35	6.19
Pb	10.1	12.4	13.3	11.9	11.9	1.04	8.74
Zn	44.9	49.7	57.0	50.2	50.1	3.52	7.01

注：nd 为未检测出

2. 污泥施用区土壤重金属含量

经 K-S 正态分布检验，污泥施用区土壤重金属含量均服从正态分布，算术均值见表7.12。从变异系数来看，Hg、Zn 和 Cu 变异系数较大，表明施用区土壤 Hg、Zn 和 Cu 含量差异大，空间变异性强，受人类活动影响的特征明显。

表 7.12 污泥施用区土壤重金属含量

| 元素 | 重金属含量/(mg/kg) | | | | | | 变异系数 |
	最小值	中位值	最大值	算术均值	几何均值	标准差	
As	8.67	9.81	11.36	9.86	9.83	0.78	7.91
Cd	0.197	0.244	0.352	0.518	0.289	0.038	7.34
Cr	30.7	36.2	41.0	36.0	35.9	3.28	9.11
Cu	22.6	25.6	35.3	26.4	26.2	4.02	15.2
Hg	0.27	0.518	1.43	0.498	0.243	0.439	88.2
Ni	23.3	26.9	32.2	27.4	27.3	2.83	10.3
Pb	13.3	15.1	16.1	15.0	15.0	0.78	5.20
Zn	65.8	89.8	149	93.5	90.9	24.2	25.9

3. 污泥土地利用重金属在土壤中的累积

经差异显著性检验，污泥施用区土壤 As、Cd、Cr、Cu、Hg、Ni、Pb、Zn 含量均显著高于非施用区土壤重金属含量（$p<0.05$）。Hg、Zn 和 Cu 含量分别增加了 3731%、86.3% 和 63.0%，累积趋势明显，施用污泥对土壤 Hg、Zn 和 Cu 含量有明显的贡献（表 7.13）；As、Cr、Ni、Pb 含量增幅较低，分别为 21.0%、18.0%、25.7%、26.1%；相对于非施用区，施用区 Cd 含量增加了 31.0%，污泥施用导致土壤 Cd 含量有一定程度的增加。从非施用区和污泥施用区土壤 Zn、Cu 含量的变异系数来看（表 7.11 和表 7.12），施用污泥后，土壤 Zn、Cu 含量变化幅度较大，受人类活动影响的特征明显。

表 7.13 不同区域土壤重金属含量比较

项目	样本数	重金属含量/(mg/kg)							
		As	Cd	Cr	Cu	Hg	Ni	Pb	Zn
污泥施用区	12	9.86a	0.245a	36.0a	26.4a	0.498a	27.4a	15.0a	93.5a
非施用区	14	8.15b	0.187b	30.5b	16.2b	0.013b	21.8b	11.9b	50.2b
增加幅度/%		21.0	31.0	18.0	63.0	3731	25.7	26.1	86.3

4. 施用区污泥施用量估算

从调查区域土壤 Cu-Zn 含量分布散点图发现，污泥施用区土壤 Cu、Zn 的散点分布与非施用区土壤 Cu、Zn 的散点分布没有重叠，样本相对独立；经方差检验，污泥施用区 Zn 和 Cu 的比值显著大于非施用区，这表明施用区土壤 Cu、Zn 含量受到了外源的干扰，Zn 和 Cu 的比值发生变化。施用区土壤 Cu、Zn 含量呈显著正相关（$p<0.05$），pearson 相关系数高达 0.9019，二者关系可用线性方程 $y=5.7004x-57.152$ 拟合（图 7.8），施用区土壤 Zn、Cu 含量呈等比例增加，这可能与外源中 Zn 和 Cu 含量比值相对稳定有关。

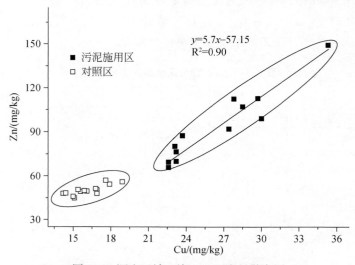

图 7.8 调查区域土壤 Cu-Zn 含量散点图

与 2006 年的调查结果相比，2007 年同期污泥中 Cu、Zn 含量变化不大；2007 年冬季高碑店污水处理厂污泥 Cu、Zn 的变化也不大，比值相对稳定，施用区污泥的施用时间通常为每年 1~2 月，近两年同期高碑店污泥 Cu、Zn 含量变化并不大，因此，可尝试用本次冬季调查污泥 Cu、Zn 含量代替近 5 年高碑店污水处理厂污泥的 Cu、Zn 含量估算污泥施用区污泥的施用量。

$$\Delta C_n = (C_n - \bar{C})/a \quad n = 1, 2, \cdots, 12 \qquad (7.1)$$

式中，ΔC_n 为 n 样点污泥施用量；C_n 为污泥施用区样点 n 土壤重金属含量；$\bar{C}$ 为非施用区土壤重金属含量；a 为污泥中重金属含量。

将高碑店污泥 Cu、Zn 含量数据，以及土壤 Cu、Zn 含量数据带入式（7.1）中，分别估算施用区污泥施用量，对两种结果进行加和平均。如图 7.9 所示，两组数据的最小相对误差为 0.9%，最大为 45.1%，平均误差为 9.2%。施用区污泥最大施用量为 95.7 g/kg 土壤，即每亩①施用污泥 19.1 t；最小施用量为 23.3 g/kg 土壤，每亩施用污泥 4.6 t；平均每亩施用污泥 9.2 t。

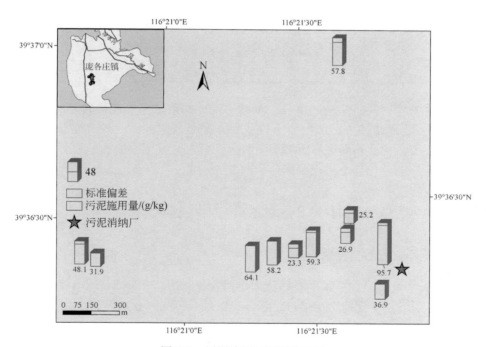

图 7.9　污泥施用区污泥施用量

5. 不同土地利用类型重金属的累积统计

表 7.14 为不同土地利用情况下重金属在土壤中的累积情况。果园土壤中重金属的含

---

① 1 亩≈666.67m²。

量最高，远远高于草地、麦地和菜地，这主要与污泥施用量、污泥质量有关，相对于林木、果树，农作物对重金属的富集能力较强，容易从土壤中吸收重金属，进入食物链危害人体健康的风险较大，因此，农田土壤施用污泥的标准更严格。从统计的施用年限来看，施用年限的长短与土壤中重金属的含量高低关系不明显，影响土壤重金属含量的主要因素是污泥施用量和污泥中重金属含量。

表 7.14　污泥不同土地利用类型土壤重金属含量

土地利用类型	施用年限	重金属/(mg/kg)						参考文献
		Cd	Cr	Cu	Ni	Pb	Zn	
果园	>20	33.2	471	303	95.5	32.5	1582	(Richards et al., 1998)
果园	18	44.5	512	341	159	337	1506	(Kelly et al., 1999)
牧场	27	—	—	43	22.5	53.1	196	(Nyamangara and Mzezewa, 1999)
麦地（籽粒）	12	0.36	58.3	60.7	48.4	15.8	93.9	(Mantovi et al., 2005)
		0.19	1.23	8.11	0.95	Nd	62.0	
麦地	8	5.17	34.5	106	17.2	55	129	(Walter and Cuevas, 1999)
玉米地	>10	Nd	42.9	132	24.9	46.8	147	(Kidd et al., 2007)
菜地	40	0.32	—	40.5	—	0.93	113	(Udom et al., 2004)
麦地	5	0.25	36.0	26.4	27.4	15.0	93.5	

由于人们对农作物品质的高度重视，草地、麦地、菜地不可能像林地大量施用污泥，污泥的施用量受到严格的控制，对土壤重金属的贡献是有限的；同时土壤母质也是施用区土壤重金属的主要来源，不同区域土壤母质各异，对土壤重金属的贡献也各异，很难确定不同施用区重金属的差异是由污泥施用造成的。

7.2.3　污泥施用对农作物的重金属污染风险

1. 非施用区小麦籽粒重金属含量

经 K-S 方法检验，非施用区小麦籽粒重金属含量均服从正态分布，As、Cd、Cr、Cu、Hg、Ni、Pb 和 Zn 含量分别为 0.047 mg/kg、0.02 mg/kg、0.812 mg/kg、6.57 mg/kg、0.004 mg/kg、0.335 mg/kg、0.166 mg/kg 和 30.5 mg/kg（表 7.15）。与国家食品卫生标准相比，非施用区部分小麦籽粒 Cr、Pb 超标，超标率分别为 28.6% 和 21.4%，其他重金属未出现超标现象。

表 7.15　非施用区小麦籽粒重金属含量

元素	小麦籽粒重金属含量/(mg/kg)						变异系数	超标率/%
	最小值	中值	最大值	算术均值	几何均值	标准差		
As	0.025	0.049	0.069	0.047	0.044	0.015	0.319	0.0

元素	小麦籽粒重金属含量/（mg/kg）						变异系数	超标率/%
	最小值	中值	最大值	算术均值	几何均值	标准差		
Cd	0.016	0.019	0.027	0.020	0.020	0.004	0.200	0.0
Cr	0.142	0.593	2.06	0.812	0.562	0.683	0.841	28.6
Cu	4.53	6.67	9.46	6.57	6.43	1.37	0.209	0.0
Hg	0.001	0.004	0.008	0.004	0.003	0.002	0.500	0.0
Ni	0.156	0.293	0.698	0.335	0.304	0.158	0.472	—
Pb	0.094	0.138	0.337	0.166	0.151	0.081	0.488	21.4
Zn	23.9	29.3	40.8	30.5	30.1	5.22	0.171	—

注：As、Cd、Cr、Pb 标准引用 GB 2762—2005 食品中污染物限量；Cu 标准引自 GB 15199–1994

2. 施用区小麦籽粒重金属含量

污泥施用区小麦籽粒 As、Cd、Cr、Cu、Hg、Ni、Pb 和 Zn 含量分别为 0.042 mg/kg、0.021 mg/kg、0.768 mg/kg、7.84 mg/kg、0.005 mg/kg、0.290 mg/kg、0.153 mg/kg 和 35.2 mg/kg（表 7.16）。与国家食品卫生标准污染物限量相比，污泥施用区小麦籽粒 Cr、Cu 和 Pb 超标，超标率分别为 18.2%、18.2% 和 27.3%，其他重金属超标率为 0。

表 7.16　施用区小麦籽粒重金属含量

元素	小麦籽粒重金属含量/（mg/kg）						变异系数	超标率/%
	最小值	中值	最大值	算术均值	几何均值	标准差		
As	0.023	0.039	0.068	0.042	0.040	0.013	0.310	0.0
Cd	0.013	0.020	0.027	0.021	0.020	0.005	0.238	0.0
Cr	0.040	0.751	1.76	0.768	0.539	0.508	0.661	18.2
Cu	4.56	7.26	14.1	7.84	6.47	2.71	0.346	18.2
Hg	0.003	0.005	0.007	0.005	0.005	0.001	0.200	0.00
Ni	0.130	0.280	0.640	0.290	0.267	0.136	0.469	—
Pb	0.052	0.154	0.245	0.153	0.137	0.067	0.438	27.3
Zn	27.6	35.4	43.2	35.2	34.8	5.20	0.148	—

注：As、Cd、Cr、Pb 标准引用 GB 2762—2005 食品中污染物限量；Cu 标准引自 GB 15199–1994。

富集系数是衡量植物吸收土壤重金属难易程度的指标之一，其富集系数越大，表明该作物越容易吸收土壤中的重金属。通过比较小麦籽粒对不同重金属的富集系数，评估污泥施用重金属对小麦籽粒卫生品质的影响。如表 7.17 所示，在调查区域，小麦籽粒对土壤 Zn 的富集系数最高，达 0.506；其次是 Cu、Cd，其富集系数分别为 0.335、0.098；As 的富集系数最小。小麦对土壤 Zn 的富集能力最强，其次是 Cu、Cd，对 As 的富集能力最弱。从富集系数来看，土壤中的 Zn、Cu、Cd 容易被小麦籽粒吸收进入食物链威胁人体健康，因此，施用污泥应优先控制土壤的 Zn、Cu、Cd 污染。

表 7.17　麦籽粒对土壤重金属的富集系数比较

元素	小麦籽粒对土壤重金属的富集系数						前期研究（杨军等，2005b）
	最小值	中值	最大值	算术均值	几何均值	标准差	
As	0.003	0.006	0.008	0.005	0.005	0.002	0.004
Cd	0.06	0.098	0.176	0.1	0.098	0.026	0.109
Cr	0.003	0.02	0.071	0.024	0.018	0.019	—
Cu	0.197	0.346	0.488	0.348	0.335	0.092	0.232
Hg	0.003	0.031	0.222	0.047	0.022	0.068	0.021
Ni	0.006	0.012	0.036	0.014	0.013	0.007	0.014
Pb	0.004	0.012	0.026	0.012	0.011	0.005	0.014
Zn	0.245	0.52	0.743	0.526	0.506	0.141	0.577

　　如表 7.18 所示，独立样本 t 检验，污泥施用区小麦籽粒 As、Cd、Cr、Cu、Hg、Ni、Pb 含量与非施用区小麦籽粒相应重金属含量之间的差异并不显著，施用区小麦籽粒 Zn 含量显著高于非施用区小麦籽粒的 Zn 含量。

表 7.18　不同区域小麦籽粒重金属含量的比较

项目	样本数	小麦籽粒重金属含量的平均值/(mg/kg)							
		As	Cd	Cr	Cu	Hg	Ni	Pb	Zn
污泥施用区	11	0.042a	0.021a	0.768a	7.84a	0.005a	0.290a	0.153a	35.2a
非施用区	14	0.047a	0.020a	0.812a	6.57a	0.004a	0.335a	0.151a	30.5b

　　注：同一列中不同字母表示差异显著（$p=0.05$）

　　方差统计表明污泥施用区小麦籽粒 Cu 含量与对照区小麦籽粒 Cu 含量差异并不显著，但污泥施用区小麦籽粒 Cu 的超标率为 18.2%，而对照区 Cu 超标率为 0；从富集系数来看，小麦籽粒从土壤中吸收 Cu 的能力比较强，高达 0.335，仅次于 Zn，长期大量施用城市污泥可能导致小麦籽粒 Cu 超标。施用区小麦籽粒 Zn 含量显著高于对照区小麦籽粒 Zn 含量，施用区土壤 Zn 含量也显著高于对照区土壤 Zn 含量；小麦籽粒 Zn 含量与土壤 Zn 显著正相关（表 7.19），表明土壤 Zn 含量显著影响小麦籽粒 Zn 含量，进一步证明，城市污泥施用导致小麦籽粒 Zn 含量升高。基于当前污泥的施用情况，从小麦食品卫生健康的角度考虑，北京市城市污泥施用对小麦籽粒 Cu、Zn 污染风险较大。同时考虑当前我国饮食中普遍缺 Zn 的现状，北京市城市污泥施用应优先控制 Cu 污染风险。

表 7.19　调查区域土壤重金属含量与小麦籽粒重金属含量的相关分析

项目	相关系数							
	As	Cd	Cr	Cu	Hg	Ni	Pb	Zn
土壤-籽粒	−0.065	0.285	−0.072	0.304	0.307	−0.152	0.018	0.433*

　　$*\,p<0.05$

7.2.4　污泥施用对浅层地下水的重金属污染风险

　　前期的研究表明，经过 5 年城市污泥的土地利用，Cu、Hg、Zn 在施用区表层土壤累积趋势明显，因此，评估污泥施用对浅层地下水的 Cu、Hg、Zn 污染风险尤为必要。图 7.10 ~ 图 7.11 为调查区域重金属在土壤剖面中的分布情况。

　　施用区土壤主要污染物 Cu、Hg、Zn、Cd 主要在表层 0 ~ 30 cm 累积（图 7.10），并且明显高于非施用区剖面同层重金属含量，在 0 ~ 60 cm 土层中随土壤深度的增加而呈明显的降低趋势；累积程度较轻的 As、Cr、Ni、Pb 随土壤深度增加而降低的趋势并不明显（图 7.11）。无论污染程度重的 Cu、Hg、Zn、Cd，还是污染程度轻的 As、Cr、Ni、Pb，在 60 ~ 70 cm 土层均呈现明显增加的趋势，非施用区剖面土壤中这种趋势也比较明显。

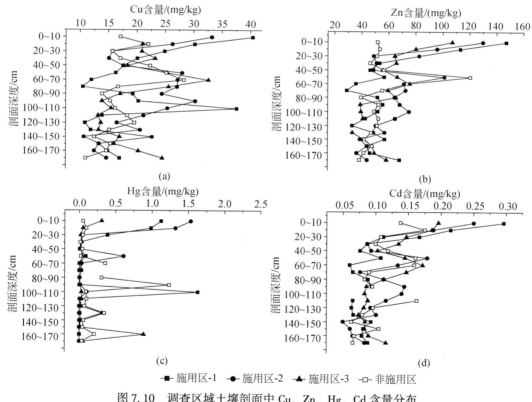

图 7.10　调查区域土壤剖面中 Cu、Zn、Hg、Cd 含量分布

　　Nyamangara 和 Mzezewa（1999）对施用污泥的牧场（潜育低活性淋溶土）研究表明，Zn、Cu、Ni、Pb 主要在 0 ~ 20 cm 的土壤表层累积。Baveye 等（1999）对连续施用 14 年污泥的粉砂壤土的农地调查发现，Cu、Pb、Ni 主要在 0 ~ 30 cm 土层累积，Cd 迁移到 75 cm，Cr 迁移到 60 cm，Zn 迁移到 45 cm；施用污泥对浅层地下水的风险并不像人们想象的那么严重。尽管 Richards 等（1998）对施用污泥 20 多年的果园（粉砂黏壤土）调查表明，地下水中的 Cd、Ni、Zn 含量超过饮用水水质标准，但重金属在土壤中的纵向迁移

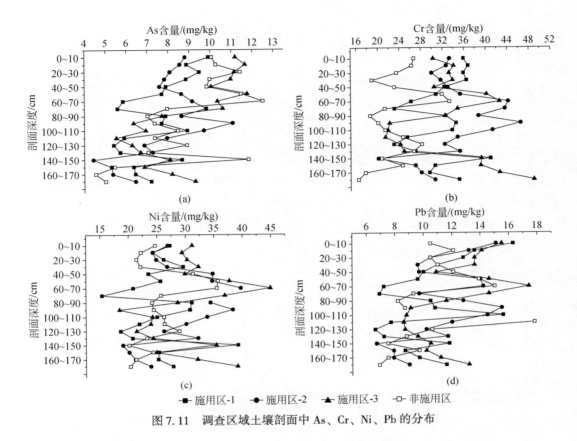

图 7.11　调查区域土壤剖面中 As、Cr、Ni、Pb 的分布

深度仅为 50～75 cm，75 cm 以下的土层重金属含量并没有增加。

7.2.5　城市污泥土地利用污染风险控制策略

　　造成城市污泥土地利用环境污染的因素除了污泥自身污染物含量和污泥施用量之外，施用区土壤重金属含量、土壤类型、土地利用类型和地势等因素对污泥施用的污染风险均有不同程度的贡献。因此，在控制城市污泥土地利用污染风险的过程中，除了严格限制污泥污染物含量及污泥施用量之外，还应综合考虑施用区自身的适宜性。

　　利用 GIS 技术模拟畜禽粪便土地利用对农用地和水体带来的风险（Basnet et al.，2002），Basnet 从风险控制的角度提出澳大利亚昆士兰韦斯特布鲁克子流域地区畜禽粪便的适宜施用区。但在城市污泥土地利用方面的应用并不多。因此，从土地的适宜程度方面提出城市污泥土地利用污染风险控制方法，筛选城市污泥土地利用污染风险控制影响因素，基于各影响因素对环境污染风险的高低，对影响因素进行权重赋值，分析北京市污泥土地利用适宜性，为北京市污泥的安全施用提供参考依据。

1. 影响因素选取

　　以我国和其他国家地区制订的相关法规为依据，综合考虑自然、环境和社会因素，选择土壤重金属含量、土壤类型、降雨量、地形（坡度）、土地利用类型、与水体距离和与居民区距离 7 个影响因素作为城市污泥土地利用适宜性评价因子，具体因子评价原则和参考标准出处见表 7. 20。

表 7. 20　城市污泥土地利用适宜性分析因子

评价因子	评价原则	参考标准或文献
土壤重金属含量	超过土壤二级标准的土壤不宜施用污泥，土壤重金属含量越低越好	土壤环境质量标准（GB 15618—1995）
土壤类型	对沙质容易产生径流和渗透性较强的土壤不适宜施用污泥，沙粒越少，黏粒越多，越适宜	畜禽养殖业污染防治技术规范①
土地利用类型	主要用于园林、绿地、林业	城镇污水处理厂污泥处置-农用泥质（CJ/T 309—2009）
自然降雨	降雨量越大，重金属越容易迁移，土地利用风险越高	（Passuello et al.，2012）
坡度	小于 25°，越小越好	中华人民共和国水土保持法②
与水体距离	湖泊周围 1000 m 范围内和洪水泛滥区禁止施用污泥，越远越好	城镇污水处理厂污泥处置-农用泥质（CJ/T 309—2009）
与居民区距离	最小距离不得小于 250 m，越远越好	NSW Agriculture Fisheries（1989）

2. 影响因子标准化

对于不适宜污泥土地利用的因子属性需要从输入因子中扣除，其余因子的属性用线性连续数值度量，为了反映因子之间的关系及其差异，采用归一法对各个因子的初始值进行标准化处理，分析因子的值越小，表示污泥土地利用适宜程度越高。

$$X_i = \frac{R_i - R_{\min}}{R_{\max} - R_{\min}} \tag{7.2}$$

分析因子的值越大，表示污泥土地利用适宜程度越高时，采用式（7.3）计算：

$$X_i = 1 - \frac{R_i - R_{\min}}{R_{\max} - R_{\min}} \tag{7.3}$$

式中，X_i 为第 i 个栅格单元的标准量化值；R_i 为第 i 个栅格单元的值；$R_{\max}$ 为所有栅格数值的最大值；$R_{\min}$ 为所有栅格数值的最小值。

以土地利用类型因子为例，根据城镇污水处理厂污泥处理处置技术规范（2010），政府应优先将污泥应用于草坪、花卉和树木。各种土地利用类型的污泥土地利用适宜性大小依次为：叶菜类蔬菜<果实类蔬菜和大田籽粒作物<绿化草地<灌木<林地。将叶菜类蔬菜

---

① 国家环境保护总局 . 2001. 畜禽养殖业污染防治技术规范 . HJ/T 8122001. 北京 .
② 全国人大常委会 . 1991. 中华人民共和国水土保持法 . 北京 .

的初始值设为 0, 林地设为 10, 其他土地利用类型的初始值依次为: 果实类蔬菜为 2, 大田籽粒作物为 3, 绿化草地为 6, 灌木为 8。对初始值进行归一化处理, 当分析因子的值越大, 表示污泥土地利用适宜程度越高时, 6 种土地利用类型的归一化结果见表 7.21。

表 7.21　土地利用类型因子初始值的归一化结果

土地利用类型	叶菜类蔬菜	果实类蔬菜	大田籽粒作物	绿化草地	灌木	林地
初始值归一化结果	0	0.2	0.3	0.6	0.8	1

依次对土壤重金属含量、土壤类型、土地利用类型、降雨量、地形 (坡度)、与水体距离和与城镇居民区距离 7 个因子的初始值进行归一化处理。

3. 量化影响因素对污泥土地利用污染风险的贡献

分析因子的权重用于确定影响污泥土地利用适宜性的因素贡献大小。分析方法参考 Basnet 等 (2002) 的研究成果, 采用目标定位比较方法, 各个因子权重和评价等级见表 7.22。

表 7.22　城市污泥土地利用分析因子的权重分析

评价因子	目标							总和	权重
	A	B	C	D	E	F	H		
施用区土壤重金属含量	1/2	1/2	1	1/2	0	0	0	2.5	0.25
施用区土壤类型	1/2	1	0	0	0	1/2	0	2	0.20
施用区土地利用类型	1/2	1/2	1/2	1/2	0	0	0	2.5	0.25
施用区降雨量	1/2	1/2	0	0	1/2	1/2	0	2	0.15
施用区坡度	1/2	0	0	0	0	1	0	1.5	0.15
施用区与水体距离	1	0	0	0	0	0	0	1	0.10
施用区与城镇居民区距离	0	0	0	0	0	0	1/2	0.5	0.05
总计								10	1.00

注: 基于以下方面的影响: A 为对地表水的污染风险; B 为对地下水的污染风险; C 为对土壤的污染风险; D 为对农作物的污染风险; H 为对人体健康的污染风险; E 为减少养分地表径流损失; F 为减少养分下渗损失; 分值: 0 为无贡献, 1/2 为部分贡献, 1 为全部贡献。

4. 模型选择

权重线性加和模型 (WLC) 根据各影响因素贡献的大小分别赋予权重, 识别出研究区中的敏感区域和重点区域, 适用于区域风险识别和规避, 从而达到控制污染风险的目的。根据已确定的各项因子的量化值 X_i 和权重, 利用权重线性加和法来确定城市污泥土地利用的污染风险程度。

$$S_i = 100 \times \sum_{j=1}^{n} X_j W_j \tag{7.4}$$

式中, S_i 为第 i 个栅格单元污泥土地利用的风险值; X_j 为第 j 个分析因子的个数, 计算得到的风险值在 0~100 范围内，划分为三级，即 A：高风险区（阈值范围：0~33.3）；B：中度风险区（阈值范围：33.3~66.7）；C：低风险区（阈值范围：66.7~100）。

5. 北京市城市污泥土地利用安全区划

如图 7.12 所示，北京市污泥高度适宜施用区面积为 2033 km²，主要集中分布在平谷和顺义交界处、昌平-延庆中部和房山的东部区域；污泥中度适宜施用区面积为 5079 km²，主要分布在西南部、东南部、西北部，以及中北部昌平、顺义、平谷等地区。污泥低度适宜施用区面积为 380 km²，主要分布在石景山和门头沟东北部、房山西南部，以及平谷北部区域。禁止施用区面积达 8916 km²，主要分布在城区及延庆、怀柔、密云等部分区域。

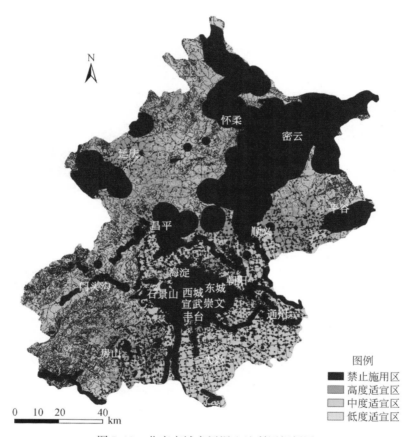

图 7.12　北京市城市污泥土地利用规划图

从空间分布来看，北京市城市污泥土地利用可施用区主要集中在四大区域：东北延庆—怀柔—昌平之间的低坡度山间林地，可施用面积达 2690 km²，其中，林地面积为 1915 km²，旱地面积为 488 km²；西北平谷—顺义之间林地、旱地交错混合区，可施用面积达 989 km²，其中，林地面积为 307 km²，旱地面积为 576 km²；西南门头沟—房山低坡度山间林地，可施用面积达 2088 km²，其中，林地面积为 1451 km²，旱地面积为 414 km²；东南通州—大兴的平原旱地，可施用面积达 1145 km²，其中，旱地面积为 1052 km²。具体分布面积见表7.23。

表7.23   北京市不同土地利用类型污泥施用面积统计

土地利用类型	面积/km²			
	高度适宜施用区	中度适宜施用区	低度适宜施用区	禁止施用区
林地	847	2842	293	3332
旱地	967	1766	48.2	2081
草地	171	349	26.2	723
未利用地	0.16	0.47	0	0.40
其他用地	47.9	122	13.1	2780
总计	2033	5079	380	8916

从土地利用类型来看，林地污泥可施用面积最大，高度适宜施用区面积为847 km²，中度适宜施用区为2842 km²；其次是旱地，高度适宜施用区面积为967 km²，中度适宜施用区面积达1766 km²；草地污泥可施用区域相对较少，高度适宜施用区面积为171 km²，中度适宜施用区面积达349 km²。

参考城镇污水处理厂污泥处置农用泥质标准，农田年施用污泥量累计不应超过7.5 t/hm²（含水率60%）。北京市污泥高度适宜施用区面积达2033 km²，可施用污泥152万t；中度适宜施用区面积达5079 km²，可施用污泥为381万t；低度适宜施用区面积为380 km²，可施用污泥为28.5万t。从土地利用类型来看，林地污泥土地利用量为299万t，其中，2006年，北京市果园面积达70015 hm²，可施用污泥52.5万t；旱地污泥土地利用量为209万t；草地最少，为41.0万t。据2007年北京市统计年鉴显示，2006年，北京市现有公园绿地面积达14234 hm²，如城市污泥作为城市园林绿化用地肥料，可施用污泥为10.7万t。2009年北京市大约产生城市污泥110万t（含水率约80%），约合含水率60%的污泥55万t。北京市污泥土地利用高度适宜区可施用污泥152万t，通过土地利用，可完全消纳每年产生的城市污泥。

参 考 文 献

北京市统计局.1985~2007.北京市统计年鉴.北京：中国统计出版社.

北京市水利科学研究所.2005.北京：北京市再生水灌溉利用示范研究（报告集）.112.

陈同斌，郑袁明，陈煌，等.2004.北京市土壤重金属含量背景值的系统研究.环境科学，25（1）：117-122.

刘荣乐，李书田，王秀斌，等.2005.我国商品有机肥料和有机废弃物中重金属的含量状况与分析.农业环境科学学报，24（2）：392-397.

王起超，麻壮伟.2004.某些市售化肥的重金属含量水平及环境风险.农村生态环境，20（2）：62-64.

夏增禄，李森照，穆从如，等.1985.北京地区重金属在土壤中的纵向分布和迁移.环境科学学报，5（1）：105-112.

杨军，郑袁明，陈同斌，等.2005a.北京市凉凤灌区土壤重金属的积累及其变化趋势.环境科学学报，25（9）：1175-1181.

杨军，陈同斌，郑袁明，等.2005b.北京市凉凤灌区小麦重金属含量的动态变化及健康风险分析——兼论土壤重金属有效性测定指标的可靠性.环境科学学报，25（12）：1661-1668.

中华人民共和国国家统计局. 2007. 中国统计年鉴. 北京: 中国统计出版社 (http://www. sei. gov. cn/ hgjj/yearbook/2007/indexCh. htm).

Al-Nakshabandi G A, Saqqar M M, Shatanawi M R, et al. 1997. Some environmental problems associated with the use of treated wastewater for irrigation in Jordan. Agricultural Water Management, 34 (1): 81-94.

Basnet B B, Amando A A, Steven R R. 2002. Geographic information system based manure application planning. Journal of Environmental Management, 64 (2): 99-113.

Baveye P, Mcbride M B, Bouldin D, et al. 1999. Mass balance and distribution of sludge-borne trace elements in a silt loam soil following long-term applications of sewage sludge. The Science of the Total Environment, 227 (1): 13-28.

Kelly J J, Haggblom M, Tateiii R L. 1999. Effects of the land application of sewage sludge on soil heavy metal concentrations and soil microbial communities. Soil Biology and Biochemistry, 31 (10): 1467-1470.

Kidd P S, Dominguez-Rodriguez M J, DIEZ J, et al. 2007. Bioavailability and plant accumulation of heavy metals and phosphorus in agricultural soils amended by long-term application of sewage sludge. Chemosphere, 66 (8): 1458-1467.

Mantovi P, Baldoni G, Toderi G. 2005. Reuse of liquid, dewatered, and composted sewage sludge on agricultural land: effects of long-term application on soil and crop. Water Research, 39 (2-3): 289-296.

New South Wales Agriculture and Fisheries (NSW Ag. and Fish). 1989. Guidelines for the use of sewage sludge on agricultural land. Australia: New SouthWalesAgriculture and Fisheries.

Nyamangara J, Mzezewa J. 1999. The effect of long-term sewage sludge application on Zn, Cu, Ni and Pb levels in a clay loam soil under pasture grass inZimbabwe. Agriculture, Ecosystems and Environment, 73 (3): 199-204.

Passuello A, Cadiach O, Perez Y, et al. 2012. A spatial multicriteria decision making tool to define the best agricultural areas for sewage sludge amendment. Environment International, 38 (1): 1-9.

Pollice A, Lopez A, Laera G, et al. 2004. Tertiary filtered municipal wastewater as alternative water source in agriculture: a field investigation inSouthern Italy. The Science of the Total Environment, 324 (1-3): 201-210.

Richards B K, Steenhuis T S, Peverly J H, et al. 1998. Metal mobility at an old, heavily loaded sludge application site. Environmental Pollution, 99 (3): 365-377.

Smith C J, Hopmans P, Cook F J. 1996. Accumulation of Cr, Pb, Cu, Ni, Zn and Cd in soil following irrigation with treated urban effluent in Australia. Environmental Pollution, 94 (3): 317-323.

Udom B E, Mbagwu J S C, Adesodun J K, et al. 2004. Distributions of zinc, copper, cadmium and lead in a tropical ultisol after long-term disposal of sewage sludge. Environment International, 30 (4): 467-470.

Walter I, Cuevas G. 1999. Chemical fractionation of heavy metals in a soil amended with repeated sewage sludge application. The Science of the Total Environment, 226 (2-3): 113-119.

Wang Z, Chang A C, Wu L, et al. 2003. Assessing the soil quality of long-term reclaimed wastewater-irrigated cropland. Geoderma, 114 (3-4): 261-278.

第8章　矿业活动对土壤环境质量的影响

矿山开采将地下的矿物暴露于地表，改变矿物的化学组成和物理状态，产生的尾矿和废石堆中的重金属随之进入地表环境，加大了重金属向环境的释放风险。在整个陆地生态系统中，土壤是重金属元素循环和累积的重要场所，上游矿业活动释放到河流中的重金属通过水力运移，很可能导致下游农田土壤重金属污染。本章以广西矿业密集区西江流域为例，通过对流域内土壤、粮食作物和人发等样品重金属的分析，介绍矿业活动影响下流域范围内土壤重金属空间分布特征和人群的健康风险。

8.1　土壤 As 的空间分布及健康风险

土壤 As 含量主要受自然和人为活动两种因素影响：土壤 As 的本底值主要来源于土壤母质，虽然其含量相对于母质有了明显的富集，但一般不会超过 15 mg/kg，浓度范围主要分布在 1~40 mg/kg；高浓度的土壤 As 含量主要来源于人类活动，其中，矿业活动是导致土壤 As 污染的一个重要原因。在全球范围内已经出现大量的由矿业活动造成的土壤 As 污染事件，这些污染区域的土壤 As 含量范围分布在 4~43500 mg/kg（Krysiak and Karczewska，2006；Ongley et al.，2006）。矿业活动产生的土壤 As 污染主要是由于 As 是矿物的伴生物质，这些 As 随着矿产的开采释放到环境中。在中国，伴生 As 是矿资源的重要组成部分，由于低回收率和不合理的排放，矿业活动已经造成了大范围的农田土壤 As 污染事件。例如，Liao 等（2005）对郴州地区的农田土壤调查结果表明，大约 1000 km² 范围内的农田土壤遭受 As 污染，最高含量可达 1217 mg/kg，同时还导致当地种植的蔬菜和水稻中 As 含量对当地居民的健康造成危胁。土壤中的 As 主要通过土壤摄入或食物链等途径进入人体，人体吸收的 As 有 30%~88% 来自土壤 As，因此，土壤 As 污染区的风险评价是必需的。

8.1.1　土壤 As 含量

研究区域内取得的 475 个表层土壤样品 As 含量变幅较大，呈偏态分布，偏度系数达 6.75，峰度为 53.9（图 8.1）。土壤 As 含量分布在 2.03~2393 mg/kg 范围内，几何均值为 14.0 mg/kg，中值为 14.9 mg/kg。所取土壤样品中有 37.1% 的 As 含量超过了 USEPA 土壤 As 环境质量标准（20 mg/kg）。

根据对调查流域内不同河段流经区域的农田土壤样品 As 含量的对比分析（图 8.1），污染严重的农田土壤样品主要分布在刁江流域。河流主要流经南丹、都安和金城江 3 个县市，3 个区域内农田土壤 As 含量显著高于其他流域内农田土壤 As 含量。其含量范围为 2.03~2393 mg/kg，几何均值为 44.2 mg/kg，为整个调查流域下游浔江段（平南、藤县和苍梧）农田土壤 As 几何均值的 3.16 倍。刁江流域调查范围内的农田土壤 As 含量与其他 4

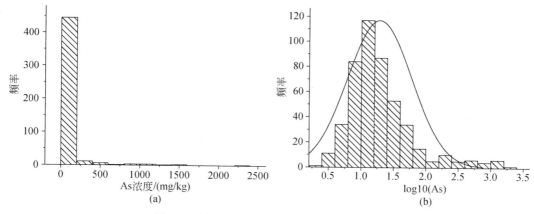

图 8.1　西江流域农田土壤 As 含量频数分布

个河段流域内的农田土壤 As 含量之间均存在显著性差异（$p<0.05$）。红水河流域内调查的农田土壤 As 含量与环江流域内调查的农田土壤 As 含量之间不存在显著差异，但这两个流域内农田土壤 As 含量显著高于浔江流域的农田 As 含量。浔江和黔江流域调查的农田土壤 As 含量之间不存在显著性差异，这两个流域内调查的农田土壤 As 含量的几何均值接近广西土壤背景值的几何均值。土壤 As 污染最严重的刁江流域的农田土壤 As 含量几何均值为广西土壤 As 背景值的 3.6 倍。而广西地区土壤 As 背景值与全国的土壤 As 背景值相比偏高，其几何均值是全国土壤几何均值的 1.5 倍。

刁江流域农田土壤 As 污染严重主要是由于刁江流域上游矿业开采。流域上游南丹县境内的大厂和车河镇矿区总面积达 168 km^2，拥有大量的 As 资源，其累计探明储量达 106.3 万 t。矿业活动释放的尾砂和选矿废水中的 As 含量极高。据宋书巧等（2005）对不同选厂的调查结果，尾砂中 As 最高含量可达 4.1%，选矿废水中的 As 含量达 4921 mg/L。由于尾砂和选矿废水的不合理排放，导致刁江河水被严重污染，并且因洪水作用和用江水灌溉导致两岸的农田土壤 As 含量急剧增加，超过我国《土壤环境质量标准》（GB15618—1995）中 As 三级的 36.1～276 倍。都安境内刁江下游河流沿岸淹水的土壤调查结果表明，As 含量可达 3552 mg/kg。因此，刁江流域的农田土壤 As 污染主要是由矿业活动引起的，并且河流是含 As 污染物远距离迁移的主要途径之一。

8.1.2　土壤 As 的空间分布特点

利用 GIS 技术对整个调查流域范围内农田土壤 As 含量制图。由于污染程度差异较大，因此，为了更好地体现元素的空间分布，采用分区域插值的方法。所有插值采用的是同一个土壤 As 含量梯度，使插值图之间的土壤 As 含量差异比较直观（表 8.1）。土壤 As 插值含量梯度的确定主要根据调查区域农田土壤的 As 含量范围和 USEPA 规定的土壤 As 的环境质量标准（20 mg/kg）。由插值图可以看出，整个调查流域内土壤 As 含量的空间分布呈现由上游向下游方向整体递减的趋势。土壤 As 污染主要分布在南丹、河池和环江境内，并且 As 污染土壤呈现明显的沿刁江和大环江分布的特点。这种分布特点与两条河流上游矿业活动导致河流污染有密切关系。不合理的采矿活动释放的大量矿业废弃物排入河流后，在河水的携带作用下通过灌溉和洪水进入了下游沿岸的农田土壤，最终导致了沿岸的农田土壤 As 污染。由以上结果可以看出，环江、南丹和河池 3 个采样区域内的农田土壤 As 污染与当地矿业活动密切相关，并且河流是当地矿业活动释放含 As 污染物进入农田的主要迁移途径之一。下游土壤 As 含量与上游矿业密集区相比明显降低，但仍呈现沿河流向东南逐渐降低的趋势，到黔江和浔江段的农田土壤 As 已接近背景值。对土壤中污染物空间分布的研究，除了能确定研究区域内农田土壤污染程度，还能确定污染物的主要来源。因此，根据流域内土壤 As 分布的特点可以看出，矿业活动是农田土壤 As 污染的主要来源。调查区域矿业活动最密集的南丹县 92% 的农田土壤 As 含量超过 USEPA 规定的土壤 As 环境质量标准（20 mg/kg）。

表 8.1　西江流域不同河段流经区域农田土壤 As 分布特征

流域名称	涉及县市	样品数	含量/(mg/kg)									显著性检验结果
			最小值	25%	中位值	75%	最大值	算术均值	标准差	几何均值	标准差	
刁江	南丹、都安、金城江	121	2.03	12.6	28.7	174	2393	184	371	44.2	5.08	a
环江	环江、宜州	179	2.56	9.45	13.5	25.05	184	19.9	18.7	16.6	1.98	b
红水河	忻城、合山、来宾	63	6.63	10.9	15.7	21.0	61.4	18.0	10.5	15.9	1.63	bc
黔江	武宣、桂平	35	2.99	5.63	10.5	24.25	79.1	18.4	17.8	12.6	2.38	cd
浔江	平南、藤县、苍梧	63	2.68	6.47	11.2	17.97	40.7	13.8	9.65	10.9	2.01	d
总计		475	2.03	9.51	14.9	28.68	2393	60.3	201	14.0	3.11	
广西土壤背景值*		150	1.50	6.80	12.2	24.8	153	20.5	21.5	13.4	2.55	
全国土壤背景值*		4093	0.01	6.20	9.60	13.7	626	11.2	7.86	9.20	1.91	

注：1）* 中国环境监测总站，1990；

2）同一列中不同字母表示差异显著（$p < 0.05$）

　　刁江上游的河流沿岸堆积了大量的尾砂，其下游都安境内河段沉积物中 As 含量仍高达 3552 mg/kg。环江沉积物中的 As 含量也达到了 216 mg/kg，除了这两条河流，其余河流沉积物中 As 含量范围为 8.41 ~ 94.6 mg/kg。这也说明这一流域内河流 As 污染的主要来源为当地的矿业活动。

　　除了流域内上游矿业活动密集区域的农田土壤 As 含量与河流有密切关系，下游的黔江和浔江流域内的农田土壤 As 累积仍然受河水影响（图 8.2）。这一区域是洪水的多发地段，在洪水过后，对淹水和未淹水相邻农田土壤中 As 含量的检验结果表明（图 8.3），洪水淹过的农田土壤 As 含量显著高于未淹过水的农田土壤 As 含量（$p < 0.05$）。说明整个调查流域内的农田土壤 As 含量与河流中的 As 含量有密切关系，河流在调查流域内是影响土壤 As 含量的一个重要因素。

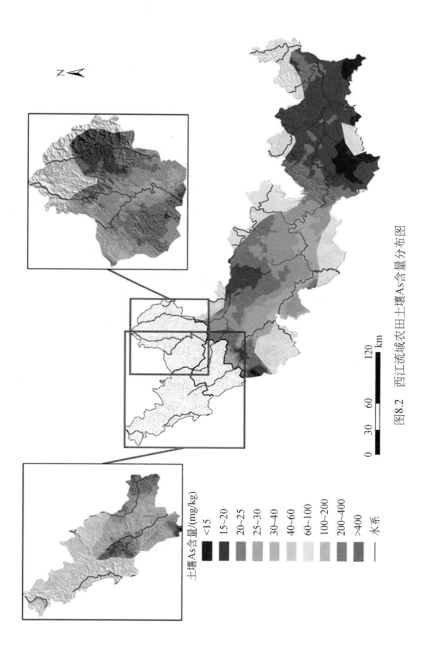

图8.2　西江流域农田土壤As含量分布图

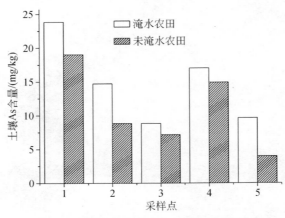

图 8.3　淹水与未淹水农田土壤 As 含量

8.1.3　水稻籽粒和头发 As 含量

As 污染土壤上生长的谷类作物和蔬菜是两种主要的高含 As 食物，会对人体健康产生严重的危害。水稻作为一种谷类作物，是中国南方居民的主要粮食作物，稻谷中 As 超标的问题已经受到了广泛关注。湖南的调查结果，柏林的稻谷 As 含量为 2.1 ~ 3.4 mg/kg，宝山的稻谷 As 含量为 0.5 ~ 1.8 mg/kg，柿竹园为 0.5 ~ 7.5 mg/kg，所调查的稻谷样品大部分均超过 1.0 mg/kg 的限定食品安全标准（NFA, 1993）。水稻籽粒（样品 220 个），As 含量分布范围为 0 ~ 2.35 mg/kg。几何均值为 0.33 mg/kg，中位值为 0.31 mg/kg。其中，仅有 0.06% 的稻谷中 As 含量超过了 1 mg/kg，而且这些 As 含量超标的稻谷主要来自刁江流域（图 8.4）。根据中国的粮食卫生标准（0.15 mg/kg），水稻籽粒中 As 的超标率达到了 84.5%。

发 As 常被作为一个重要的监测 As 暴露状况指标，主要由于其能反映人体 As 累积状况，并且方便取样和分析。为了了解调查区域内居民的身体健康，评估 As 污染对人体健康的危害程度，随机抽取不同年龄、不同性别和不同职业的人群头发样品。调查区域内 264 个发样 As 含量范围为 0 ~ 8.46 mg/kg，而非暴露的正常人群的发 As 含量应在 0.02 ~ 1.0 mg/kg 范围内。调查的发样中有 27% 的 As 含量超过 WHO 制定的标准（1 mg/kg）。

对不同年龄阶段发 As 含量的对比可以看出（表 8.2），31 ~ 40 岁年龄阶段的发 As 含量最高，均值达 1.04 mg/kg。随着居住年龄增加和居住年限的增长，头发中 As 含量呈增高的趋势反映人体慢性 As 蓄积现象。而高值并未只出现在年龄最高的组，这可能是由于人群接触了急性暴露的结果，如在当地矿山的工作。调查人群年龄高于 31 岁的发 As 超标率明显高于年龄低于 31 岁的人群，并且超标趋势为随着年龄的增加发样中 As 的超标率增加。

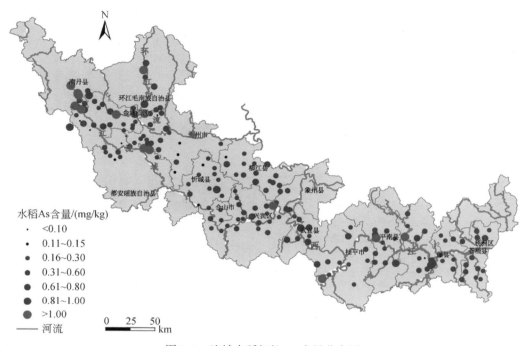

图 8.4　流域水稻籽粒 As 含量分布图

表 8.2　西江流域人发 As 浓度

年龄	样品数	As 浓度/(mg/kg)			超标比例/%
		最小值	最大值	均值	
0～10	45	0	4.25	0.72	16
11～20	49	0	4.09	0.65	16
21～30	26	0	2.27	0.58	19
31～40	49	0	8.46	1.04	35
41～50	33	0	5.21	0.91	33
51～60	28	0	2.06	0.78	32
61～70	23	0.03	2.53	0.99	43
71～80	11	0.21	1.80	0.88	45
总计	264	0	8.46	0.81	27

　　不同地区的发 As 含量对比表明（图 8.5）：河池（南丹和金城江）（2.19 mg/kg）＞都安（0.96 mg/kg）＞宜州（0.95 mg/kg）＞环江（0.91 mg/kg）＞武宣（0.78 mg/kg）＞柳江（0.76 mg/kg）＞来宾（0.70 mg/kg）＞忻城（0.63 mg/kg）＞桂平（0.46 mg/kg）＞平南（0.27 mg/kg）＞藤县（0.26 mg/kg）＞苍梧（0.20 mg/kg）。其中，河池地区的发 As 含量最高，超标率（1 mg/kg）达 70%，是 WHO 制定标准的 2.2 倍，这说明调查范围内该地区人群健康受 As 威胁最严重。流域内不同地区间发 As 含量的分布趋势与土壤中的

As 含量相同（图 8.6），都是自上游向流域下游的方向降低，但武宣境内的人发 As 含量与土壤 As 含量都明显高于其邻近的地区。

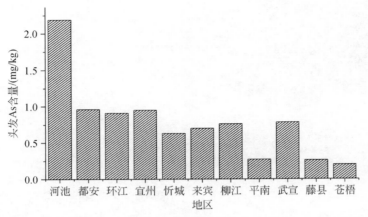

图 8.5　西江流域不同地区的人发 As 浓度

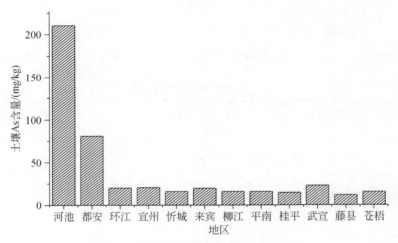

图 8.6　西江流域不同地区土壤 As 含量

　　根据对调查流域内人发 As 含量与对应的土壤 As 含量的回归分析可以看出（图 8.7），随着土壤中 As 含量的增加，人发中的 As 含量也呈增加的趋势，二者呈显著的正相关关系，可用非线性回归中的三次函数进行拟合（$R^2 = 0.998$，$p < 0.01$）。土壤中的 As 对人发中 As 的含量产生影响，土壤中的 As 直接或通过食物链进入人体，部分沉积在头发、指甲和皮肤中。因此，当农田土壤中的 As 含量增加时，人发中的 As 含量也会受到影响。

8.1.4　土壤 As 含量健康风险分析

　　土壤中的 As 除了能通过食物链对人体健康产生危害，还能通过直接进入人体的方式对人体健康产生危害。从土壤中 As 直接到人体引起的健康风险分析可以看出（表 8.3），

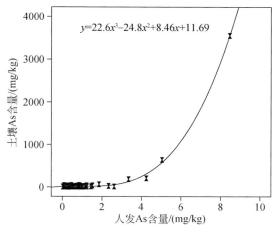

图 8.7　土壤 As 含量对人发 As 含量的影响

儿童比成人更易受到污染土壤的影响，调查区域中只有南丹县土壤 As 对儿童的健康风险大于 1。但从健康风险指数的分布范围可以看出，南丹、金城江和都安的最高健康风险指数都大于 1，对于成人的健康风险指数分别为 4.01、1.08 和 2.64，而对于儿童的健康风险指数是 11.7、3.14 和 7.69，大约为成人的 3 倍左右。由以上结果我们可以认为，从区域的角度来说，只有南丹土壤 As 污染对儿童存在整个区域的健康风险。局部区域，如南丹、金城江和都安的一些取样点的土壤 As 污染对成人和儿童都存在健康风险。这种土壤 As 污染风险差异主要与土壤中污染物的空间分布不均匀有关。

表 8.3　不同区域土壤 As 健康危害的个人年风险

地点	土壤 As 含量/(mg/kg)		成人 HQ		儿童 HQ	
	范围	均值	范围	均值	范围	均值
南丹	3.97~2393	284±436	0.0067~4.01	0.47	0.019~11.7	1.38
金城江	2.03~642	49.3±121	0.0034~1.08	0.083	0.015~3.14	0.24
环江	3.72~78.2	19.8±15.0	0.0062~0.13	0.033	0.018~0.38	0.097
都安	4.09~1571	80.8±311	0.0069~2.64	0.14	0.02~7.69	0.40
宜州	2.56~186	20.3±27.5	0.0043~0.31	0.034	0.013~0.91	0.099
忻城	7.68~40.3	15.5±8.06	0.013~0.068	0.026	0.038~0.20	0.076
柳江	5.88~39.9	15.5±9.66	0.0099~0.067	0.026	0.029~0.20	0.076
来宾	6.65~61.4	19.4±12.3	0.011~0.103	0.032	0.033~0.30	0.095
桂平	2.99~64.8	14.1±16.0	0.0050~0.11	0.024	0.015~0.32	0.069
武宣	4.79~79.1	22.4±18.8	0.0080~0.13	0.038	0.023~0.39	0.11
平南	2.68~37.6	15.4±10.2	0.0045~0.063	0.026	0.013~0.18	0.075
藤县	2.94~23.8	11.3±6.15	0.0049~0.04	0.019	0.014~0.12	0.055
苍梧	3.20~40.7	14.9±11.7	0.0054~0.068	0.025	0.016~0.20	0.073

注：根据 USEPA 推荐的 As 的参考剂量为 0.0003 mg/(kg/a)

8.2　土壤 Pb 的空间分布特征

结合地统计学方法，对流域内土壤 Pb 含量的空间分布特征进行分析，旨在了解该流域农田土壤 Pb 的主要来源和上游矿业活动释放的 Pb 污染物是否在河流的搬运作用下造成流域内大范围的农田土壤 Pb 污染。

8.2.1　土壤 Pb 含量

对研究区域内 475 个土壤 Pb 含量的统计分析结果表明，土壤 Pb 含量呈偏态分布，经对数转换后，接近正态分布（图 8.8）。调查区域土壤 Pb 含量范围、算术均值、几何均值和中位值分别为 0 ~ 3700 mg/kg、108 mg/kg、32.6 mg/kg 和 37.3 mg/kg。与当地的土壤 Pb 含量的背景值（算术均值 24 mg/kg，中位值 19.5 mg/kg，几何均值 20.5 mg/kg）相比，调查区域内的土壤 Pb 含量表现出累积的现象，平均积累指数（土壤 Pb 含量与当地土壤 Pb 背景值的比值）为 1.59。这些结果说明人类活动已经导致整个流域内的农田土壤 Pb 含量呈增加趋势。

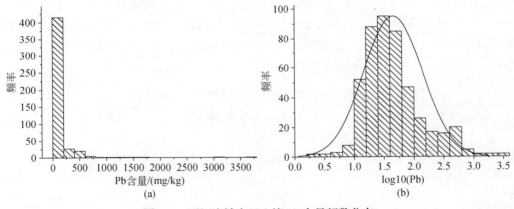

图 8.8　西江流域农田土壤 Pb 含量频数分布

对调查流域内不同行政区的土壤 Pb 含量的比较结果表明（表 8.4），南丹土壤 Pb 含量与其他区域存在显著差异，其几何均值是整个调查流域内土壤 Pb 含量几何均值的 5.03 倍，是广西土壤 Pb 背景值的 7.9 倍。不同地区的土壤 Pb 含量并未呈现从上游的南丹、金城江区向下游行政区递减的现象，除了南丹土壤 Pb 含量明显高于其他地区的土壤 Pb 含量之外，其他地区之间并未存在显著性差异。与新西兰的农田土壤 Pb 含量标准（150 mg/kg）相比，调查流域内一些地区的土壤样品的 Pb 含量出现了明显的超标现象，如环江、都安、宜州、桂平、武宣和平南的土壤 Pb 最高含量分别达到了 1055 mg/kg、876 mg/kg、279 mg/kg、1275 mg/kg、179 mg/kg 和 242 mg/kg。

表 8.4 西江流域农田土壤 Pb 分布特征

地点	样品数	含量/（mg/kg）									显著性检验结果
		最小值	25%	中位值	75%	最大值	算术均值	标准差	几何均值	标准差	
南丹	66	41.0	68.8	125	332	3700	337	624	166	2.84	a
金城江	30	2.46	23.0	41.1	58.6	413	65.8	86.7	38.6	2.84	bc
环江	136	4.31	25.3	45.8	107	1055	122	172	65.9	3.07	b
都安	25	3.23	15.5	25.3	42.5	876	66.3	170	28.7	2.79	bc
宜州	43	2.76	14.4	21.4	34.8	279	33.1	44.2	22.3	2.31	bc
忻城	17	0.00	13.1	19.4	27.9	57.1	22.5	14.3	7.79	1.68	bc
柳江	23	12.6	19.0	30.0	47.0	86.3	34.1	19.3	29.7	1.71	bc
来宾	37	8.25	12.0	21.4	31.5	53.1	23.0	11.3	20.5	1.65	c
桂平	17	1.67	16.5	24.8	34.9	1275	99.1	303	27.0	3.49	bc
武宣	18	12.5	26.2	45.2	67.8	179	51.8	38.4	42.0	1.95	bc
平南	18	7.00	19.6	34.0	54.3	242	60.3	72.0	37.2	2.60	bc
藤县	22	10.5	23.7	28.5	44.3	59.1	32.4	13.8	29.6	1.57	bc
苍梧	23	8.31	22.2	48.3	60.5	74.5	43.3	20.1	37.2	1.87	bc
西江流域	475	0	21.7	37.3	73.3	3700	108	278	32.6	3.12	
广西土壤背景值*	150	2.4	14.7	19.3	28.3	74.9	24	14.3	20.5	1.75	

注：1）＊中国环境监测总站，1990；

2）同一列中不同字母表示差异显著（$p < 0.05$）

调查区域内土壤 Pb 含量与其他国家和我国其他地区土壤 Pb 含量的调查结果比较可以看出（表8.5），广西西江流域内的土壤 Pb 含量均值高于美国、波兰、英格兰和威尔士等国家的土壤 Pb 含量，也高于我国北京和南京等大城市及其周围的土壤 Pb 含量。流域内土壤 Pb 含量的高累积区主要是矿业密集区南丹、金城江和环江，这些区域的土壤 Pb 污染主要来自当地的矿业活动，从表 8.5 中同样可以看到，其他国家，如爱尔兰、葡萄牙、波兰和赞比亚等国家的矿业活动也导致了严重的土壤 Pb 污染，其中，爱尔兰土壤 Pb 含量最高值已达到 1.5%。由此可见，矿业活动引起的土壤 Pb 污染严重，并已引起了广泛关注。

表 8.5 不同国家土壤 Pb 调查数据

调查尺度	调查区域	样品数	面积/km²	含量范围/（mg/kg）	均值/（mg/kg）	中值/（mg/kg）	标准差	参考文献
全国调查	美国	3045		<1 ~ 135	12.3	11.0	7.5	（Markus and McBratney, 2001）
	波兰	132		4.5 ~ 287	18.3[a]			
	英格兰和威尔士	1521		4.5 ~ 2900	39.8	36.8		
	爱尔兰 Silvermines 地区	218	32.6	25.1 ~ 14842		154.1		（McGrath et al., 2004）

调查尺度	调查区域	样品数	面积/km²	含量范围/(mg/kg)	均值/(mg/kg)	中值/(mg/kg)	标准差	参考文献
矿区调查	葡萄牙 Castromil 金矿区	106	1.4	5~6295	403	173	776	(Da silva et al.，2004)
	波兰南部 UpperSilesia 地区	2270	25	4~8200	102[a]		2.6	(Dudka et al.，1995)
	赞比亚 Kabwe 铅锌矿区	68		0.10~758				(Tembo et al.，2006)
城市调查	中国北京	600	16808	10.2~80.7	26.6[a]		9.19	(郑袁明等，2005)
	伊朗伊斯法罕	255	6800	3.4~63.2				(Aminia et al.，2005)
	南京地区	670	2500	13.0~233	32.7[a]	31		(夏学齐等，2006)

a代表几何均值

8.2.2　土壤 Pb 的空间变异性

　　研究区内数据为正偏分布，为避免变异函数分析产生比例效应，在进行变异函数分析前首先对原始数据进行了对数变换，使数据接近正态分布。计算了土壤 Pb 含量的实验变异函数，用球状模型对实验变异函数进行了拟合。

　　由拟合结果可得（表8.6），块金值（C_0）为0.04547，占基台值（0.227）的22%。块金值与基台值的比例反映系统变量空间相关的程度，如果比值小于25%说明空间变异以结构性变异为主；如果比例为25%~75%，表明系统具有中等空间相关性；大于75%说明系统空间相关性很弱。气候、母质和地形等结构性因素是土壤重金属具有空间相关性的根本原因；而人为活动使得重金属的空间相关性呈减弱趋势。据此，流域内的 Pb 空间分布还是受结构性因素的控制。说明其空间变异主要是由气候、土壤母质、地形、土壤类型等结构性因素引起的。变程表示随机变量在空间上的自相关尺度，在变程范围内变量有自相关性，反之则不存在。调查区域内的土壤 Pb 的变程较小，说明其在较小的范围内具有空间相关性。

表8.6　西江流域土壤 Pb 的半方差函数模型

重金属	模型类型	C_0	C_1	$C_0/(C_0+C_1)$	变程/km	拟合度
Pb	球状模型	0.04547	0.1617	22%	10.5	0.719

8.2.3　土壤 Pb 的空间分布特点

根据空间结构分析所得变异函数的理论模型进行克立格插值得到西江流域土壤 Pb 含量的空间分布图（图 8.9），研究区域内土壤 Pb 含量的分布具有明显的地域特征：西北高、东南低，且高值地区相对集中，整个调查流域内只是大环江流域内呈现了土壤 Pb 污染沿河流分布的特点。根据地理位置分析，流域内土壤 Pb 污染地点主要分布在南丹和环江境内，这两个地区土壤 Pb 含量明显高于其他区域，其中，南丹县境内大厂矿区内的农田土壤 Pb 含量最高达 3700 mg/kg，环江县境内由矿业活动导致的污染农田土壤 Pb 含量也高达 1059 mg/kg。因此，这两个区域的农田土壤 Pb 污染与当地的矿业活动密切相关。

除了南丹和环江，调查区域内矿业密集区下游的都安、柳江、武宣和桂平的农田土壤都出现了土壤 Pb 累积的现象。其中，都安的 Pb 污染土壤样品主要位于沿江的农田土壤，对刁江的河流底泥的 Pb 含量调查表明，下游河段沉积物中的 Pb 仍高达 947 mg/kg，因此，可能与当地利用污染河水进行灌溉有关。矿业密集区下游土壤 Pb 累积区域是流域内的人口稠密地区，位于柳江、桂平和武宣 3 个区域内，土壤 Pb 累积可能与当地的城市布局密切相关。下游出现 Pb 污染区域内还分布有中小型铅锌矿和铜矿，矿点分布与土壤 Pb 污染区域的位置较接近，土壤 Pb 污染也可能受当地矿业活动的影响。由以上分析结果可以看出，整个调查流域的土壤 Pb 污染最主要的来源是上游的矿业活动，矿业密集区下游的农田土壤 Pb 累积主要与当地矿业活动和其他大量的人类活动干扰有关。对于调查流域内的土壤 Pb 污染特点可以看出，污染呈斑块状特征，并未在河流的迁移作用下造成大面积的农田土壤 Pb 污染。

8.3　土壤 Cd 的空间分布特征

一些位于河流上游的矿业活动排入河流中的矿业废水和废渣在河流的迁移作用下对流域范围内的农田土壤产生影响，如 1931 年日本发生痛痛病的神通川流域的大范围农田土壤 Cd 污染来源于位于河流上游的锌矿（Ishihara et al.，2001；Inaba et al.，2005），流域内的矿业活动释放的 Cd 污染物在河流的搬运作用下会造成大范围的土壤污染。广西西江流域上游是当地主要的有色金属生产基地，Cd 是这些矿石的主要伴生元素，通过对流域范围内农田土壤和农作物的详细调查，揭示上游矿业活动造成的农田土壤 Cd 污染的影响范围，以及河流与流域内农田土壤 Cd 污染的关系。

8.3.1　土壤 Cd 含量

研究区域内取得的 475 个表层土壤样品的 Cd 含量变幅较大，呈偏态分布，偏度系数达 4.08，峰度为 16.37，经对数转换后，接近正态分布（图 8.10）。土壤 Cd 含量分布在 0～33.6 mg/kg 范围内（表 8.7），算术均值为 2.26 mg/kg，几何均值为 0.67 mg/kg，中位值为 0.82 mg/kg。所取土壤样品中有 83.2 % 的 Cd 含量超过了广西土壤 Cd 含量背景值（0.27 mg/kg）。

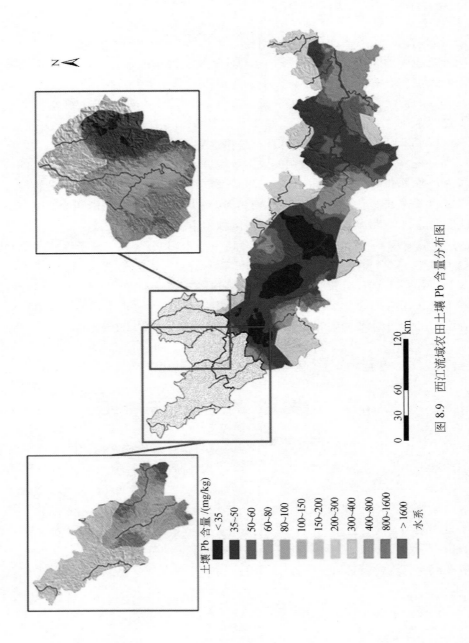

图 8.9　西江流域农田土壤 Pb 含量分布图

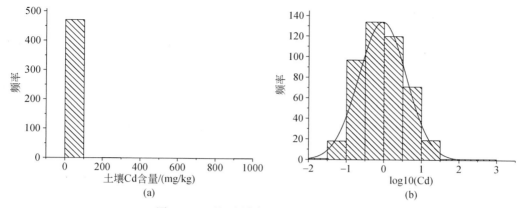

图 8.10　西江流域农田土壤 Cd 含量分布

表 8.7　西江流域不同河段流经区域农田土壤 Cd 分布特征

地点	样品数	含量/(mg/kg)									显著性检验结果
		最小值	25%	中位值	75%	最大值	算术均值	标准差	几何均值	标准差	
南丹	66	1.39	2.53	4.00	6.59	33.6	6.31	6.81	4.50	2.12	a
金城江	30	0	0.32	0.58	1.50	13.3	1.85	2.99	0.53	3.52	bcd
环江	136	0	0.44	1.02	2.00	16.5	1.72	2.36	0.49	29.6	bc
都安	25	0.12	0.35	0.99	2.00	5.67	1.49	1.58	0.86	3.10	bcd
宜州	43	0.18	0.52	1.15	3.02	14.9	2.69	3.71	1.34	3.23	bd
忻城	17	0	0.61	0.98	1.60	20.0	2.41	4.78	0.58	21.0	bcd
柳江	23	0.06	0.35	0.83	3.99	23.9	3.51	6.26	1.11	4.57	d
来宾	37	0	0.20	0.31	0.58	1.86	0.42	0.37	0.24	9.49	c
桂平	17	0.05	0.11	0.12	0.23	3.26	0.35	0.76	0.17	2.56	c
武宣	18	0.16	0.37	0.60	1.50	8.76	1.45	2.22	0.75	2.91	bcd
平南	18	0.10	0.17	0.25	0.50	12.7	1.11	2.96	0.35	3.23	bc
藤县	22	0.04	0.11	0.15	0.28	0.54	0.20	0.14	0.16	1.91	c
苍梧	23	0.04	0.09	0.19	0.50	8.11	0.83	1.78	0.26	4.02	bc
西江流域	475	0	0.29	0.82	2.34	33.6	2.26	4.05	0.67	2.78	
广西土壤背景值*	150	0.006	0.034	0.073	0.14	13.4	0.27	0.64	0.08	4.00	

注：1）＊中国环境监测总站，1990；

2）同一列中不同字母表示差异显著（$p<0.05$）

调查流域内地区之间土壤 Cd 含量差异较大，南丹的土壤 Cd 含量高于其他地区，其土壤 Cd 含量几何均值（4.50 mg/kg）为广西土壤 Cd 背景值（0.08 mg/kg）的 56.3 倍，最高值达 33.6。宜州和柳江两个地区的土壤 Cd 含量几何均值分别达 1.34 mg/kg 和 1.11 mg/kg，已经超过了我国的《土壤环境质量标准》（GB 15618-1995）三级标准(1 mg/kg)。根据调查流域内不同地区土壤 Cd 含量差异显著性检验（$p<0.05$）结果，只有南丹的土壤 Cd 含量显著高于下游其他地区，其他区域农田土壤 Cd 含量并未呈现流域上游地区显著高于下游

地区的现象。

8.3.2　土壤 Cd 含量的空间分布特点

图 8.11 为基于 GIS 的流域内土壤 Cd 的含量插值图。由图中的 Cd 分布特点可以看出，流域内土壤 Cd 含量分布的整体趋势为向下游方向土壤 Cd 含量递减趋势，高 Cd 区域主要分布在矿业活动密集的南丹和金城江，矿业密集区下游的土壤 Cd 分布较均匀，没有出现局部土壤 Cd 增高的现象。根据矿业密集区域土壤 Cd 含量与剩余区域的对比结果表明（表 8.8），已知矿业密集区的土壤 Cd 含量显著高于其他区域，并且矿业密集区的土壤 Cd 含量的最高值都出现在矿区附近，由此可以证明矿业活动是流域内土壤 Cd 污染的一个重要来源。

表 8.8　不同影响因素下的土壤 Cd 含量

影响因素	类型	样品数	土壤 Cd 含量/(mg/kg)				成对 t 检验 ($p<0.05$)
			最大值	中值	最小值	均值	
农业活动	耕地	433	33.6	0.84	0	2.26±4.06	a
	自然土	42	20.0	0.55	0	2.16±3.92	a
矿业活动	矿业密集区	232	33.6	1.4	0	3.04	a
	非矿业密集区	243	24.0	0.46	0	1.5	b

注：同一列中不同字母表示差异显著（$p<0.05$）

整个调查流域内，刁江的 Cd 污染最严重，其下游河段的沉积物中 Cd 含量仍达 45 mg/kg，其沿岸的农田土壤也出现了 Cd 累积的现象，最高值达 5.67 mg/kg。由此可以看出上游矿业活动释放的含 Cd 颗粒在河流的作用下，对下游河流沿岸的农田土壤 Cd 含量产生了明显的影响。

除了矿业活动，农业活动也是导致农田土壤 Cd 污染的一个重要途径，其中，最突出的就是施用含 Cd 磷肥。一些地区的磷矿石中含有大量的 Cd，施用其生产的磷肥导致土壤 Cd 污染，如澳大利亚由于磷矿石含 Cd 量高，磷肥 Cd 含量分布在 18 ~ 91 mg/kg 范围内，其西部农田土壤由于使用高 Cd 磷肥，导致土壤中 Cd 的含量达 3.6 mg/kg，高于未污染土壤 20 倍（Mann et al.，2002；Satarug et al.，2003）。广西地区磷矿石 Cd 含量在我国最高，平均达 174 mg/kg，因此，利用本地的磷矿石生产磷肥很可能对农田土壤造成严重的 Cd 污染，但是根据流域内耕地和自然土的对比分析可以看出（表8-8），耕地土壤中的 Cd 含量虽然高于自然土，但两者之间的差异并未达到显著水平，因此，农业活动在当地并不是导致农田土壤 Cd 含量显著增加的一个主要原因。而由自然土中的 Cd 含量可以看出，其均值（2.16 mg/kg）明显高于广西土壤背景值（0.27 mg/kg），也超出我国《土壤环境质量标准》（GB 15618-1995）三级标准，因此，流域内下游一些地区的土壤 Cd 含量超标现象，可能是由当地的背景值较高所致。

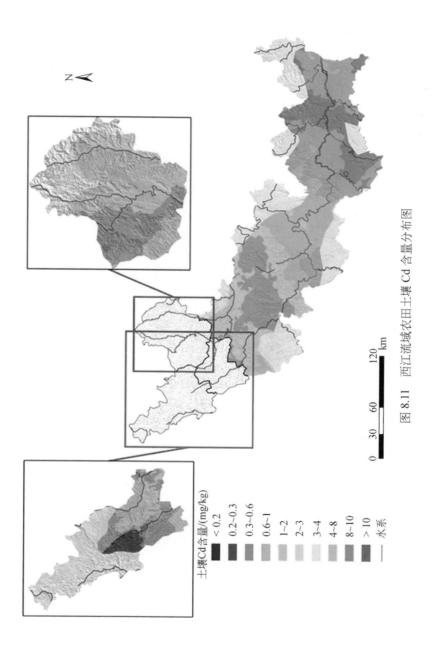

图 8.11　西江流域农田土壤 Cd 含量分布图

土壤 Cd 含量/(mg/kg)

< 0.2
0.2~0.3
0.3~0.6
0.6~1
1~2
2~3
3~4
4~8
8~10
> 10
水系

8.3.3 水稻籽粒中 Cd 含量及其健康风险

土壤中的 Cd 移动性强，与其他元素相比更容易进入植物体，对于那些能够正常生长作物的 Cd 污染农田，可能通过食物链（粮食和蔬菜）对人体健康产生危害。对当地主要的粮食作物水稻进行了大范围的采样分析，结果表明（表 8.9），水稻籽粒 Cd 含量分布范围为 0～6.37 mg/kg，算术和几何均值分别为 0.18 mg/kg 和 0.014 mg/kg，中位值为 0.03 mg/kg。对流域内不同区域水稻籽粒中 Cd 含量的对比结果表明，南丹的水稻籽粒 Cd 含量显著高于其他地区，其籽粒 Cd 含量均值（1.30 mg/kg）是整个流域内水稻籽粒 Cd 含量均值的 7.2 倍，剩余区域的水稻籽粒中的 Cd 含量之间不存在显著差异。根据水稻籽粒 Cd 含量在流域内的分布特点可以看出（图 8.12），高 Cd 含量的水稻籽粒主要分布在流域上游的矿业密集区，下游水稻籽粒 Cd 含量相对较高的地区主要分布在河流沿岸，也说明流域内水稻籽粒 Cd 含量与河流关系密切。

表 8.9 西江流域不同地区水稻籽粒 Cd 含量

地区	样品数	水稻籽粒 Cd 含量/(mg/kg)				差异显著性检验
		最小值	最大值	中值	算术均值	
南丹	18	0.02	6.37	0.47	1.30	a
金城江	22	0	0.78	0.09	0.20	b
环江	17	0	0.32	0.02	0.04	b
都安	15	0.01	0.13	0.04	0.05	b
宜州	22	0	2.49	0.03	0.18	b
忻城	12	0	0.89	0.05	0.13	b
柳江	17	0	0.23	0.02	0.05	b
来宾	29	0	0.36	0.04	0.08	b
桂平	12	0	0.01	0.0005	0.0033	b
武宣	12	0	0.44	0.11	0.14	b
平南	13	0	0.07	0.01	0.022	b
藤县	17	0	0.04	0.01	0.016	b
苍梧	16	0.01	0.09	0.02	0.026	b
所有区域	222	0	6.37	0.03	0.18	

注：同一列中不同字母表示差异显著（$p<0.05$）

由于水稻籽粒中的 Cd 含量对人体健康有危害，WHO（2001）规定水稻籽粒中 Cd 的安全限量为 0.1mg/kg。根据这一标准，整个流域内水稻籽粒的 Cd 超标率达 23%，南丹地区水稻籽粒的 Cd 超标率达 72%。但根据 Ishihara 等（2001）在日本神通川流域的研究表明，由出生开始生活在水稻籽粒 Cd 含量大于 0.3 mg/kg 区域的居民死亡率增加。

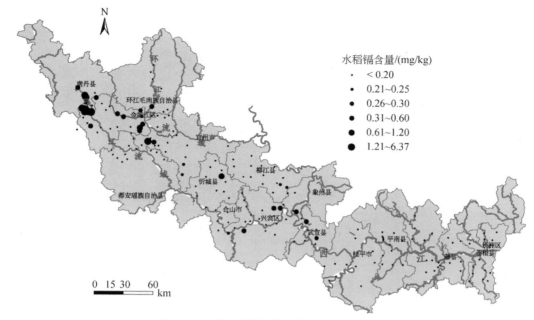

图 8.12 西江流域水稻籽粒 Cd 含量分布图

8.4 土壤 Zn、Cu 和 Ni 的空间分布

Ni、Zn 和 Cu 是人体和植物的必需元素，但当其含量超过一定限量时仍会给环境造成污染，给人体带来健康威胁。土壤中这些重金属元素含量的增加与人类活动有密切的关系，如土壤 Cu 和 Zn 污染主要与采矿和金属冶炼等人类活动有关；矿业活动是导致土壤 Ni 含量增加的主要因素，中国镍都金昌市的调查结果表明，当地的矿业活动导致土壤 Ni 和 Cu 严重污染，其中，70% 和 57% 的土壤样品中 Ni 和 Cu 的含量超过《土壤环境质量标准》（GB 15618-1995）三级标准。本节对流域内土壤 Ni、Zn 和 Cu 含量进行分析，结合 GIS 技术确定流域内这 3 种重金属元素的分布规律和污染状况。揭示土壤中 3 种重金属元素的含量与上游矿业活动的关系，以及影响 3 种重金属元素累积的主要因素。

8.4.1 土壤 Ni、Cu 和 Zn 含量

研究区域内土壤 Zn、Cu 和 Ni 含量频数分布（对数转换后数据）如图 8.13 所示。土壤 Zn、Cu 和 Ni 含量的基本统计数据见表 8.10，其含量范围分别为 2.01 ~ 7750 mg/kg、3.14 ~ 752 mg/kg 和 0 ~ 175 mg/kg，几何均值均为 48.55 mg/kg、24.18 mg/kg 和 27.76 mg/kg，与广西土壤背景值的几何均值数据接近，没有呈现明显的提高。Zn、Cu 和 Ni 这 3 种元素在土壤中的最大含量都超过了 "Tentative Netherlands Soil Quality Criteria" B 标准（VROM，1983），分别达 16 倍、8 倍和 2 倍。与该标准相比，超标率分别达 7%、

2% 和 2%，Zn 的超标率较高。

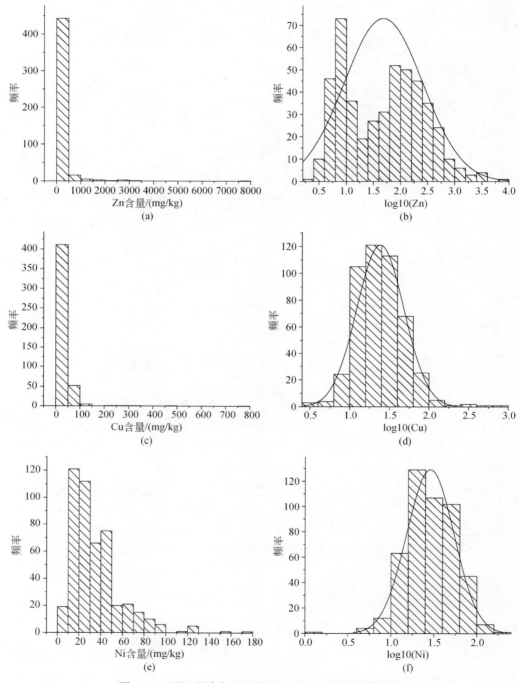

图 8.13　西江流域农田土壤 Zn、Cu、Ni 含量频数分布

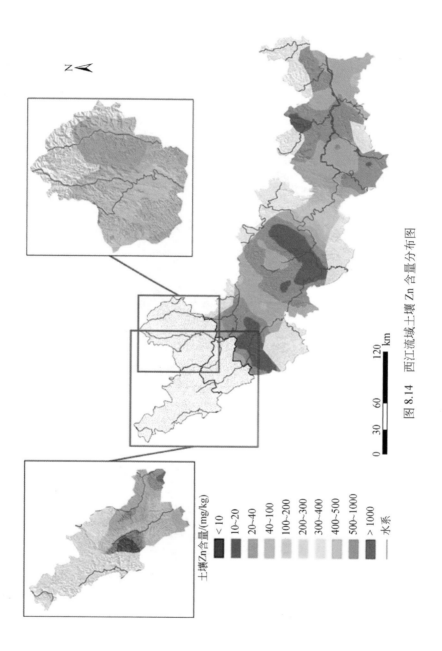

图 8.14　西江流域土壤 Zn 含量分布图

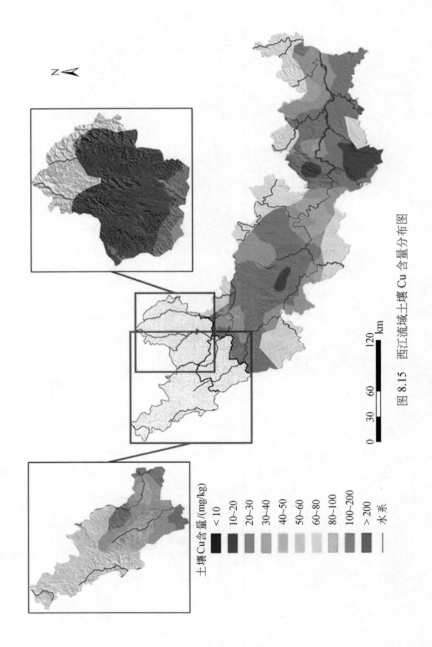

图 8.15　西江流域土壤 Cu 含量分布图

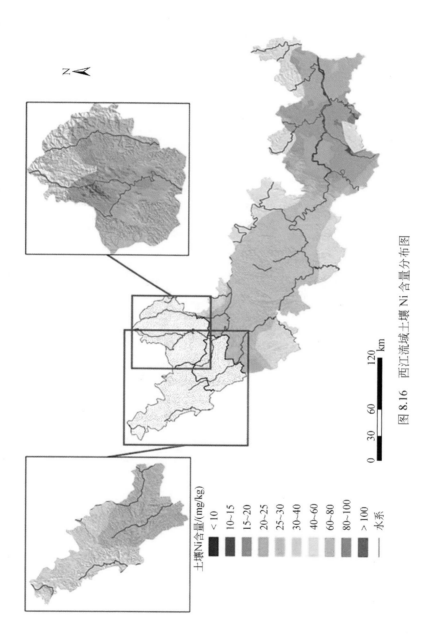

图 8.16 西江流域土壤 Ni 含量分布图

表 8.10　西江流域土壤重金属的基本统计结果

研究区域	重金属	土壤重金属含量/(mg/kg)							偏度	峰度
		最小值	最大值	中位值	算数均值	几何均值	算数标准差	几何标准差		
西江流域 (n=475)	Zn	2.01	7750	59.1	183.6	48.6	496	5.28	9.31	122
	Cu	3.14	752	23.4	32.6	24.2	47.8	2.00	10.0	130
	Ni	0	175	29.0	35.9	27.8	23.9	1.86	1.83	5.04
广西土壤 背景值*	Zn	8.70	593	51.8	75.6	50.8	87.3	2.35		
	Cu	2.40	176	23.1	27.8	21.4	23.7	2.09		
	Ni	1.30	186	18.2	26.6	17.4	28.7	2.57		

* 中国环境监测总站，1990

8.4.2　土壤 Ni、Cu 和 Zn 的空间分布

图 8.14～图 8.16 为基于 GIS 的土壤重金属 Zn、Cu 和 Ni 分布图。由图中分布特征可以看出，流域内土壤 Zn 含量的空间变异性很大。污染区域主要分布在西北部矿业密集区域（南丹、金城江和环江），矿业密集区下游的土壤 Zn 含量明显下降。刁江流域土壤 Cu 含量比其他区域高，大环江和下游农田土壤中的 Cu 没有出现累积。流域内 Ni 含量没有出现明显的累积，矿业密集区和下游的土壤 Ni 没有明显的差别，因此，可以看出矿业活动并未造成土壤 Ni 的累积。

南丹境内刁江上游沿岸由于尾砂坝坍塌导致荒芜的农田土壤的分析结果表明，Zn、Cu 和 Ni 的最高含量分别为 3893 mg/kg、223 mg/kg 和 32 mg/kg，矿区污染土壤中并未出现明显的 Cu 和 Ni 污染。环江上游矿区尾砂中 Zn、Cu 和 Ni 的含量分别为 10287 mg/kg、313 mg/kg 和 61 mg/kg。由以上结果可以看出，流域内的土壤 Zn、Cu 含量的增加与当地的矿业活动密切相关。

参 考 文 献

宋书巧，书巧，吴欢，等．2005．刁江沿岸土壤重金属污染特征研究．生态环境，14（1）：34-37.
夏学齐，陈俊，廖启林，等．2006．南京地区表土镉汞铅含量的空间统计分析．地球化学，35（1）：95-102.
郑袁明，陈同斌，陈煌，等．2005．北京市不同土地利用方式下土壤铅的累积．地理学报，60（5）：791-797.
中国环境监测总站．1990．中国土壤元素背景值．北京：中国环境科学出版社．
Aminia M, Afyunia M, Khademia H, et al. 2005. Mapping risk of cadmium and lead contamination to human health in soils of Central Iran. The Science of the Total Environment, 347（1-3）：64-77.
Da Silva E F, Zhang C S, Pinto L S, et al. 2004. Hazard assessment on arsenic and lead in soils of Castromil gold mining area, Portugal. Applied Geochemistry, 19（6）：887-898.
Dudka S, Piotrowska M, Chlopecka A, et al. 1995. Trace-Metal Contamination of Soils and Crop Plants by the Mining and Smelting Industry in Upper Silesia, South Poland. Journal of Geochemical Exploration, 52（1-2）：237-250.
Inaba T, Kobayashi E, Suwazono Y, et al. 2005. Estimation of cumulative cadmium intake causing Itai-itai dis-

ease. Toxicology Letters, 159 (2): 192-201.

Ishihara T, Kobayashi E, Okubo Y, et al. 2001. Association between cadmium concentration in rice and mortality in the Jinzu River basin, Japan. Toxicology, 163 (1): 23-28.

Krysiak A, Karczewska A. 2007. Arsenic extractability in soils in the areas of former arsenic mining and smelting, SW Poland. The Science of the Total Environment, 379 (2-3): 190-200.

Liao X Y, Chen T B, Xie H, et al. 2005. Soil As contamination and its risk assessment in areas near the industrial districts of Chenzhou City, Southern China. Environment International, 31 (6): 791-798.

Mann S S, Rate A W, Gilkes R J. 2002. Cadmium accumulation in agricultural soils in Western Australia. Water Air and Soil Pollution, 141 (1-4): 281-297.

Markus J, McBratney A B. 2001. A review of the contamination of soil with lead Ⅱ. Spatial distribution and risk assessment of soil lead. Environment International, 27 (5): 399-411.

McGrath D, Zhang C S, Carton O T. 2004. Geostatistical analyses and hazard assessment on soil lead in Silvermines area, Ireland. Environmental Pollution, 127 (2): 239-248.

NFA (National Food Authority). 1993. Australian Food Standard Code: Australian Government Publication Service: Canberra.

Ongley L K, Sherman L, Armienta A, et al. 2006. Arsenic in the soils of Zimapan, Mexico. Environmental Pollution, 145 (3): 793-799.

Satarug S, Baker J R, Urbenjapol S, et al. 2003. A global perspective on cadmium pollution and toxicity in non-occupationally exposed population. Toxicology Letters, 137 (1-2): 65-83.

Tembo B D, Sichilongo K, Cernak J. 2006. Distribution of copper, lead, cadmium and zinc concentrations in soils around Kabwe town in Zambia. Chemosphere, 63 (3): 497-501.

VROM. 1983. Leidrand Bodemsanering guidelines for soil clean up-Netherlands Ministry of Housing, Planning and Environment, Soil, Water and Chemical Substances Department. The Hague, Netherlands.

第9章 尾矿库溃坝事件对土壤环境质量的 影响——案例综合研究

有色金属矿业活动过程中产生的尾矿等废弃物处于不稳定的状态，容易遭受雨水侵蚀、流失，对周围的生态环境构成潜在威胁。特别是暴雨季节，在洪水冲击下，一些管理不善的尾矿库容易发生垮坝、泄漏事件，大量的尾矿和酸性废水沿水系向下游迁移，造成生态灾难。然而，矿业活动对流域土壤环境质量的影响规律和污染扩散机制并未清晰。本章以广西环江某铅锌矿溃坝影响区为研究区域，介绍受污染流域沿岸土壤、水系的重金属分布特征和污染物的扩散途径。根据河流沉积重建流域的污染历史，并确定污染物的来源，提出铅锌矿影响区域的土壤污染防控措施。

9.1 污染评价方法

选择污染负荷指数法（pollution load index，PLI）评价沿岸土壤的污染程度。PLI 是 Tomlinson 等从重金属污染水平的分级研究中提出来的一种评价方法（Tomlinson，et al.，1980），该评价指数由区域内所包含的多种重金属成分共同构成，能够直观地反映各重金属元素对土壤污染的贡献程度，以及重金属在时间、空间上的变化趋势，应用比较方便。其计算公式如下。首先根据某一点的实测重金属含量，进行浓集系数（concentration factor，CF）的计算：

$$CF = \frac{C_{measured}}{C_{background}} \tag{9.1}$$

式中，CF 为某元素的浓集系数；$C_{measured}$ 为该元素的实测值；$C_{background}$ 为该元素的评价标准，一般选用全球页岩平均值，书中选用环江河谷的土壤重金属地球化学背景值作为评价标准。

某一点的 PLI 为

$$PLI = \sqrt[n]{CF_1 \times CF_2 \times \cdots \times CF_n} \tag{9.2}$$

式中，PLI 为某一点土壤的污染负荷指数，n 为评价元素的个数。PLI≤1，说明土壤中的重金属含量接近背景，没有受到污染；PLI>1，表明土壤受到污染。为了衡量土壤污染程度，通常在应用污染负荷指数进行土壤污染程度评价过程时，将其分为 4 个等级（表9.1）。

表 9.1 PLI 与污染程度的关系

PLI 值	≤1	1~2	2~3	>3
污染等级	0	Ⅰ	Ⅱ	Ⅲ
污染程度	无污染	中等污染	强污染	极强污染

9.2　环江土壤重金属背景含量

对原始数据采用 Grubbs 法进行异常值检验（陶澍，1994），未发现异常值；用单样本 K-S 方法对数据进行正态分布检验（表 9.2），并做出其相应的频数分布图（图 9.1）。K-S 检验结果（$p>0.05$）和频数分布图表明，背景土壤重金属元素 As、Cd、Cr、Cu、Ni、Pb、Zn 的含量均符合正态分布或近似正态分布。

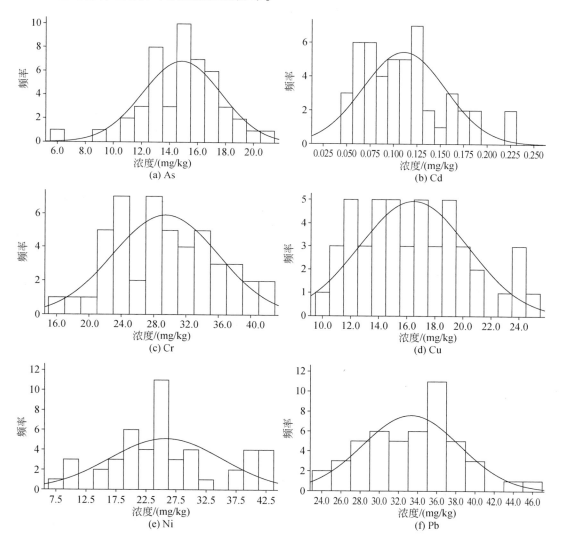

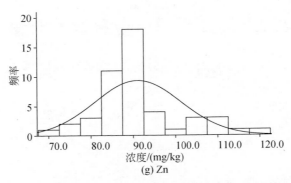

图 9.1　环江谷地背景土壤重金属元素含量频数分布图

　　对于数据符合正态分布或近似正态分布的元素，其算术均值（mean）和算术均值标准差（SD）能够更准确地表示数据分布的集中趋势和分散程度，用 mean±2SD 表示的 95% 置信度的数据范围值作为背景基线范围（国家环境保护局，1990）。因此，用算术均值来表征环江谷地土壤重金属背景，同时计算出各重金属元素的背景基线范围。

　　表 9.2 列出了背景土壤剖面土壤样品的基本统计结果。元素 As、Cd、Cr、Cu、Ni、Pb、Zn 的算术均值分别为 14.9 mg/kg、0.111 mg/kg、29.5 mg/kg 、16.5 mg/kg、25.8 mg/kg、33.3 mg/kg、91.1 mg/kg。相应地，各元素的背景基线区间分别为 As，9.3～20.5 mg/kg；Cd，0.023 ～ 0.199 mg/kg；Cr，16.5 ～ 42.5 mg/kg；Cu，8.7 ～ 24.3 mg/kg；Ni，7.0～44.6 mg/kg；Pb，23.3～43.3 mg/kg；Zn，70.5～111.7 mg/kg。由表 9.2 可以看出，背景土壤样本各元素含量的变异系数相对较小，各元素含量均值、中位值和几何均值差异也很小，表明样品之间的重金属元素含量变幅较小、各元素的算术均值表征了环江谷地土壤的地球化学背景。

表 9.2　环江谷地背景土壤重金属含量统计结果 （mg/kg）

元素	样本数 mg/kg	最小值 mg/kg	中值 mg/kg	最大值 mg/kg	均值 mg/kg	标准差 mg/kg	变异系数/%	几何均值 mg/kg	几何标准差	分布类型
As	48	5.7	15.0	21.4	14.9	2.8	18.98	14.6	1.24	Normal
Cd	48	0.044	0.107	0.225	0.111	0.044	39.68	0.103	1.48	Normal
Cr	48	16.7	29.1	41.8	29.5	6.5	21.94	28.8	1.26	Normal
Cu	48	10.0	16.3	24.6	16.5	3.9	23.57	16.0	1.27	Normal
Ni	48	6.4	24.9	42.1	25.8	9.4	36.45	23.9	1.52	Normal
Pb	48	23.5	33.8	46.1	33.3	5.0	15.12	32.9	1.17	Normal
Zn	48	69.3	89.1	118.3	91.1	10.3	11.29	90.5	1.12	Normal

　　注："Normal" 表示数据服从正态分布

　　与广西河池地区背景值（广西环境保护科学研究所，1992）相比，除元素 Cr、Cu 外，环江谷地土壤的 As、Cd、Ni、Pb、Zn 等元素背景值明显高于河池地区土壤背景值（As 11.3 mg/kg、Cd 0.102 mg/kg、Ni 16.2 mg/kg、Pb 17.6 mg/kg、Zn 56.3 mg/kg）（表9.3），

分别高出 61.8%、89.2%、31.9%、8.9%、60%；也高于我国土壤背景值（Zn 67.4 mg/kg、Pb 24.0 mg/kg、As 9.2 mg/kg、Cd 0.07 mg/kg、Ni 23.4 mg/kg）（国家环境保护局，1990），分别高出 35.2%、38.8%、62.0%、58.6%、10.3%。元素 Cr 的平均含量（29.5 mg/kg）远小于河池土壤背景值（72.2 mg/kg）和我国土壤背景值（54.1 mg/kg）；而 Cu 的平均含量（16.5 mg/kg）略低于河池地区土壤背景值（18.8 mg/kg）和国家土壤背景值（20.0 mg/kg）。

表 9.3　环江谷地、广西河池地区、全国土壤元素背景值

背景值	As	Cd	Cr	Cu	Ni	Pb	Zn
环江谷地土壤元素均值/（mg/kg）	14.9	0.111	29.5	16.5	25.8	33.3	91.1
河池土壤背景值（均值）/（mg/kg）	11.3	0.102	72.2	18.8	16.2	17.6	56.3
中国土壤背景值/（mg/kg）	9.2	0.07	54.1	20.0	23.4	24.0	67.4
《土壤环境质量标准》一级标准/（mg/kg）	15	0.20	90	35	40	35	100

环江谷地土壤 7 种元素背景值仍低于我国自然背景的土壤环境质量限值（《土壤环境质量标准》一级标准值）。除元素 As 的均值与我国《土壤环境质量标准》一级标准值接近外，其余元素 Cd、Cr、Cu、Ni、Pb、Zn 均值均低于该标准值（表 9.3）。这说明利用 4 个区域的背景土壤剖面计算而得的土壤重金属背景值符合要求，基本代表环江谷地冲积型土壤的环境背景。

9.3　表层土壤重金属含量的统计分析

9.3.1　表层土壤数据的基本统计

经过严格的样品处理和分析测试后，得到环江谷地表层断面土壤中 As、Cd、Cr、Cu、Ni、Pb、Zn 7 种重金属的含量，基本统计结果见表 9.4。对 As、Cd、Pb、Zn 等元素含量数据进行对数转换，以降低原始数据的分布峰度和偏度，使其数据分布更符合正态；用单样本 Kolmogorov-Smirnov（one-sample K-S test）检验 7 种元素的原始数据、转换后数据的分布形态。

表 9.4　沿岸表层土壤重金属含量统计结果 （mg/kg）

元素	样品数	最小值	最大值	均值	标准差	变异系数/%	几何均值	几何标准差	分布类型	超过背景基线样数
As*	62	4.5	83.1	24.9	20.3	81.43	18.8	2.1	Lognormal	24
Cd[a]*	60	0.080	5.787	0.455	0.846	186.12	0.261	2.3	Lognormal	34
Cr[NS]	62	14.9	56.1	29.1	8.8	30.24	27.9	1.3	Normal	4
Cu*	62	8.6	49.9	23.1	8.8	38.08	21.6	1.5	Normal	21
Ni*	62	7.0	48.1	19.1	9.0	47.15	17.2	1.6	Normal	1
Pb*	62	21.0	1220	300.5	341.5	113.64	143.5	3.7	Lognormal	43

续表

元素	样品数	最小值	最大值	均值	标准差	变异系数/%	几何均值	几何标准差	分布类型	超过背景基线样数
Zn*	62	48.3	1911	326.5	420.0	128.65	194.9	2.6	Lognormal	42

＊表层土壤元素含量与背景土壤元素含量存在显著差异（$P<0.05$），独立样本 t 检验；NS 为表层土壤元素含量与背景土壤元素含量无显著差异（$P>0.05$），独立样本 t 检验；a统计描述时，剔除两个异常值：8.72 mg/kg、10.51 mg/kg；"Normal" 表示数据服从正态分布；"Lognormal" 表示数据服从对数正态分布

各元素含量频数分布图（图9.2）和检验结果（表9.4）表明，表层土壤中的重金属元素 Ni、Cr、Cu 含量数据符合正态分布，As、Pb、Zn 含量数据符合对数正态分布，元素 Cd 含量数据在剔除两个异常高值（8.72 mg/kg、10.51 mg/kg）后符合对数正态分布。将表层土壤样品和背景土壤样品视为两个独立样本，应用独立样本 t 检验（independent-samples t test）方法检验两样本相应元素含量是否存在差异。检验结果表明（表9.4），除元素 Cr 外，其余 6 种元素含量与背景土壤含量具有显著差异（$p<0.05$）。

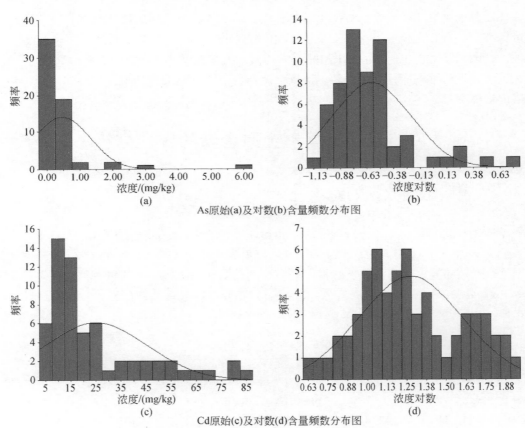

As原始(a)及对数(b)含量频数分布图

Cd原始(c)及对数(d)含量频数分布图

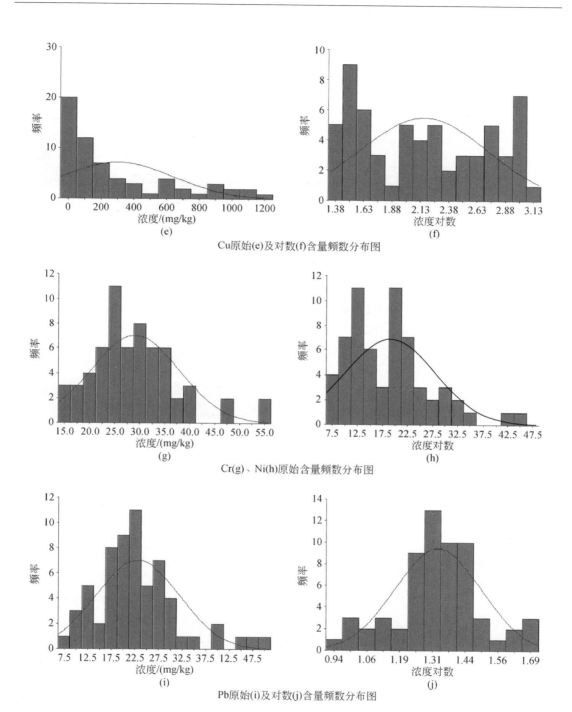

Cu原始(e)及对数(f)含量频数分布图

Cr(g)、Ni(h)原始含量频数分布图

Pb原始(i)及对数(j)含量频数分布图

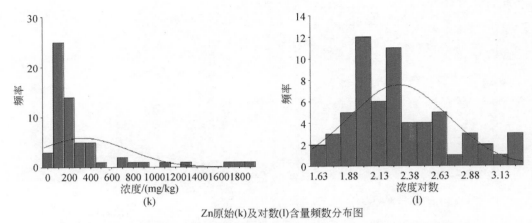

Zn原始(k)及对数(l)含量频数分布图

图 9.2　环江谷地表层断面土壤重金属 As、Cd、Cr、Cu、Ni、Pb、Zn 含量频数图

元素 Cd 的污染也相对严重，其含量变化程度相对于其他元素更大，变异系数达 186%，变化范围为 0.080 ~ 10.51 mg/kg，最大值（统计时被剔除）是背景（0.111 mg/kg）的 95 倍；其 60 个样品的算术均值为 0.455 mg/kg，超过我国二级土壤环境质量标准值（0.3 mg/kg，pH<6.5）。在 62 个样品（包括 2 个剔除高值）中，36 个样品的 Cd 含量超过土壤背景基线值上限（0.199 mg/kg）。

尽管有 4 个样品高于背景土壤 Cr 元素含量基线上限（42.5 mg/kg），但独立样本 t 检验结果表明表层土壤元素 Cr 的含量与背景土壤含量无显著差异，其统计的算术均值（29.1 mg/kg）也接近环江谷地土壤地球化学背景值（29.5 mg/kg）。说明，环江谷地的表层土壤 Cr 污染不严重。

独立样本 t 检验结果表明表层土壤元素 Ni 含量与背景土壤含量有显著差异（表 9.4），但其均值（19.1 mg/kg）仍低于土壤背景均值（25.8 mg/kg）；在 62 个样品中，仅有 1 个数据值（48.1 mg/kg）超过元素 Ni 的背景基线范围（7.0 ~ 44.6 mg/kg），这说明尽管两样本均值和方差存在差异，但表层土壤元素 Ni 含量值仍处于环江谷地土壤 Ni 的背景基线值区间之内，环江谷地并不存在 Ni 的污染。

表层土壤 Pb 含量的算术均值、几何均值分别为 300.5 mg/kg、143.5 mg/kg，远高于背景土壤的算数均值（33.3 mg/kg）和几何均值（32.9 mg/kg），其最大值（1219.8 mg/kg）是环江谷地土壤背景值的 37 倍，标准偏差、变异系数也说明表层土壤 Pb 含量具有较大的离散度和较大的数据变化范围（21.0 ~ 1219.8 mg/kg）。统计样本中，共有 43 个样品的 Pb 元素含量高于环江谷地土壤背景基线值上限（43.3 mg/kg）；独立样本 t 检验结果也表明表层土壤与背景土壤样品的 Pb 含量存在显著差异。因此，环江中、下游沿岸表层土壤存在 Pb 的污染。

表层土壤 Zn 的含量变化较大，变异系数达 129%，具有较高的离散度，数值分布范围大（48.3 ~ 1910.7 mg/kg），最大含量高出环江土壤背景值 20 余倍，其算术均值（326.5 mg/kg）远高于环江谷地的土壤背景含量（91.1 mg/kg），也明显高出我国为保障农业生产、维护人体健康而制定的土壤二级标准限制值（200 mg/kg，pH<6.5）；在 62 个样品中，有 42 个

超出环江谷地土壤 Zn 的背景基线上限（111.7 mg/kg），占表层土壤样品的2/3。独立样本 t 检验结果也表明表层土壤与背景土壤样品的 Zn 含量存在显著差异，这充分说明环江谷地表层土壤存在 Zn 的严重污染。

相对而言，Cu、As 的污染没有元素 Pb、Zn、Cd 的污染严重。表层土壤中，Cu、As 的均值分别高出背景值40%和68%，其最大值（Cu 49.9 mg/kg，As 83.1 mg/kg）分别是背景值的3倍、5倍。在所有表层土壤样品中，元素 Cu、As 分别有21个、24个样品超过背景土壤基线值上限（Cu 24.3 mg/kg，As 20.5 mg/kg），占样品总量的1/3。

综上分析，环江谷地土壤存在 As、Cd、Cu、Pb、Zn 五种重金属污染，这五种重金属的最大值都远远超出背景值。由标准差和变异系数（陶澍，1994）可以看到（表9.4），五种重金属含量的离散度较大，其中，Cd、Pb、Zn 的变异系数达100%以上，As 的变异系数达81%，Cu 较低，为38%。这可能与矿业活动污染，以及控制污染元素扩散的因素、污染成因有关。根据表层土壤五种元素含量超过相应的背景基线范围上限值的样品个数，可以看出环江谷地土壤的元素污染程度：Zn≥Pb>Cd>As>Cu。

9.3.2　相关性分析

相关分析可以用来检验成对数据之间的近似性和元素来源差异，已被广泛应用于土壤中重金属元素数据关系的分析。Pearson 相关系数可以描述两个符合二元正态分布，或者可以转换成符合二元正态分布的随机变量的线性相关关系，代表了两个变量共同变化的程度，相关系数的大小反映了两变量间线性相关程度的强弱。

对环江谷地表层土壤重金属含量的原始数据或对数转换（使其数据分布符合正态）后的数据进行 Pearson 相关分析（表9.5）。相关系数（R^2）和显著性检验结果（表9.5）表明表层土壤7种重金属元素含量均显著正相关（$p<0.05$）。重金属元素 As、Cd、Cu、Pb、Zn 含量之间的 Pearson 相关系数（R^2）值均大于0.74，Zn 与 Pb 的相关系数值已接近于1（$R^2=0.95$），说明这5种元素之间具有较强的线性关系，5种元素可能具有共同来源；而 As、Cd、Cu、Pb、Zn 含量与元素 Cr、Ni 含量的线性关系相对较弱，R^2 值介于0.3~0.6，可能表明 As、Cd、Cu、Pb、Zn 的部分含量是自然来源，如土壤母质。

表9.5　沿岸表层土壤重金属含量之间的 Pearson 相关系数

	As[a]	Cd[a,b]	Cr	Cu	Ni	Pb[a]	Zn[a]
As[a]	1	0.769 **	0.349 **	0.820 **	0.513 **	0.910 **	0.947 **
Cd[a,b]		1	0.423 **	0.805 **	0.436 **	0.743 **	0.884 **
Cr			1	0.572 **	0.591 **	0.291 *	0.388 **
Cu				1	0.630 **	0.816 **	0.891 **
Ni					1	0.293 *	0.522 **
Pb[a]						1	0.928 **
Zn[a]							1

** $p<0.01$；* $p<0.05$；a 原始数据常用对数转换后进行 Pearson 相关分析；b 统计分析时，剔除两个异常值：8.72 mg/kg和10.51mg/kg

相关性分析结果表明，7 种元素可分为两类：一类是 As、Cd、Cu、Pb、Zn，另一类是 Ni、Cr，这两类元素的主要来源可能不同。独立样本 t 检验结果已表明，环江谷地土壤存在 As、Cd、Cu、Pb、Zn 的污染，而不存在 Cr、Ni 的元素污染现象，在此得到了进一步的证明。元素 Cr、Ni 含量可能主要源于土壤母质，As、Cd、Cu、Pb、Zn 主要源于矿业活动等人为污染。

9.3.3　主成分分析

主成分分析（principal component analysis，PCA）是用来辅助分析数据的统计方法，可以进一步对数据作详细阐明，以说明样品组成元素之间的关系、解释元素的主要污染来源、确定自然和人为因素对土壤元素的贡献等。此方法已经被广泛应用于沉积物、土壤、水和生物组织等研究领域。

PCA 分析环江谷地表层土壤各重金属之间的关系，各因子按照特征值的大小排列，采用方差最大法（varimax rotation）对因子载荷矩阵实施正交转换。各因子特征值及总方差情况见表 9.6，因子载荷矩阵及旋转后的因子载荷矩阵见表 9.7。

表 9.6　环江谷地表层土壤重金属含量主成分分析的总方差情况表

因子	初始特征值			提取特征值			旋转特征值		
	特征值	解释方差	累积方差	特征值	解释方差	累积方差	特征值	解释方差	累积方差
1	4.930	70.428	70.428	4.930	70.428	70.428	4.163	59.470	59.470
2	1.245	17.780	88.208	1.245	17.780	88.208	2.012	28.739	88.208
3	0.375	5.352	93.560						
4	0.271	3.871	97.431						
5	0.126	1.799	99.230						
6	0.044	0.623	99.853						
7	0.010	0.147	100						

表 9.7　环江谷地表层土壤重金属含量主成分分析的因子载荷矩阵

重金属	因子载荷矩阵		旋转后因子载荷矩阵	
	F_1	F_2	F_1	F_2
As	0.926	-0.221	0.925	0.226
Cd	0.887	-0.094	0.832	0.321
Cu	0.949	0.063	0.816	0.489
Cr	0.580	0.690	0.201	0.879
Ni	0.576	0.703	0.192	0.888
Pb	0.884	-0.396	0.968	0.051
Zn	0.967	-0.235	0.967	0.232

根据不同因子的初始特征值大小，共提取了两个主要成分（特征值>1），两个初始因子的解释方差共解释了原有变量总方差的 88.2%，说明所提取的两个因子包含原有变量的绝大部分信息。所提取的两个因子特征值为 4.93 和 1.245，分别解释了总方差的 70.4% 和 17.8%（表 9.6），结合表层土壤的基本统计描述和相关分析的结果可以看出，导致土壤污染的因素中，环江流域的矿业活动和其他人为因素贡献了 70%，而自然因素，如土壤母质等，贡献了约 18%。因此，矿业开发等人类活动是导致环江谷地土壤污染的主要原因。

在因子的初始载荷矩阵中（表 9.7），7 个变量 As、Cd、Cr、Cu、Ni、Pb、Zn 在因子 1（F_1）上的载荷都很高，其中，As、Cd、Cu、Pb、Zn 的因子载荷分别为 0.926、0.887、0.949、0.884、0.967，Ni、Cr 为 0.576、0.580，表明它们与因子 F_1 的相关程度高，因子 F_1 包含了 7 个变量的原始信息；7 种元素明显可归为两类。在因子 F_2 上，仅 Cr、Ni、Pb 的载荷略高，分别为 0.690、0.703、−0.396，其他元素的载荷均低于 0.3，表明因子 F_2 与原有变量的相关性均很小，对原有变量的解释作用并不显著，但包含了 Cr、Ni、Pb 的信息，特别是变量 Ni、Cr。因子 F_1、F_2 包含的变量信息有些重叠，单个因子包含变量 Ni、Cr 信息不能充分解释原有变量，而且两个因子的实际含义也比较模糊。

在旋转后的因子载荷矩阵中（表 9.7），因子 F_1 上 Pb、Zn、As、Cd、Cu 的载荷分别为 0.968、0.967、0.925、0.832、0.816，而 Cr、Ni 为 0.201 和 0.192，因子 F_1 主要包含 As、Cd、Cu、Pb、Zn 5 个变量信息，表明环江谷地表层土壤中 5 种元素具有相同源区，矿业活动等人为因素可能是这些元素的主要来源。在因子 F_2 上，元素 As、Cd、Pb、Zn 的载荷分别为 0.226、0.321、0.051、0.232，Cu 的载荷为 0.489，而 Cr、Ni 的载荷分别为 0.879、0.899，因子 F_2 主要含有原有变量 Cr、Ni 的信息，以及部分 Cu 的信息，可解释为自然因素影响的变量。环江中下游表层土壤，存在 As、Cd、Cu、Pb、Zn 的污染现象，这些元素污染可能是由矿业活动等人为因素造成的。不存在 Cr、Ni 等元素污染，其含量为自然因素来源。

9.4　沿岸土壤的重金属空间分布特征

9.4.1　表层土壤的重金属含量及其协变特征

环江流域分布的铅锌矿均位于环江上游地区，从矿区沿环江进入中游和下游地区，沿江两岸依次分别为江色村、吴江村、地崖村和下敢村（图 9.3）。表 9.8 是不同采样区域表层土壤重金属数据的基本统计结果。

As、Cd、Pb、Zn 的均值、中位值均大于环江谷地农耕区土壤背景值，Cd、Pb、Zn 的含量最大值超出相应背景值 20 倍以上，各区域 As 含量最大值是背景值的 3～6 倍；同一采样区域的 Pb、Zn、Cd 极值之差可达背景值的 10～50 倍，江色、地崖、下敢等村的变异系数基本都大于 100%，甚至达 190%（下敢村的 Cd 元素）。这说明 4 种元素在各村表层土壤中的含量极不均匀。

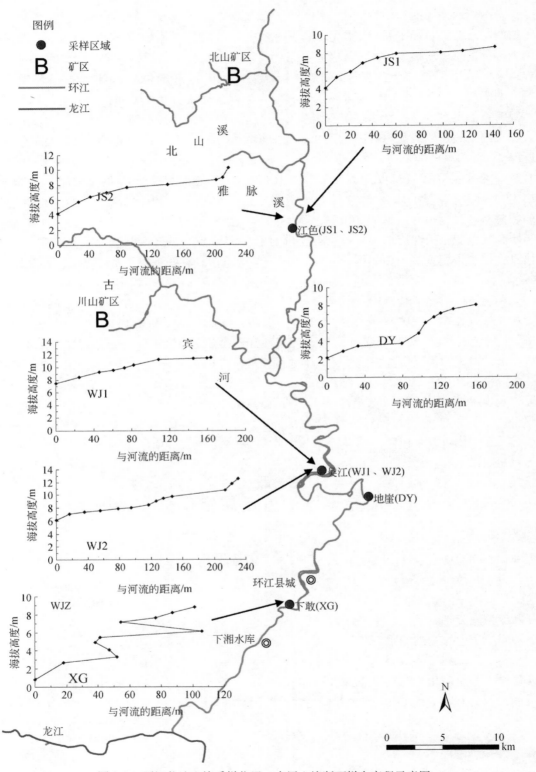

图 9.3　环江谷地土壤采样位置、表层土壤断面样点高程示意图

表9.8　采样区域表层土壤重金属含量基本统计

区域	元素	样数	均值 /(mg/kg)	最小值 /(mg/kg)	最大值 /(mg/kg)	25% /(mg/kg)	75% /(mg/kg)	95% /(mg/kg)	全距 /(mg/kg)	中位值 /(mg/kg)	标准差	变异 系数/%
江色	As	18	27.7	9.8	79.2	11.4	46.5	79.2	69.4	16.4	22.9	82.5
	Cd	18	0.5	0.08	2.78	0.18	0.4	2.78	2.7	0.28	0.69	138.3
	Cu	18	22.7	16.1	29.1	19.8	27.1	29.1	13	22.1	4.1	17.9
	Pb	18	364.2	38.4	1134	98	652.6	1134	1095.6	189	375.3	103.0
	Zn	18	338.6	95.4	1272	131.1	431.2	1272	1176.6	169	326.7	96.5
吴江	As	23	19.5	8.2	39.4	14.4	23.4	39.3	31.2	17.2	8.7	44.7
	Cd	23	0.23	0.12	0.54	0.17	0.28	0.33	0.42	0.21	0.09	39.9
	Cu	23	22.4	17.9	30.6	18.9	26	29.5	12.7	20.8	4	17.9
	Pb	23	177.1	27.1	594.4	35.4	265.4	569.4	567.3	101.2	187.4	105.8
	Zn	23	173.7	91.8	420.3	105.6	185.4	408	328.5	135.3	97.1	55.9
地崖	As	10	27.2	6.9	80.1	7.4	51.5	80.1	73.2	11.1	27.4	100.7
	Cd	10	1.03	0.1	5.79	0.1	1.17	5.79	5.69	0.23	1.77	171.8
	Cu	10	24.7	8.6	47.9	11.5	39.7	47.9	39.3	17.7	15.9	64.2
	Pb	10	399.9	21	1219.8	34.8	917.9	1219.8	1198.8	100.7	494.3	123.6
	Zn	10	447.6	48.3	1711.9	67.7	808.4	1711.9	1663.7	124.9	568.9	127.1
下敢	As	11	29.7	4.5	83.1	6	48	83.1	78.6	31.4	25.8	86.9
	Cd	11	1.99	0.1	10.51	0.14	1.14	10.51	10.41	0.2	3.8	191.0
	Cu	11	23.7	10	49.9	12.3	33.4	49.9	39.9	23.5	13.3	56.1
	Pb	11	363.6	25	867.6	28.5	665.3	867.6	842.2	411.5	343.6	94.5
	Zn	11	515.8	48.3	1910.7	51.2	745.4	1910.7	1862.4	239.1	688.8	133.6

　　4 个采样区域的 Cu 含量均值略高于背景值，含量最大值 49.9 mg/kg（下敢）也仅是背景值的 3 倍，环江谷地农耕区土壤中 Cu 的污染程度低于其余 4 种元素。江色、吴江两村的土壤 Cu 含量变化不大，标准差和变异系数分别为 4 和 18%；地崖、下敢两采样区域的土壤 Cu 含量变化相对较大，其变异系数、标准差较大，分别为 64%、56% 和 16、13，最大值分别为 47.9 mg/kg、49.9 mg/kg。

　　5 种元素在各采样区域的均值、最大值、各分位值、数据变化全距的大小及其差异，环江下游的地崖、下敢村污染最为严重，江色次之，吴江受到的影响最小。环江谷地中、下游土壤的污染与矿业活动有最为密切的关系，特别是土壤中 Pb、Zn 元素的高含量（表 9.8）更能说明上游铅锌矿开采和冶炼等矿业活动对处于下游河段区域的严重影响。

　　假设环江谷地沿岸土壤的重金属含量受距水面高程的控制，即随着高度的增加，土壤表层土壤重金属含量逐渐降低，到某一高度后重金属含量达到该流域的土壤背景，该点被称为高度拐点。为研究环江流域矿业开采对不同高程农田表层土壤重金属含量的影响，本书调查了环江沿岸表层土壤断面的重金属含量变化情况。表层土壤断面的定义为以河漫滩某个位置为采样起始点，连续采样，后一采样点海拔高度大于前一点，直至背景土壤高度停止采集；这样连续采集的、海拔逐渐增加的多个土壤表层样点就构成了一个表层土壤断面。土壤样点并不要求在一条直线上，主要依据高度变化采集。

　　断面位置选择对研究结果至关重要，在环江流域江色–吴江–下湘地带共选择 4 个典型区域：江色（JS）、吴江（WJ）、地崖（DY）、下敢（XG）（图 9.3）；所选区域均为农作区，分布于干流中、下游。各区域采集断面个数取决于采样区的农田面积、地形特征，江色、吴江区域较大，地崖、下敢相对较小：江色两条（JS1、JS2）、吴江两条（WJ1、WJ2）、地崖 1 条（DY）、下敢 1 条（XG）（图 9.3）。同时，为了进一步确认矿业活动排放污染物通过水系迁移对下游土壤的污染特征，在无矿业活动影响的环江上游驯乐地区选取一断面——福龙断面（FL），作为背景断面（图中未标识）。

　　距水面高程的度量是以断面所在位置的环江河水水平面为高度零点，用水准仪（高精度测量仪器）准确测量同一断面上各样点的绝对变化高差，精确到毫米。

　　断面土壤样品采集过程中发现，该区域多为梯田，实际操作时，根据梯田的高度变化采集表层土壤样品，单个土壤样品点位于每块梯田中央位置，采样深度均为 10 cm；同时用水准仪（高精度测量仪器）准确测量样点的相对高度，并量取样点的距岸距离。

　　图 9.4 和图 9.5 分别是环江中、下游各采样区域的土壤断面重金属元素含量变化趋势图。从图中可以发现，各区域土壤断面重金属含量具有相似的变化规律：低海拔土壤重金属含量较高，随着取样高度增加，表层土壤重金属元素的含量呈逐渐降低的趋势，并且在某一海拔高度（文中将其称为高度拐点）后，逐渐趋于稳定或者接近土壤背景值。从 4 个区域的土壤断面各元素的变化趋势来看，各断面均具有相同变化特征，仅 JS1、JS2 断面元素 Cu、WJ1 断面元素 Cd 的含量变化趋势与对应断面的其他元素的含量变化特征有差异。

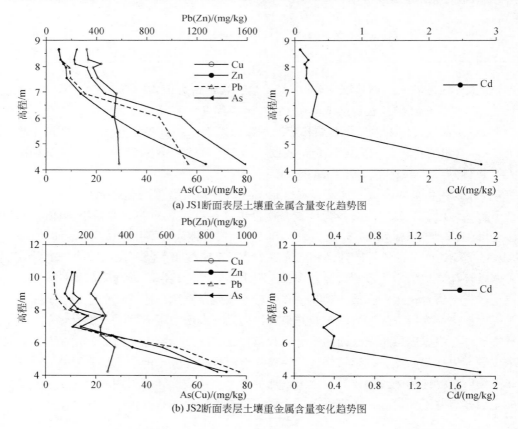

(a) JS1断面表层土壤重金属含量变化趋势图

(b) JS2断面表层土壤重金属含量变化趋势图

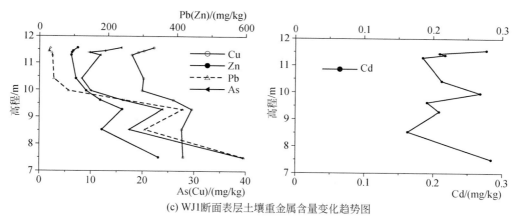

(c) WJ1断面表层土壤重金属含量变化趋势图

图 9.4　环江沿岸农耕区 JS1、JS2、WJ1 断面表层土壤重金属含量变化趋势图

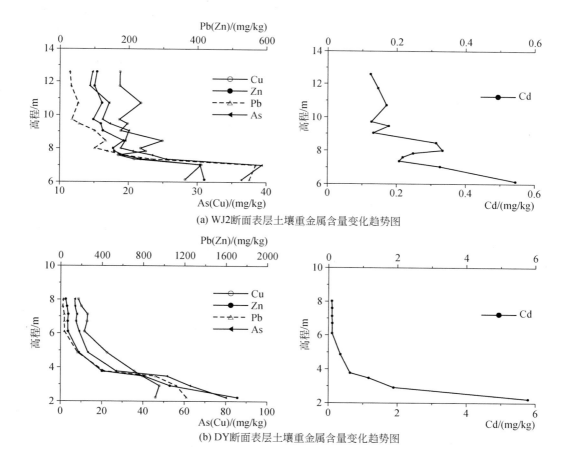

(a) WJ2断面表层土壤重金属含量变化趋势图

(b) DY断面表层土壤重金属含量变化趋势图

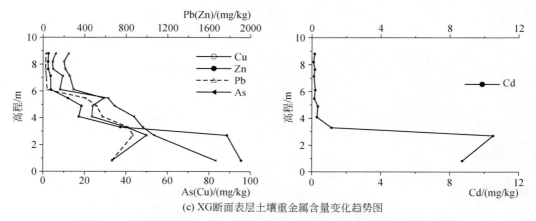

(c) XG断面表层土壤重金属含量变化趋势图

图9.5　环江沿岸农耕区 WJ2、DY、XG 断面土壤重金属含量变化趋势图

通过分析环江中下游谷地土壤重金属含量与海拔高度的关系确认矿业活动在水力协作条件下对土壤重金属含量的影响，特地在河流上游无矿业活动区域——驯乐，选取背景控制断面——福龙断面（此断面高海拔样点靠近公路），按照高度变化采集土壤样品，重金属变化趋势如图9.6所示。从背景断面福龙断面来看，背景断面元素含量随着高度增高，逐渐变大，样点之间的变化幅度较小，变化趋势与中、下游断面的变化特征明显不一致。环江上游、背景断面附近没有矿业开发历史，缺乏污染源，背景断面靠近公路，使得其元素 Zn、Cu、Pb 含量有逐渐升高的趋势，公路附近土壤的 Zn、Cu、Pb 污染是交通污染的指示元素之一。环江中下游土壤受到北山矿业开采、选矿，以及雅脉钢厂等企业排污的影响，元素含量高，且含量随高度增加而递减，并在某一高度拐点趋于稳定。

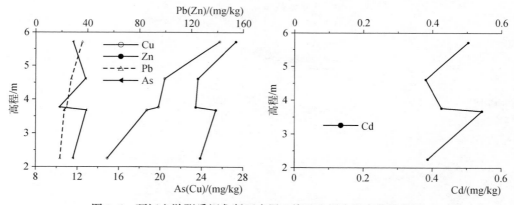

图9.6　环江上游驯乐福龙断面表层土壤重金属含量变化趋势图

根据元素含量变化趋势图，可粗略判断环江中、下游各土壤断面元素含量变化的高度拐点：江色 JS1，约9m；江色 JS2，约9.5 m；吴江（WJ1、WJ2），约11.5 m；地崖 DY，约6.5 m；下敢 XG，6.5 m。

9.4.2　断面土壤元素 As 含量与高度关系

环江谷地农耕区顶层土壤重金属含量与海拔高度呈负相关关系，随着高度的增加，元素含量逐渐降低。为了进一步分析元素含量与海拔高度的关系，并准确观察元素含量变化的拐点高度（元素含量为背景值的样点高度），将各元素含量与相应元素的环江谷地土壤背景值作对比，即污染系数（CF），转而研究污染系数与海拔高度的关系。以各断面土壤重金属元素的 CF 为横轴，以对应断面的各样点距离河水水面的海拔高度为纵轴，对各断面元素的污染系数与高程关系进行数学模型拟合。采用 Grafer 进行曲线拟合，并用 SPSS 进行拟合结果的显著性检验。

对 4 个区域的各个土壤断面元素 As 的污染系数与高度关系进行曲线拟合（图9.7、表9.9）。曲线拟合的效果较好，除 WJ1 断面外（拟合曲线判定系数 $R^2 = 0.576$），其余各断面回归曲线的判定系数 R^2 介于 $0.778 \sim 0.960$；各拟合曲线的显著性水平均为 0.01（$p<0.01$）。各断面土壤 As 元素的污染系数均随高度增加呈幂函数衰减的趋势，相应的拟合模型表示为

$$y = a \cdot x^b \tag{9.3}$$

式中，x 为元素 As 的 CF；y 为对应的高程；a 为常数；b 为衰变指数。

表 9.9　环江谷地断面土壤 As 污染系数与高度的拟合曲线方程及高度拐点

区域	断面	拟合曲线方程	R^2	显著性水平（p 值）	CF=1 时的高度拐点/m
江色	JS1	$y=7.9\,x^{-0.294}$	0.917	0	7.9
	JS2	$y=7.8\,x^{-0.336}$	0.789	0.001	7.8
吴江	WJ1	$y=10.0\,x^{-0.233}$	0.576	0.011	10.0
	WJ2	$y=10.6\,x^{-0.585}$	0.778	0	10.6
地崖	DY	$y=5.2\,x^{-0.439}$	0.960	0	5.2
下敢	XG	$y=5.6x^{-0.356}$	0.841	0	5.6

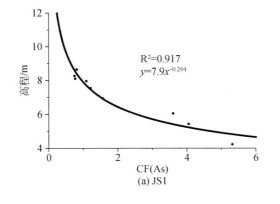
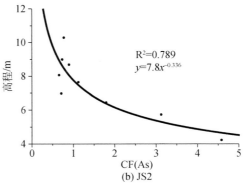

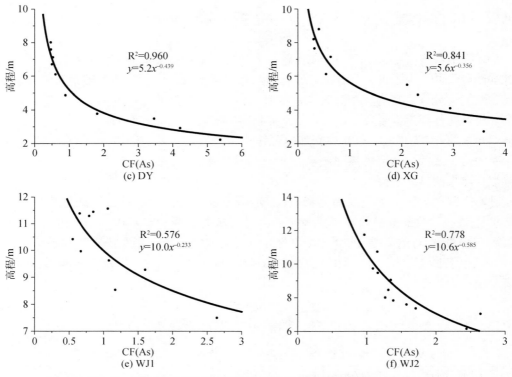

图 9.7　环江沿岸土壤断面元素 As 的 CF 随高程变化拟合曲线图

　　根据各断面的拟合曲线方程，可计算污染系数为 1 时的断面拐点高度值（表 9.9）。4 个采样区域的 6 个土壤断面 As 含量变化的拐点高度（含量为 14.9 mg/kg），从中游到下游依次为：JS1，7.9 m；JS2，7.8 m；WJ1，10.0 m；WJ2，10.6 m；DY，5.2 m；XG，5.6 m。元素 As 在各断面的拐点高度明显低于同一断面 Pb、Zn 元素的拐点高度值（表 9.9），这可能与元素之间的化学性质差异有关。

9.4.3　断面土壤元素 Cd 含量与高度关系

　　图 9.8 是对各断面土壤 Cd 含量的污染系数与高度关系的拟合结果，曲线方程及检验结果见表 9.10。从拟合曲线图及表中数据可知，除 WJ1 断面外，其余断面的拟合结果均较理想，断面 JS1、JS2、DY 拟合曲线的判别系数 R^2 介于 0.837 ~ 0.972，显著性水平为 0.01；WJ2、XG 断面拟合效果稍差，R^2 分别为 0.680、0.760，但检验效果显著（$p < 0.01$）。WJ1 断面的点位分布相对分散（图 9.8），无法得到较理想的拟合方程。

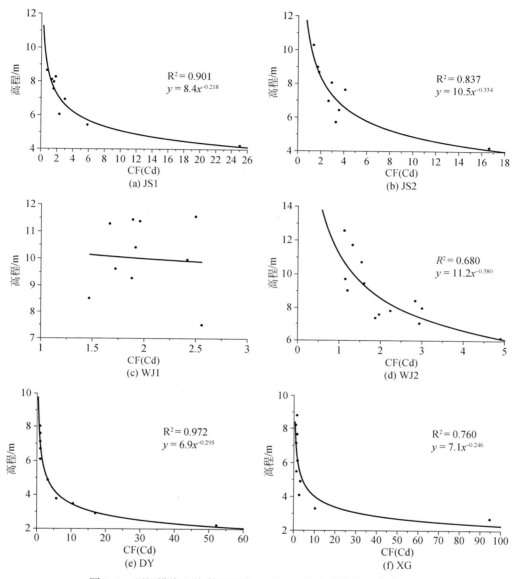

图 9.8　环江沿岸土壤断面元素 Cd 的 CF 随高程变化拟合曲线图

表 9.10　环江谷地断面土壤 Cd 的 CF 与高度的拟合曲线方程及高度拐点

区域	断面	拟合曲线方程	R^2	显著性水平（p 值）	CF=1 时的高度拐点/m
江色	JS1	$y=8.4\,x^{-0.218}$	0.901	0	8.4
	JS2	$y=10.5\,x^{-0.334}$	0.837	0.0005	10.5
吴江	WJ1	无	无	NS	无
	WJ2	$y=11.2\,x^{-0.380}$	0.680	0.0005	11.2
地崖	DY	$y=6.9\,x^{-0.295}$	0.972	0	6.9
下敢	XG	$y=7.1\,x^{-0.246}$	0.760	0.001	7.1

注：NS 为不显著

　　同上述 4 种元素相似，拟合效果理想断面的元素 Cd 污染系数与高度的关系，也符合幂函数回归模型，Cd 元素含量随高度的增加呈幂函数衰减趋势，拟合方程式为

$$y = a \cdot x^b \tag{9.4}$$

式中，x 为元素 Cd 的 CF；y 为对应的高程；a 为常数；b 为衰变指数。

　　根据各断面的拟合曲线方程，计算出各断面的拐点高度值。土壤断面 Cd 含量变化的拐点高度（Cd，0.111 mg/kg）从中游到下游依次为：JS1，8.4 m；JS2，10.5 m；WJ2，11.2 m；DY，6.9 m；XG，7.1 m。

9.4.4　断面土壤元素 Cu 含量与高度关系

　　对元素 Cu 污染系数与高度关系的曲线拟合结果（图 9.9，表 9.11）表明，拟合的总体效果并不理想。处于环江流域下游的 DY、XG 两断面的拟合效果较好，判定系数 R^2 分别为 0.931、0.896，显著性水平为 0.01（$p < 0.01$）；JS1 断面的拟合效果次之，$R^2 = 0.698$，显著性水平为 0.01。WJ1、WJ2 两断面的拟合效果稍差，判定系数 R^2 分别为 0.643、0.432，显著性水平为 0.05（$p < 0.05$）；江色 JS2 断面的拟合效果较差，拟合曲线也没有通过显著性检验（$p > 0.05$）。WJ1、WJ2、JS2 这 3 个断面的土壤样点在图中比较分散（图 9.9），样点与拟合曲线的相对距离也较大，样点分布及其规律性明显比其余断面差。

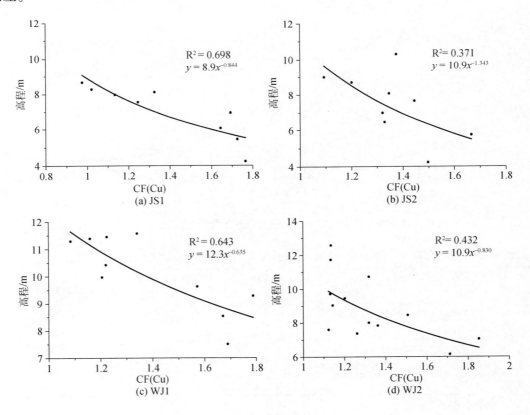

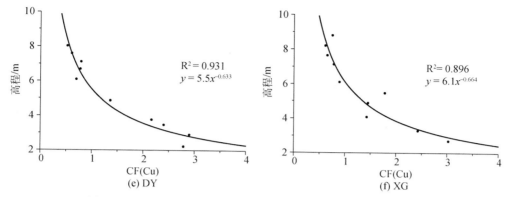

图 9.9　环江沿岸土壤断面元素 Cu 的 CF 随高程变化拟合曲线图

表 9.11　环江谷地断面土壤 Cu 的 CF 与高度的拟合曲线方程及高度拐点

区域	断面	拟合曲线方程	R^2	显著性水平（p 值）	CF=1 时的高度拐点/m
江色	JS1	$y=8.9\,x^{-0.844}$	0.698	0.005	8.9
	JS2	$y=10.9\,x^{-1.343}$	0.371	0.077（NS）	
吴江	WJ1	$y=12.3\,x^{-0.635}$	0.643	0.015	12.3
	WJ2	$y=10.9\,x^{-0.830}$	0.432	0.016	10.9
地崖	DY	$y=5.5\,x^{-0.633}$	0.931	0	5.5
下敢	XG	$y=6.1\,x^{-0.664}$	0.896	0	6.1

注：NS 为不显著

　　拟合效果较理想的 JS1、DY、XG 断面，其元素 Cu 的污染系数与高度之间具有幂函数关系，与元素 Pb、Zn、As 相似，对应的拟合方程也可表达为

$$y = a \cdot x^b \tag{9.5}$$

式中，x 为元素 Cu 的 CF；y 为对应的高程；a 为常数；b 为衰变指数。根据 3 个断面的回归曲线方程，可以计算元素 Cu 的污染系数为 1 时的各断面拐点高度值（表 9.11）。土壤断面 Cu 含量变化的拐点高度（Cu，16.5 mg/kg）依次为：JS1，8.9 m；DY，5.5 m；XG，6.1 m。

9.4.5　断面土壤元素 Pb 含量与高度关系

　　对各个土壤断面 Pb 含量与高度关系作类似转换和回归拟合，曲线拟合结果如图 9.10 和表 9.12 所示。元素 Pb 的 CF 和高度的关系与 Zn 类似，各断面土壤元素 Pb 的 CF 随海拔高度的增加呈幂函数衰减趋势，其拟合方程也可表述为

$$y = a \cdot x^b \tag{9.6}$$

式中，x 为元素 Pb 的 CF；y 为对应样点相对于环江河水水平面的高程；a 为常数；b 为衰变指数。

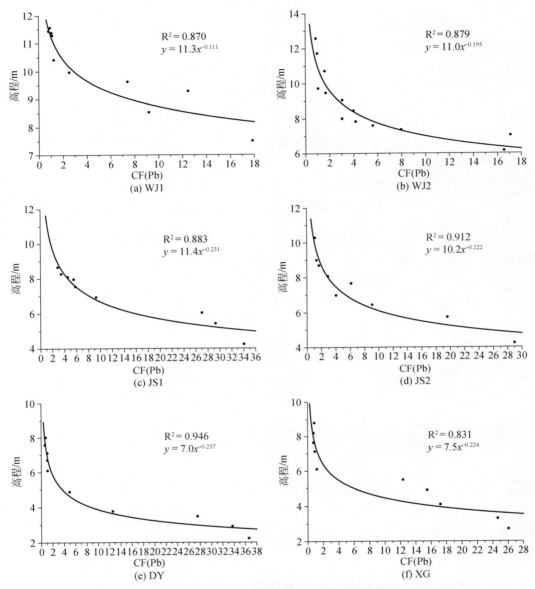

图 9.10　环江沿岸土壤断面元素 Pb 的 CF 随高程变化拟合曲线图

表 9.12　环江谷地断面土壤 Pb 的 CF 与高度的拟合曲线方程及高度拐点

区域	断面	拟合曲线方程	R^2	显著性水平（p 值）	CF＝1 时的高度拐点/m
江色	JS1	$y=11.4\,x^{-0.231}$	0.883	0.001	11.4
	JS2	$y=10.2\,x^{-0.222}$	0.912	0	10.2
吴江	WJ1	$y=11.3\,x^{-0.111}$	0.870	0	11.3
	WJ2	$y=11.0\,x^{-0.195}$	0.879	0	11.0
地崖	DY	$y=7.0\,x^{-0.257}$	0.946	0	7.0
下敢	XG	$y=7.5\,x^{-0.224}$	0.831	0	7.5

各断面的拟合效果极好，回归曲线的判定系数 R^2 介于 0.870～0.946，显著性水平均为 0.01（$p<0.01$）。根据各断面所拟合的幂函数模型，可以计算污染系数为 1 时的断面拐点高度值（Pb，33.3 mg/kg），见表 9.10。土壤断面 Pb 含量变化的拐点高度从中游到下游依次为：JS1，11.4 m；JS2，10.2 m；WJ1，11.3 m；WJ2，11.0 m；DY，7.0 m；XG，7.5 m。

9.4.6　断面土壤元素 Zn 含量与高度关系

图 9.11 是各断面的土壤 Zn 的 CF 与海拔高度关系拟合曲线图，拟合曲线方程及检验结果见表 9.13。拟合方程中，y 指代高程，x 指代对应样点元素的 CF。

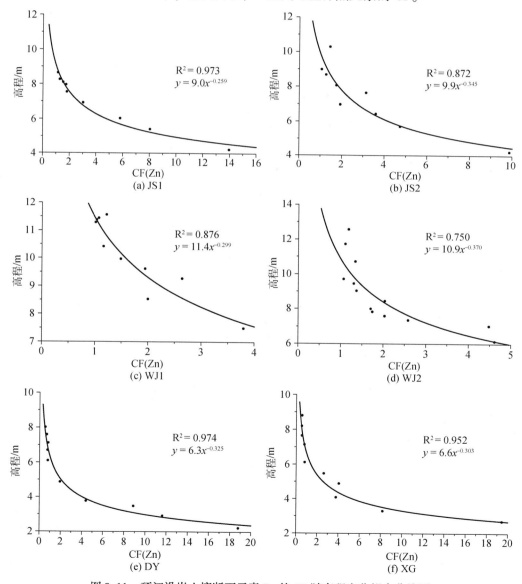

图 9.11　环江沿岸土壤断面元素 Zn 的 CF 随高程变化拟合曲线图

　　从拟合曲线及曲线方程可知，各断面土壤 Zn 的 CF 随海拔高度的增加呈幂函数衰减趋势，各断面的回归曲线拟合效果较好，相应拟合曲线方程的判定系数 R^2 达 0.872 ~ 0.974，仅 WJ2 断面的拟合效果略差（$R^2 = 0.750$），回归拟合曲线的显著水平均为 0.01（$p < 0.01$）。

表 9.13　环江谷地断面土壤 Zn 的 CF 与高度的拟合曲线方程及高度拐点

区域	断面	拟合曲线方程	R^2	显著性水平（p值）	CF=1 时的高度拐点/m
江色	JS1	$y = 9.0\, x^{-0.259}$	0.973	0	9.0
	JS2	$y = 9.9\, x^{-0.345}$	0.872	0	9.9
吴江	WJ1	$y = 11.4\, x^{-0.299}$	0.876	0	11.4
	WJ2	$y = 10.9\, x^{-0.370}$	0.750	0	10.9
地埋	DY	$y = 6.3\, x^{-0.325}$	0.974	0	6.3
下敢	XG	$y = 6.6\, x^{-0.303}$	0.952	0	6.6

　　综合考虑环江沿岸各断面土壤元素 Zn 含量与高程的关系，可将其拟合方程用幂函数模型进行综合表述：

$$y = a \cdot x^b \tag{9.7}$$

式中，x 为元素 Zn 的 CF；y 为对应各样点相对于环江河水水平面的高程；a 为常数；b 为衰变指数。其中，a、b 值因不同断面取值不同，该值可能受控于断面所处河段的地形特征、水动力条件。当污染系数 $x = 1$ 时，即 Zn 的含量背景值为 91.1 mg/kg 时，$y = a$，也即 a 的取值就是该断面元素 Zn 含量发生质变的拐点高度，大于此高度的土壤 Zn 含量均达背景水平。

　　因此，根据各断面元素 Zn 的拟合曲线方程，可以得到 4 个村区域 6 个土壤断面 Zn 含量变化的拐点高度（表 9.13）。从中游到下游依次为：JS1，9.0 m；JS2，9.9 m；WJ1，11.4 m；WJ2，10.9 m；DY，6.3 m；XG，6.6 m。

9.4.7　区域土壤污染程度及其与高度的关系

　　为了评估研究区域的污染程度，并进行相互之间的比较，采用 Tomlinson 等（1980）发展的 PLI，此方法能够直观地反映区域内各重金属元素对土壤污染的贡献程度，以及重金属在时间、空间上的变化趋势。

　　表 9.14 是各断面土壤重金属含量的统计结果。各断面 PLI 均值介于 2 ~ 4，地埋、下敢和江色三采样区域污染较为严重，PLI 均值>3，属于Ⅲ级极强污染；吴江区域污染程度相对较轻，PLI 均值为 1.82、2.04，属于Ⅰ级中等污染。流域下游的 DY、XG 断面 PLI 最大值达 14.0，中游江色区域两断面最大值为 8.0、10.2，明显大于吴江两断面的 PLI 最大值（3.78、4.35），以及各断面不同污染程度的样品个数（表 9.14），均说明各采样区域的污染程度不同；按污染程度从重到轻排序依次为：下敢≥地埋>江色>吴江，环江流域下游谷地污染程度要比中游严重。中游江色、吴江 4 个断面的 PLI 最小值均大于 1，地埋、下敢断面最小值小于 1，以及断面 0 级污染的样数差异，说明环江中游谷地土壤重金属污

染范围大于下游。污染范围可能与各区域的地形坡度有关，从图 9.12 中的采样断面趋势可以看出中游断面的坡度明显小于下游两个区域断面，海拔高度限制了污染物在沿岸谷地的扩散范围。

表 9.14　环江谷地断面土壤 PLI 的基本统计结果

区域	断面	样品数	均值	标准差	最小值	最大值	全距	变异系数/%	各污染级别的样品数			
									0 级	I 级	II 级	III 级
江色	JS1	9	3.54	3.03	1.13	10.22	9.09	85.62	0	5	1	3
	JS2	9	2.80	2.22	1.14	7.99	6.85	79.07	0	5	1	3
吴江	WJ1	10	1.82	0.91	1.10	3.78	2.68	50.09	0	6	3	1
	WJ2	13	2.04	1.06	1.05	4.35	3.30	52.18	0	8	3	2
地崖	DY	10	4.08	4.71	0.61	14.00	13.39	115.68	5	0	1	4
下敢	XG	10	3.47	4.20	0.58	13.90	13.32	120.91	5	0	1	4

污染级别：0 为无污染，$PLI \leqslant 1$；I 为中等污染，$1 < PLI \leqslant 2$；II 为强污染，$2 < PLI \leqslant 3$；III 为极强污染，$PLI > 3$。

　　各断面土壤中 As、Cd、Cu、Pb、Zn 含量与海拔高程的关系均表明 PLI 与海拔高度存在对应关系，PLI 能够全面衡量各污染元素的贡献大小，更易于明确土壤的污染特征和需要修复治理的土壤分布范围。

　　分析 PLI 与高程之间的关系，发现断面土壤污染程度均随断面高程的增加呈幂函数衰减的趋势，回归曲线图及拟合方程见图 9.12 和表 9.15。各断面的拟合效果非常理想，判决系数 R^2 为 0.842~0.975，显著性水平为 0.01（$p < 0.01$）。

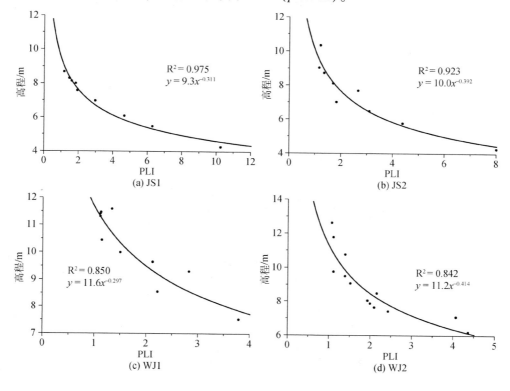

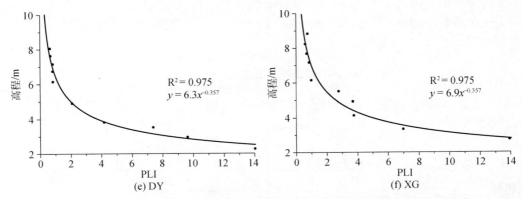

图 9.12　环江沿岸土壤断面 PLI 随高程变化拟合曲线图

表 9.15　环江谷地断面土壤 PLI 与高度的拟合曲线方程及高度拐点

区域	断面	拟合曲线方程	R^2	显著性水平（p 值）	PLI=1 时的高度拐点/m
江色	JS1	$y=9.3\,x^{-0.311}$	0.975	0	9.3
	JS2	$y=10.0\,x^{-0.392}$	0.923	0	10.0
吴江	WJ1	$y=11.6\,x^{-0.297}$	0.850	0	11.6
	WJ2	$y=11.2\,x^{-0.414}$	0.842	0	11.2
地崖	DY	$y=6.3\,x^{-0.357}$	0.975	0	6.3
下敢	XG	$y=6.9\,x^{-0.348}$	0.949	0	6.9

环江中、下游谷地断面污染符合指数与高度之间的幂函数关系，可综合表达为

$$y = a \cdot x^b \tag{9.8}$$

式中，x 为断面土壤的 PLI；y 为样点距离相应断面距离环江河水平面的高度；a 为常数；b 为衰变指数。常数 a、b 在不同区域、断面取值不同。

根据各断面的拟合曲线方程，计算各断面污染符合指数的变化拐点高度值（表 9.15），并可根据此高程指导该区域的土壤修复治理工作。土壤断面 PLI 含量变化的拐点高度从中游到下游依次为：JS1，9.3 m；JS2，10.0 m；WJ1，11.6 m；WJ2，11.2 m；DY，6.3 m；XG，6.9 m。

土壤断面重金属含量具有相似的变化规律：低海拔土壤重金属含量较高，高海拔含量较低，随着高度增加，表层土壤毒性重金属元素的含量具有逐渐降低的趋势。在同一地貌单元获取多个断面数据进行分析，污染物呈带状分布，元素分布带与河床平行，这是洪泛作用对区域沉积环境影响的结果。海拔越低，越靠近河流，洪水淹没频率越高，土壤中重金属含量越高。

各断面表层土壤中的重金属元素 As、Cd、Cu、Pb、Zn 含量、污染程度（PLI）有随距水面高度的增加呈幂函数衰减的规律，并在某一高度（本书将该高度称为拐点高度）之后趋于背景；地形和沉积过程直接控制污染物的运移和扩散。

将上述中、下游断面土壤重金属分布、污染特征，与野外考察、走访调查结果相结合，发现各断面的元素含量、污染程度变化的高度拐点，同断面所处区域的历年汛期水位，特别是 2001 年的水位具有一致性，但历年洪水水位并没有翔实的测量记录。由此可以推断，环江中下游沿岸农耕区的土壤重金属污染呈带状分布，带状的高点受控于地形和历年洪水水位，其中，2001 年的洪水水位可能起主要作用。

综合 4 个采样区域的元素数据特征，可以发现处于环江下游的地崖、下敢区域污染最为严重，江色次之，吴江受到重金属的污染最轻。这与所处河段位置、区域微地貌格局有关，沉积环境（地形坡度、土质、地势变化）决定了输入溶解物、悬浮物的量。吴江处于河流蛇曲弯道、地势相对平坦，在洪水期可转变为河道，此时河水流速相对较快，降低颗粒物质的可沉积量，或者将前期沉积物再次悬浮；地崖、下敢处于环江流域下游，下湘电站大坝的拦截蓄水作用，致使下游河水的流速变缓，大量悬浮颗粒可以逐渐沉淀，而悬浮颗粒物含有浓度较高的重金属，悬浮颗粒沉积量的多少决定了影响区域重金属含量的多寡。下游的地崖、下敢重金属污染严重也体现了下游区域作为整个流域物质"汇"的作用。

9.5　沿岸土壤剖面重金属含量的分布特征

根据各断面表层土壤 PLI 与距水面高程的幂函数关系，以及据此计算出各断面污染程度 PLI 值的变化拐点高度，将土壤剖面划分为两类：洪水淹没土壤、未淹没土壤。分别计算洪水淹没土壤剖面和未淹没土壤剖面各取样层次的重金属含量均值和相应的 CF、PLI，结果见表 9.16。

表 9.16　沿岸土壤剖面重金属平均含量、污染系数、污染负荷指数

类型	深度/cm	重金属平均含量（mg/kg）					CF					PLI
		As	Cd	Cu	Pb	Zn	As	Cd	Cu	Pb	Zn	
未淹没土壤	0~10	12.1	0.179	16	36.6	91.7	0.81	1.62	0.97	1.1	1.01	1.07
	10~20	14.3	0.138	16.1	33.5	89.4	0.96	1.25	0.98	1.01	0.98	1.03
	20~30	15.1	0.116	17.1	32	89.8	1.01	1.04	1.03	0.96	0.99	1.01
	30~40	15.6	0.086	16.4	33.1	89.7	1.05	0.78	0.99	0.99	0.98	0.95
	40~50	15.4	0.093	16.6	31.2	92.5	1.03	0.84	1.01	0.94	1.02	0.96
	50~60	16.2	0.089	16.4	33.6	93.1	1.09	0.81	0.99	1.01	1.02	0.98
	60~70	15.3	0.1	16.7	34.7	94.8	1.02	0.9	1.01	1.04	1.04	1.00
	70~80	15.1	0.087	16.6	31.9	87.6	1.01	0.78	1.01	0.96	0.96	0.94
淹没土壤	0~10	35.6	1.717	33.5	543.3	541.2	2.39	15.47	2.03	16.31	5.94	5.92
	10~20	23.4	1.167	24.4	285.7	359.4	1.57	10.51	1.48	8.58	3.95	3.83
	20~30	20.7	1.066	22.4	184.3	322.4	1.39	9.6	1.36	5.53	3.54	3.24
	30~40	16.3	0.468	18.3	88.5	200.3	1.1	4.22	1.11	2.66	2.2	1.97
	40~50	15	0.383	16.3	67.9	163.6	1.01	3.45	0.99	2.04	1.8	1.66
	50~60	14.5	0.397	16.1	54.6	146.8	0.97	3.58	0.98	1.64	1.61	1.55
	60~70	14.9	0.395	16.2	48.1	132.8	1	3.56	0.98	1.45	1.46	1.49
	70~80	15.1	0.395	16.2	55.7	133.3	1.01	3.56	0.98	1.67	1.46	1.54

洪水淹没区域土壤剖面各层重金属含量均值、CF 值明显大于未淹没土壤剖面对应层位（表 9.16）。除元素 Cd 外，未淹没区域土壤剖面不同深度的 As、Cu、Pb、Zn 含量稳定，与环江中下游谷地土壤背景值相当（As，14.9 mg/kg；Cu，16.5 mg/kg；Pb，33.3 mg/kg；Zn，91.1 mg/kg）；元素 Cd 仅在表层 0～20 cm 略有污染，但含量仍远低于洪水淹没区土壤剖面 Cd 含量。淹没区域土壤剖面重金属含量明显大于土壤背景值，且含量随着深度增加逐渐降低。未淹没土壤剖面各层 PLI 趋近或略大于 1；淹没区剖面各层 PLI 值大于 1，并随深度增加 PLI 值递减，顶层 0～30 cm 的 PLI>3，污染较严重。

9.5.1　土壤剖面 As 的分布特征

As 的剖面分布特征与 Cu 相似，在中游江色、吴江村，As 主要污染在表层 10 cm 深度，然后随着深度增加，迅速趋于稳定，土壤 As 含量与环江流域土壤背景值（14.9 mg/kg）接近；下游地崖、下敢区域，As 污染深度大于上述两区域，剖面污染深度集中在 0～20 cm，下层土壤 As 含量与环境土壤背景 As 含量接近（图 9.13）。

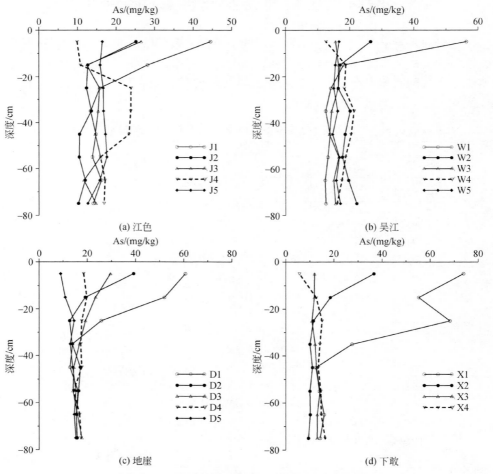

图 9.13　环江沿岸土壤剖面 As 含量垂直分布图

　　江色区域淹没区土壤剖面 J1、J2、J3，As 的深度分别为 20 cm、10 cm、10 cm，表层含量明显高于深层土壤；背景土壤剖面（JS5）含量略微高于环江流域背景值（14.9 mg/kg），但各深度土壤含量区域均一（图 9.13）。吴江土壤剖面 W1、W2，As 主要集中在表层 10 cm 深度。地崖 3 个受淹土壤剖面 D1、D2、D3，As 的污染深度分别为 60 cm、20 cm、20 cm；背景剖面 D5 各深度土壤含量略低于背景值（图 9.13）。

　　假设：江色村的 5 个土壤剖面是在不同高度采集、剖面连接在一起，形成一个土壤纵切面，如同一个自然塌方形成的自然土壤剖面；土壤表层反映的是江色区域的坡度变化（图 9.14）。应用 Surfer 软件，以剖面距岸距离为 X 轴，剖面不同深度样点距离河水水平面距离为 Y 轴，剖面各深度元素 As 含量为插值基值，采用半径基函数（radial basis function）插值方法勾画等值线。在吴江、地崖、下敢采用同样的作图法，进行土壤纵切面元素浓度插值，获取元素在各区域土壤纵切面的等值线图（图 9.14 ~ 图 9.17）。

　　各区域土壤纵切面 As 等值线分布特征（图 9.14 ~ 图 9.17）与 Pb、Zn、Cu 相似。随着表层海拔高度增加，表层土壤 As 含量降低，对应位置土壤受污染深度变浅；随着土壤剖面取样高程升高、土壤剖面深度的增加，等值线 As 含量值变小，等值线也相对稀疏。地崖、下敢 As 含量及污染程度明显大于中游江色、吴江两采样区域。

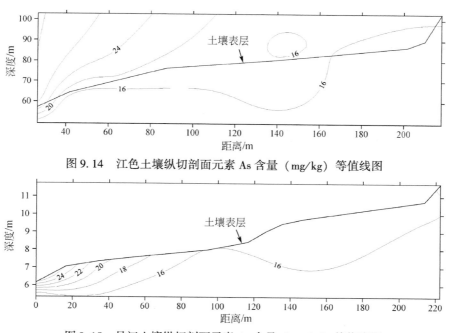

图 9.14　江色土壤纵切剖面元素 As 含量（mg/kg）等值线图

图 9.15　吴江土壤纵切剖面元素 As 含量（mg/kg）等值线图

9.5.2　土壤剖面 Cd 的分布特征

　　与背景相比，环江沿岸土壤剖面 Cd 污染较为严重，土壤污染深度较大，多数剖面在 80 cm 深度均受到污染，受淹土壤污染深度大于 80 cm。不同区域剖面土壤 Cd 含量与所处高度具有一定关系，随着高度的增加，土壤表层 Cd 含量降低。低海拔土壤表层土壤 Cd 含

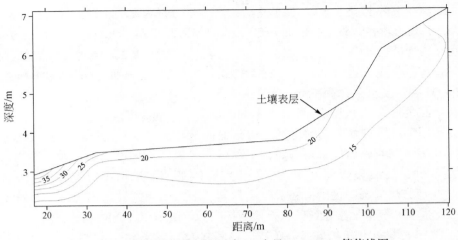

图 9.16　地崖土壤纵切剖面元素 As 含量（mg/kg）等值线图

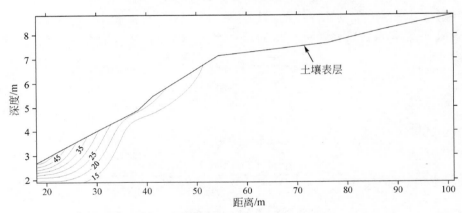

图 9.17　下敢土壤纵切剖面元素 As 含量（mg/kg）等值线图

量高，相应的同一深度土壤，低海拔剖面土壤 Cd 含量高于高海拔土壤剖面（图 9.18）。

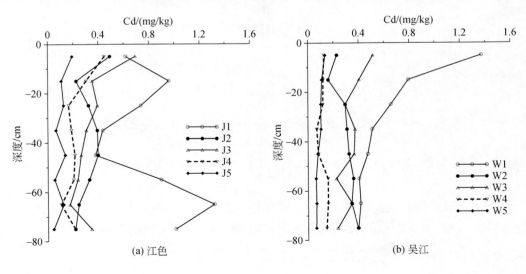

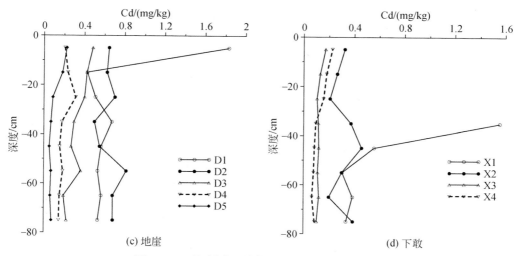

(c) 地罩 (d) 下敢

图9.18　环江沿岸土壤剖面 Cd 含量垂直分布图

　　纵切面等值线图展示了土壤 Cd 含量与表层土壤高度、剖面样点深度之间的关系（图9.19～图9.22）。尽管在下敢地区 X1 剖面顶层 0～30 cm 的高含量影响了该插值效果，依然能够反映实际分布趋势。低海拔土壤含量等值线相对密集，高海拔等值线稀疏；随着剖面取样高度增加，对应剖面各层土壤 Cd 含量逐渐降低，剖面受污染影响变浅。

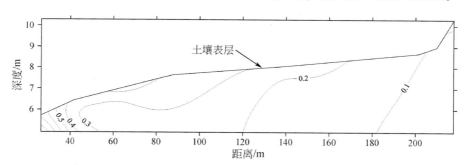

图9.19　江色土壤纵切剖面元素 Cd 含量（mg/kg）等值线图

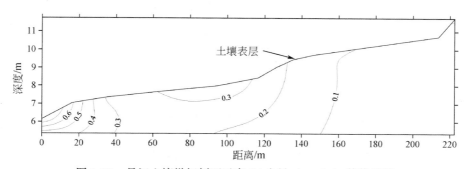

图9.20　吴江土壤纵切剖面元素 Cd 含量（mg/kg）等值线图

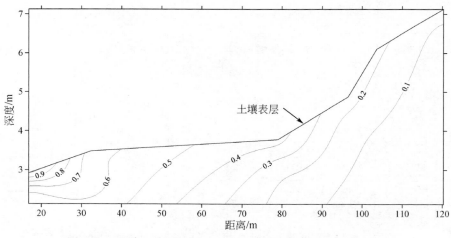

图 9.21　地崖土壤纵切剖面元素 Cd 含量（mg/kg）等值线图

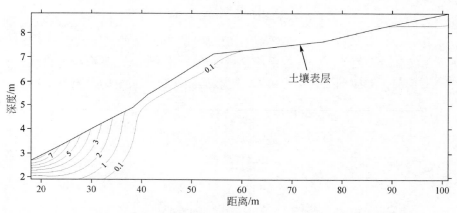

图 9.22　下敢土壤纵切剖面元素 Cd 含量（mg/kg）等值线图

9.5.3　土壤剖面 Cu 的分布特征

　　江色、吴江、地崖、下敢的污染土壤剖面中，元素 Cu 含量随深度增加逐渐降低（图9.23）。在江色、吴江区域，Cu 污染集中在顶层 10 cm，除表层土壤外，Cu 含量在其他不同深度差异不大；地崖、下敢土壤剖面 Cu 含量从表层迅速降低，污染层主要集中在顶层 20 cm，其他土层土壤 Cu 含量基本达背景水平。与 Pb、Zn 的剖面分布特征相似，随着高度增加，表层土壤 Cu 的含量降低，Cu 污染深度降低，这一元素分布规律在地崖、下敢表现得更为明显（图9.23）；不同区域、不同高度的土壤剖面，元素 Cu 的污染深度不同。

　　在江色区域，淹没区土壤剖面 J1、J2、J3、J4，Cu 的污染深度分别为 60 cm、10 cm、40 cm、10 cm，剖面表层含量明显高于深层土壤，低海拔土壤受污染深度大于高海拔土壤（图9.24）。吴江土壤剖面 W1、W2、W3、W4、W5，Cu 的污染集中在土壤表层 10 cm 深

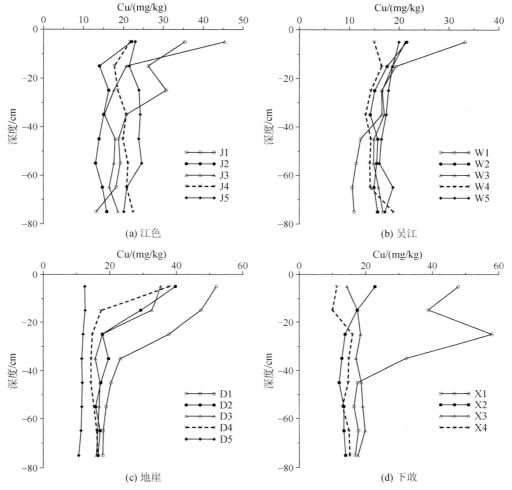

图 9.23　环江沿岸土壤剖面 Cu 含量垂直分布图

度，大于 10 cm 深度土壤的含量多低于背景值 16.5 mg/kg（图 9.25）。地崖 4 个受淹土壤剖面 D1、D2、D3、D4，Cu 的污染深度分别为大于 80 cm、40 cm、30 cm、10 cm（图 9.26）。下敢受淹剖面 X1、X2，Cu 的污染深度分别为大于 80 cm、20 cm（图 9.27）。

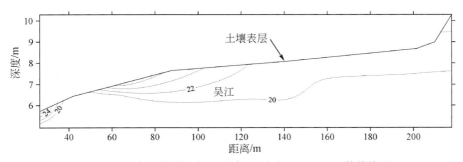

图 9.24　江色土壤纵切剖面元素 Cu 含量（mg/kg）等值线图

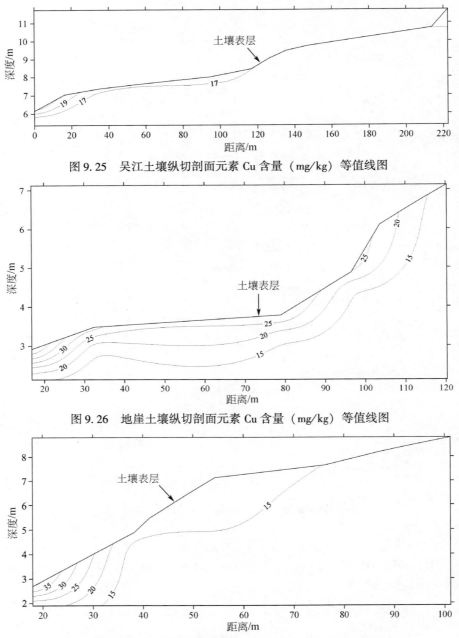

图 9.25　吴江土壤纵切剖面元素 Cu 含量（mg/kg）等值线图

图 9.26　地崖土壤纵切剖面元素 Cu 含量（mg/kg）等值线图

图 9.27　下敢土壤纵切剖面元素 Cu 含量（mg/kg）等值线图

　　与 Pb、Zn 相似，随着海拔高度增加，表层土壤 Cu 含量降低，土壤受影响深度变浅；低海拔土壤污染深度较大。随着海拔升高、剖面深度增加，等值线变稀疏，Cu 含量浓度降低。地崖、下敢区域的土壤 Cu 污染程度、土壤剖面污染深度明显大于中游的江色、吴江等区域。

9.5.4　土壤剖面 Pb 的分布特征

　　污染土壤剖面 Pb 含量从表层向下迅速降低（图 9.28），剖面 Pb 污染主要集中在顶层 20 cm 或 30 cm 深度。与 Zn 的剖面分布特征相似，随着海拔高度增加，表层土壤 Pb 的含量降低，剖面土壤 Pb 污染深度降低（图 9.28）。下敢、地崖两村的土壤剖面 Pb 污染深度、严重程度明显大于中游江色、吴江两村。

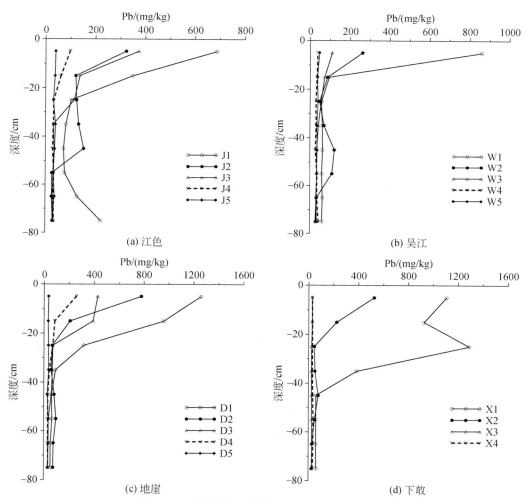

图 9.28　环江沿岸土壤剖面 Pb 含量垂直分布图

　　江色 4 个淹没区土壤剖面：J1、J2、J3、J4，Pb 的污染深度分别为大于 80 cm、50 cm、30 cm、20 cm，剖面上层含量明显高于下层，低海拔土壤受污染深度大于高海拔土壤（图 9.28）。吴江 4 个淹没土壤剖面 W1、W2、W3、W4 元素 Pb 的污染深度分别为大于 80 cm、60 cm、40 cm、10 cm（图 9.28）。地崖村的 4 个土壤剖面 D1、D2、D3、D4 Pb 的污染深度分别为大于 80 cm、80 cm、60 cm、40 cm。下敢洪水淹没剖面 X1、X2 Pb

影响污染深度分别为大于 80 cm、60 cm；同区域背景土壤剖面（X3、X4）的 Pb 含量低于背景值 33.3 mg/kg。

　　应用半径基函数方法对各区域的连续土壤剖面进行插值，得到 4 个区域土壤纵切面 Pb 含量等值线图，如图 9.29～图 9.32 所示。从 4 个区域 Pb 等值线图可以看出，随着土壤表层距水面高程的增加，相应土壤剖面的等值线由密集变为稀疏，等值线所代表的 Pb 含量值逐渐降至背景范围。表层土壤 Pb 含量随海拔增加逐渐降低，对应高程的土壤污染深度变浅；低海拔处土壤剖面不同深度的 Pb 含量均较高，等值线相对密集，污染严重。

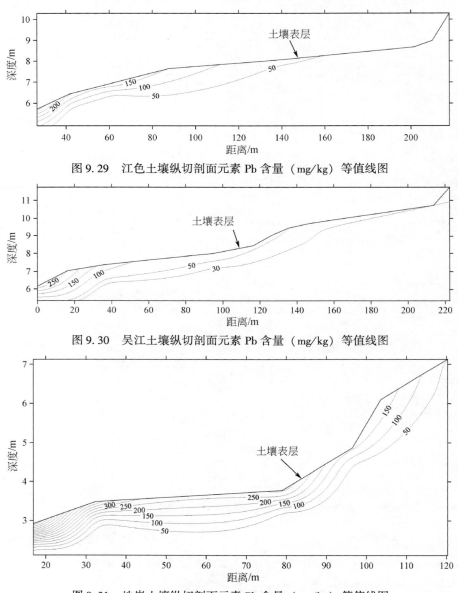

图 9.29　江色土壤纵切剖面元素 Pb 含量（mg/kg）等值线图

图 9.30　吴江土壤纵切剖面元素 Pb 含量（mg/kg）等值线图

图 9.31　地崖土壤纵切剖面元素 Pb 含量（mg/kg）等值线图

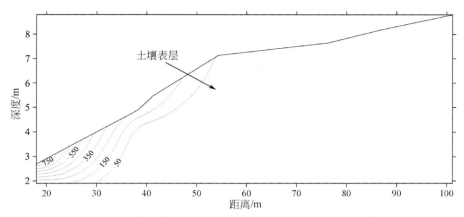

图 9.32　下敢土壤纵切剖面元素 Pb 含量（mg/kg）等值线图

9.5.5　土壤剖面 Zn 的分布特征

污染土壤 Zn 含量从表层向下迅速降低（图 9.33），剖面 Zn 污染主要集中在顶层 30 cm或 40 cm 深度。海拔高度影响 Zn 在土壤剖面的含量，随着高度增加，表层土壤 Zn 的含量降低（图 9.33）。江色淹没区的 4 个土壤剖面 J1、J2、J3、J4，其距水面高程分别为 5.73 m、6.46 m、6.98 m、8.07 m，相应剖面 Zn 的污染深度分别为大于 80 cm、80 cm、40 cm、30 cm，低海拔土壤受污染剖面深度大于高海拔土壤。

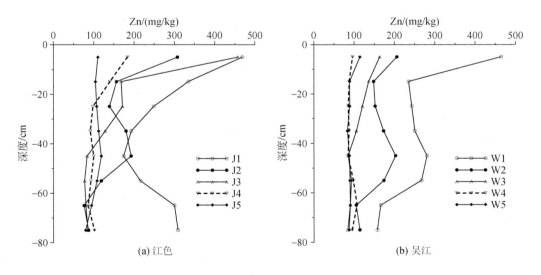

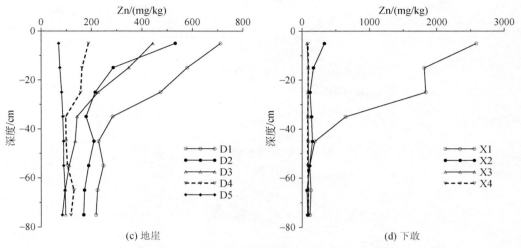

图 9.33　环江沿岸土壤剖面 Zn 含量垂直分布图

吴江 4 个淹没土壤剖面 W1、W2、W3、W4，其距水面高程分别为 6.15 m、8.0 m、9.73 m、8.07 m，相应剖面 Zn 的污染深度分别为大于 80 cm、80 cm、40 cm、30 cm；同区域未淹没土壤剖面除表层 0~10 cm 略高于背景值外，其余各层没有受到污染，Zn 在剖面中分布均匀（图 9.33）。地崖区域的 4 个土壤剖面 D1、D2、D3、D4，其高程分别为 2.23 m、2.92 m、3.78 m、7.13 m，对应剖面 Zn 的污染深度分别为大于 80 cm、80 cm、60 cm、30 cm；背景剖面 D5 各深度含量均低于土壤背景值，含量基本一致（图 9.33）。下敢村受洪水影响的两个土壤剖面 X1、X2 的高程依次为 2.71 m、4.89 m，Zn 剖面污染深度分别为大于 80 cm、60 cm；未影响区域土壤剖面（X3、X4）Zn 含量与背景值（91.1 mg/kg）相当。

假设：江色村的 5 个土壤剖面是在不同高度采集、剖面连接在一起，形成一个土壤纵切面，如同一个自然塌方形成的自然土壤剖面；土壤表层反映的是江色区域的坡度变化（图 9.34）。应用 Surfer 软件，以剖面距岸距离为 X 轴，剖面不同深度样点距离河水水平面距离为 Y 轴，剖面各深度元素 Zn 含量为插值基值，采用半径基函数插值方法勾画等值线。在吴江、地崖、下敢采样同样的作图法，进行土壤纵切面元素浓度插值，获取元素在各区域土壤纵切面的等值线图（图 9.35~图 9.37）。

由土壤纵切剖面 Zn 等值线图可以看出，随着距水面高程的增加，表层土壤 Zn 含量逐渐降低，对应高程的土壤剖面的污染深度逐渐变浅，等值线稀疏；低海拔处土壤剖面 Zn 含量较高，等值线相对密集，污染严重。随着土壤剖面深度增加，等值线变的稀疏，Zn 含量也逐渐降低。环江下游下敢、地崖村的土壤 Zn 污染深度和严重程度明显大于中游江色、吴江两村。海拔越低、越靠近河道，受淹几率越大、淹没时间越长；越靠近河道，沉积形成的土壤颗粒相对较为砂质，利于重金属元素向下迁移，土壤剖面受污染深度越大。

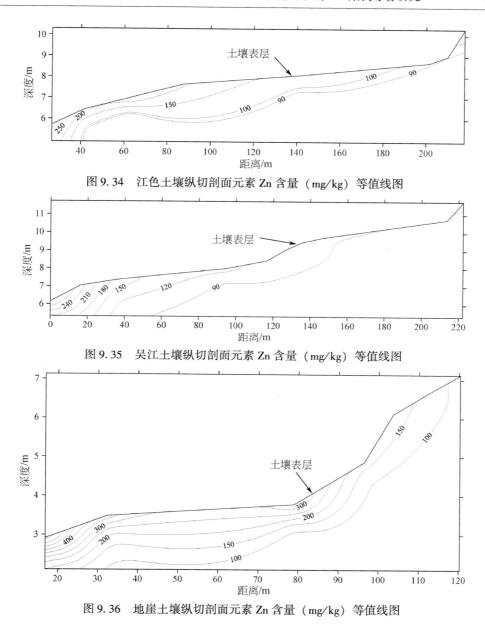

图 9.34　江色土壤纵切剖面元素 Zn 含量（mg/kg）等值线图

图 9.35　吴江土壤纵切剖面元素 Zn 含量（mg/kg）等值线图

图 9.36　地崖土壤纵切剖面元素 Zn 含量（mg/kg）等值线图

9.5.6　区域土壤剖面空间污染程度

PLI 综合了多种污染元素信息，易于理解，有利于指导污染土壤的修复治理工作。图 9.38 是各区域相应土壤剖面的 PLI 垂向分布图。从图中可知，各区域土壤剖面污染深度主要集中在表层 20 cm 或 30 cm 深度，在此深度范围内土壤重金属 PLI 值大于或略小于 2，属于强度污染；在此深度以下，PLI 值迅速趋于稳定。调查区域海拔越低，土壤表层 PLI 值越大，相应土壤剖面污染越深。处于下游的地崖、下敢区域的土壤污染更为严重。

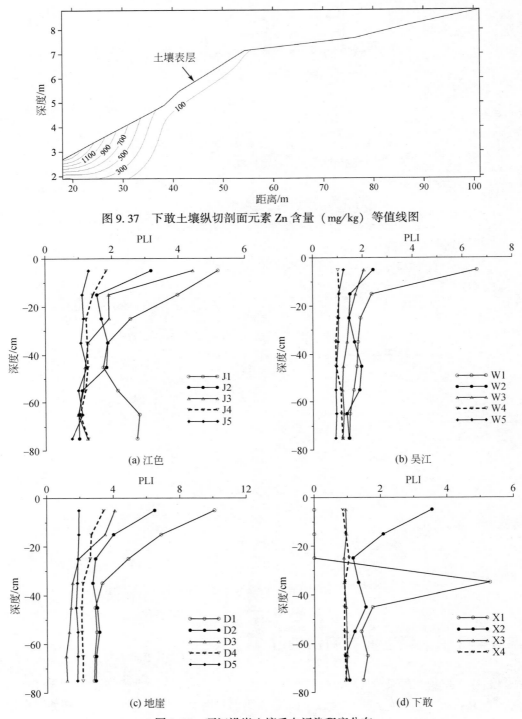

图 9.37　下敢土壤纵切剖面元素 Zn 含量（mg/kg）等值线图

图 9.38　环江沿岸土壤垂向污染程度分布

在江色区域，PLI＝1 时，4 个洪水淹没土壤剖面 J1、J2、J3、J4 的深度分别约为：大于 80 cm、50 cm、40 cm、40 cm，表层污染较为严重；吴江村，PLI=1 时，W1、W2、W3 土壤剖面所处深度均超过 80 cm 深度，3 条剖面在同一深度的 PLI 值存在大小关系，同一剖面深度 PLI 值 W1>W2>W3。地崖村各剖面在同一深度的 PLI 值存在以下关系：D1>D2>D3>D4>D5，说明地崖村在洪水淹没影响范围内的土壤污染较为严重，包括表层土壤和深层土壤。PLI=1 时，下敢村两洪水淹没土壤剖面 X1、X2 分别为：大于 80 cm、60 cm。两背景剖面并不在洪水淹没范围，没有受到污染，整个剖面 PLI 值非常稳定，略小于 1。

由各区域土壤纵切面 PLI 值等值线图（图 9.39 ~ 图 9.42）可以看出，在低海拔区域，土壤纵切面的等值线较为密集，高海拔区域，纵切面的等值线变为稀疏。海拔升高，表层土壤的 PLI 值逐渐降低；土壤深度增加，PLI 值也降低。同一深度土壤，海拔高度较高剖面的土壤 PLI 值低。

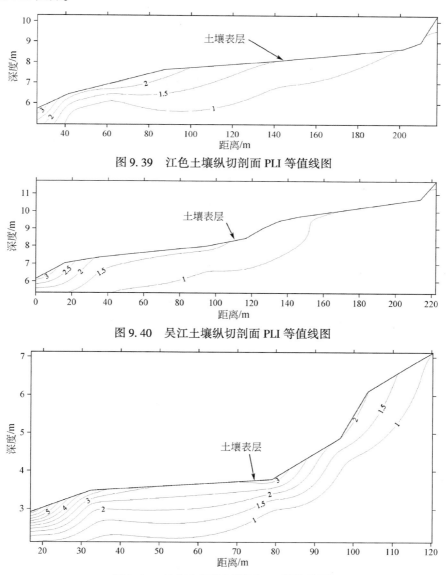

图 9.39　江色土壤纵切剖面 PLI 等值线图

图 9.40　吴江土壤纵切剖面 PLI 等值线图

图 9.41　地崖土壤纵切剖面 PLI 等值线图

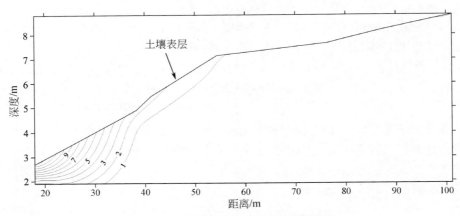

图 9.42　下敢土壤纵切剖面 PLI 等值线图

　　不同区域、不同高度的土壤剖面重金属污染深度不同，各元素空间分布存在共同特征：随着距水面高程的升高，剖面表层土壤重金属含量逐渐降低，土壤受污染深度降低；低海拔土壤重金属污染深度大于高海拔土壤的污染深度。这一分布规律在各元素纵切面等值线图中得到了充分体现。海拔低，距河道近，受淹没概率高，河水淹没持续时间长。随着海拔高度的升高，洪泛作用对不同断面土壤重金属含量的影响在减弱。海拔越高，土壤重金属含量在垂直方向上的分布越均衡，变化的幅度减小。

　　悬浮颗粒是重金属的主要载体。由于洪泛作用，大量颗粒物沉淀在河流沿岸农田土壤表层，通常近岸区域沉积层颗粒相对较粗，土壤含砂量较高。矿业活动产生固体废弃物含有大量的硫化物，通过河流搬运沉积在土壤表层，并在土壤中发生一系列的生物、化学产酸过程，使土壤酸化。含砂量相对较高、酸化严重的土壤有利于重金属元素的向下迁移。表层土壤重金属含量高，相应位置土壤的污染深度就大。与 Sterckeman 等（2000）在研究矿区颗粒沉降导致的土壤剖面污染现象相一致。

　　综合考虑各海拔高度的洪水淹没土壤剖面，Cd 污染比较普遍，80 cm 深度均受到污染，Pb、Zn 主要污染在顶层 30 ~ 40 cm，As、Cu 主要污染在表层 10 cm。根据元素在土壤中的运移、污染深度大小来区分元素的活性，据环江流域重金属在土壤剖面的分布特征，5 种元素的迁移能力大小为：$Cd > Zn \approx Pb > As \approx Cu$。夏增禄等对具有 20 多年污水灌溉历史、重金属污染达到中度水平的小麦地进行调查，发现 Cd 的迁移深度可达 40 cm，高于 Pb 的迁移深度；Cd 在稻田土壤中更易迁移，迁移深度可达 85 cm，远高于 Cu、Pb。这些结果均说明 Cd 具有较强的迁移能力。

　　中游江色、吴江村处于河水流速相对湍急河段，得以沉积的颗粒物较少。地罡、下敢处于下游，下湘电站大坝蓄水作用降低了水的流速，大量悬浮颗粒在该区域逐渐沉淀。采样区域的重金属含量和 PLI 的土壤剖面、纵切面含量等值线分布特征均表明下游的地罡、下敢污染比中游的江色、吴江严重，下游区域是整个流域污染物质的最终"汇"。

9.6　环江河水重金属含量及其分布特征

自然水体中，元素以水溶态和颗粒态两种形式迁移。在迁移过程中，一部分元素以颗粒态形式沉淀下来，一部分继续以溶解态和颗粒态继续向下游迁移。随着距源区距离、迁移距离的增大，河水的重金属含量相对降低，而且悬浮颗粒、底泥的粒径组成也发生了变化。不同颗粒粒径携载重金属的量不同，一般来说，河水中的重金属元素主要富存于小于 63 μm 的粒径部分（陈静生等，2000；Segura et al.，2006）；尾矿颗粒粒径主要分布在 70～178 μm，矿业活动所影响的河流之间可能也存在差异。河道中形成的底泥沉积物是重金属的重要的最终归宿之一，然而其在某种条件下也会成为新的次生污染源；在水动力条件满足时，会再悬浮，重新成为悬浮颗粒，作为重金属元素的载体，导致污染物的再迁移（Zonta et al.，2005）。矿业活动过程产生大量的矿业废水、细颗粒尾矿，含有大量的毒性元素；这些毒性元素以溶解态或颗粒态形式流入附近河流等水域，并沿河道向下游转移，影响或危害周围的生态环境。

环江上游为环江县的主要金属矿业活动区域，矿业活动废弃物任意堆放、通过支流排入环江干流，两岸分布一些冶炼业和其他工业，也影响环江水质。河水中重金属元素含量受到沿岸工矿企业的影响而发生变化。环江是废水、废渣的排放点之一，同时环江也是沿岸居民的生活用水、土地的灌溉用水、工业用水的水源地。重金属在环江水体的污染现状、主要赋存、迁移方式，及其在丰水期、枯水期的差异，将会对两岸的土壤、作物造成不同影响和相应的管理举措。因此，了解环江水体重金属现状、迁移形式，以及重金属粒级分布、沉积物的粒度组成特征，具有重要的意义。

试图通过环江水体相关样品的采集、分析，达到以下目的：①了解水体的重金属元素含量现状，主要的污染排放点；②水体重金属的主要迁移形态（颗粒态、溶解态）；③不同粒径底泥的重金属元素含量特征；④底泥的粒径组成特征。

为此，采样点位布设在环江干流、主要污染支流，综合考虑背景断面、污染物汇入监控断面、消减断面、生活用水点。支流样点布设在污染支流（北山溪、雅脉溪、古宾河）入口上、下游 50m 处和支流汇入前位置。共 17 个采样点位，具体样点分布见图 9.43。其中，样点 1、样点 2 为上游背景控制断面，作为基本没受污染的对照样点；样点 3 为河水流经上朝镇之前的控制点，样点 4、样点 6 为北山溪汇入干流之前、后的监控样点，样点 5 为北山溪水样点（矿山来水），样点 8 为雅脉溪样点——雅脉炼钢厂废水排放溪流，样点 11、样点 12 监控古宾河汇入环江干流之前的重金属含量现状，样点 16 为环江县城饮用水取水位置，样点 17 位于下湘水库，样点 2、样点 7、样点 9、样点 13、样点 14、样点 15 为消减断面。

采集的样品类型包括水样（过滤、未过滤）、底泥沉积物。未过滤水样重金属含量减去滤水重金属含量为颗粒态金属含量。为研究不同雨季环江河水重金属含量和迁移形式差异，共采集水样两次，枯水期于 2005 年 11 月采集，长时间没有雨水；丰水期于 2006 年 7 月暴雨之后采集。

采样点距岸 5 m 或河流中心，避开不稳定、易受扰动和水草密处。水样取样器用采样点河水清洗 3 次，采样瓶口位于水面下 0.5 m，采样口面对水流方向，避免扰动底部沉积

图 9.43　环江水系样点采样位置示意图

物。现场用脚踏式真空泵、0.45 μm 醋酸纤维微孔滤膜抽滤，获取过滤水样品。根据室内测试项目，向未过滤、过滤水样中加入相应的保存剂：①金属元素（Pb、Cu、Zn、Cd 等）加硝酸至 pH<2；②砷加硫酸至 pH 为 1~2。水样用聚乙烯塑料瓶盛放（塑料瓶已在实验室内用酸浸泡、去离子水清洗、晾干）；每个样品取样量 100 ml。采样同时用便携式 pH 计测定水样 pH。水样室内冷藏保存。在该点位采集 1L 河水，留待室内沉积物的再处理时使用。水样中重金属含量分析及质量控制均参考规范的分析测试方法。

9.6.1　河水中 As 的浓度分布特征

枯水期：环江河水 As 总量变化较大，为 0.64~746 μg/L（图 9.44），对照断面 As 浓度为 0.6 μg/L。除样点 5 北山溪、样点 8 雅脉溪外，样点 1~9 的 As 浓度均处于背景范围；北山溪水中 As 浓度（1.69 μg/L）高于背景值，但汇入干流后，河水 As 浓度在样点 6 迅速降到背景水平。环江三条主要汇入支流（北山溪、雅脉溪、古宾河）雅脉溪（样点

9)、古宾河（样点 12）As 浓度较高，分别为 55 μg/L、460 μg/L，超过我国的一类地表水环境质量标准（50 μg/L），古宾河在汇入之前属于地表劣五类水（浓度大于 100 μg/L）。古宾河样点 11 的 As 浓度并不高，为 4.53 μg/L，远低于汇入前样点 12 的浓度，说明在这两样点之间存在一个输入源。野外调查验证了推测结果，该位置是恒昌选矿场所在地，枯水期期间，雅钢、恒昌选场是该区域主要污染释放源。

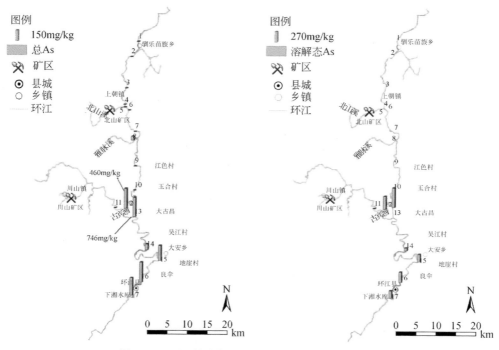

图 9.44　环江枯水期河水 As 浓度河水空间分布图

样点 13~17 河段的 As 总量较高（图 9.44），处于 80.6~746 μg/L 之间，此河段是主要农耕区和居民点分布区域。点 13 是大古昌村所在位置，河水是居民的主要生活用水（除饮水），包括洗衣、洗头用水等，在居民日常活动和上游古宾河选场废水排放的共同作用下，该点 As 总量高达 746 μg/L。样点 16 是环江县饮用水的取水点，As 浓度达 294 μg/L，是我国五类水标准（100 μg/L）的三倍，严重威胁环江县城人民的身体健康。

在古宾河汇入环江河之前河段（样点 1~10），环江河水中的溶解态 As 浓度均低于检测线；古宾河汇入之后，浓度迅速增加，达到 545 μg/L；下游吴江至下湘水库河段的溶解态 As 也较高，介于 79.2~275 μg/L，饮用水取水口（样点 16）溶解态 As 浓度达 275 μg/L。

丰水期：丰水期环江河水的 As 浓度较低，除雅脉溪外（样点 8），其余样点 As 总量均低于 6 μg/L，远低于我国一类地表水浓度（50 μg/L），但高值点仍位于古宾河汇入后下游河段，说明古宾河是环江河的主要污染排放口。样点 6、样点 7、样点 9 As 总量相对高于枯水期浓度，可能是汛期水体悬浮颗粒增多的缘故。溶解态 As 浓度也较低，介于 0~2.68 μg/L 之间；下游河段样点 12~17 溶解态 As 浓度低于上游的样点 1~10。雅脉溪水是整个环江干、支流的最大值点，64 μg/L。与枯水期相比，环江河水 As 浓度大大降低，特别是下游河段（样点 12～17），丰水期水量的增加起到了一定的稀释作用。

由图 9.44 和图 9.45 可知，枯水期、丰水期，环江河水中 As 总量、溶解态 As 浓度具有相似的空间分布模式，北山溪、雅脉溪、古宾河等支流均为高 As 浓度支流，处于下游的样点 13～17 河段为高 As 浓度河段，包括饮用水取水点良伞（样点 16）。北山矿区、雅脉炼钢厂、恒昌选场是环江流域主要的污染排放源，河水中的高 As 可能威胁到当地居民的身体健康。

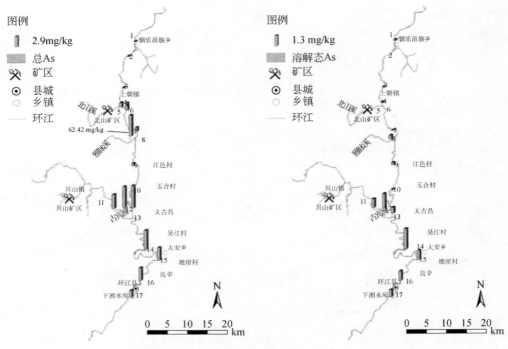

图 9.45　环江丰水期河水 As 浓度空间分布图

9.6.2　河水中 Cd 的浓度分布特征

枯水期：环江河水中的 Cd 浓度变化较大（图 9.46）。背景断面浓度为 0.11μg/L；北山溪水 Cd 浓度相对较低（0.15 μg/L），但处于北山溪汇入位置下游的样点 6、7 两样点的浓度明显升高，分别为 0.35 μg/L、0.43 μg/L。雅脉溪 Cd 浓度最高，41.35 μg/L；受其影响，下游的江色、玉合浓度超过背景浓度，分别为 1.2 μg/L、1.5 μg/L，超过我国一类地表水环境标准上限（1 μg/L）。受到恒昌选矿场的影响，古宾河 Cd 浓度达 1.3 μg/L（样点 12），处于下游的样点 13 大古昌的浓度 1.14 μg/L；下游河段的河水中 Cd 总量随距离的增大逐渐降低至背景水平。

上游样点 1～7 的溶解态 Cd 浓度较低，接近检出限。受雅脉炼钢厂废水排放影响，雅脉溪、江色、玉合的溶解态 Cd 浓度分别为 0.9 μg/L、0.65 μg/L、0.81 μg/L，高于背景值。下游溶解态 Cd 浓度逐渐降到上游背景水平（图 9.46）。

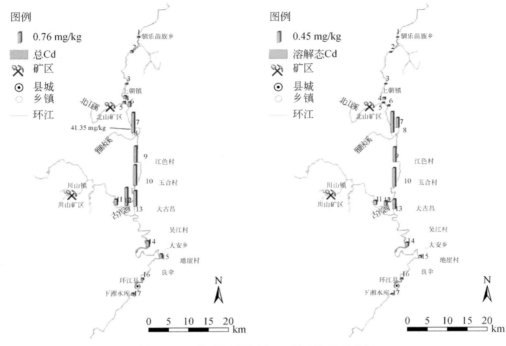

图 9.46 环江枯水期河水 Cd 浓度空间分布图

丰水期：丰水期上游环江——上朝河段 Cd 浓度与枯水期相当，处于背景范围。北山溪水 Cd 浓度远远大于枯水期浓度，达 9.4 μg/L，属于五类地表水（<10 μg/L），受其影响，处于下游的样点 6、7 Cd 浓度较大，分别为 1.07 μg/L、1.13 μg/L。雅脉溪水浓度远低于枯水期浓度，但浓度依然高达 4.7 μg/L；下游的江色、玉合浓度低于枯水期浓度，分别为 0.6 μg/L、1 μg/L。古宾河至良伞（样点 12~16），浓度较为稳定，介于 0.35~0.5 μg/L 之间，但高于上游背景浓度。

丰水期河水可溶态 Cd 浓度的空间分布与总量分布状态相似（图 9.47）。北山溪水浓度最高，达 7.4 μg/L；北山溪汇入口下游样点 6、样点 7，以及雅脉溪（样点 8）、江色（样点 9）、玉合（样点 10）浓度比较稳定，介于 0.28~0.40 μg/L。古宾河—吴江—良伞—水库河段溶解态 Cd 浓度处于背景水平。

9.6.3 河水中 Cu 的浓度分布特征

枯水期：除雅脉溪外，环江河水和另外两支流溪水 Cu 总量稳定（图 9.48），背景断面 Cu 总量为 1.9 μg/L。环江干流和北山溪、古宾河 Cu 总量介于 1~3.97 μg/L，其中有 7 个样点 Cu 总量高于背景浓度，北山溪、古宾河 Cu 浓度均低于背景；除雅脉溪，其他河流 Cu 浓度均低于我国一类地表水标准值（10 μg/L）。雅脉溪 Cu 浓度为 221.8 μg/L，是背景浓度的 110 倍，属于二类地表水（1mg/L），污染严重。与河水总 Cu 浓度空间分布相似（图 9.48），溶解态 Cu 在雅脉溪浓度最高，为 5μg/L，其余各点浓度介于 0.64~2.4 μg/L，

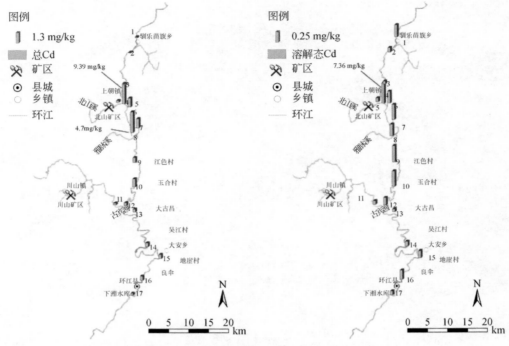

图 9.47　环江丰水期河水 Cd 浓度空间分布图

略高于背景断面溶解态 Cu 浓度（0.4 μg/L）。

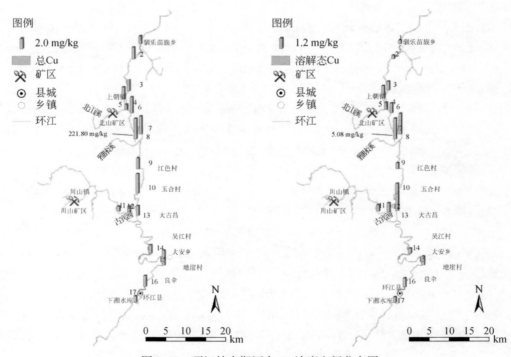

图 9.48　环江枯水期河水 Cu 浓度空间分布图

丰水期：丰水期河水 Cu 浓度及空间分布与枯水期相似，各断面浓度更为稳定，变化小。除雅脉溪 Cu 浓度高达 330 μg/L，其余各断面浓度介于 1.6～3 μg/L，背景断面浓度为 1.7 μg/L，下游断面相对枯水期 Cu 浓度略有提高。环江干流河水 Cu 污染较轻（图 9.49），低于一类地表水浓度上限（10 μg/L）。

溶解态 Cu 浓度与总量分布类似，仅雅脉溪较高，为 13 μg/L，背景断面浓度均值为 0.85 μg/L，其余各点介于 0.7～2 μg/L，下游各断面浓度较为稳定（图 9.49）。

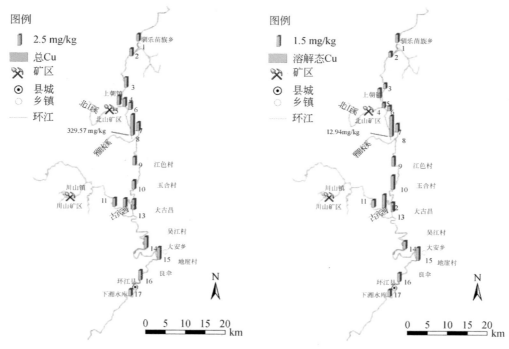

图 9.49　环江丰水期河水 Cu 浓度空间分布图

环江河水 Cu 浓度比较稳定，除雅脉溪外，环江干流和北山溪、古宾河受矿业活动的影响并不大；雅脉溪水受到雅脉炼钢厂的污染，Cu 浓度低于我国二类地表水环江标准上限（1 mg/L），汇入干流后，浓度急速下降。

9.6.4　河水中 Pb 的浓度分布特征

枯水期：除雅脉溪样点 8 外，环江河水枯水期 Pb 总量相对低，介于 1.16～10.14 μg/L，低于我国一类地表水的浓度上限值（10 μg/L），两背景样点浓度均值为 2.7 μg/L。Pb 总量相对高的点分布在上朝—北山河段（样点 4、样点 5、样点 6）、雅脉溪—江色—玉合（样点 8、样点 9、样点 10）—古宾河入口—大古昌（样点 12、样点 13）。流经北山矿区的北山溪水 Pb 总量为 10.14 μg/L，汇入后在样点 6 已降至 6 μg/L，但仍是背景浓度的 3 倍左右。雅脉溪水主要接纳雅脉炼钢厂的排水，Pb 总量达 4300 μg/L，远超过背景值和我国地表水质量标准，是五类地表水浓度上限（100 μg/L）的 43 倍，污染极为严重（图

9.50）；汇入环江后，在江色、玉合（样点9、样点10）以下河段，河水中的 Pb 总量已降至 10 μg/L、7 μg/L，绝大部分 Pb 已经被吸附沉淀，至吴江已降至背景水平。

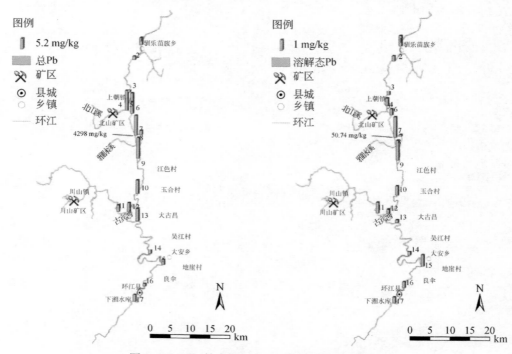

图 9.50　环江枯水期河水 Pb 浓度元素空间分布图

河水中溶解态 Pb 浓度较低，除样点8和样点9外，都低于1 μg/L。样点9浓度为 1.91 μg/L，可能受到支流雅脉溪水的高溶解态浓度（50.74 μg/L）、总 Pb 浓度高所致。

丰水期：环江河水在丰水期的总浓度比枯水期要高得多，9 个样点 Pb 的总量超过 20 μg/L，超过我国二类地表水标准上限（10 μg/L），其余点位 Pb 浓度介于 1.34 ~ 8.5μg/L。背景浓度为1.3 μg/L，低于枯水期背景浓度（图9.51）。雅脉溪水 Pb 总量低于枯水期浓度，仅为枯水期的1/4；古宾河水 Pb 总量为 19 μg/L、74 μg/L，分别是枯水期同点位浓度的 6 倍、15 倍，古宾河溪水已成为五类地表水（<100 μg/L）。Pb 总量高的样点主要分布在环江中下游河段（玉合—良伞：样点 10 ~ 16），古宾河河水汇入后浓度增加，至吴江—地崖—良伞趋于稳定（22.5 μg/L），过环江县城后，降到4.5 μg/L；造成这种现象的原因可能是，2001 年北山崩塌尾矿汇入，在两岸或河床沉积，雨季被再次冲刷至河流中，以及沉积物颗粒的二次悬浮，导致水体 Pb 浓度增加。下游水库（样点17）Pb浓度较低，是因为水流速度减小，水中悬浮颗粒沉淀。

丰水期，环江河水的溶解态 Pb 的浓度与枯水期相当，介于 0.6 ~ 2 μg/L，相对稳定（图9.51）。雅脉溪水受雅钢排水影响，浓度稍高，为 3.23 μg/L。

综上所述，北山溪、雅脉溪、古宾河仍是主要的污染河流。古宾河在丰水期排入环江的 Pb 浓度大大增加，可能是导致下游河水 Pb 浓度增多的原因。丰水期下游 Pb 浓度明显高于枯水期，可能是古宾河污水汇入、沿岸污染颗粒流入、底泥沉积物二次悬浮的结果。

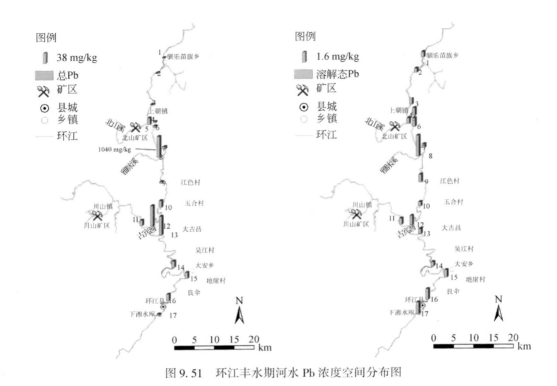

图 9.51　环江丰水期河水 Pb 浓度空间分布图

9.6.5　河水中 Zn 的浓度分布特征

枯水期：枯水期环江上游 Zn 总量相对稳定，属于背景浓度。两个背景断面总量均值为 30 μg/L。流经北山矿区的溪水 Zn 总量明显受到污染，为 360 μg/L，是背景浓度的 12 倍。北山溪水汇入干流之后，河水稀释了北山溪水，但 Zn 总浓度（样点 6 和样点 7）仍高于背景值。雅脉溪水（Zn 浓度：9.8 mg/L）的汇入，使得处于下游的江色—玉合河段 Zn 浓度高达 350 μg/L。古宾河溪水 Zn 浓度也比较高，汇入前总量为 65.5 μg/L。在下游大古昌（样点 13）区域出现高值点，河水 Zn 浓度达 88 μg/L，然后逐渐降低，在良伞趋于背景浓度。

枯水期溶解态 Zn 高值点主要出现在北山溪、雅脉溪、古宾河 3 个支流和支流汇入干流后河段（图 9.52），样点 5～10、样点 13 Zn 溶解态浓度均大于 50 μg/L，其余各点浓度低于 25 μg/L。

丰水期：丰水期环江各样点 Zn 浓度明显高于枯水期，介于 68.81～5000 μg/L，背景断面浓度均值为 84 μg/L；北山溪水浓度最高，为 5 mg/L，雅脉溪次之，为 3.2 mg/L。河水 Zn 浓度的空间分布位置与枯水期相似，污染支流 Zn 浓度高，汇入干流后河水 Zn 浓度逐渐降至背景水平（图 9.53）。总体而言，环江河水 Zn 总量高于我国一类地表水的 Zn 浓度上限（50 μg/L），其中，北山溪、雅脉溪水浓度已超过五类地表水的浓度上限（2 mg/L）。

河水溶解态 Zn 浓度受矿业活动影响比较明显，在上朝—玉合河段，受北山矿区、雅

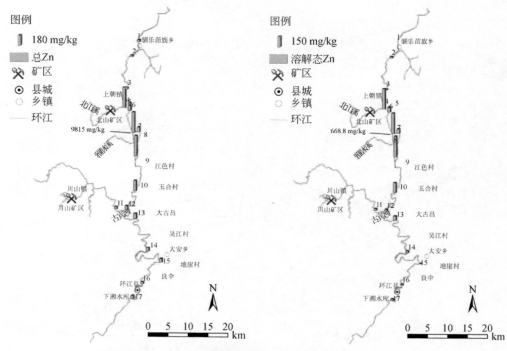

图 9.52　环江枯水期河水 Zn 浓度空间分布图

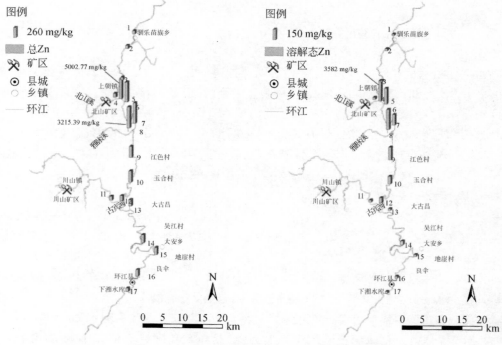

图 9.53　环江丰水期河水 Zn 浓度空间分布图

脉炼钢厂影响，溶解态 Zn 浓度相对较高，变化幅度大，介于 114 ~ 3580 μg/L；古宾河溶解态浓度也相对较高，为 74 μg/L；其他河段相对稳定，浓度低于 30 μg/L（图 9.53）。

综上分析，环江河水 Zn 浓度受矿业活动影响较大。丰水期河水 Zn 浓度明显高于枯水期，上朝—江色—玉合—大古昌河段是环江流域 Zn 污染的主要河段。

从上述分析中可以看出，丰水期、枯水期的主要污染河段、污染源位置相同，五种重金属元素具有相似的空间分布特征。北山溪流经的北山矿区、向雅脉溪排放生产废水的雅脉炼钢厂、古宾河汇入干流前的恒昌选矿场是环江沿岸主要的排污企业；上朝—北山—雅脉—江色、古宾河—大古昌—吴江是环江流域重金属污染的主要河段。丰水期雨水对河水中的 As 元素起到稀释作用，但地表径流将矿区地表、矿企周边、尾矿等污染物冲刷至干、支流，同时早期沉积颗粒二次悬浮，导致环江河水 Pb、Zn 以及北山溪水 Cd 浓度升高。

9.7　环江河水中重金属的主要迁移方式

环江河水为微弱碱性水。枯水期 pH 介于 7.02 ~ 7.47，最小值分布于上游背景区域驯乐镇。丰水期碱性略有增加，pH 增大，主要分布于 7.32 ~ 7.84。这可能与偏碱性的表生环境有关，环江流域属于岩溶地区，岩石化学成分以碳酸盐为主，土壤类型多属于石灰土。偏碱性的表生环境使得环江河水表现出弱碱性，水质类型为 HCO_3-Ca 型水，丰水期的河水碱性略有增强。河水 pH 和水质变化对重金属的迁移具有重要的影响。

9.7.1　枯水期重金属的主要迁移方式

图 9.54 ~ 图 9.58 分别是枯水期不同断面河水中重金属 As、Cd、Cu、Pb、Zn 的颗粒态、溶解态浓度比例示意图。枯水期，各元素在河水中的主要存在形态和不同位置均存在差异，这些差异位置主要存在于污染物排入支流，以及支流影响河段。样点 5 为北山溪（矿区排水），样点 8 为雅脉炼钢厂排放污染流经支流河段，样点 12 是洛阳恒昌选场所排污水流经支流——古宾河。

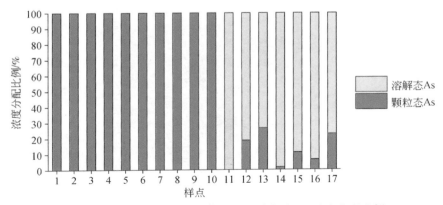

图 9.54　环江枯水期河水颗粒态 As、溶解态 As 浓度分配比例

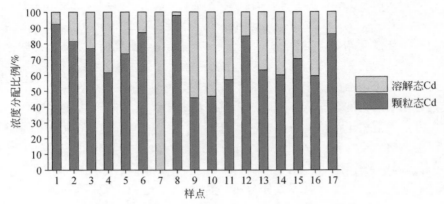

图 9.55　环江枯水期河水颗粒态 Cd、溶解态 Cd 浓度分配比例

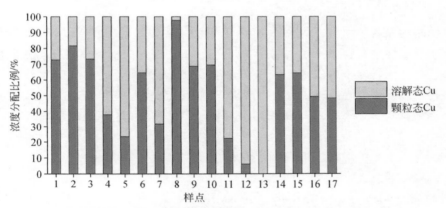

图 9.56　环江枯水期河水颗粒态 Cu、溶解态 Cu 浓度分配比例

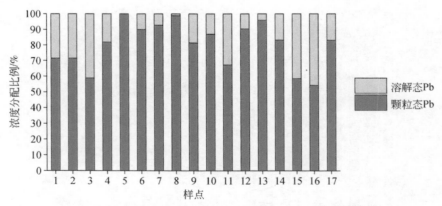

图 9.57　环江枯水期河水颗粒态 Pb、溶解态 Pb 浓度分配比例

从图 9.54 可知，枯水期 As 在上游河段（样点 1～10），包括北山溪、雅脉溪，主要以颗粒态存在，颗粒态占河水 As 总量近 100%。受恒昌选场排水影响，在古宾河河段

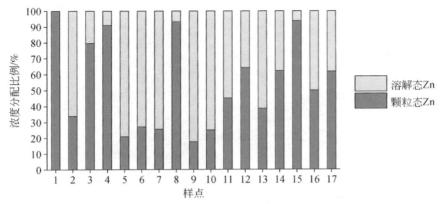

图 9.58　环江枯水期河水颗粒态 Zn、溶解态 Zn 浓度分配比例

（样点 11 和样点 12），以及其汇入后的环江河段，As 主要以溶解态存在，溶解态浓度是颗粒态的 3 ~ 55 倍；该流域属于环江县城居民饮用水源的保护地，高溶解态 As 浓度（80 ~ 550 μg/L）严重威胁居民的身体健康。Cd 主要以颗粒态存在（图 9.55），占总量的 50% 以上，北山溪及其影响河段、雅脉溪和古宾河汇入下游河段颗粒态 Cd 占总量的 60% 以上。各断面 Cu 的存在形态分布差异较大，整个环江干、支流河水 Cu 以颗粒态存在为主，雅脉 Cu 浓度最高，颗粒态 Cu 占 95%。Pb 主要以颗粒态存在（图 9.57），占河水 Pb 浓度 55% ~ 100%，其中，北山溪、雅脉溪中，颗粒态 Pb 占 99% 以上。Zn 在背景断面样点 1、样点 2 以溶解态为主，样点 3、样点 4 以颗粒态为主。北山溪水 Zn 浓度较高，80% 以溶解态存在，易迁移。受北山溪水影响，处于下游的样点 6、样点 7 以溶解态为主，比例达 75% 以上。雅脉溪水 Zn 颗粒态浓度占 90%，汇入环江干流后，颗粒态 Zn 迅速沉降，江色—玉合河段水体 Zn 以溶解态为主。环江干、支流下游（样点 11 ~ 17）Zn 主要以颗粒态存在。

　　枯水期，Pb、Cu、Cd 主要以颗粒态迁移为主。上游河段（驯乐—北山—雅脉—玉合）As 以颗粒态迁移为主，下游（古宾河—吴江—良伞—下湘水库）以溶解态迁移为主。Zn 在上游北山矿影响河段以溶解态迁移为主（北山—雅脉—玉合），雅脉溪、古宾河汇入下游河段 Zn 以颗粒态迁移为主。

9.7.2　丰水期重金属的主要迁移方式

　　丰水期河水 As 主要以颗粒态存在（图 9.59）。除背景断面 1 外，其余各断面的颗粒态 As 占总量的 55% 以上。丰水期 Cd 主要以颗粒态存在。仅驯乐—上朝（样点 1 ~ 4）河段和北山溪水，Cd 以溶解态为主。除雅脉溪外，丰水期河水中 Cu 的浓度均较低（图 9.60）。丰水期 Cu 两种形态差异并不明显（图 9.61），仅雅脉溪水颗粒态 Cu 占总量的 95%。

　　Pb 在上游驯乐—上朝河段，主要以溶解态形式存在，占总量的 60% 以上。进入上朝镇及以后河段，颗粒态成为 Pb 的主要存在、迁移方式，北山—良伞河段的颗粒态 Pb 占总量的 70% ~ 99%；北山溪、雅脉溪、古宾河中，颗粒态 Pb 分别约占总量的 96%、100%

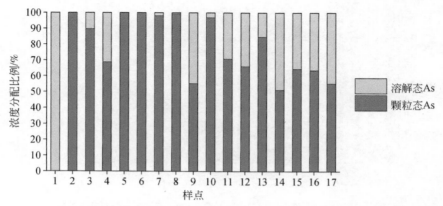

图 9.59 环江丰水期河水颗粒态 As、溶解态 As 浓度分配比例

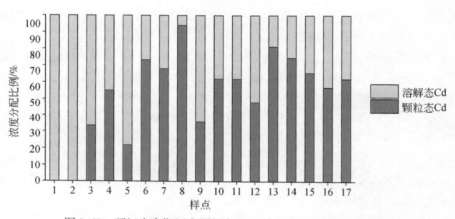

图 9.60 环江丰水期河水颗粒态 Cd、溶解态 Cd 浓度分配比例

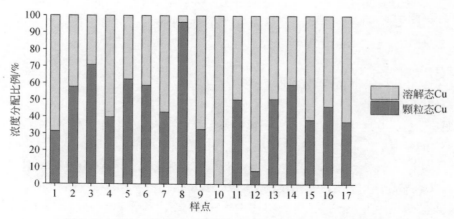

图 9.61 环江丰水期河水颗粒态 Cu、溶解态 Cu 浓度分配比例

和98%（图9.62）。除北山溪水（5）、江色断面（9）、古宾河（12）外，Zn也主要以颗粒态形式存在并迁移，占总量的60%以上，其中，雅脉溪水颗粒态Zn占90%（图9.63）。溶解态Zn分别占北山溪水（5）、江色断面（9）、古宾河（12）总量的70%、65%、55%。

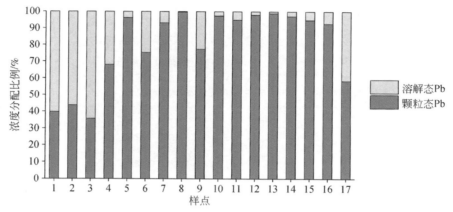

图9.62　环江丰水期河水颗粒态Pb、溶解态Pb浓度分配比例

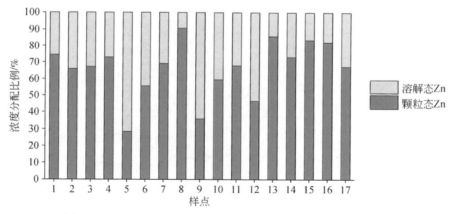

图9.63　环江丰水期河水颗粒态Zn、溶解态Zn浓度分配比例

综上所述，丰水期重金属主要以颗粒态形式存在并迁移。流经北山矿区的北山溪的Cd、Zn迁移的主要方式是溶解态，这可能与北山矿区土壤表层、尾矿淋溶液受到酸化有关。丰水期两种形态Cu所占比例相当。雅脉炼钢厂所排污水中，颗粒态重金属仍占据主要比例，占总量的90%以上。

9.8　环江沉积物重金属含量及其分布特征

沉积物采集样点与河水样品采集样点相同。表层沉积物在枯水期2005年11月采集，河水浅，容易取样，且不会扰动水体。采样位置与水样点位相同。用抓式底泥采样器收集样品，取中心部分；每个样品由一个样点位置的三个子样组合而成，采集表层 2 cm 厚度，用聚乙烯塑料袋盛放，冷冻保存，取样量为 2 kg（湿重）。沉积物中重金属含量分析及质量控制均参考规范的分析测试方法。

表 9.17 是环江底泥沉积物的重金属含量。断面 1、断面 2 为背景样点，其背景含量分别为：As，24 mg/kg；Cd，0.542 mg/kg；Cu，22.1 mg/kg；Pb，24.9 mg/kg；Zn，141.8 mg/kg。应用 PLI（Tomlinson et al.，1980）评价环江底泥沉降物污染程度。计算结果可知，除上游驯乐—上朝（样点 1~3）河段外，环江底泥沉积物污染极为严重，PLI 值主要分布在 6~29，最大值为 50（古宾河，样点 12），污染级别属于极强污染（表 9.17）。

表 9.17　环江各采样断面沉积物重金属含量

断面	As/(mg/kg)	Cd/(mg/kg)	Cu/(mg/kg)	Pb/(mg/kg)	Zn/(mg/kg)	PLI	污染程度
1	31.1	0.628	26.6	32.8	136.7	1.1	无污染（近似）
2	16.9	0.455	17.5	16.9	146.9	0.8	无污染
3	24.2	0.472	16.8	72.8	373.7	1.4	中等污染
4	39.1	57.3	20	412.8	7294	10.6	极强污染
5	95.4	60.89	56.7	2082	19107	26.4	极强污染
6	21.1	24.23	30.9	194.1	2463	5.9	极强污染
7	57.7	83.06	28.2	836.9	10901	16.5	极强污染
8	175.9	27.4	105.1	2328	6577	23.8	极强污染
9	89.2	13.15	30.5	807.7	3503	10.0	极强污染
10	87.4	53.74	138.2	2276	13547	28.8	极强污染
11	82.8	12.5	30.8	1231	1790	9.3	极强污染
12	3231	184.67	56.9	2045	4420	49.7	极强污染
13	92.5	5.92	17.9	590.1	1528	6.1	极强污染
14	462.2	9.34	19.4	479.3	1349	8.8	极强污染
15	159.9	2.64	18.5	156.6	523	3.6	极强污染
16	121.2	5.89	25.3	505.4	1350	6.5	极强污染
17	206.1	9.29	33.9	659.3	2045	9.7	极强污染

9.8.1　沉积物中 As 含量及其空间分布特征

环江干流沉积物中 As 含量为 16.9~462.2 mg/kg，吴江底泥含量最高；干流下游河段大古昌—下湘水库底泥含量明显高于上游支流（图 9.64）。三条污染支流北山溪、雅脉溪、古宾河 As 含量较高，分别为 95.4 mg/kg、175.9 mg/kg、3231 mg/kg。由空间分布图可以看出，底泥 As 高值含量主要集中在北山以下河段，矿业活动是环江底泥中 As 的最主要来源。良伞是环江县城的饮用水取水点，其饮用水保护区吴江—良伞河段底泥 As 含量为 121~462 mg/kg，是背景值含量的 5~19 倍，明显高于上游河段。

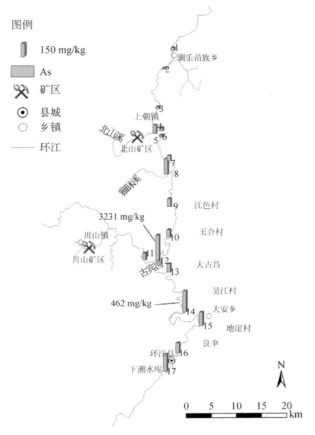

图 9.64　环江底泥沉积物 As 含量沿程分布图

9.8.2　沉积物中 Cd 含量及其空间分布特征

底泥 Cd 污染集中在上朝—下湘水库河段，矿业活动污染整个环江中游和下游地区（图 9.65）。上游驯乐—上朝河段没有受到污染，Cd 含量介于 0.47 ~ 0.62 mg/kg，属于背景值断面含量。环江中游干流（上朝—古宾河入口）沉积物 Cd 含量介于 13.15 ~ 83 mg/kg，最大值是背景值的 150 倍；大古昌—下湘水库底泥 Cd 含量有明显降低，介于 2.64 ~ 9.3 mg/kg，是背景值的 5 ~ 17 倍。北山溪、雅脉溪、古宾河仍是 Cd 输入的主要通道，各支流底泥 Cd 含量分别为：60.89 mg/kg、27.4 mg/kg、184.7 mg/kg。矿业活动是环江底泥 Cd 的最主要来源。三条支流、上朝—古宾河入口是底泥 Cd 含量最高、污染最为严重的河段。

9.8.3　沉积物中 Cu 含量及其空间分布特征

相对于其他元素，Cu 的污染较轻。环江干流未受北山溪水汇入影响之间河段：驯

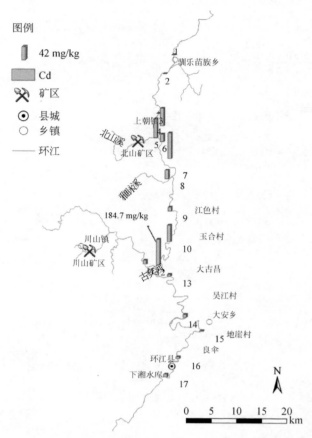

图 9.65　环江底泥沉积物 Cd 含量沿程分布图

乐—北山，底泥沉积物中的 Cu 含量处于背景值水平；受北山矿业活动影响，样点 6 和样点 7 含量略高于背景值，分别为 30.9 mg/kg、28.2 mg/kg。干流最高值点位于玉合，为 138.2 mg/kg。大古昌—吴江—良伞河段的底泥 Cu 含量相对比较稳定，处于背景值含量范围，介于 17.9 ~ 25.3 mg/kg。至下湘水库，底泥中 Cu 含量略有增加，达 33.9 mg/kg，仅是背景值含量的 1.5 倍。

环江底泥沉积物 Cu 的空间分布图（图 9.66）表明，干流底泥中 Cu 含量相对稳定，高值点仅有玉合一个断面，下游下湘水库底泥含量略高，干流污染河段主要集中在北山—玉合之间；三条支流底泥沉积物 Cu 含量较高，北山溪、雅脉溪、古宾河沉积物含量较高，分别为 56.7 mg/kg、105 mg/kg、57 mg/kg，是 Cu 输入环江的主要通道。

9.8.4　沉积物中 Pb 含量及其空间分布特征

环江沉积物 Pb 含量的空间分布与 As 相似，高值点主要集中在北山—江色—玉合—大古昌河段，以及恒昌选场影响的古宾河。Pb 含量最高值分布在支流，北山溪、雅脉溪、古宾河底泥 Pb 含量分别为 2082 mg/kg、2328 mg/kg、2045 mg/kg。古宾河在汇入前样点

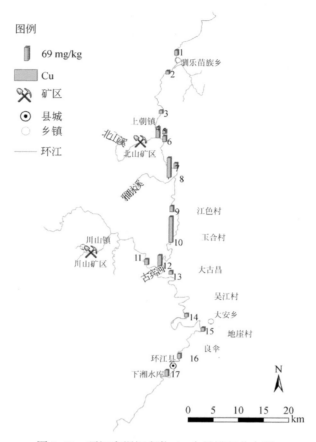

图 9.66　环江底泥沉积物 Cu 含量沿程分布图

Pb 含量达 1231 mg/kg, 恒昌选场堆积的矿渣可能是导致底泥 Pb 含量较高的原因。

环江干流沉积物中 Pb 含量为 16.9 ~ 2276 mg/kg, 最高值是背景值的 91 倍; 中游北山—江色—玉合河段含量较高, Pb 含量介于 840 ~ 2276 mg/kg; 下游大古昌—吴江—下湘水库河段, 底泥含量降低, Pb 含量介于 500 ~ 660 mg/kg。

9.8.5　沉积物中 Zn 含量及其空间分布特征

Pb、Zn 是环江流域主要的成矿元素, 底泥中 Zn 的空间分布与 Pb 极其相似（图 9.67, 图 9.68）。除背景值断面, 环江干流底泥 Zn 含量介于 374 ~ 13547 mg/kg, 最高值出现在玉合, 是背景值的 96 倍; 第二高点位于雅脉溪汇入之前的干流位置, 可能是由北山矿业活动所致。样点 4 Zn 的含量较高, 为 7294 mg/kg, 可能是上朝镇附近的一选场排污造成的。下游大古昌—下湘水库河段, 包括饮用水保护地, 底泥 Zn 含量相对要低一些, 523 ~ 2045 mg/kg, 但仍高于背景值, 是背景值的 4 ~ 14 倍。环江支流底泥 Zn 含量较高, 北山溪最高, 为 19107 mg/kg; 雅脉溪次之, 为 6577 mg/kg; 古宾河最低, 为 4420 mg/kg。说明矿业活动向环江排放了大量的 Zn。高值点主要分布在污染支流、上朝—北山—江色—

雅脉—大古昌河段（图 9.68）；下游 Zn 含量相对降低。

图 9.67　环江底泥沉积物 Pb 含量沿程分布图

　　综上所述，环江干流底泥中 As、Pb、Zn、Cd 污染较严重，具有相同的空间分布特征；污染河段集中在上朝—江色—吴江—下湘水库整个河段。Cu 污染较轻，仅在玉合断面含量较高。三条污染支流底泥中重金属含量较高，是环江干流污染物的主要来源通道，北山矿区、雅脉炼钢厂、恒昌选场是环江底泥污染物的主要来源。

9.8.6　沉积物的粒径组成

　　图 9.69 是环江干流、支流断面底泥沉积物的粒度组成分配比例。考虑到下述原因，本书采用 <63 μm、63～170 μm、>170 μm 三个粒级进行分级测定：①由于沉积物具有较大的比表面积和较高的表面活性，重金属主要结合于 <63 μm 的沉积物粒级中；②沉积物中主要地球化学相物质的含量与 <63 μm 粒级的沉积物百分含量显著相关；③<63 μm 粒级部分包括了沉积物中粉砂与黏土部分，代表了易被二次悬浮的部分；④170 μm 以下粒径是尾矿颗粒的主要分布范围，如北山尾矿中 80% 颗粒的粒径小于 170 μm。

　　由图 9.69 可知，粒径 <63 μm 的颗粒是环江干流、污染支流底泥中的主要组成部分。

图 9.68 环江底泥沉积物 Zn 含量沿程分布图

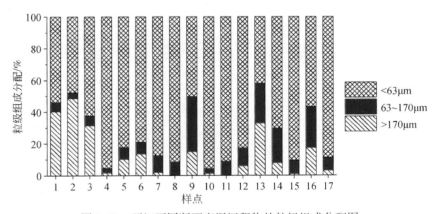

图 9.69 环江不同断面底泥沉积物的粒级组成分配图

除样点 13 外, 其余各断面底泥中<63 μm 的颗粒占总体积的 50% ~95%。63 ~170 μm 的粒径颗粒在各断面底泥中的含量并不高, 仅在样点 9、样点 13、样点 14、样点 16 略高, 为 20% ~35%。>170 μm 的粒径仅在上游断面 (驯乐—上朝) 含量较高, 占 30% ~46%; 大古昌样点 13 含量也较高, 为 32%。<63 μm 粒径的颗粒是环江底泥中的主要组成部分,

在汛期或丰水期，这一粒径范围的颗粒更易于再悬浮和迁移，在河漫滩有利于地形沉积。

9.8.7　沉积物中的重金属在各粒级的含量分配

　　为了解环江底泥沉积物中重金属的主要赋存粒径，将沉积物按照三个粒径范围进行分离，并测定其中的重金属含量。为更清晰地看出各断面沉积物重金属在三个粒径范围中的含量大小，在作图时，将含量高的断面底泥含量缩小 10 倍；如此，将可以清晰看出含量低的断面底泥中各粒级重金属的含量大小。结果如图 9.70 ~ 图 9.74 所示。

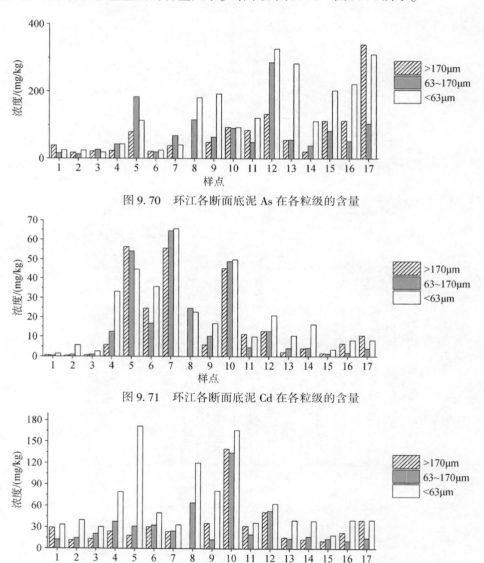

图 9.70　环江各断面底泥 As 在各粒级的含量

图 9.71　环江各断面底泥 Cd 在各粒级的含量

图 9.72　环江各断面底泥 Cu 在各粒级的含量

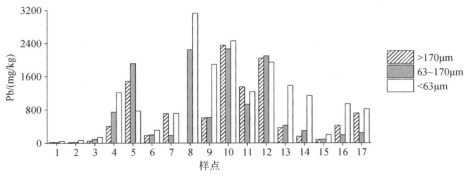

图 9.73 环江各断面底泥 Pb 在各粒级的含量

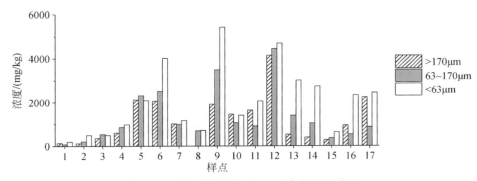

图 9.74 环江各断面底泥 Zn 在各粒级的含量

在各采样断面的底泥中，大部分断面底泥粒径<63 μm 的颗粒 As 含量大于 63～170 μm、>170 μm 两粒级范围颗粒的 As 含量，是其含量的 1～5 倍；样点 13 是含量差异最大的点，达 5 倍之多（图 9.70）。北山溪中 63～170 μm 粒径的颗粒含量最高，其次是<63 μm、>170 μm 粒径的颗粒。

Cd 主要赋存于<63 μm 粒径的底泥颗粒中（图 9.71）；其含量是 63～170 μm、>170 μm 两粒径范围颗粒的 1～5 倍。北山溪底泥沉积物<63 μm 粒径的颗粒含量最小，>170 μm 粒径颗粒含量最大。

底泥中的 Cu 主要赋存于<63 μm 粒径颗粒，包括北山溪底泥（图 9.72）。其含量是 63～170 μm、>170 μm 两粒径范围颗粒的 1～9 倍。

底泥中<63 μm 粒径颗粒的 Pb 含量分别是相应点位底泥 63～170 μm、>170 μm 两粒级范围 Pb 含量的 1～7 倍。大古昌、吴江（样点 13 和样点 14）断面的差异最大，<63 μm 粒径颗粒的 Pb 含量分别是 63～170 μm、>170 μm 含量的 4 倍、7 倍；干流主要污染河段（样点 5～10）底泥各粒级含量差异并不显著（图 9.73）。北山溪中 63～170 μm、>170 μm 粒径颗粒 Pb 含量均大于<63 μm 的粒级含量，分别是其 2 倍、2.5 倍。

Zn 主要赋存于<63 μm 粒径的底泥颗粒中（图 9.74）。<63 μm 颗粒中的 Zn 含量分别是 63～170 μm、>170 μm 两粒级范围含量的 1～7 倍；同 Pb 相似，在大古昌—吴江，<63 μm 的颗粒 Zn 含量是>170 μm 颗粒含量的 6～7 倍。北山溪底泥 63～170 μm 粒径的颗粒含量略高于另外两粒径范围的颗粒含量。

综上所述，除了北山溪底泥沉积物，环江各断面底泥沉积物中，重金属元素在<63 μm 粒径的底泥颗粒中的含量普遍高于 63~170 μm、>170 μm 粒径的颗粒，<63 μm 粒径是重金属的主要赋存粒径。北山溪底泥沉积物 63~170 μm 粒径颗粒重金属含量高于另外两粒径范围的颗粒重金属含量。

9.9　污染历史重建及污染溯源

环江沿岸土壤、水系重金属的分布特征表明，重金属经由水系扩散到沿岸农田土壤。环江底泥沉积物是污染元素的第一归宿地，江心洲形成的连续沉积蕴含河流/沿岸土壤污染历史，分析研究江心洲沉积剖面样品的物理化学特征，可以界定污染源和该流域的污染形成历史。因此，在环江流域污染历史研究和污染来源查证过程中，引用适当的计年方法和示踪技术，可为区域污染趋势预测、环境治理提供重要信息。

以环江中游吴江村附近的江心洲为典型的江心洲，在该江心洲采集柱状沉积剖面。吴江江心洲已有百年形成历史，长度为 200 m，春季都有草、庄稼（2001 年前）生长，几乎每年雨季的水平面都能够淹覆。江心洲背水区域为接受沉积区域，为理想的河流相沉积采样点。在该背水区域，深挖长×宽×深为 2 m×2 m×3 m 的立方形大坑，采集沉积剖面样品。

为识别沉积柱中污染元素来源，分别采集 3 个北山矿石、3 个都川矿石、3 个雅脉炼钢厂矿渣、3 个土壤背景。土壤背景样品采自河岸坍塌形成的自然剖面，取样深度介于 0.5~1.0 m，此坍塌剖面为早期形成的河漫滩沉积，是沿岸土壤的成土母质，基本不受现代人类生活的影响。

9.9.1　生物扰动层、沉积粒度定年

在环江流域，由于河流沉积速率快、人为干扰严重，沉积层缺失，经典的放射性核素和沉积纹理计年方法并不适用。但是，由于当地农家饲养的水牛具有特有的生活习性：夏季需要到河里浸泡，在江心洲背水区域踩踏，使上一年度形成的沉积底泥形成一个硬红泥层（图 9.75）；如此反复，每年形成一层"生物扰动层"。样品采集及预处理时发现，在沉积柱顶层 100 cm 草、砂混合层与红泥层交替出现，但在 100 cm 以下沉积层，这种现象消失。因此，草、砂混合物层与生物扰动层（红泥硬层），以及粒度分析结果，可以成为定年的根据。

每年形成的生物扰动层（红土层）均为上一年的沉积底泥形成，生物扰动层——砂、草混合层则为一年时间内形成的沉积。根据分析结果，可将沉积柱顶层 110 cm 划分为 5 年内形成的江心洲背水区沉积（图 9.75）：顶层 0~15 cm 是 2005 年形成的沉积，15~35 cm 是 2004 年形成的沉积，35~55 cm 是 2003 年形成的沉积，55~65 cm 是 2002 年形成的沉积，65~95 cm 是 2001 年形成的沉积，95~110 cm 是 2000 年形成的沉积。至于 110 cm 以下深度，由于缺少生物扰动层（红泥硬层）和植物标记层，难以给出准确的沉积时间。

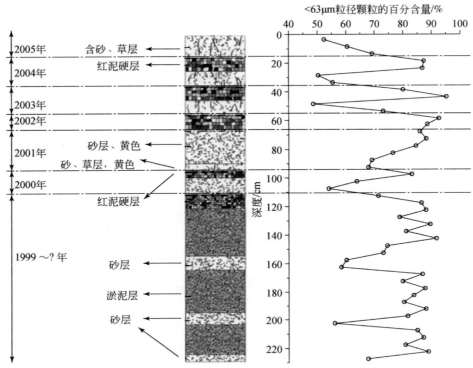

图 9.75　吴江江心洲沉积柱沉积剖层素描、<63 μm 粒径颗粒的百分含量、沉积年限界定图

2001 年，广西环江北山铅锌矿尾矿崩塌，导致大量矿山固体废弃物流向环江中、下游，环江沉积物中黄色沉积层是黄铁矿、白铁矿氧化并吸附在颗粒表面的结果（László et al.，1998），在其他深度（上、下其他层）没有发现类似颗粒的颜色。根据当地居民反映，2002 年江心洲寸草不生。尾砂中含有大量的重金属和硫化物，强酸、重金属含量高导致植物不能生长，导致 2002 年形成的沉积物中没有植物草根。由于无植物生长，当地牲畜（水牛）无法采食，没有形成 2001 年的红泥硬层（生物扰动层）。2001 年北山尾砂崩塌，以及当年特大洪水导致该区域形成的沉积层较厚。颗粒组成分析也印证了上述年份的界定结果。在顶层 120 cm 处，每年形成沉积物粒径<63 μm 的颗粒组成具有细—粗—细的变化循环（图 9.75）。

9.9.2　沉积剖面的重金属分布特征

图 9.74 是吴江江心洲沉积柱 As、Cd、Cu、Pb、Zn 这 5 种元素含量的垂向变化趋势图。由图可知，这 5 种元素含量在沉积剖面上具有相同的变化趋势，随着深度变浅，元素含量逐渐升高。在 0～100 cm 深度出现高含量峰值和相对低的谷底，并有逐渐降低的趋势。各元素均在 20～25 cm、40～45 cm、55～60 cm、75～80 cm、95～100 cm、115～120 cm、165～170 cm 深度出现元素含量的峰值。随着深度的增加，5 种元素含量在 100 cm 深度以下迅速降低，基本趋于稳定。

As 在 55 ~ 60 cm、95 ~ 100 cm 深度的含量分别为 144.7 mg/kg、136.9 mg/kg。顶层 100 cm 深度范围内 As 含量的最小值为 43.8 mg/kg，约是环江河流底泥沉积物背景值的两倍（24 mg/kg），100 cm 深度以下 As 含量明显降低，平均含量为 19.8 mg/kg。140 cm 深度以下 As 含量介于 11.4 ~ 21.7 mg/kg，均值为 15.08 mg/kg，与环江流域的土壤背景值相当（14.9 mg/kg）。

元素 Cd 在 0 ~ 175 cm 深度的含量均大于环江底泥含量背景值（0.54 mg/kg），介于 0.7 ~ 26.05 mg/kg，最大值出现在 55 ~ 65 cm 深度。沉积柱 175 cm 深度以下各层含量值介于 0.27 ~ 0.51 mg/kg，低于环江河流底泥背景值含量。元素 Cd 在顶层 170 cm 深度内污染较为严重。

Cu 的最大值出现在 95 ~ 100 cm 深度，含量为 113 mg/kg。100 cm 深度以下，除 110 ~ 120 cm 深度 Cu 含量较高（31.5 mg/kg、41 mg/kg）以外，其他深度 Cu 含量均低于背景值。沉积柱 Cu 的变化趋势与 As 相似，主要集中在顶层 100 cm，120 cm 深度以下未受到污染，含量处于背景值水平。

Pb 的最大值出现在距表层 95 ~ 100 cm 深度，含量为 2514 mg/kg；100 cm 深度范围内 Pb 含量的最小值为 530 mg/kg，远大于环江河流底泥沉积物中 Pb 的背景值含量（24.9 mg/kg）。整个剖面 Pb 含量最小值为 61.5 mg/kg，是背景值的 2 倍多。

Zn 在 40 ~ 45 cm、55 ~ 60 cm、95 ~ 100 cm 沉积层的含量较为接近，为 4500 mg/kg 左右，其中，95 ~ 100 cm 深度为整个沉积柱的最大值（4680 mg/kg）。在 100 cm 深度范围内，沉积层中 Zn 的最小值为 1030 mg/kg，远远大于环江河流底泥沉积物中 Zn 的背景值含量（141.8 mg/kg），沉积柱中的最小值（216.3 mg/kg）也是背景值含量的近 2 倍。

生物扰动形成的红色黏土硬层对于重金属向下迁移起着阻止作用，大部分重金属均累积在该层。如图 9.76 所示，120 cm 深度范围内的元素含量峰值点均为红泥黏土硬层；另外的一个峰值深度为 75 ~ 80 cm，可能是由于尾矿成分比较高。黏土层能够吸附、累积由上层迁移、渗透下来的重金属元素（Sterckeman et al.，2000）。2001 年尾砂坝坍塌而在此沉积的尾矿含有大量的硫化物、重金属，硫化物氧化后形成酸，尾矿释放大量可溶重金属向下层迁移，被红色黏土硬层吸附、累积，在生物扰动层（红土层）累积，形成含量峰值。两岸沉积的尾矿、氧化次生矿物颗粒在多雨季节，被雨水、地表径流冲刷至环江河水，以及环江污染底泥再次悬浮，成为新的污染源，多次在吴江江心洲背水区形成沉积，致使 2002 ~ 2005 年形成的沉积层重金属含量较高。115 ~ 120 cm 深度的元素含量峰值是 2000 年以后形成的沉积层中重金属下渗，并在此累积的结果；100 ~ 110 cm 的含砂层并没有尾矿被氧化而形成的黄色和重金属高含量标志层，充分说明 100 ~ 110 cm 是 2000 年形成的河流沉积。粒度分析结果表明，165 ~ 200 cm 深度 <63 μm 的细颗粒含量大于 80%（图 9.75），165 ~ 170 cm 是该淤泥层的顶层，使得上层淋溶下来的重金属在该层累积，形成了该层元素峰值现象。

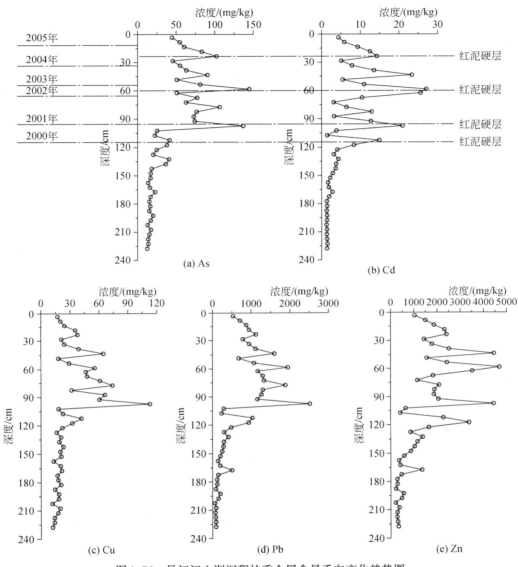

图 9.76　吴江江心洲沉积柱重金属含量垂向变化趋势图

　　2001 年尾矿坍塌事件在江心洲沉积柱的重金属含量分布规律中得到体现。由沉积柱 0~100 cm 层重金属含量变化特征可以看出，65~90 cm 各层的重金属含量相对稳定，尤其 Pb、Zn 的含量高、相对均一，均大于 1200 mg/kg。野外取样时发现，该层是该沉积柱中唯一的黄色砂质层。高含量、黄色砂质层是尾矿沉积并氧化的结果。西班牙 Aznalcollar 尾矿泄漏后，下游的 Gudalquivir 河口沉积柱的元素含量也具有相同的垂向突变特征（Riba et al.，2002）。

　　环江江心洲沉积柱的元素含量主要集中在顶层 100 cm 的深度范围内。230 cm 深的沉积柱可能也受到了污染，某些元素，如 Pb、Zn 的底层重金属含量仍高于环江河流底泥沉积背景值含量。所采的吴江江心洲沉积柱可能只是近 10 年左右形成的沉积，而环江流域

　　矿业大规模开采的历史已有 20 多年，沉积柱底层 Pb、Zn 的高值可能与矿业活动有关。

　　综合江心洲沉积柱的重金属分布特点和定年结果可知，环江谷底沿岸土壤的大面积污染是在 2001～2005 年形成的，其中，2001 年的北山尾矿坍塌是最主要的污染原因。

9.9.3　沉积柱的 Pb 同位素组成特征及其污染来源

　　经过实验室分析，获得了吴江江心洲沉积柱、潜在物源样品的 Pb 同位素组成数据（表9.18，表9.19）。根据潜在源区的 Pb 同位素比值特征可以看出，北山矿石、都川矿石、雅钢矿渣、背景值土壤之间的 Pb 同位素特征明显不同，因此，可应用 Pb 同位素示踪方法研究沉积柱中的污染元素来源，解释环江沿岸土壤的污染源。

表 9.18　江心洲沉积柱、潜在物源 Pb 同位素比值特征

取样深度 /（cm）	Pb/（mg/kg）	$^{208}Pb/^{204}Pb$	$^{207}Pb/^{204}Pb$	$^{206}Pb/^{204}Pb$	北山矿业活动贡献比例	背景土壤贡献比例
0～5	529	38.191	15.634	17.984	1.00	0
5～10	710	38.012	15.568	17.938	0.971	0.029
20～25	1123	38.033	15.590	17.934	1.00	0
25～30	784	38.097	15.606	17.952	1.00	0
40～45	1597	38.245	15.647	18.003	1.00	0
45～50	676	38.017	15.580	17.945	0.981	0.019
55～60	1946	38.137	15.616	17.960	1.00	0
65～70	1299	38.277	15.654	18.028	0.984	0.016
75～80	1883	38.270	15.652	18.032	0.975	0.025
85～90	1267	38.184	15.629	17.990	0.998	0.002
95～100	2514	38.241	15.641	18.032	0.956	0.044
105～110	236	38.127	15.609	17.976	0.985	0.015
110～115	1038	38.093	15.604	17.954	1.00	0
125～130	300	38.054	15.588	17.962	0.969	0.031
145～150	251	38.287	15.658	18.026	0.994	0.006
165～170	506	38.078	15.602	17.953	1.00	0
175～180	119	38.287	15.626	18.153	0.745	0.255
190～195	202	38.174	15.604	18.072	0.829	0.171
205～210	93.6	38.432	15.646	18.257	0.622	0.378
215～220	83.0	38.230	15.596	18.159	0.682	0.318
225～230	90.4	38.279	15.628	18.119	0.800	0.200

表 9.19　环江流域潜在物源 Pb 同位素比值均值

样品类型	样品编号	$^{208}Pb/^{204}Pb$	$^{207}Pb/^{204}Pb$	$^{206}Pb/^{204}Pb$
背景土壤	Sb1	38.682	15.623	18.634
	Sb2	38.658	15.618	18.616
	Sb3	38.667	15.63	18.656
北山矿石	BS1	38.073	15.599	17.94
	BS2	38.366	15.678	18.058
	BS3	38.103	15.609	17.952
雅钢矿渣	YG1	37.962	15.574	17.885
	YG2	37.929	15.563	17.88
都川矿石	DC1	37.827	15.539	17.796
	DC2	38.217	15.657	17.903
	DC3	37.949	15.577	17.823

图 9.77 是江心洲沉积柱的 Pb 同位素比值 $^{206}Pb/^{207}Pb$、$^{208}Pb/^{206}Pb$ 垂向变化图。$^{206}Pb/$$^{207}Pb$、$^{208}Pb/^{206}Pb$ 值随深度变化具有相反的变化趋势。随沉积柱深度增加，$^{206}Pb/^{207}Pb$ 逐渐变大，最大值分布在 170~230 cm 深度，0~170 cm 深度相对较为稳定。$^{208}Pb/^{206}Pb$ 在沉积柱中随深度增加有逐渐降低的趋势，底层 170~230 cm 深度的值相对较小。随沉积柱深度增加，$^{206}Pb/^{207}Pb$ 变大、$^{208}Pb/^{206}Pb$ 变小，是近现代人类活动导致表层沉积受到影响的结果，尤其是矿业活动。同位素比值的变化也说明顶层 0~170 cm 与底层 170~230 cm 的元素 Pb 的来源或原有源的贡献比例发生变化。

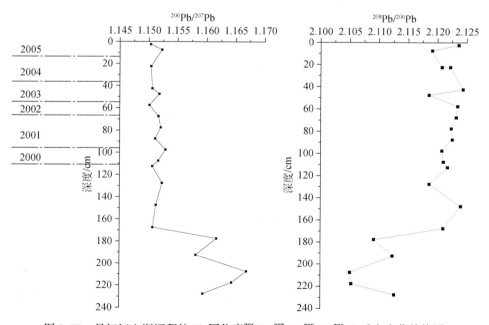

图 9.77　吴江江心洲沉积柱 Pb 同位素 $^{206}Pb/^{207}Pb$、$^{208}Pb/^{206}Pb$ 垂向变化趋势图

沉积柱的 Pb 同位素^{206}Pb/^{207}Pb、^{208}Pb/^{206}Pb 的变化具有相同的特征。170 cm 深度到顶层之间沉积物的同位素比值相对较为稳定，^{206}Pb/^{207}Pb 介于 1. 150 ~ 1. 152，^{208}Pb/^{206}Pb 介于 2. 119 ~ 2. 124；比值相对稳定的剖面深度范围，也是 Pb 与其他重金属元素含量相对较高的深度。说明在此深度范围受到矿业活动的污染较为严重，污染源贡献比例较为稳定，而在比值变化较大的沉积柱底层 170 ~ 230 cm 处，沉积底泥中 Pb 的物源贡献比例发生了明显变化。

根据沉积柱样品、潜在源区同位素比值散点图（图 9.78）可以发现，背景土壤、北山矿石、雅钢矿渣、都川矿石的 Pb 同位素比值存在明显差异。江心洲沉积柱 0 ~ 170 cm 深度的高浓度含量样点（表 9.18）分布在北山矿石同位素比值范围内或附近，远离雅钢矿渣和都川矿石的同位素比值样点分布；低浓度（底层 170 ~ 230 cm）样点分布在北山矿石、背景土壤样点之间，相对靠近北山矿石同位素比值分布。说明沉积柱中的元素 Pb 主要源于北山的铅锌矿。

吴江江心洲沉积柱样点 Pb 同位素的比值在散点图上呈线性分布，线性回归判定系数为 $R^2 = 0.8459$，说明沉积柱中的 Pb 是由两个具有不同 Pb 同位素比值的物源混合而成，物源投点应在线的两端。根据上述论述和图 9.76 可知，沉积柱中 Pb 主要源于北山铅锌矿和背景土壤。

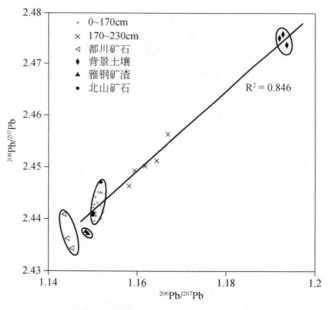

图 9.78　吴江江心洲沉积柱的铅同位素^{206}Pb/^{207}Pb 和^{208}Pb/^{207}Pb 关系散点图

根据两物源混合计算模型：

$$R_{北山} = \frac{[Pb]_{样品} - [Pb]_{背景}}{[Pb]_{北山} - [Pb]_{背景}} \tag{9.9}$$

式中，$R_{北山}$、$[Pb]$ 分别指物源贡献率、对应物源或样品的同位素比值。应用此公式计算北山铅锌矿、沉积背景对吴江江心洲沉积柱中各沉积层 Pb 含量的贡献比例，北山矿石、背景土壤的同位素比值取均值进行计算，计算结果见表9.18。从表中的结果可知，沉积柱0~170 cm深度范围的 Pb 基本都来自北山铅锌矿，占 Pb 含量的96%以上；170~230 cm 深度的沉积物 Pb 有62%~82%来自北山铅锌矿，背景土壤中 Pb 仅占17%~38%。

　　沉积柱中两物源的贡献比例说明，早期形成的深层沉积物在沉积时已经受到北山矿业活动的污染；95~170 cm 深度含有的 Pb 几乎全部来自北山铅锌矿，2001 年前形成的沉积受到上层沉积的重金属下渗的影响。2001~2005 年形成的沉积物中（0~95 cm），Pb 几乎全部来自北山铅锌矿，表明 2002~2005 年环江河流沉积物依然受到北山矿业活动的影响。造成环江污染的因素有两个，首先是因为 2001 年尾砂泄漏而污染的沿岸区域颗粒物或河流沉积物，重新成为新的污染物来源；其次是北山矿区管理不到位，相关企业依然向环江直接或间接排放污染物。

　　2001 年的尾矿垮坝事件曾导致环江中下游土壤存在 As、Cd、Cu、Pb、Zn 的污染现象。各断面表层土壤中 5 种主要重金属含量、污染程度，具有随距水面高度的增加呈幂函数衰减的规律。随着海拔的增加，洪泛作用对表层土壤、土壤剖面中各深度层次上的元素含量的影响减小。尾矿垮坝事件仍有大量重金属沉积在河漫滩或底泥中，可能会对沿岸的土壤产生潜在的污染威胁。

参 考 文 献

陈静生，洪松，王立新，等.2000. 中国东部河流颗粒物的地球化学性质. 地理学报，55（4）：417-427.

广西环境保护科学研究所.1992. 土壤背景值研究方法及广西土壤背景值. 南宁：广西科学技术出版社.

国家环境保护局.1990. 中国土壤元素背景值. 北京：中国环境科学出版社.

陶澍.1994. 应用数理统计方法. 北京：中国环境科学出版社.

László Ódor, Wanty Richard B, Horváth I, et al. 1998. Mobilization and attenuation of metals downstream from a base-metal mining site in the Mátra Mountains, northeastern Hungary. Journal of Geochemical Exploration, 65（1）：47-60.

Riba I, DelValls T A, Forja J M, et al. 2002. Influence of the Aznalcollar mining spill on the vertical distribution of heavy metals in sediments from the Guadalquivir estuary（SW Spain）. Marine Pollution Bulletin, 44（1）：39-47.

Segura R, Arancibia V, Zúñiga M C, et al. 2006. Distribution of copper, zinc, lead and cadmium concentrations in stream sediments from the Mapocho River in Santiago, Chile. Journal of Geochemical Exploration, 91（1）：71-80.

Sterckeman T, Douay F, Proix N, et al. 2000. Vertical distribution of Cd, Pb and Zn in soils near smelters in the North of France. Environmental Pollution, 107（3）：377-389.

Tomlinson D L, Wilson J G, Harris C R, et al. 1980. Problems in the assessments of heavy-metal levels in estuaries and formation of a pollution index. Helgol Meeresunters, 33（1-4）：566-575.

Zonta R, Collavini F, Zaggia L, et al. 2005. The effect of floods on the transport of suspended sediments and contaminants: a case study from the estuary of the Dese River（Venice Lagoon, Italy）. Environment international, 31（7）：948-958.